高等教育立体化精品系列规划教材

Internet
应用技术立体化教程

◎ 李利民 黄芳 主编
◎ 裘德海 杨子燕 牛文峰 副主编

人民邮电出版社
北京

图书在版编目（CIP）数据

Internet应用技术立体化教程 / 李利民，黄芳主编
. -- 北京 : 人民邮电出版社，2015.2(2020.1重印)
高等教育立体化精品系列规划教材
ISBN 978-7-115-37518-6

Ⅰ. ①I… Ⅱ. ①李… ②黄… Ⅲ. ①互联网络－高等学校－教材 Ⅳ. ①TP393.4

中国版本图书馆CIP数据核字(2014)第279148号

内 容 提 要

本书主要讲解 Internet 应用技术，包括 Internet 基础知识、Internet 的接入技术、使用并设置浏览器、网络搜索、下载或上传网络资源、收发电子邮件、网络交流、电子商务应用、移动设备的 Internet 应用、网络安全等内容。

本书采用了先知识讲解，然后再进行强化实训的形式。每章最后还总结了常见疑难问题并做了解析，并安排了相应的练习和实践。本书着重于对学生实际应用能力的培养，将职业场景引入课堂教学，从而让学生提前进入工作的角色。

本书适合作为高等院校计算机应用等相关专业的教材，也可作为各类社会培训学校相关专业的教材，同时还可供上网用户和办公人员自学参考。

◆ 主　　编　李利民　黄　芳
副 主 编　裘德海　杨子燕　牛文峰
责任编辑　王　平
责任印制　杨林杰

◆ 人民邮电出版社出版发行　　北京市丰台区成寿寺路 11 号
邮编　100164　　电子邮件　315@ptpress.com.cn
网址　http://www.ptpress.com.cn
北京九州迅驰传媒文化有限公司印刷

◆ 开本：787×1092　1/16
印张：15　　　　2015 年 2 月第 1 版
字数：334 千字　　　　2020 年 1 月北京第 8 次印刷

定价：42.00 元（附光盘）

读者服务热线：(010) 81055256　印装质量热线：(010) 81055316
反盗版热线：(010) 81055315
广告经营许可证：京东工商广登字 20170147 号

前 言 PREFACE

随着近年来高等教育课程改革的不断发展，也随着Internet应用技术的不断更新和教学方式的不断进步，市场上很多教材的软件版本、硬件型号、教学结构等方面都已不再适应目前的教授和学习要求。

有鉴于此，我们认真总结了教材编写经验，用了2~3年的时间深入调研各地、各类高等教育学校的教材需求，组织了一批优秀的、具有丰富教学经验和实践经验的作者编写了本套教材，以帮助各类高等院校快速培养优秀的技能型人才。

本着“工学结合”的原则，我们在教学方法、教学内容和教学资源3个方面体现出了自己的特色。

教学方法

本书精心设计“情景导入→课堂案例→上机实训→疑难解析→习题→课后拓展知识”6段教学法，将职业场景引入课堂教学，激发学生的学习兴趣；然后在任务的驱动下，实现“做中学，做中教”的教学理念；最后有针对性地解答常见问题，并通过练习全方位帮助学生提升专业技能。

- **情景导入**：以主人公“小白”的实习情景模式为例引入本章教学主题，并贯穿于课堂案例的讲解中，让学生了解相关知识点在实际工作中的应用情况。
- **课堂案例**：以来源于职场和实际工作中的案例为主线，强调“应用”。每个案例先指出实际应用环境，再分析制作的思路和需要用到的知识点，然后通过操作并结合相关基础知识的讲解来完成该案例的制作。讲解过程中穿插有“知识提示”和“多学一招”这2个小栏目。
- **上机实训**：先结合课堂案例讲解的内容和实际工作需要给出实训目标，进行专业背景介绍，再提供适当的操作思路及步骤提示供参考，要求学生独立完成操作，充分训练学生的动手能力。
- **疑难解析**：精选出学生在实际操作和学习中经常会遇到的问题并进行答疑解惑，让学生可以深入地了解一些高水平的应用知识。
- **习题**：对本章所学知识进行小结，再结合本章内容给出难度适中的上机操作题，可以让学生强化巩固所学知识。

教学内容

本书的教学目标是循序渐进地帮助学生掌握Internet应用技术，具体包括掌握Internet基础知识、Internet接入技术、使用并设置浏览器、网络搜索、下载或上传网络资源、收发电子邮件、网络交流、电子商务应用、移动设备的Internet应用、网络安全等知识。全书共10章，可分为如下几个方面的内容。

- **第1章至第2章**：主要讲解Internet基础知识和Internet接入技术。
- **第3章至第7章**：主要讲解使用并设置浏览器、网络搜索、下载或上传网络资源、收发电子邮件、网络交流等网络应用基本知识。
- **第8章**：主要讲解电子商务应用的知识。
- **第9章**：主要讲解移动设备中Internet的应用知识。
- **第10章**：主要讲解网络安全的知识。

教学资源

本书的教学资源包括以下三方面的内容。

（1）配套光盘

本书配套光盘中包含书中各章节实训、习题的操作演示动画以及模拟试题库等内容。模拟试题库中含有丰富的关于Internet应用技术的相关试题，包括填空题、单项选择题、多项选择题、判断题、简答题和操作题等多种题型，读者可自动组合出不同的试卷进行测试。另外，还提供了两套完整模拟试题，以便读者测试和练习。

（2）教学资源包

本书配套精心制作的教学资源包，包括PPT教案和教学教案（备课教案、Word文档），以便老师顺利开展教学工作。

（3）教学扩展包

教学扩展包中包括方便教学的拓展资源以及每年定期更新的最新互联网应用热点两个方面的内容。

特别提醒：上述第（2）、（3）教学资源可访问人民邮电出版社教学服务与资源网（http:// www.ptpedu.com.cn）搜索下载，或者发电子邮件至dxbook@qq.com索取。

本书由李利民、黄芳任主编，裘德海、杨子燕和牛文峰任副主编。虽然编者在编写本书的过程中倾注了大量心血，但恐百密之中仍有疏漏，恳请广大读者及专家不吝赐教。

编者

2014年10月

目　录 CONTENTS

第1章　Internet基础知识　1

第2章　Internet接入技术　21

第3章　使用并设置浏览器　47

第6章 收发电子邮件 121

第7章 网络交流 141

第8章 电子商务应用 171

第9章 移动设备的Internet应用 191

第10章　网络安全　215

PART 1

第1章 Internet基础知识

情景导入

为了熟练掌握Internet应用技术，小白决定先了解Internet基础知识，同时了解计算机网络基础和Internet的发展趋势等来帮助自己探索网络奥秘。

知识技能目标

- 了解计算机网络基础知识
- 掌握Internet基础知识，如TCP/IP网络协议、IP地址与域名、IP参数配置
- 了解并关注Internet的发展趋势

- 能够认识计算机网络，快速走进网络时代
- 能够掌握Internet必需的网络知识，为后面的学习打下基础

课堂案例展示

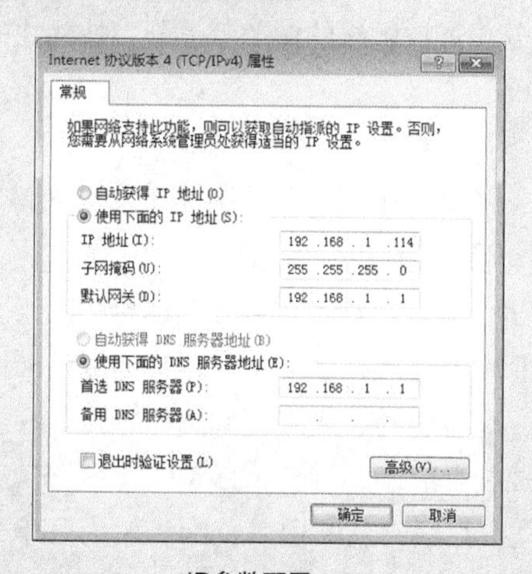

IP参数配置

```
管理员: C:\Windows\system32\cmd.exe
C:\Users\C>ipconfig/all

Windows IP 配置

   主机名  . . . . . . . . . . . . . : C-PC
   主 DNS 后缀 . . . . . . . . . . . :
   节点类型  . . . . . . . . . . . . : 混合
   IP 路由已启用 . . . . . . . . . . : 否
   WINS 代理已启用 . . . . . . . . . : 否

以太网适配器 本地连接:

   连接特定的 DNS 后缀 . . . . . . . :
   描述. . . . . . . . . . . . . . . : Realtek PCIe GBE Family Controller
   物理地址. . . . . . . . . . . . . : E0-3F-49-79-3A-F7
   DHCP 已启用 . . . . . . . . . . . : 否
   自动配置已启用. . . . . . . . . . : 是
   本地链接 IPv6 地址. . . . . . . . : fe80::ac45:c84b:392b:2b72%11(首选)
   IPv4 地址 . . . . . . . . . . . . : 192.168.1.114(首选)
   子网掩码  . . . . . . . . . . . . : 255.255.255.0
   默认网关. . . . . . . . . . . . . : 192.168.1.1
   DHCPv6 IAID . . . . . . . . . . . : 249577289
   DHCPv6 客户端 DUID  . . . . . . . : 00-01-00-01-1A-D9-45-42-E0-3F-49-79-3A-F7

   DNS 服务器  . . . . . . . . . . . : 192.168.1.1
   TCPIP 上的 NetBIOS  . . . . . . . : 已启用
```

测试IP地址

1.1 计算机网络基础

随着Internet（互联网）的飞速发展，Internet已遍布全球，成为了一个全球性的网络，同时Internet也深入到人们工作、学习、生活的方方面面，成为了日常生活中不可缺少的一部分。因此要使用Internet进入网络，对于初学者来说，必须先了解为什么要建立计算机网络、计算机网络的分类，以及计算机网络的传输介质与网络设备。

1.1.1 什么是计算机网络

计算机网络是指将多台地理位置分散的、具有独立功能的计算机，通过通信设备和传输介质相互连接，并根据相应的网络协议和网络软件实现数据通信和资源共享的计算机系统。通俗地讲，计算机网络就是连接分散的计算机设备以实现信息传递的系统。

在计算机网络环境中，计算机的作用超越了地理位置的限制，实现了数据通信、资源共享、分布式数据处理等功能，从而提高了每台计算机的可用性。计算机网络的主要功能如下。

- **数据通信**：是指在计算机与终端、计算机与计算机之间传送各种信息，包括文字信件、新闻消息、图片资料等。该功能是计算机网络最基本的功能。
- **资源共享**：是指凡是入网用户均能享受网络中各个计算机系统的全部或部分软件、硬件和数据资源，大大地提高了系统资源的利用率。该功能是计算机网络最核心的功能。
- **均衡负载**：是指工作被均匀地分配到网络上的各台计算机上，它可以将负担过重的计算机所处理的任务转交给空闲的计算机来完成，以均衡各个计算机的负载，提高处理问题的实时性。
- **分布式数据处理**：是指将分散在各个计算机系统中的资源进行集中控制与管理，从而将复杂的问题分别交给多个计算机同时进行处理。用户可以根据需要合理选择网络资源，方便快捷地进行处理。

1.1.2 计算机网络的分类

计算机网络的分类方式可以从不同的角度进行划分，如按网络的覆盖范围分、按网络的拓扑结构分、按传输介质分等。

1. 按网络的覆盖范围分

虽然计算机网络的分类标准多种多样，但是按网络的覆盖范围划分是一种通用网络划分标准。按这种标准可把计算机网络划分为局域网、城域网、广域网、互联网。

- **局域网（LAN）**：指在局部地区范围内将计算机、外设、通信设备相互连接的网络，它的覆盖范围一般为几米至10公里以内，主要用于连接办公场所、建筑物或校园内的网络，该网络具有连接范围窄、用户数少、配置容易、连接速率高等特点。在现实生活中，局域网是最常见、使用最广泛的一种网络。
- **城域网（MAN）**：指在一个城市范围内的计算机互联，它的覆盖范围一般为几十公里到上百公里，主要用于满足大范围内的企业、机关、公司的多个局域网互联的需要，实现大量用户之间的数据、语音、视频等多种信息的传输功能，通常在数据的传输方式上使用与局域网类似的技术，主要采用光纤作为传输介质。

- **广域网（WAN）**：广域网一般是在不同城市和不同国家之间的LAN或MAN互联，它的覆盖范围一般为几百公里到几千公里，采用分组交换机、卫星通信信道、无线分组交换网，将分布在不同地区的计算机系统连接起来，达到国家或洲际之间的资源共享。
- **互联网（Internet）**：互联网是一种利用网络互连设备将不同类型的局域网、城域网、广域网连接起来的网络，它是世界上发展速度最快、应用最广泛且最大的公共计算机信息网络系统。

2. 按网络的拓扑结构分

网络的拓扑结构就是计算机网络的物理连接形式。如果不考虑实际网络的地理位置，可以把连接在网络上的计算机、大容量的外存、高速打印机等设备均看作是网络上的一个节点，也称为工作站。计算机网络的拓扑结构主要有总线型、星型、环型等，如图1-1所示。

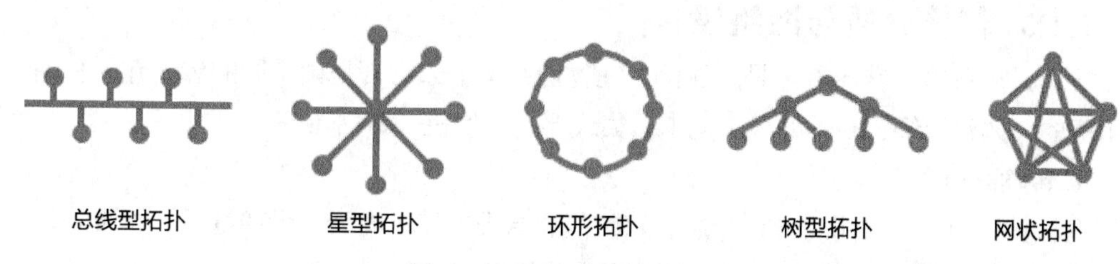

图1-1　按网络的拓扑结构分类

- **总线型拓扑**：是用一条称为总线的主电缆将所有计算机连接起来的布局方式。所有网上计算机都通过相应的硬件接口直接连在总线上，任何一个节点的信息都可以沿着总线向两个方向传输扩散，并且能被总线中任何一个节点所接收。该结构的优点是安装方便、结构简单、便于扩充节点，不需停止网络的正常工作，节点的故障不会殃及系统。缺点是故障诊断、隔离困难，由于信道共享，连接的节点不宜过多，并且总线自身的故障会引起整个网络的崩溃。
- **星型拓扑**：是一种以中央节点为中心，其他节点都与中央节点直接相连的结构。各外围节点之间不能直接通信，必须通过中央节点进行通信。中央节点可以是文件服务器或专门的接线设备，负责接收某个外围节点的信息，再转发给另外一个外围节点。该结构的优点是结构简单、便于建网、故障诊断和隔离容易、方便维护和管理。缺点是成本高、需要的电缆长度较长，网络运行依赖中心节点，可靠性低。
- **环型拓扑**：是将网络节点连接成闭合结构。信号顺着一个方向从一台设备传到另一台设备，每一台设备都配有一个收发器，信息在每台设备上的延时时间是固定的。这种结构特别适用于实时控制的局域网系统。该结构的优点是结构简单、电缆长度短、可靠性高、可以构成实时性较强的网络。缺点是当某个节点发生故障时，整个网络就不能正常工作。

- **树型拓扑**：是一种分级的集中控制式网络，节点按层次进行连接。该结构的优点是其通信线路总长度较短、成本较低、扩充节点方便灵活。缺点是除叶子节点及其连线外，任意节点或连线的故障都影响其所在支路网络的正常工作。
- **网状拓扑**：是指网络中的每台设备之间均有点到点的链路连接。该结构的优点是：系统可靠性高、容错能力强，某一线路或节点发生故障时，不会影响整个网络的工作。缺点是结构复杂、成本较高，网络控制软件复杂，不易管理和维护。

3. 按网络的传输介质分

网络的传输介质是指在网络中传输信息的载体，它是网络中发送方和接受方之间的物理媒体，按其物理形态可以划分为有线传输介质和无线传输介质两大类。

- **有线传输介质**：指在两个通信设备之间实现的物理连接部分，它可以将信号从一方传输到另一方。有线传输介质主要有双绞线、同轴电缆、光纤等。
- **无线传输介质**：指人们周围的自由空间，通过利用无线电波在自由空间的传播可以实现多种无线通信。

1.1.3 传输介质与网络设备

不论是局域网、城域网还是广域网，在物理结构上通常都是由不同的传输介质和网络设备组成的，如双绞线、同轴电缆、网卡、集线器、交换机、路由器等。

1. 传输介质

在计算机网络中常用的传输介质有双绞线、同轴电缆、光纤、无线电波、微波等，它们支持不同的网络类型，具有不同的传输速率和传输距离。

- **双绞线**（TP）：由两根绝缘导线相互缠绕而成，将一对或多对双绞线放置在一个绝缘外套中便形成了双绞线电缆。双绞线既可用于传输模拟信号，又可用于传输数字信号。双绞线可分为屏蔽双绞线（STP）和非屏蔽双绞线（UTP），如图1-2所示，适合于短距离通信，其中屏蔽双绞线的外层由铝铂包裹，因此抗干扰能力较好，具有更高的传输速度，但价格相对较贵；而非屏蔽双绞线无屏蔽外套，因此抗干扰能力较差，传输速度偏低，价格便宜。通常，计算机网络所使用的双绞线是3类线和5类线，其中10 BASE-T网络使用的是3类线，100BASE-T和1000BASE-T网络使用的是5类线。双绞线一般采用RJ-45水晶头进行连接，如图1-3所示。

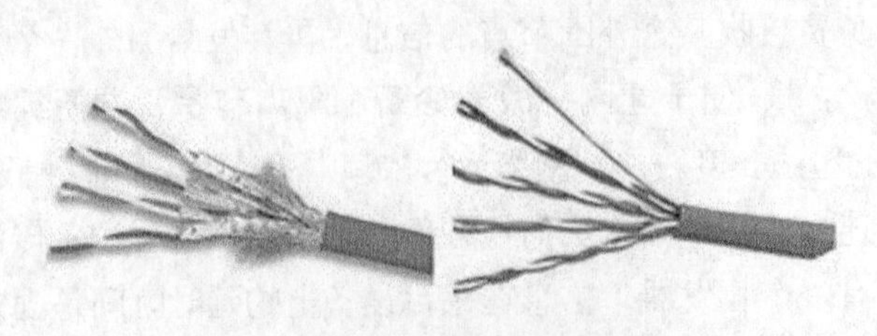

图1-2 屏蔽双绞线与非屏蔽双绞线

图1-3 RJ-45水晶头

- **同轴电缆**：以硬铜线为芯（导体），外包一层绝缘材料（绝缘层），绝缘层外再用一层密织的网状金属丝环绕构成外屏蔽层，最外层则覆盖了一层保护性材料（保护层），如图1-4所示。同轴电缆分为50Ω和75Ω两种，其中50Ω同轴电缆用于基带数字信号的传输，即基带同轴电缆；75Ω同轴电缆用于宽带模拟信号的传输，即宽带同轴电缆，而基带同轴电缆又分为粗缆和细缆，粗缆用DB-15连接，细缆用T型BNC接头连接，如图1-5所示。同轴电缆比双绞线的屏蔽性更好，它具有更高的带宽和极好的噪声抑制特性。

图1-4　同轴电缆

图1-5　T型BNC接头

- **光纤**：又称为光导纤维，由光导纤维纤芯、玻璃网层、能吸收光线的外壳组成。它具有不受外界电磁场的影响，宽带无限制，传输速度快，抗干扰能力强，通信距离远，重量轻等特点。光纤和同轴电缆相似，只是没有网状屏蔽层，中心是光传播的玻璃芯。光纤需用ST型头连接。
- **无线传输介质**：利用无线电波作为信息的传输介质，可以避免有线传输介质的约束，组成无线网络。常用的无线传输介质有无线电波、微波、红外线等，其中无线电波是指在自由空间传播的射频频段的电磁波，其频率小于300GHz；微波是指频率为300MHz～300GHz的电磁波，它是无线电波中一个有限频带的简称；红外线是波长介乎微波与可见光之间的电磁波，其波长在760纳米（nm）至1毫米（mm）之间。

随着移动设备如手机、笔记本电脑等的广泛使用，无线网络结合了最新的计算机网络技术和无线通信技术，在各种数字设备之间实现了灵活、安全、低成本、小功耗的话音和数据通信，避免了多种线缆连接方案、穿透墙壁等障碍。它的特点是用户可以在任何时间、任何地点接入计算机网络。

2. 网络设备

网络设备及部件是指连接到网络中的物理实体。网络设备的种类繁多，且与日俱增，主要的网络设备有网卡、中继器、集线器、交换机、网桥、路由器、调制解调器等。

- **网卡**：又称网络适配器或网络接口卡（NIC），是计算机或其它网络设备所附带的适配器，用于计算机和网络间的连接。网卡安装在服务器或工作站的扩展槽中，负责将用户要传输的数据转换为网络上其他设备所能识别的格式，通过传输介质进行传输。主流的网卡主要有10Mbps网卡、100Mbps以太网卡、10Mbps/100Mbps自适应网卡、1000Mbps千兆以太网卡以及最新出现的万兆网卡五种，如图1-6所示。

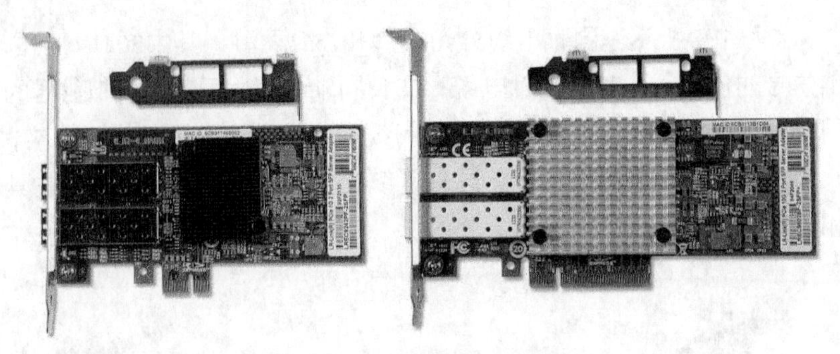

图1-6　双口千兆网卡和万兆网卡

- **中继器（Repeater）**：是网络物理层上的连接设备。用于连接完全相同的两类网络，主要功能是对在线路上的信号进行放大再生和还原。它具有放大信号、补偿信号衰减、扩大网络传输的距离等特点。
- **集线器（Hub）**：是一种特殊的多端口中继器，主要功能是对接收到的信号进行再生放大，以扩大网络的传输距离，同时把所有节点集中在以集线器为中心的节点上。当以集线器为中心设备时，若网络中某条线路产生故障，并不影响其他线路的正常工作，所以集线器在局域网中的应用非常广泛。通常，集线器用在星型与树型网络拓扑结构中，以RJ-45接口与各主机相连。
- **路由器（Router）**：又称网关设备，用于连接多个逻辑上分开的网络，逻辑网络即代表一个单独的网络或一个子网。当数据从一个子网传输到另一个子网时，可通过路由器的路由功能来完成。因此，路由器具有判断网络地址和选择IP路径的功能。路由器在计算机网络中具有举足轻重的地位，是计算机网络的桥梁，利用它不仅可以连通不同的网络，还能选择数据传送的路径，并能阻隔非法的访问。常用的路由器有宽带路由器、无线路由器等，如图1-7所示。
- **交换机（switch）**：是一种用于电信号转发的网络设备。它可以为接入交换机的任意两个网络节点提供独享的电信号通路。交换机除了具有物理编址、网络拓扑结构、错误校验、帧序列、流控等功能外，还具备如对VLAN（虚拟局域网）的支持、对链路汇聚的支持等功能，甚至有的还具有防火墙的功能。最常见的交换机是以太网交换机，如图1-8所示。

图1-7　无线路由器

图1-8　以太网交换机

- **网桥（Bridge）**：是将两个相似的网络连接起来，并对网络数据的流通进行管理。它工作于数据链路层，不但能扩展网络的距离或范围，而且可以分隔两个网络之间的通信量，改善互连网络的性能与安全性。在网络互联中网桥以数据接收、存储、地址过滤、数据转发的方式，实现了多个网络系统之间的数据交换。

- **调制解调器（Modem）**：是一种接入设备，能将计算机的数字信号译成在常规电话线中传输的模拟信号，又将这些模拟信号通过线路另一端的调制解调器接收，译成计算机可识别的语言。通过这种发送端调制信号并在接收端解调信号的数模转换过程，实现了两台计算机之间的远程通讯。根据Modem的形态和安装方式可分为：外置式Modem、内置式Modem、插卡式Modem和机架式Modem，其中外置式Modem放置于机箱外，通过串行通讯口与主机连接，如图1-9所示；内置式Modem安装在主板上的扩展槽内；插卡式Modem主要用于笔记本电脑；机架式Modem相当于把一组Modem集中于一个箱体或外壳里，主要用于大范围的网络中心。

图1-9　外置式Modem

知识提示

为了避免设备故障，确保网络畅通无阻，应对网络设备定期进行维护和保养，主要通过以下几个方面进行。

①将设备放置在干燥的地方，防止潮湿引起电路短路；

②做好设备接地装置及安装有效的防雷保护系统；

③若经常遇到电压不稳定的情况，应配备性能优良稳定的UPS电源系统；

④要经常除尘等。

1.2 Internet基础

现在，Internet已经成为人们获取信息、实现信息交流的重要途径，但究竟什么是Internet，它有何神奇之处呢？下面就来初步了解Internet的概念、作用，以及相关的术语等。

1.2.1 Internet的概念

Internet又称互联网或因特网，它是将世界各地的计算机网络、主机、个人计算机通过通信设施和通信协议互相连接起来构成的互联网络系统。它是目前世界上最流行、最受欢迎的传媒之一，具有快捷性、普及性等特点。

随着互联网应用的发展和普及，Internet的应用进入了一个全新的时期，使用它不仅可以查询生活中所需的各种信息，如天气情况、新闻杂志、娱乐休闲等，还可获取各种资源，如工具软件、电视电影、教材文献等，以及实现网络互动，如聊天、玩游戏、网上购物等，使用户足不出户便可尽享网络中的各种资源，为生活、工作、学习提供了极大的便利。

1.2.2 TCP/IP网络协议

网络协议是指在每个计算机网络中为了完成计算机网络通信必须制订一套完整的规则、约定、标准。TCP/IP协议是Internet最基本的协议，是Internet国际互联网络的基础。Internet依靠TCP/IP协议，在全球范围内实现了不同硬件结构、不同操作系统、不同网络系统的互联。

TCP/IP协议（又称为网络通讯协议）由传输控制协议（Transmission Control Protocol，简称TCP）和互联网络协议（Internet Protocol，简称IP）组成。在TCP/IP协议中，TCP作为IP的上层协议是支持端节点之间通信的传输层协议，可提供面向连接的流式通信形态的应用程序；而IP是网络的基础性协议，它规定了Internet的网关之间、网关和主机之间的通信协议，主要负责通过网络连接在数据源主机和目的主机间传送数据包。

1.2.3 IP地址与域名

在Internet上连接的所有计算机都以独立的身份出现，常称为主机。为了实现各主机间的通信，每台主机都必须有一个唯一的网络地址。网络地址的表示方式有两种、IP地址和域名地址。

1. IP地址

IP地址是IP协议提供的一种统一的地址格式，它为互联网上的每一个网络和每一台主机分配一个逻辑地址，以此来屏蔽物理地址的差异。在Internet上，每一个节点都依靠唯一的IP地址互相区分和联系，IP地址是分配给主机的一个32位的二进制地址，它由4个8位二进制数组成，IP地址通常用“点分十进制”表示成（a.b.c.d）的形式，其中，a、b、c、d都是0~255之间的十进制整数，如192.168.0.8。

每个IP地址都包含两部分：网络ID和主机ID。网络ID用于识别主机所在的网络，主机ID用于识别该网络中的主机，于是整个Internet上的每个计算机都依靠各自唯一的IP地址来标识。在32位地址中根据网络ID及主机ID所占的位数不同，IP地址可划分为5类：A、B、C、D、E，其中A、B、C类是基本类，D、E类作为多播和保留使用，如图1-10所示。

	1	8	16	24	32	地址范围
A类地址	0	网络号（7位）	主机号（24位）			1.0.0.0—127.255.255.255
B类地址	1 0	网络号（14位）	主机号（16位）			128.0.0.0—191.255.255.255
C类地址	1 1 0	网络号（21位）	主机号（8位）			192.0.0.0—223.255.255.255
D类地址	1 1 1 0	多播地址（28位）				224.0.0.0—239.255.255.255
E类地址	1 1 1 1 0	27位保留使用				240.0.0.0—255.255.255.255

图1-10 IP地址的分类与范围

IP地址中包含了一些特殊的网址，如每一个字节都为0的地址“0.0.0.0”对应于当前主机；IP地址中的每一个字节都为1的IP地址“255.255.255.255”是当前子网的广播地址；IP地址中不能以十进制“127”作为开头，该类地址中127.0.0.1到127.255.255.255用于回路测试等等。

2. 域名

由于IP地址是数字标识，使用时难以记忆和书写，因此产生了域名这种字符型标识。域名（Domain Name）是由一串用点分隔的名字组成的Internet上某一台计算机或计算机组的名称，用于在数据传输时标识计算机的电子方位。域名不仅使用方便、便于记忆，而且具有全球唯一性等特点。

域名系统是TCP/IP协议提供的一种服务，可以将域名翻译成相应的IP地址。用户上网时只需指定主机域名便可找到要访问的IP地址。在主机域名中，级别最低的域名写在最左边，而级别最高的域名写在最右边，如www.sina.com.cn，其中www.是网络名，sina是最低域名，.com是次高域名，.cn是最高域名。

域名可分为不同级别，包括顶级域名和二级域名等。

- **顶级域名**：分为国际顶级域名和国家顶级域名两类，前者是使用最早和最广泛的域名，如.com表示工商企业，.net表示网络提供商，.org表示非盈利组织等；后者是按照国家的不同分配不同后缀，如中国是cn，美国是us，日本是jp等。
- **二级域名**：即顶级域名之下的域名。在国际顶级域名下，它是指域名注册人的网上名称，如ibm、yahoo、microsoft等；在国家顶级域名下，它是表示注册企业类别的符号，如com、edu、gov、net等。中国的二级域名又分为类别域名和行政区域名两类，其中类别域名共6个，包括ac用于科研机构，com用于工商金融等企业，edu用于教育机构，gov用于政府部门，net用于互联网络信息中心和运行中心，org用于非盈利组织；而行政区域名是按照中国的各个行政区划划分的，包括有34个，分别对应于中国各省、自治区、直辖市。

虽然Internet上的各级域名分别由不同机构管理，但各个机构必须遵循一些共同的域名命名规则，域名只能由英文字母、数字，以及“-”（即连字符或减号）任意组合而成，且开头及结尾均不能含有“-”；域名中字母不区分大小写，域名最长可达67个字节（包括后缀.com、.net、.org等）等。

1.2.4 下一代Internet协议——Ipv6

目前使用的IP协议是互联网协议（Internet Protocol，IP）的第四版（即IPv4），也是第一个被广泛使用的、构成现今互联网技术基石的协议。IPv4中规定IP地址长度为32位，即有2^32−1个地址（符号^表示升幂）。由于互联网的快速发展，IP位址的需求量越来越大，所以IP位址的发放也愈趋严格。IPv4定义的有限地址空间将不能满足互联网的进一步发展，为了扩大地址空间，准备通过IPv6重新定义地址空间。

IPv6（Internet Protocol Version 6）是IETF（Internet Engineering Task Force，互联网工程任务组）设计的替代现行版本IP协议（IPv4）的下一代IP协议。IPv6采用128位地址长度，它的出现不仅解决了地址短缺问题，还考虑了在IPv4中解决不好的其他问题，主要有端到端IP连接、安全性、服务质量（QoS）、多播、即插即用、移动性等。IPv4与IPv6对比情况如表1-1所示。

表 1-1　IPv4 与 IPv6 对比表

项目	IPv4	IPv6
地址长度	32 位（4 字节）	128 位（16 字节）
地址格式	点分十进制格式	冒号分十六进制格式，带零压缩
安全性	IPsec 支持是可选的	IPsec 支持是必需的
QoS	包头中没有支持 QoS 的数据流识别项	包头中的流标识字段提供数据流识别功能，支持不同 QoS 要求
分段	由路由器和发送主机分别完成分段	路由器不再做分段工作，分段仅由发送主机进行
校验和	包头中包括完整性校验和	包头中不包括完整性校验和
处理	包头中包含可选项	所有可选内容全部移至扩展包头中
包长度	支持 576 字节数据包（可能经过分段）	支持 1280 字节数据包（不分段）
与 MAC 层关系	ARP 协议使用广播 ARP 请求帧对 IPv4 进行解析	组播邻居请求报文替代了 ARP 请求帧
ICMP	ICMP 路由器发现为可选协议，用于确定最佳默认网关的 IPv4 地址	ICMPv6 路由器请求和路由器发布报文为必选协议
组播	IGMP 协议用于管理本地子网成员	由 MLD 报文替代 IGMP 管理本地子网
广播地址	包含广播地址	IPv6 未定义广播地址
地址配置	手工操作或通过 DHCP 协议	地址自动配置
DNS	IPv4 主机名称与地址映射使用 A 资源记录	IPv6 主机名称与地址映射使用新的 AAAA 资源记录
逆向域名解析	IN-ADDR.ARPA 域	IP6.INT 域

通过与IPv4对比，IPv6主要具有以下一些优点。

- **扩大了地址空间**：IPv4采用32位地址长度，而IPv6采用128位地址长度，它提供了足够的地址资源，几乎可以不受限制地提供IP地址，从而确保端到端连接的可能性。
- **增强了网络安全**：采用IPSec可以为上层协议和应用提供有效的端到端安全保证，另外，在使用IPv6网络中用户可以对网络层的数据进行加密并对IP报文进行校验，极大的增强了网络的安全性。
- **改善了服务质量**：报头中的业务级别和流标记通过路由器的配置可以实现优先级控制和QoS保障，从而极大改善了IPv6的服务质量。
- **提高了网络的整体吞吐量**：由于IPv6的数据包远远超过64k字节，应用程序可利用最大传输单元（MTU）获得更快、更可靠的数据传输，同时在设计上改进了选路结构，采用简化的报头定长结构和更合理的分段方法，使路由器加快数据包处理速度，提高了转发效率，从而提高网络的整体吞吐量。
- **更好地实现了组播功能**：在IPv6的组播功能中增加了“范围”和“标志”，限定了路由范围和可以区分永久性与临时性地址，更有利于组播功能的实现。
- **支持即插即用和移动性**：设备接入网络时通过自动配置可自动获取IP地址和必要的

参数，实现即插即用，简化了网络管理，易于支持移动节点。

随着互联网的飞速发展和互联网用户对服务水平要求的不断提高，IPv6在全球将会越来越受到重视。

1.2.5 IP参数配置

TCP/IP协议需要针对不同的网络进行不同的设置，且每个节点一般需要一个“IP地址”、一个“子网掩码”、一个“默认网关”和一个“主机名”。下面以设置局域网中服务器电脑的IP参数为例进行讲解，其具体操作如下。（微课：光盘\微课视频\第1章\IP参数配置.swf）

STEP 1 在桌面的“网络”图标上单击鼠标右键，在弹出的快捷菜单中选择“属性”命令，在打开的“网络和共享中心”窗口左侧单击“更改适配器设置”超链接，如图1-11所示。

STEP 2 在连接好局域网并安装了TCP/IP协议后，在打开的“网络连接”窗口中将出现一个“本地连接”选项，在其上单击鼠标右键，在弹出的快捷菜单中选择“属性”命令，如图1-12所示。

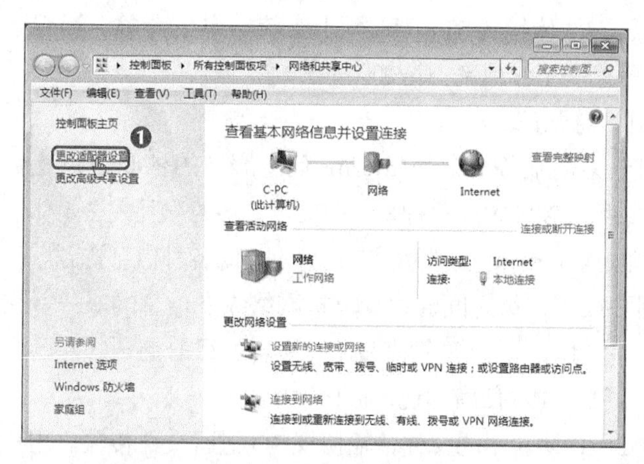

图1-11 打开网络和共享中心

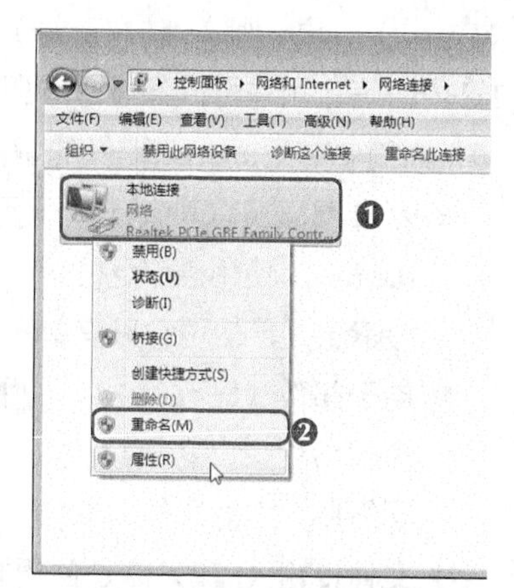

图1-12 选择“属性”命令

STEP 3 打开“本地连接 属性”对话框，在“此连接使用下列项目”列表框中选择“Internet协议版本4（TCP/IPv4）”选项，单击 属性(R) 按钮，如图1-13所示。

STEP 4 打开该协议的属性对话框，分别设置主机网络参数，一般代理服务器上的IP地址设置为192.168.1.1，子网掩码设置为255.255.255.0，如图1-14所示，那么其他电脑的IP地址取值范围为192.168.0.2～192.168.0.254，子网掩码为255.255.255.0，默认网关为192.168.1.1。

知识提示

网络连接必须受到TCP/IP协议的支持。一般情况下，安装了网卡等网络设备后，操作系统会自动安装TCP/IP协议，如果没有自动安装，用户可在打开的“本地连接 属性”对话框中选择Internet协议版本4或Internet协议版本6，然后单击 安装(N)... 按钮并根据提示进行安装。

STEP 5 设置完毕后单击 确定 按钮返回“本地连接 属性”对话框，再单击 确定 按钮关闭该对话框即可。

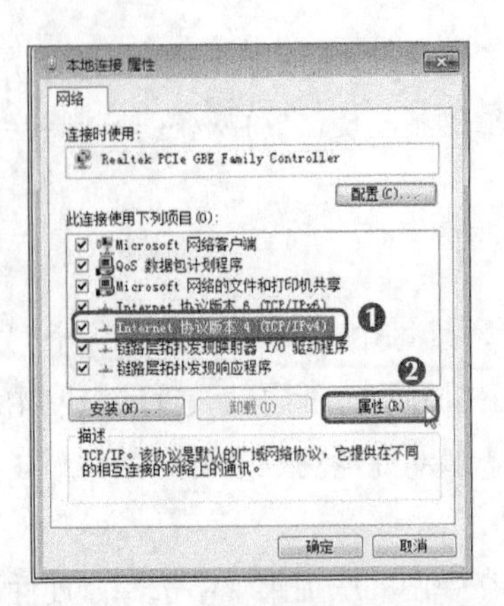

图1-13 打开“本地连接 属性”对话框

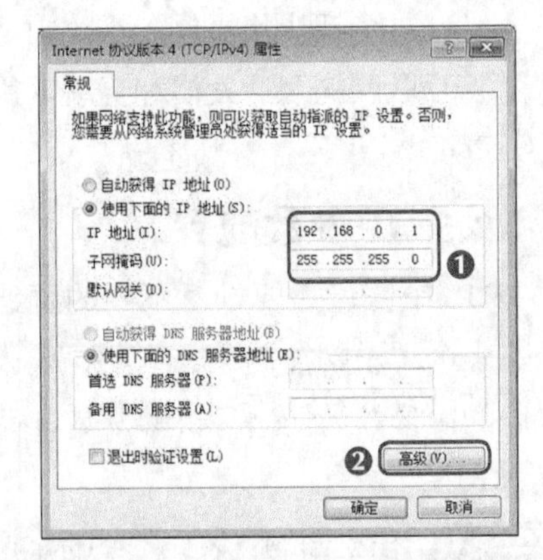

图1-14 设置服务器电脑的IP地址

1.2.6 Internet提供的服务

对于普通用户而言，Internet的价值不在于其庞大的规模或所应用的技术含量，而在于其所蕴涵的海量信息和方便快捷的通信方式。Internet提供了许多服务，包括万维网服务（WWW）、电子邮件（E-mail）、文件传输（FTP）、网上交流、电子商务、远程登录（Telnet）等，用户可以通过这些服务提高工作效率，增加生活乐趣。

下面简单介绍Internet提供的常见信息服务。

- **万维网服务（WWW）**：即网上浏览服务，它是Internet信息服务的核心，也是目前Internet上使用最广泛的信息服务。WWW是一种基于超文本文件的交互式多媒体信息检索工具，使用它只需单击即可在Internet中浏览所有计算机上的各种信息资源。
- **电子邮件（E-mail）**：是用户或用户组之间通过计算机网络收发信息的服务。它能使网络用户发送或接收文字、图像、语音等多种形式的信息。目前电子邮件已成为网络用户之间快速、简便、可靠且成本低廉的现代通信手段。
- **文件传输（FTP）**：是使用TCP/IP协议中的文件传输协议FTP进行文件传输。用户在使用FTP传输文件时，登录到对方主机上，就可以传输文件了。目前，具有断点续传功能的FTP软件使用非常广泛，它可以在线路中断再次恢复连接后接着上次中断的进程继续传输文件，该软件对于网络上传输大型文件非常有用。
- **网上交流**：网络可以看成是一个虚拟的社会空间，每个人都可以在这个网络社会上与别人聊天、交友、玩网络游戏等。网上交流已完全突破了传统的交友方式，让全世界的人不用见面就可以与不同性别、年龄、身份、职业、国籍、肤色的人进行交流，并通过Internet成为好朋友。
- **电子商务**：在网上进行贸易已经成为现实，而且发展趋势势不可挡，如进行网上购物、网上商品销售、网上拍卖、网上货币支付等。目前，电子商务正向一个更加纵深的方向发展，随着社会金融基础设施及网络安全设施的进一步键全，电子商务模式将更加完善，并受到众多用户的关注与青睐，将引发一轮新的热潮。
- **远程登录(Telnet)**：是指在网络通信协议Telnet的支持下，用户计算机（终端或主机）暂时成为远程某一台主机的仿真终端。用户只要知道远程计算机上的域名或IP地址、账号、口令，就可通过Telnet工具实现远程登录。登录成功后，用户可以使用远程计算机对外开放功能和资源。

除了上述服务外，Internet上还有许多其他的服务，如网络电话、网络会议、网上事务处理等，这些功能都可以通过相关的应用软件来实现。同时，在信息世界里，Internet还处在不断发展的阶段，明天的Internet会成为什么样子，大家一起拭目以待吧！

1.3 Internet的发展趋势

互联网正逐步改变着人们的学习、工作、生活方式，甚至影响着整个社会进程。因此关注Internet的发展趋势，不仅可以促进互联网发展，推动经济和社会进步，而且可以抓住互联网带来的机遇抵御风险。

1.3.1 云计算与物联网

云计算和物联网是目前Internet上两大新的技术趋势。它们的关系非常密切，同时也存在很大的区别。下面分别介绍云计算与物联网。

1. 云计算

“云”是网络和互联网的一种比喻说法，它具有超大规模。云计算（cloud computing）是基于互联网的相关服务的增加、使用和交付模式，通常涉及通过互联网来提供动态易扩展且经常是虚拟化的资源。

云计算是分布式计算（Distributed Computing）、并行计算（Parallel Computing）、效用计算（Utility Computing）、网络存储（Network Storage Technologies）、虚拟化（Virtualization）等传统计算机和网络技术发展融合的产物。它是通过使计算分布在大量的分布式计算机上，而非本地计算机或远程服务器中，企业数据中心的运行将与互联网更相似。这使得企业能够将资源切换到需要的应用上，根据需求访问计算机和存储系统。

云计算彻底改变了人们的工作方式，近年来随着云计算的快速发展，越来越多的应用开始以云为中心进行设计，并将其扩展到不同的行业。下面介绍几个主要的云计算应用。

- **云物联**：随着物联网业务量的增加，对数据存储和计算量的需求不得不依靠“云计算”，而“云物联”是基于云计算技术的物联网服务。
- **云安全**：是通过网状的大量客户端对网络中软件行为的异常监测，获取互联网中木马、恶意程序的最新信息，推送到Server端进行自动分析和处理，再把病毒和木马的解决方案分发到每一个客户端。
- **云存储**：是通过集群应用、网格技术或分布式文件系统等功能，将网络中大量各种不同类型的存储设备通过应用软件集合起来协同工作，共同对外提供数据存储和业务访问功能的一个系统。云计算系统中需要配置大量的存储设备，所以云存储是一个以数据存储和管理为核心的云计算系统。
- **云游戏**：是以云计算为基础的游戏方式，在云游戏的运行模式下，所有游戏都在服务器端运行，并将渲染完毕后的游戏画面压缩后通过网络传送给用户。在客户端，用户的游戏设备不需任何高端处理器和显卡，只需基本的视频解压能力就可以了。

2. 物联网

物联网是通过射频识别（RFID）、红外感应器、全球定位系统、激光扫描器、气体感应器等信息传感设备，按约定的协议，把任何物品与互联网连接起来，进行信息交换和通信，以实现智能化识别、定位、跟踪、监控、管理的一种网络。通俗地讲，物联网就是物物相连的互联网。它是在互联网基础上进行延伸和扩展的网络，它的核心和基础仍然是互联网；物联网的用户端延伸和扩展到了任何物品与物品之间，进行信息交换和通信。

物联网将是下一个推动世界高速发展的重要生产力，一方面它可以提高经济效益，节约成本；另一方面可以为全球经济的复苏提供技术动力。美国、欧盟等都在投入巨资深入研究探索物联网，我国也正在高度关注、重视物联网的研究。此外，物联网普及以后，按照对物联网的需求，用于动物、植物和机器、物品的传感器与电子标签及配套的接口装置的数量将远远超过手机的数量，这将极大地推进信息技术元件的生产，同时增加大量的就业机会。

物联网用途广泛，遍及智能交通、环境保护、政府工作、公共安全、智能家居、智能消防等多个领域。下面介绍几个主要的物联网应用。

- **物联网传感器产品的应用**：在防入侵系统中铺设了成千上万个传感节点，覆盖了地面、栅栏、低空探测，可以防止人员的翻越、偷渡、恐怖袭击等攻击性入侵。
- **手机物联网**：将移动终端与电子商务相结合的模式，让消费者可以与商家进行便捷的互动交流，随时随地体验品牌品质，传播分享信息，实现互联网向物联网的从容过渡，创建出一种全新的零接触、高透明、无风险的市场模式。
- **与门禁系统的结合**：一个完整的门禁系统由读卡器、控制器、电锁、出门开关、门磁、电源、处理中心组成，无线物联网门禁将门点的设备简化到了极致——一把电池供电的锁具。门的四周不需要设备任何辅佐设备，只需门上面开孔装锁。整个系统简洁明了，大幅缩短施工工期，也能降低后期维护的本钱。
- **与云计算的结合**：物联网的智能处理依靠先进的信息处理技术，如云计算、模式识别等技术。云计算可以从两个方面促进物联网和智慧地球的实现：一，云计算是实现物联网的核心；二，云计算促进物联网、互联网的智能融合。

知识提示

云计算与物联网两者缺一不可，没有云计算的发展，物联网也就不能顺利实现，而物联网的发展又推动了云计算技术的进步。云计算与物联网的结合是互联网络发展的必然趋势，它将引导互联网和通信产业的发展。

1.3.2 移动互联网

移动互联网（MobileInternet，简称MI）是一种通过智能移动终端，采用移动无线通信方式获取业务和服务的新兴业务，包含终端层、软件和应用层。终端层包括智能手机、平板电脑、电子书、MID等；软件包括操作系统、数据库、安全软件等。应用层包括休闲娱乐类、工具媒体类、商务财经类等不同应用与服务。通俗地讲，移动互联网就是将移动通信和互联网结合起来成为一体。

移动互联网是未来另一个发展前景巨大的网络应用。近年来，移动通信用户的高速增长现象反映了人类对移动性和信息的需求急剧上升，越来越多的人希望在移动的过程中高速地接入互联网，获取急需的信息，所以移动通信与互联网相结合是必然趋势。移动互联网应用具有终端设备多样、可随身携带等特点。随着智能手机的普及，智能手机用户群体数量的高速增长，丰富多彩的移动互联网应用正在飞速发展，并逐渐渗透到人们生活、工作的各个领域。下面介绍几个主要的移动互联网应用。

- **移动定位**：随身电子产品日益普及，人们的移动性在日益增强，对位置信息的需求也日益高涨，市场对移动定位服务需求将快速增加。
- **移动搜索**：移动搜索的最终目的是促进手机的销售和创造市场机会。为了达到这一目标，业界首先要改善移动搜索的用户体验。
- **移动支付**：支付手段的电子化和移动化是不可避免的必然趋势，移动支付业务发展预示着移动行业与金融行业融合的深入。
- **移动电子商务**：是指手机、掌上电脑、笔记本电脑等移动通信设备与无线上网技术结合所构成的一个电子商务体系。它可以为用户随时随地提供所需的服务、应用、信息、娱乐，使用户利用手机终端便捷地选择及购买商品和服务。

1.3.3 SoLoMo

SoLoMo（索罗门），即社交、本地化、移动这三者的统称，它是Social（社交的）、Local（本地的）、Mobile（移动的）三种概念混合的产物，代表着未来互联网发展的趋势。

若将社交、本地化与移动这三者作为个体，Social是指以Facebook、人人网以及新浪微博等为代表的社交类网站；Local是指采用iOS系统以及采用Android系统等智能手机中的LBS(Location Based Service)应用，即以LBS为基础的各种定位和签到，其代表是街旁、大众点评等；Mobile是指随着3G乃至4G网络发展逐渐融入人们生活的移动互联网。So作为当下乃至未来的潮流，而Lo和Mo则更多的是建立在Social的大平台下获得快速的发展，它们的概念演示如图1-15所示。SoLoMo作为三者融合的新形式将更加社交化、更加本地化、更加移动化。

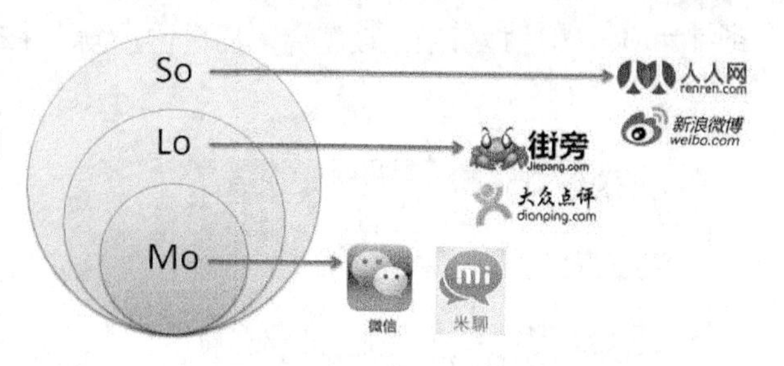

图1-15 SoLoMo概念演示

自从SoLoMo模式出现以来，国内的互联网从业者都认为它是互联网未来的趋势。很多公司都在朝这个方向上竞争，探索多元化的盈利模式，但是国内距离SoLoMo的真正成功还有很长的路要走。在基于SoLoMo构建出的虚拟网络世界里，用户的真正核心是创造、分享、交流，而地理位置只是一个手段。如果不能在真实世界中获得服务，网络中的虚拟生活将并不能带来任何价值。对于服务提供商而言，更重要的就是从“基于地理位置信息服务”

(Location Based)变成“地理位置信息能扩展出什么服务”(Location Enhanced),把用户的位置信息作为自己产品设计的中心,以满足用户需要。

知识提示

除了以上的网络发展趋势外,未来还有虚拟世界、网络电视、电商社区化、3D互联网、5G技术、人工智能等各种趋势和突破,同时还有一些非常流行的网络技术是我们所无法预测的。

1.4 实训——IP地址配置与测试

本实训的目标是IP地址的配置与测试,下面首先设置本机的IP地址,然后利用Windows测试工具调试网络。

1.4.1 设置本机的IP地址

设置本机IP地址的具体操作如下。(**微课**:光盘\微课视频\第1章\设置本机的IP地址.swf)

STEP 1 在“网络连接”窗口中的“本地连接”图标上单击鼠标右键,在弹出的快捷菜单中选择“属性”命令,在打开的“本地连接 属性”对话框的“网络”选项卡的“此连接使用下列项目”列表框中选择“Internet协议版本4(TCP/IPv4)”选项,单击属性(R)按钮。

STEP 2 打开该协议的属性对话框,前面已设置了代理服务器上的IP地址,这里将本机的IP地址设置为“192.168.1.114”,子网掩码为“255.255.255.0”,默认网关为“192.168.1.1”,如图1-16所示,完成后依次单击确定按钮。

多学一招

在“Internet协议版本4(TCP/IPv4)属性”对话框中单击高级(V)...按钮,可打开“高级TCP/IP设置”对话框,在其中可以进行更详细的设置,如图1-17所示,设置完毕后单击确定按钮返回上一级对话框。

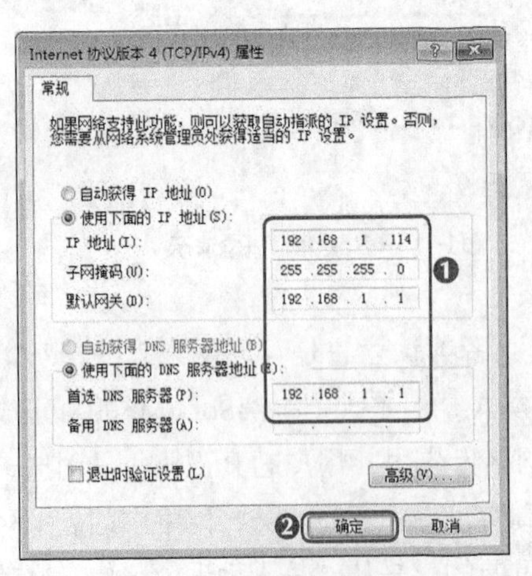

图1-16 设置本机的IP地址

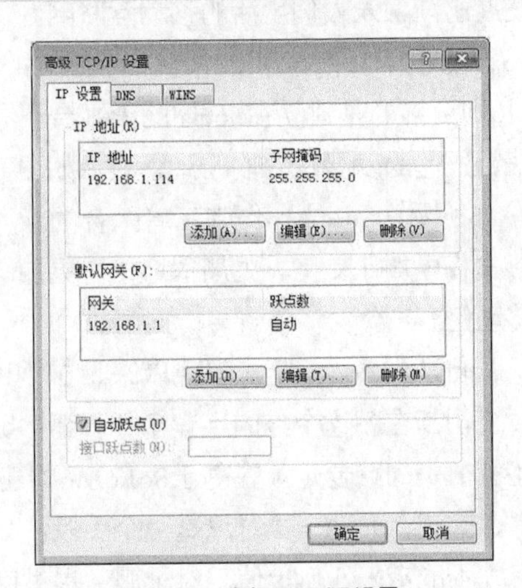

图1-17 高级TCP/IP设置

1.4.2 使用Windows测试工具调试网络

针对不熟悉网络的用户，可以使用Windows自带的网络小工具Ping.exe测试网络，其具体操作如下。（微课：光盘\微课视频\第1章\ 使用Windows测试工具调试网络.swf）

STEP 1 选择【开始】/【运行】菜单命令，或按【Win+R】组合键，打开“运行”对话框，在“打开”下拉列表框中输入“cmd”，然后单击 确定 按钮，如图1-18所示。

STEP 2 在打开的Windows命令程序解释窗口（cmd.exe）中的光标闪烁处输入“ipconfig/all”，然后按【Enter】键即可查看本机的IP地址信息，如图1-19所示。

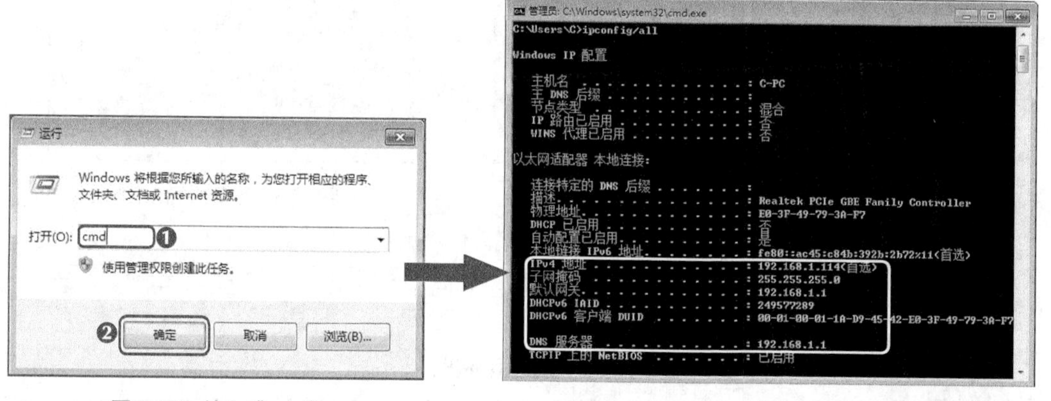

图1-18 输入“cmd”

图1-19 输入“ipconfig/all”查看IP地址信息

STEP 3 继续在光标闪烁处输入Ping命令，并在其后输入需要的IP地址，这里输入“Ping 192.168.1.1”，若网络运行正常，此时将出现如图1-20所示的界面。

STEP 4 继续在光标闪烁处输入Tracert命令，并在其后输入本机IP地址，这里输入tracert 192.168.1.114，此时将出现本机在访问网络时所经过的网关和路由的IP地址，如图1-21所示。

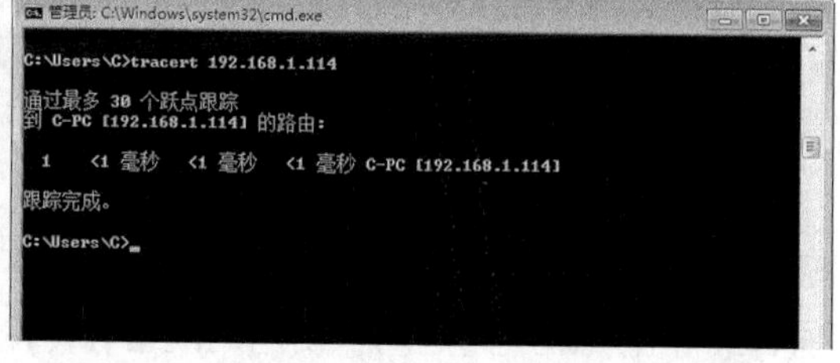

图1-20 输入Ping命令

图1-21 输入Tracert命令

STEP 5 继续在光标闪烁处输入Route Print命令，此时将显示本机中所有路由表，主要显示的内容有网络目标、网络掩码、网关、接口、跃点数，如图1-22所示，完成后单击 ✕ 按钮。

多学一招

在“网络连接”窗口中的“本地连接”图标上单击鼠标右键，在弹出的快捷菜单中选择“状态”命令，在打开的“本地连接 状态”对话框中单击 详细信息(E)... 按钮，在打开的“网络连接详细信息”对话框中也可查看本机的IP地址、子网掩码、默认网关和DNS服务器等，如图1-23所示，完成后依次单击 关闭(C) 按钮。

```
管理员: C:\Windows\system32\cmd.exe
C:\Users\C>route print
===========================================================================
接口列表
 11...e0 3f 49 79 3a f7 ......Realtek PCIe GBE Family Controller
  1...........................Software Loopback Interface 1
 12...00 00 00 00 00 00 00 e0 Microsoft ISATAP Adapter
 13...00 00 00 00 00 00 00 e0 Teredo Tunneling Pseudo-Interface
===========================================================================

IPv4 路由表
===========================================================================
活动路由:
网络目标        网络掩码          网关       接口   跃点数
          0.0.0.0          0.0.0.0      192.168.1.1    192.168.1.114    276
        127.0.0.0        255.0.0.0            在链路上         127.0.0.1    306
        127.0.0.1  255.255.255.255            在链路上         127.0.0.1    306
  127.255.255.255  255.255.255.255            在链路上         127.0.0.1    306
      192.168.1.0    255.255.255.0            在链路上     192.168.1.114    276
    192.168.1.114  255.255.255.255            在链路上     192.168.1.114    276
    192.168.1.255  255.255.255.255            在链路上     192.168.1.114    276
        224.0.0.0        240.0.0.0            在链路上         127.0.0.1    306
        224.0.0.0        240.0.0.0            在链路上     192.168.1.114    276
  255.255.255.255  255.255.255.255            在链路上         127.0.0.1    306
  255.255.255.255  255.255.255.255            在链路上     192.168.1.114    276
===========================================================================
永久路由:
  网络地址          网络掩码  网关地址  跃点数
          0.0.0.0          0.0.0.0      192.168.1.1     默认
===========================================================================

IPv6 路由表
===========================================================================
活动路由:
 如果跃点数网络目标      网关
 13     58 ::/0                     在链路上
  1    306 ::1/128                  在链路上
 13     58 2001::/32                在链路上
 13    306 2001:0:5ef5:79fb:2c86:3306:3f57:fe8d/128
```

图1-22　输入Route Print命令

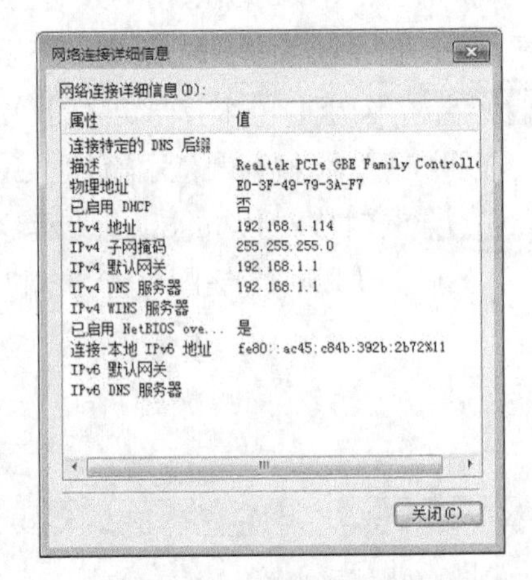

图1-23　查看本机的IP地址

1.5 疑难解析

问：选择拓扑结构时，应考虑的主要因素有哪些？

答：网络拓扑结构的选择往往和传输介质的选择、介质访问控制方法的确定等密切相关。选择拓扑结构时，应考虑的主要因素有以下几点。

①费用低：不论选用哪种拓扑结构都需进行安装，如电缆布线等。要降低安装费用，就需对拓扑结构、传输介质、传输距离等相关因素进行分析，选择合理的方案。

②灵活性：在设计网络时，考虑到设备和用户需求的变迁，拓扑结构必须具有一定的灵活性，能容易地被重新配置，此外，还要考虑原有站点的删除、新站点的加入等问题。

③可靠性：在LAN中有两类故障，一是网中个别结点损坏，这只影响局部，二是网络本身无法运行，拓扑结构的选择可使故障的检测和隔离较为方便。

问：如何选购适合的网卡？

答：由于网卡种类繁多，不同类型的网卡其使用环境可能也不一样。因此，选购网卡之前，最好先明确所选购网卡使用的网络、传输介质类型、与之相连的网络设备带宽等情况。目前市场上的网卡根据连接介质的不同，基本上可以分为粗缆网卡（AUI接口）、细缆网卡（BNC接口）、双绞线网卡（RJ45接口）。若以双绞线为传输介质，应选用RJ-45接口类型的网卡；若以细同轴电缆为传输介质，则应选用BNC接口类型的网卡；若以粗同轴电缆为传输介质，则需选用AUI接口的网卡；还有FDDI接口类型的网卡、ATM接口类型的网卡，它们分别用于对应的网络。

问：域名注册的原则是什么？

答：域名注册是Internet中用于解决地址对应问题的一种方法。域名注册遵循先申请先注册原则，管理机构对申请人提出的域名是否违反了第三方的权利不进行任何实质审查。同时，每一个域名的注册都是独一无二的、不可重复的。因此，在网络上，域名是一种相对有限的资源，它的价值将随着注册企业的增多而逐步为人们所重视。

问：一个主机可以拥有多个IP地址，那么一个IP地址是不是也可分配给多个主机呢？

答：在Internet中，一个主机可以拥有一个或多个IP地址，但是不能把同一个IP地址分配给多个主机，否则会产生地址冲突，产生冲突的两台或多台电脑将都不能正常连接到Internet中。

1.6 习题

本章主要介绍了计算机网络基础、Internet基础、Internet的发展趋势，其中包括什么是计算机网络、计算机网络的分类、传输介质与网络设置、Internet的概念、TCP/IP网络协议、IP地址与域名、IP参数配置等知识。下面通过几个练习题使读者加强对该部分内容的理解。

（1）简述Internet与局域网的区别。

（2）简述计算机网络中有哪些常用的传输介质和网络设备。

（3）简述什么是TCP/IP网络协议，以及IP地址与域名的表现形式。

（4）简述IPv4与IPv6的区别。

（5）简述Internet提供了哪些服务。

（6）根据实际需要设置本机IP参数，并测试网络连通性。

课后拓展知识

在实际工作中，通常多台计算机需要共享一个打印机，即只要一台计算机连接了打印机，那么其他几台计算机便可通过共享方式连接该打印机实现打印操作。配置网络共享打印机的具体操作如下。

STEP 1 在局域网中将连接到一台计算机上的普通打印机设置为共享，首先确定计算机已打开并装好打印机驱动，然后选择【开始】/【设备和打印机】菜单命令，在打开的窗口中用鼠标右键单击要共享的打印机图标，在弹出的快捷菜单中选择“打印机属性”命令，如图1-24所示。

STEP 2 在打开的打印机属性对话框中单击“共享”选项卡，在其中单击选中“共享这台打印机”复选框，并在“共享名”文本框中为打印机命名一个共享的网络名，如“HPLY”，如图1-25所示。

STEP 3 未与打印机直接连接的计算机若需使用打印机，可选择【开始】/【设备和打印机】菜单命令，在打开的窗口中单击“添加打印机”超链接启动“添加打印机”向导，然后在打开的对话框中选择如图1-26所示的选项添加网络打印机。

STEP 4 Win7系统会自动搜索网络中的打印机，这里可单击“我需要的打印机不在列表中”链接，在打开的对话框中输入IP地址和打印机名称“\\192.168.1.114\HPLY”，完成后单击下一步(N)按钮，如图1-27所示。

图1-24　选择“打印机属性”命令

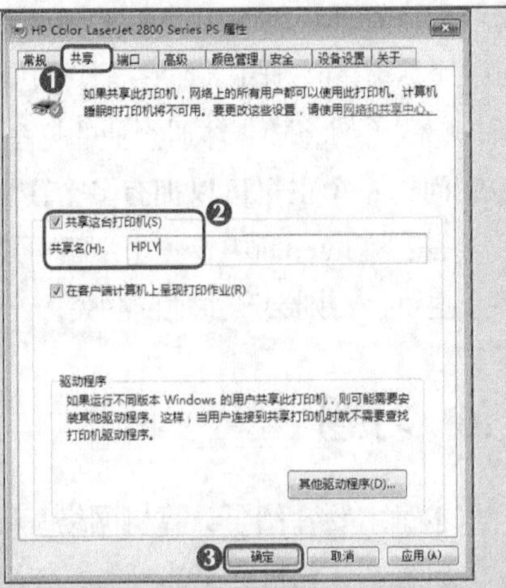

图1-25　设置共享和共享名

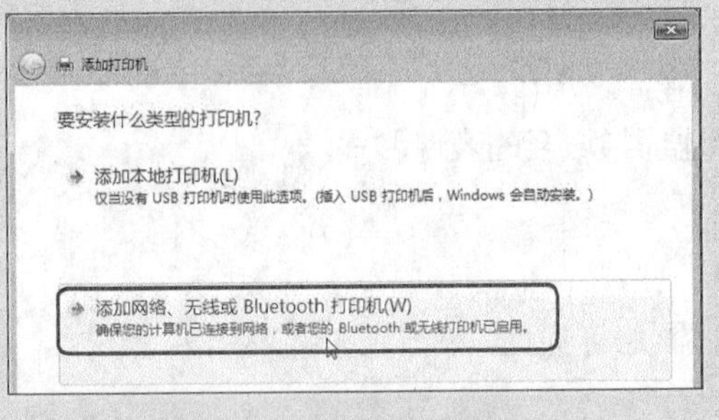

图1-26　添加网络打印机

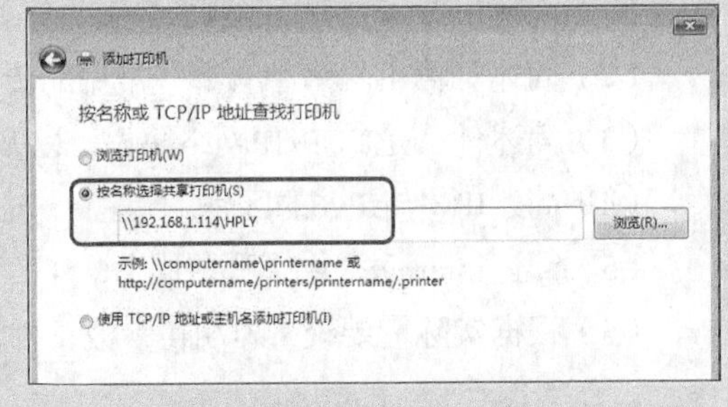

图1-27　直接输入IP地址和打印机名称

STEP 5 在打开的对话框中提示已成功添加所选的打印机，然后单击[下一步(N)]按钮，如图1-28所示，在打开的对话框中单击[完成(F)]按钮完成添加，如图1-29所示，一般完成添加后可单击[打印测试页(P)]按钮打印测试页来确定自己添加的共享打印机没有问题。

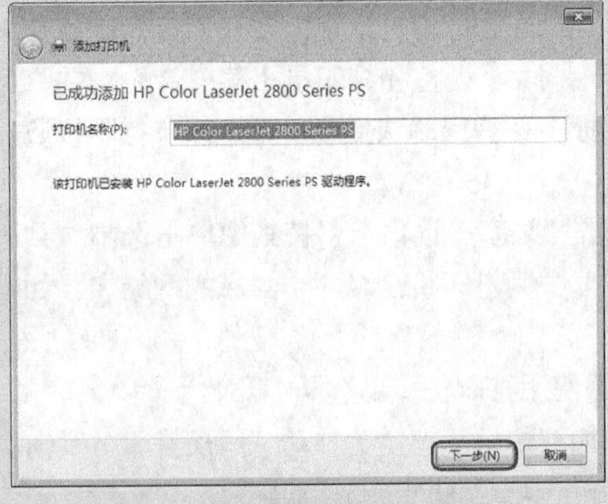

图1-28　提示已成功添加所选打印机

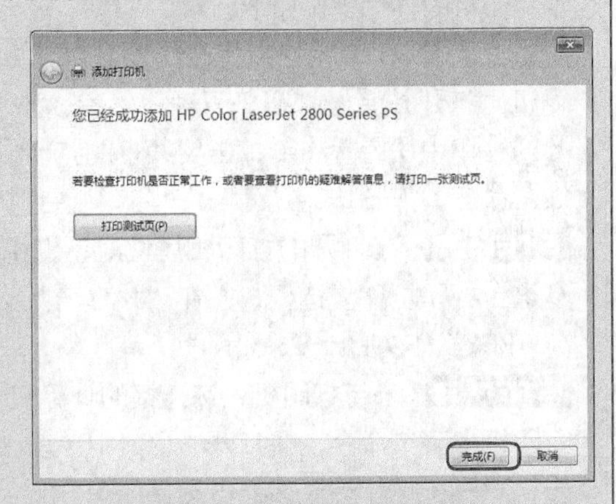

图1-29　完成添加共享打印机

PART 2

第2章 Internet接入技术

情景导入

小白一心想在Internet上实现网上冲浪，获取需要的资料和信息，可是不知道该如何将计算机连入Internet？因此了解Internet接入技术很有必要。

知识技能目标

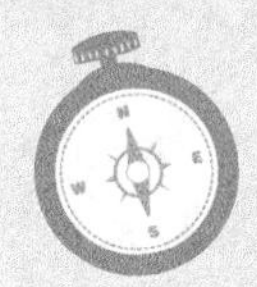

- 掌握ADSL拨号接入Internet和无线接入Internet
- 了解其他Internet接入方式
- 掌握局域网共享接入Internet

- 能够使用ADSL拨号接入Internet
- 能够通过设置实现无线接入Internet
- 能够将局域网中的所有计算机共享连入Internet

课堂案例展示

连接到无线网络

开启WLAN

2.1 ADSL拨号接入Internet

随着传输介质的不断变化，Internet的接入技术也在不断发展。从传统的双绞线到如今的无线，数据的传输速度越来越快，人们对接入技术的可选空间也越来越大。目前，接入Internet的方式主要有ADSL拨号接入Internet、无线接入Internet、DDN专线接入、有线电视网接入等。下面首先介绍目前使用最多的ADSL接入方式。

2.1.1 上网前的准备工作

ADSL接入方式（又称非对称式数字用户线路），是指直接利用现有电话线作为传输介质进行上网，它适用于家庭、个人等用户的大多数网络应用。

1. ADSL上网硬件准备

ADSL技术可以充分利用现有的电话线网络，通过在线路两端加装ADSL设备提供宽带服务，使用户在上网的同时也可拨打电话，互不影响，而且上网时不需要缴付额外的电话费，可节省费用。使用ADSL上网时，电脑、电话的连接示意图如图2-1所示。

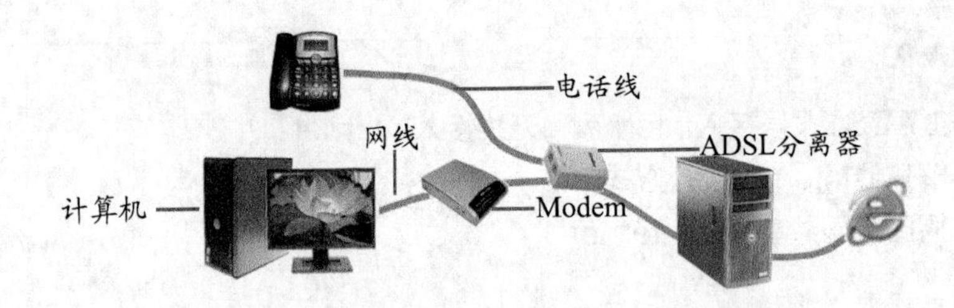

图2-1 使用ADSL上网时电脑、电话的连接示意图

要使用ADSL接入Internet，必须具备以下条件。

- **申请一个ADSL上网账号**：用户必须向当地Internet供应商（ISP）申请一个ADSL上网账号，工作人员将在规定工作日内上门安装硬件设备，并调试网络。
- **一个ADSL分离器**：要将ADSL电话线路中的高频信号和低频信号分离，就需要ADSL分离器。一般的话音数据分离器有三个接口，即一个接外线、一个接ADSL Modem、另一个接模拟电话机。
- **一个ADSL Modem**：ADSL Modem分为内置和外置，内置Modem的形状与显卡、声卡相似；外置Modem置于机箱外面，通过通信线与计算机相连。目前，常用的是外置Modem。无论是内置Modem还是外置Modem，都有电源接口、电源开关、复位孔、网线接口、电话线接口。
- **一台个人计算机**：用户至少需要一台计算机，且计算机中应配置有网卡，因为连接和设置网卡是正确连通网络的前提和必要条件。
- **两根电话线和一根网线**：由于ADSL是通过电话线上网，因此必须有电话线，而网线则是连接局域网的必备硬件之一。

2. 硬件连接

准备好ADSL上网硬件设备后，还必须使用电话线和网线将所需的硬件设备连接起来，

其具体操作如下。（微课：光盘\微课视频\第2章\硬件连接.swf）

STEP 1 将入户的电话线连接到ADSL分离器上，然后将ADSL分离器中Phone端口的电话线连接到电话机的插孔中，并将ADSL分离器中Modem端口的电话线连接到ADSL Modem的Line插孔中，如图2-2所示。

STEP 2 将网线的一端插入ADSL Modem的Ethernet插孔中，将ADSL Modem的电源线一端插入Power插孔中，另一端插入电源，如图2-3所示。

STEP 3 将网线的另一端连接到计算机网卡对应的插孔上，如图2-4所示。

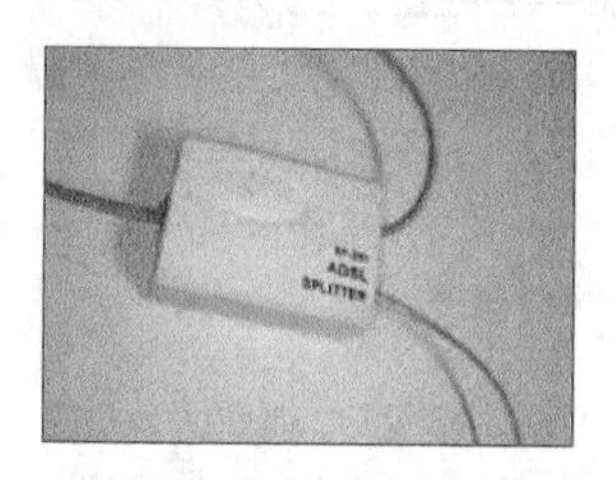

图2-2 连接ADSL分离器

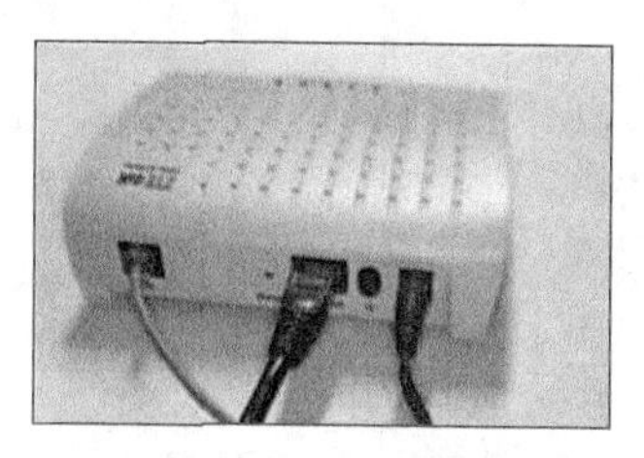

图2-3 连接ADSL Modem

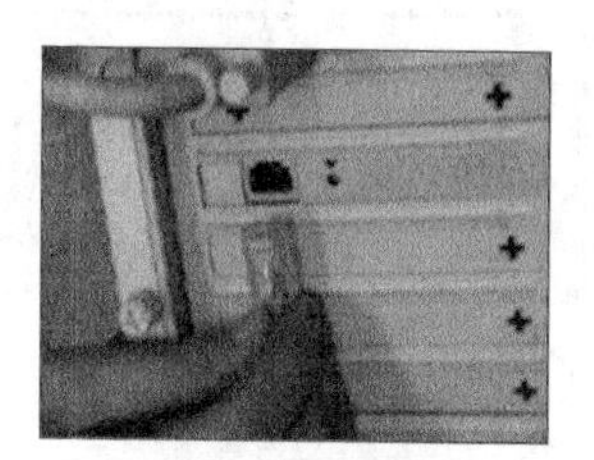

图2-4 连接网卡

2.1.2 建立拨号连接

下面根据Internet服务提供商（ISP）提供的账号与密码创建一个宽带连接，其具体操作如下。（微课：光盘\微课视频\第2章\建立拨号连接.swf）

STEP 1 在桌面的“网络”图标上单击鼠标右键，在弹出的快捷菜单中选择“属性”命令，打开“网络和共享中心”窗口，在“更改网络设置”栏中单击“设置新的连接或网络”超链接，如图2-5所示。

STEP 2 打开“设置连接或网络”对话框，在“选择一个连接选项”列表中选择“连接到Internet”选项，单击 下一步(N) 按钮，如图2-6所示。

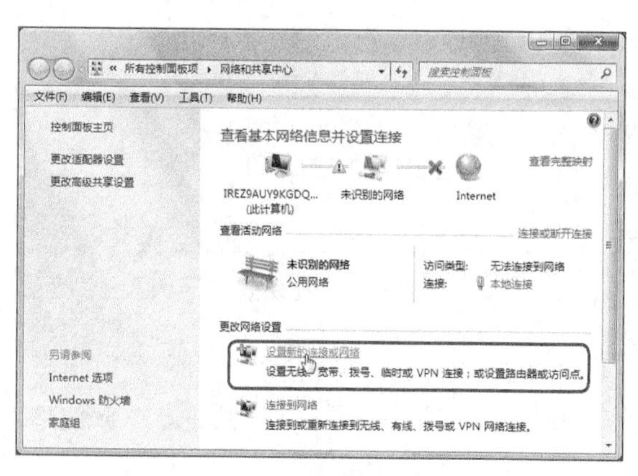

图2-5 更改网络设置

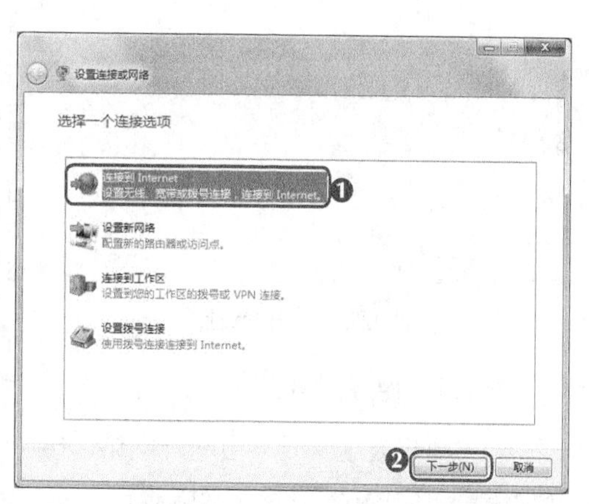

图2-6 选择网络连接类型

多学一招

选择【开始】/【控制面板】菜单命令，在打开的“控制面板”窗口的“网络和Internet”栏下单击“查看网络状态和任务”超链接，也可打开“网络和共享中心”窗口。

STEP 3 打开“连接到Internet”对话框，选择“宽带（PPPoE）”选项，如图2-7所示。

STEP 4 在打开的对话框中分别输入Internet供应商（ISP）提供的账号与密码等信息，单击 连接(C) 按钮，如图2-8所示。

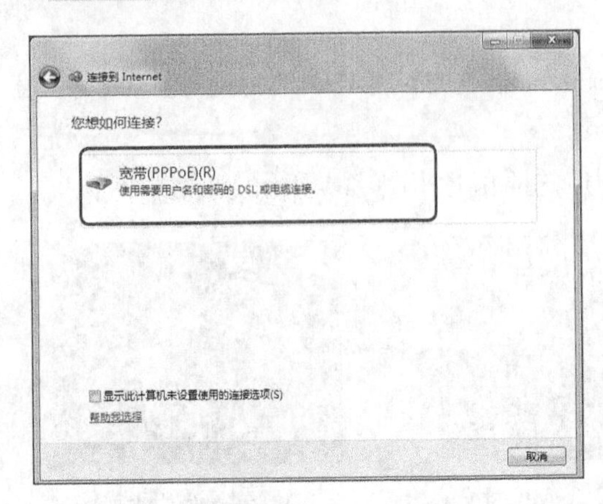

图2-7　选择连接Internet的方式

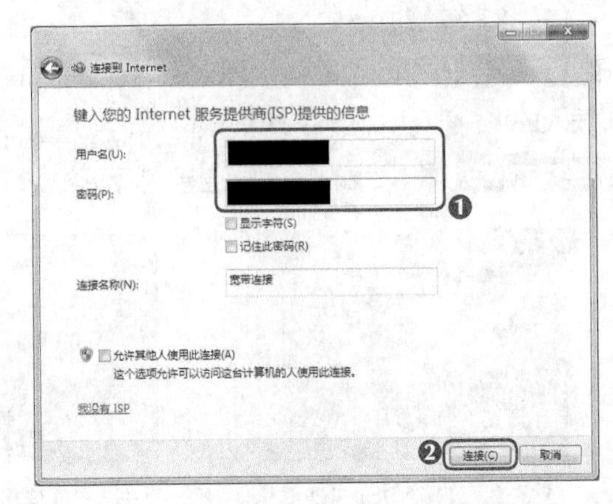

图2-8　输入信息

STEP 5 在打开的对话框中系统显示正在验证用户名和密码，并测试Internet连接，如图2-9所示。

STEP 6 在打开的对话框中显示已连接到Internet，单击 关闭(C) 按钮，如图2-10所示，此时桌面上的任务栏提示区中的“网络”图标由变为显示状态，表示拨号连接完成。

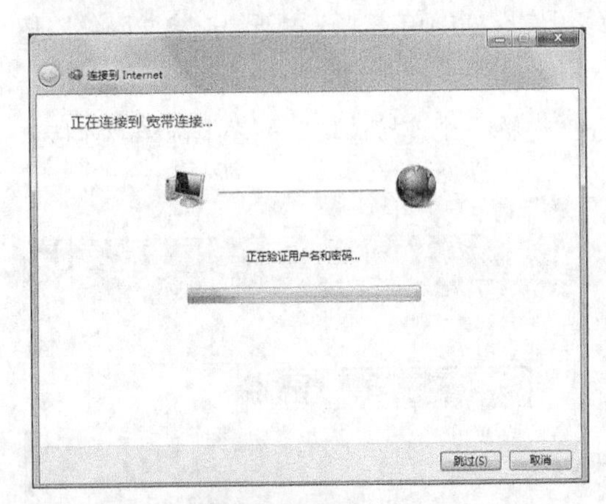

图2-9　开始连接

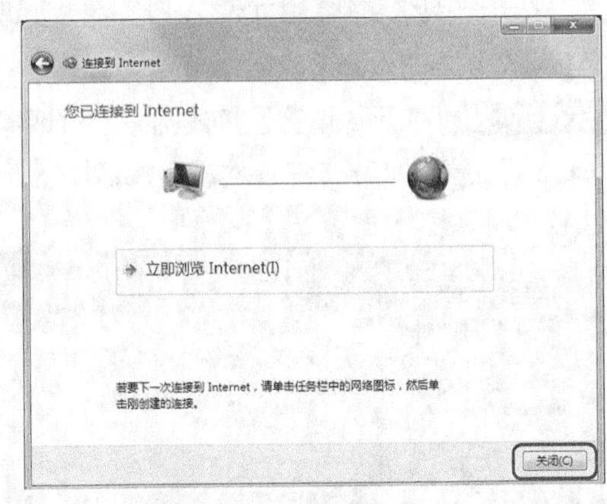

图2-10　完成连接

2.1.3　断开网络

当不再需要上网时，可断开网络连接。断开网络连接的方法主要有以下两种。（微课：光盘\微课视频\第2章\断开网络.swf）

- 单击任务栏提示区中的“网络”图标，在打开的连接状态界面中选择“宽带连接”选项，在展开的界面中单击 断开(D) 按钮，如图2-11所示。
- 打开“网络和共享中心”窗口，单击“更改适配器设置”超链接，打开“网络连接”窗口，在“宽带连接”图标上单击鼠标右键，在弹出的快捷菜单中选择“断开”命令，如图2-12所示。

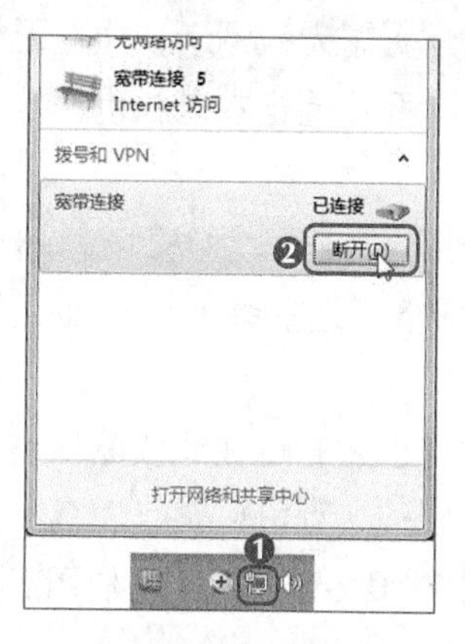

图2-11 通过任务栏断开网络

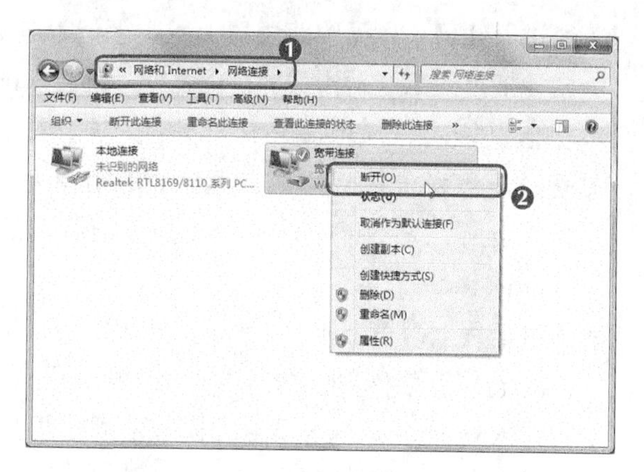

图2-12 在“网络连接”窗口中断开网络

2.1.4 重新拨号上网

断开网络后，若需再次连接网络时，其具体操作如下。（微课：光盘\微课视频\第2章\重新拨号上网.swf）

STEP 1 在桌面右下角单击“网络”图标，在打开的界面中选择“宽带连接”选项并单击连接(C)按钮，如图2-13所示；或在“网络连接”窗口的“宽带连接”图标上单击鼠标右键，在弹出的快捷菜单中选择“连接”命令。

STEP 2 打开“连接宽带连接”对话框，输入用户名和密码，然后单击连接(C)按钮，如图2-14所示，打开“正在连接到 宽带连接...”对话框，如图2-15所示。连接成功后系统将自动关闭该对话框，且任务栏提示区中的“网络”图标显示为状态。

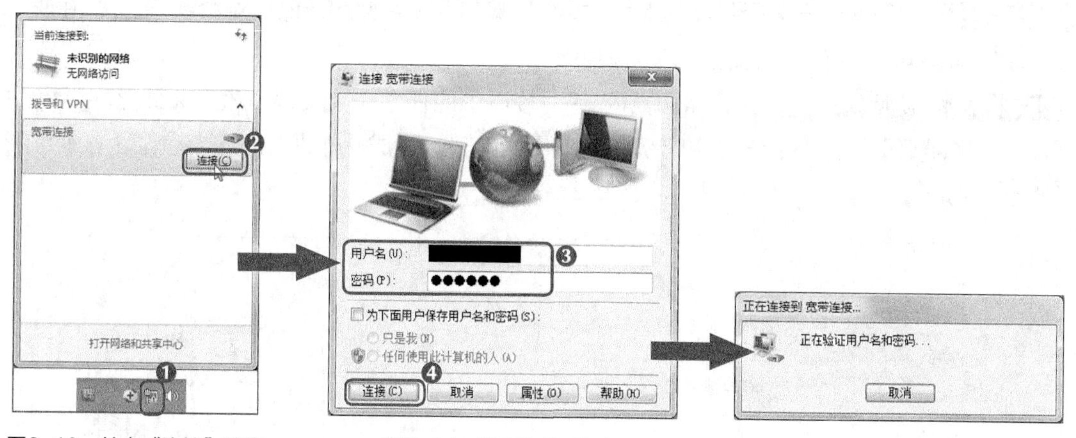

图2-13 单击“连接”按钮　　图2-14 拨号连接对话框　　图2-15 正在连接网络

2.2 无线接入Internet

无线上网是通过无线传输介质，如红外线和无线电波来接入Internet，通俗地说，只要上网终端（笔记本电脑、智能手机等）没有连接有线线路，都称为无线上网。无线上网主要有以下几种方式。

- **通过无线网卡、无线路由器上网**：笔记本电脑一般都配置了无线网卡，通过无线路由器把有线信号转换成Wi-Fi信号，再连入Internet，从而让笔记本电脑也拥有上网功能，这也是普通家庭中最常见的无线上网方式。
- **通过无线网卡在网络覆盖区上网**：在无线上网的网络覆盖区，如机场、超市等公共场所，无线网卡能够自动搜索出相应的Wi-Fi网络，选择该网络从而连接到Internet。
- **通过无线上网卡上网**：无线上网卡相当于调制解调器，通过它可在无线电话信号覆盖的地方利用手机的SIM卡（SIM卡插入无线上网卡中）连接到Internet上，而上网费用计入SIM卡中。由于无线上网卡上网方便、简单，现在很多台式机也在使用。无线上网卡有USB接口和PCMCIA接口两种。

2.2.1 设置无线路由器

实现无线上网需要一个无线信号发射器，无线路由器便是一台可以将有线信号转变为无线信号的机器。将无线路由器、调制解调器、计算机等设备进行连接，并对无线路由器进行相应的设置后，就可以组建成一个无线网络，这样电脑和移动设备都可以连接到网络中。

1. 硬件连接

组建无线网络的设备连接很简单，只要将调制解调器、无线路由器、计算机等设备通过电话线与网络进行连接即可。（微课：光盘\微课视频\第2章\设置无线路由器.swf）

STEP 1 将电话线接头插入调制解调器的“LINE”接口（如果使用了电话，需要使用分线盒连接到电话机上）。

STEP 2 使用网线连接调制解调器的“LAN”接口和无线路由器的“WAN”接口，并使用无线路由器的电源线连接电源接口和电源插座。

STEP 3 使用网线连接无线路由器的1～4接口中的任意一个接口（根据无线路由器的型号，接口数量不同而有所差异）和计算机上的网卡接口，完成硬件设备的连接操作，其示意图如图2-16所示。

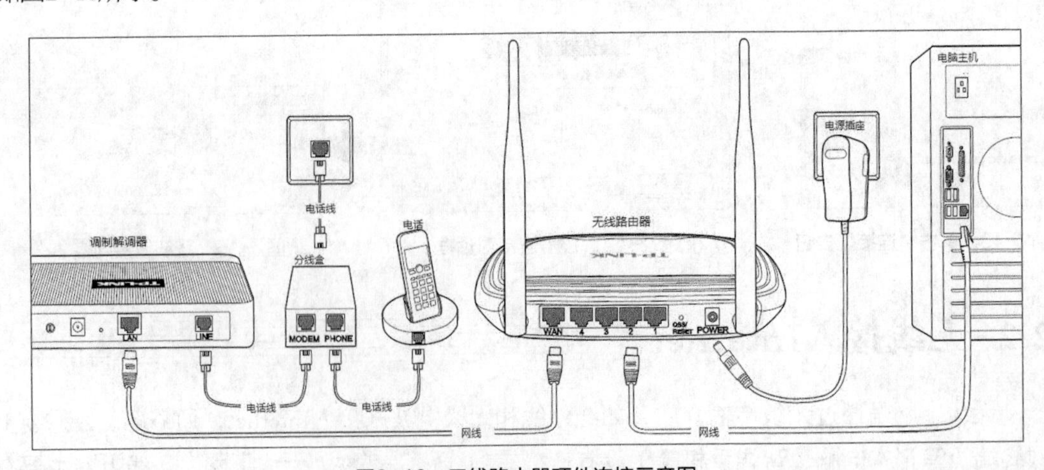

图2-16 无线路由器硬件连接示意图

2. 软件设置

无线路由器连接好后，就需要登录其设置界面，进行软件的设置，包括上网账号和密码的设置、无线网络名称和登录密码的设置。（微课：光盘\微课视频\第2章\软件设置.swf）

STEP 1 打开调制解调器和无线路由器的电源并启动计算机。打开IE浏览器，在“地址栏”中输入192.168.1.1，然后按【Enter】键，如图2-17所示。

STEP 2 打开登录无线路由设置界面的登录对话框，在其中输入账号和密码，默认情况下账号和密码为“admin”，单击 确定 按钮，如图2-18所示。

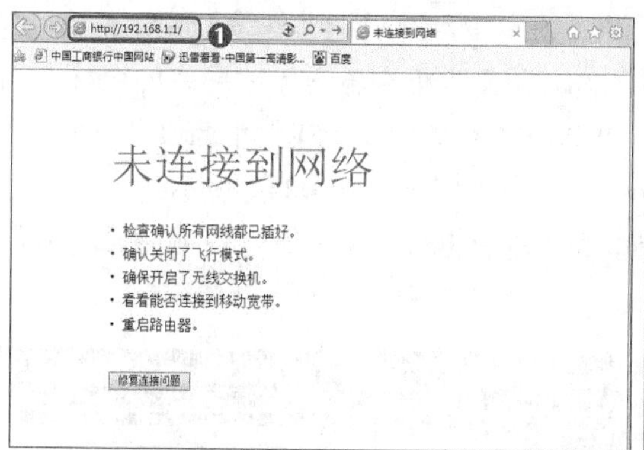

图2-17 输入无线路由器地址

图2-18 输入登录账号和密码

知识提示

不同品牌的无线路由器在IE浏览器中输入的地址以及登录的账号和密码会有所不同。在购买无线路由器时，包装盒中会有说明书，在其中会说明登录的地址以及账号和密码等信息。

STEP 3 打开路由器的管理界面，在界面左侧单击“设置向导”超链接，如图2-19所示。

STEP 4 打开“设置向导”界面，在其中直接单击 下一步 按钮，如图2-20所示。

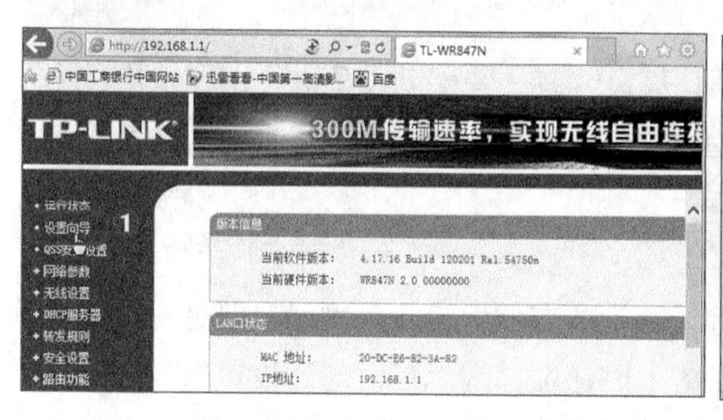

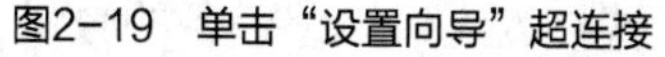

图2-19 单击“设置向导”超连接

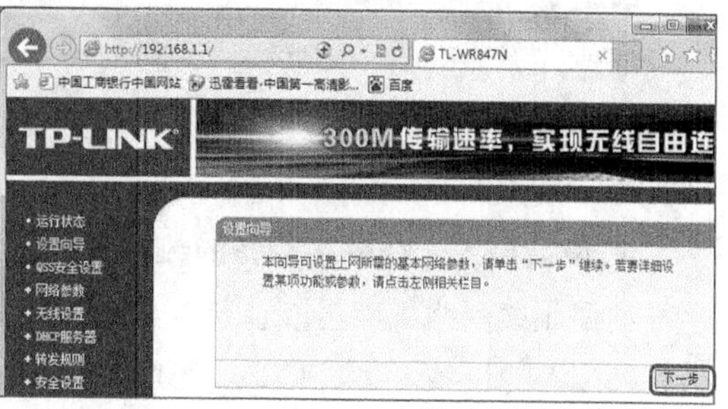

图2-20 打开设置向导页面

STEP 5 打开“设置向导上网方式”页面，在其中选择上网方式，如单击选中“PPPoE ADSL 虚拟拨号”单选项，然后单击 下一步 按钮，如图2-21所示。

STEP 6 在打开的页面中的“上网账号”文本框中输入服务商提供的上网账号，在“上网口令”和“确认口令”文本框中输入服务商提供的上网密码，完成后单击 下一步 按钮，如图

2-22所示。

图2-21　选择上网方式

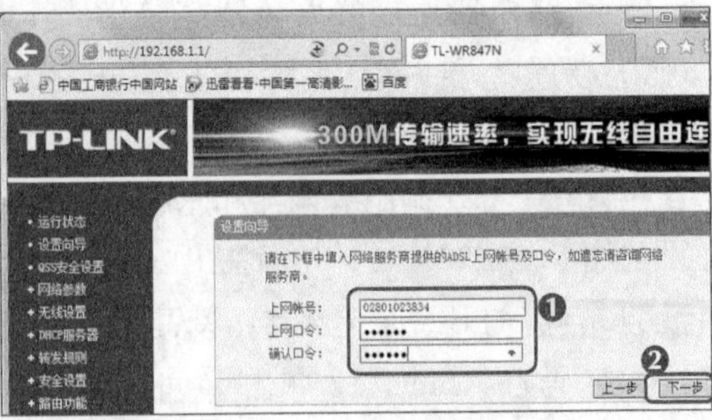

图2-22　设置上网账号和密码

STEP 7 打开设置无线网络的页面，在“SSID”文本框中输入无线网络的名称，如“xjx”，在“无线安全选项”栏中单击选中“WPA-PSK/WPA2-PSK”单选项，并在其后面的文本框中输入登录无线网络的密码，完成后单击下一步按钮，如图2-23所示。

STEP 8 在打开的页面中提示完成设置向导，单击重启按钮，重新启动无线路由器，并保存设置，如图2-24所示。

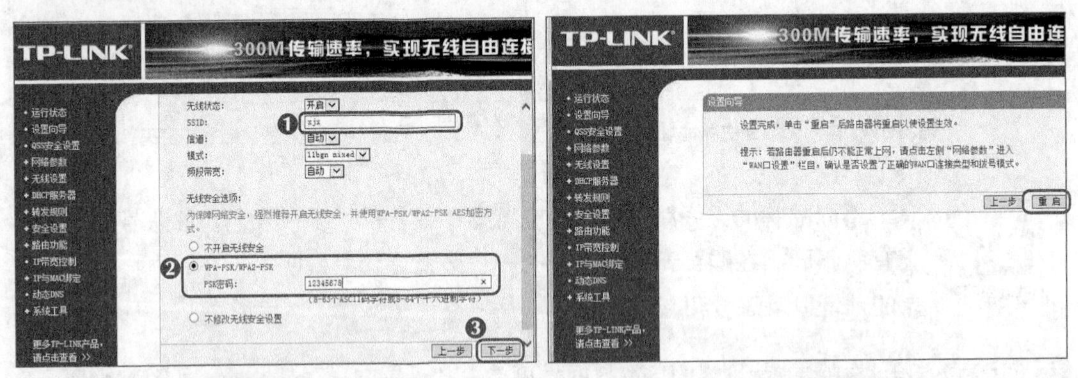

图2-23　设置无线网络名称和密码　　图2-24　完成设置后重启路由器

2.2.2 管理Wi-Fi

创建好无线网络（即Wi-Fi）后就可使用计算机或者一些移动设备进行上网。不过为了上网的效率，可以对无线网络进行一些必要的设置，如设置接入无线网络设备的数量，接入设备的带宽以及对设备的绑定等。

1. 设置接入无线网络设备的数量

创建无线网络虽然可以让计算机和手机等无线设备方便地接入到网络，但是一个无线网络如果接入的设备太多，势必会影响单台设备的上网速度，因此可以通过设置来限制接入网络的设备数量。（微课：光盘\微课视频\第2章\设置接入无线网络设备的数量.swf）

STEP 1 打开IE浏览器，在“地址栏”中输入“192.168.1.1”，进入路由器的管理界面，在界面左侧单击“无线设置”超链接，在下面单击“无线MAC地址过滤”链接，如图2-25所示。

STEP 2 打开“无线网络MAC地址过滤设置”界面，在“过滤规则”栏中单击选中“允许”单选项，然后单击下面的 添加新条目 按钮，如图2-26所示。

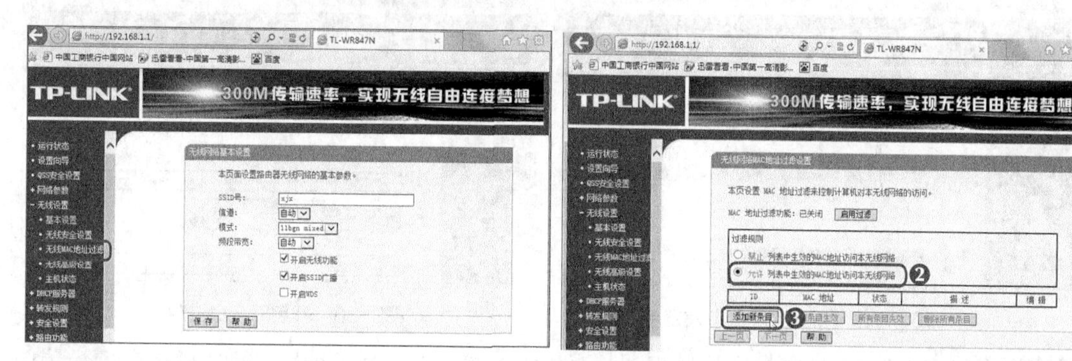

图2-25　单击“无线MAC地址过滤”超链接　　图2-26　MAC地址过滤设置

STEP 3 在打开的界面中的“MAC 地址”文本框中输入需要接入无线网络设备的MAC地址，在“描述”文本框中输入该设备的名称，完成后单击 保 存 按钮，如图2-27所示。

STEP 4 返回设置页面，在其中的表格中可以看到添加的设备，单击 启用过滤 按钮，添加的设备即可接入无线网络，而其他设备则无法进入该网络，如图2-28所示。

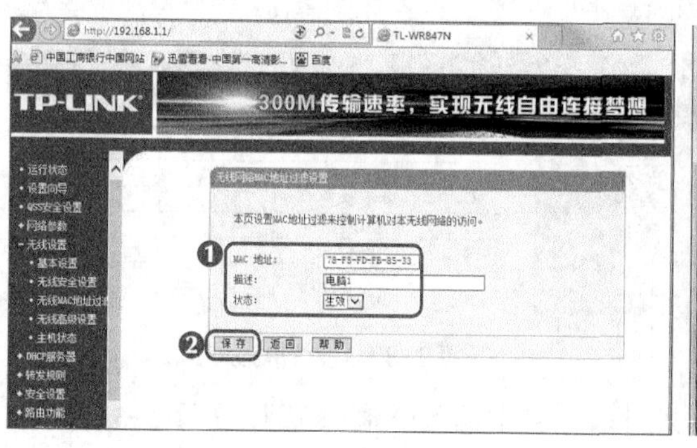

图2-27　输入MAC地址

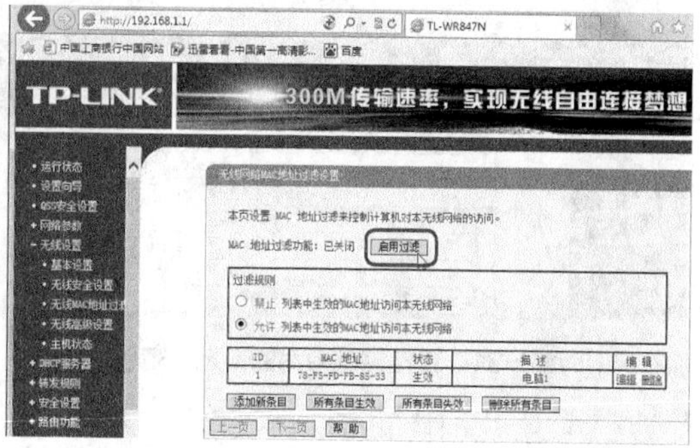

图2-28　启用过滤设置

知识提示

MAC地址是用来表示互联网上每一个站点的标识符，也就是硬件地址每一台设备只有唯一的一个MAC地址。要获取接入无线网络设备的MAC地址，可以在设置页面中单击“IP与MAC绑定”超链接下面的“ARP映射表”超链接，在打开的页面中可以查看到接入网络设备的MAC地址。

2. 设置接入无线网络设备的带宽

接入无线网络中的设备的用途不一样，因此需要的网络速率也有区别，为了网络中主要设备上网的需要，可以为这些设备分配不同的带宽。（**微课**：光盘\微课视频\第2章\设置接入无线网络设备的宽带.swf）

STEP 1 打开路由器的管理界面，在页面左侧单击“IP带宽控制”超链接，如图2-29所示。

STEP 2 打开“IP带宽控制”页面，单击选中“开启IP带宽控制”复选框，在“请选择您的宽带线路类型”下拉列表框中选择宽带类型，如选择“ADSL”选项，在“请填写您申请的宽带大小”文本框中输入申请宽带的带宽，如输入“4000”，如图2-30所示。

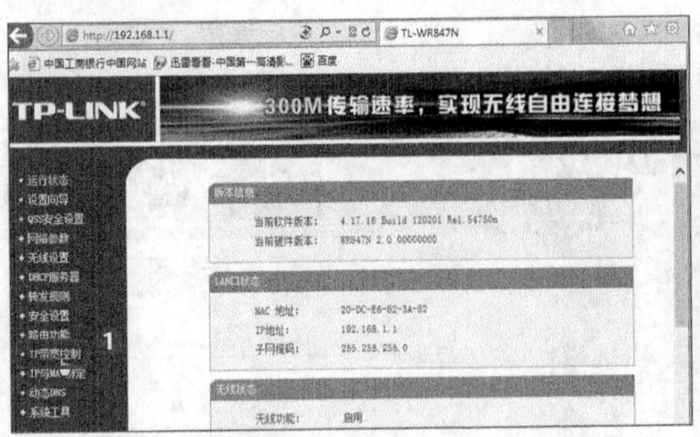
图2-29　单击“IP宽带控制”超链接

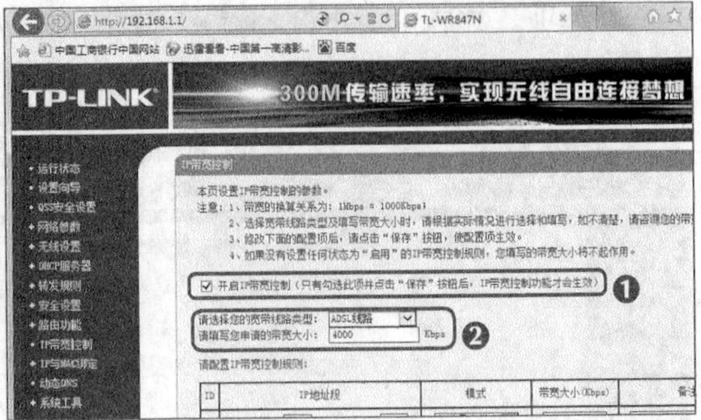
图2-30　开启IP带宽控制

STEP 3 在“请配置IP带宽控制规则”表格中的第一个“IP地址段”列中输入需要设置IP地址的范围，如192.168.1.100−192.168.1.103，如图2−31所示。

STEP 4 在“模式”列中的第一个下拉列表框中选择“保障最小带宽”选项，在“带宽大小”列的第一个文本框中输入该IP地址范围内分配的带宽，如“3000”，单击选中右侧的“启用”复选框，如图2−32所示。

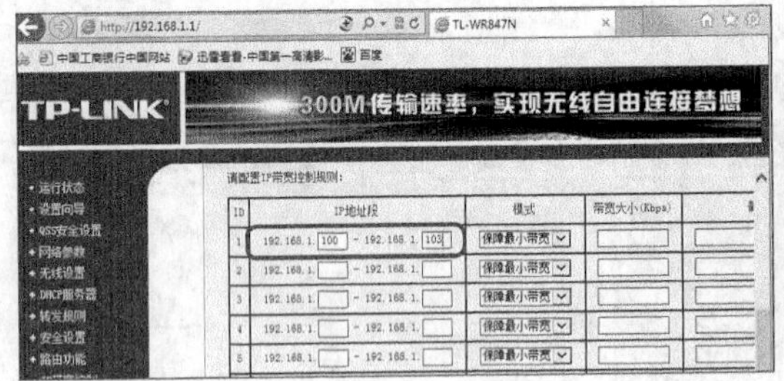
图2−31　设置控制带宽的IP地址范围

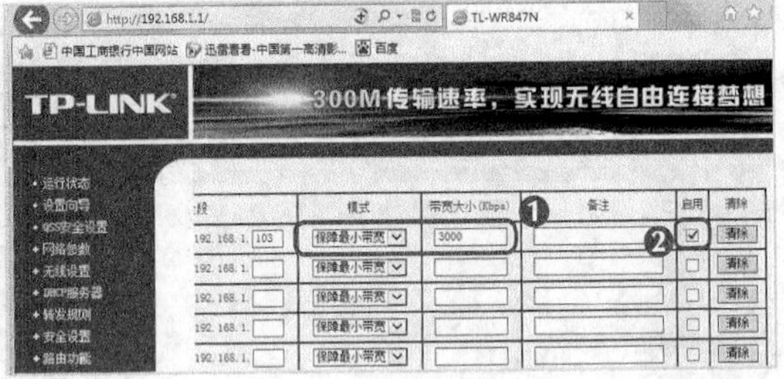
图2−32　设置带宽大小

STEP 5 用同样的方法在表格第二行的“IP地址段”列中输入IP地址范围，如图2−33所示。

STEP 6 在第二行的“模式”列中的下拉列表框中选择“保障最小带宽”选项，在第二行的“带宽大小”文本框中输入该IP地址范围内分配的带宽，如“1000”，选中右侧的“启用”复选框，完成后单击 保 存 按钮，完成带宽的分配设置，如图2−34所示。

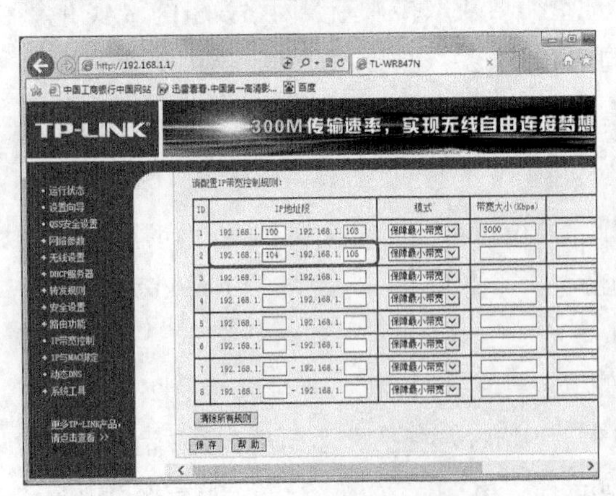
图2−33　设置带宽的IP地址范围

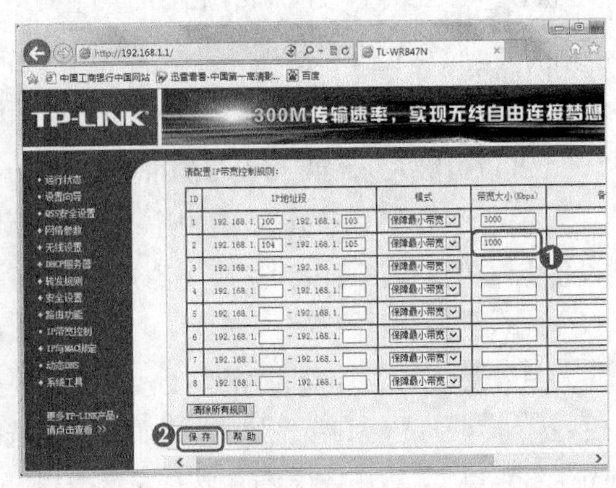
图2−34　设置带宽大小并保存设置

3. 设置ARP绑定

无线路由器会自动为接入无线网络中的设备分配一个IP地址，但每次连接都会分配不同的IP地址，为了提升连接的速度，可以为设备的IP地址进行绑定。（微课：光盘\微课视频\第2章\设置ARP绑定.swf）

STEP 1 打开路由器管理界面，在页面左侧单击“IP与MAC绑定”超链接，如图2-35所示。

STEP 2 打开“静态ARP绑定设置”页面，在其中单击 增加单个条目 按钮，如图2-36所示。

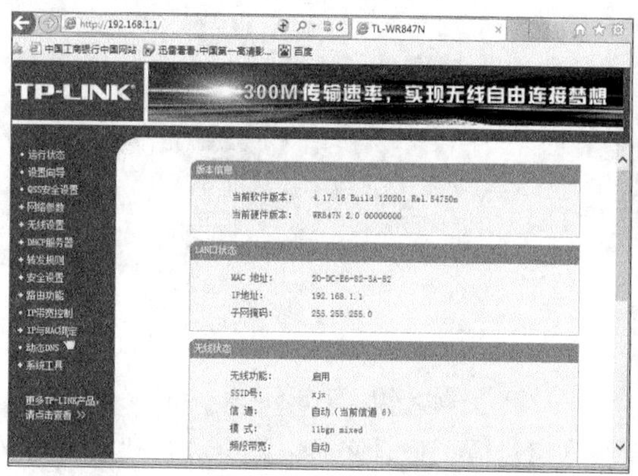

图2-35 单击“IP与MAC绑定”超链接

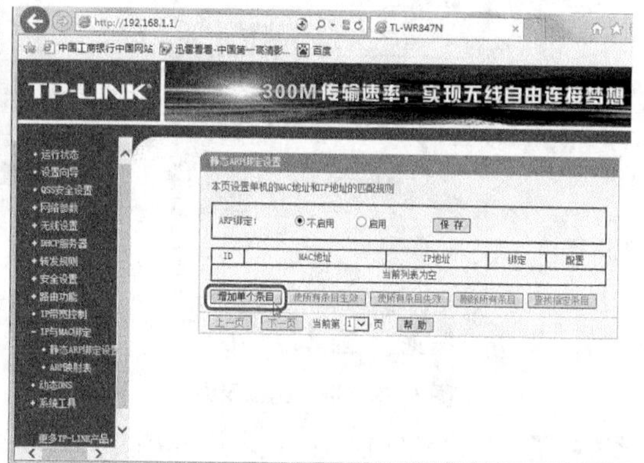

图2-36 开始添加MAC地址

STEP 3 在打开的页面中的“MAC地址”文本框中输入设备的MAC地址，在“IP地址”文本框中输入需要绑定的IP地址，完成后单击 保 存 按钮，如图2-37所示。

STEP 4 返回设置页面，在其中的列表中可以看到添加的MAC地址和IP地址，单击选中“启用”单选项，然后单击 保 存 按钮完成设置，如图2-38所示。

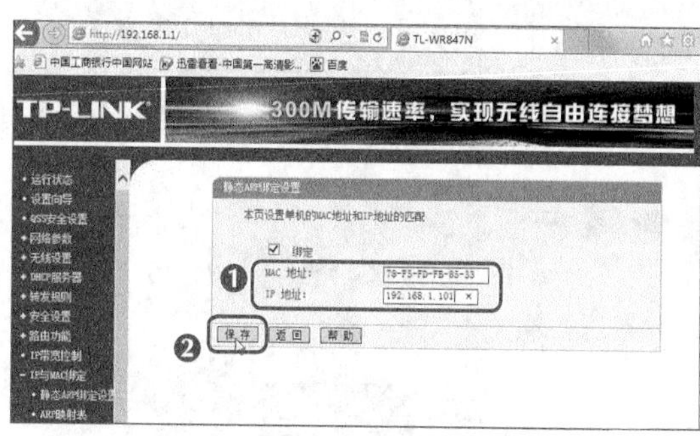

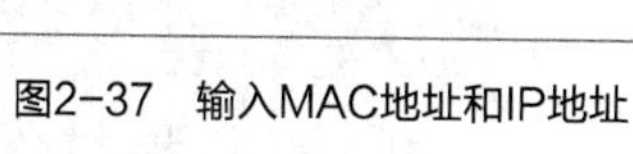

图2-37 输入MAC地址和IP地址

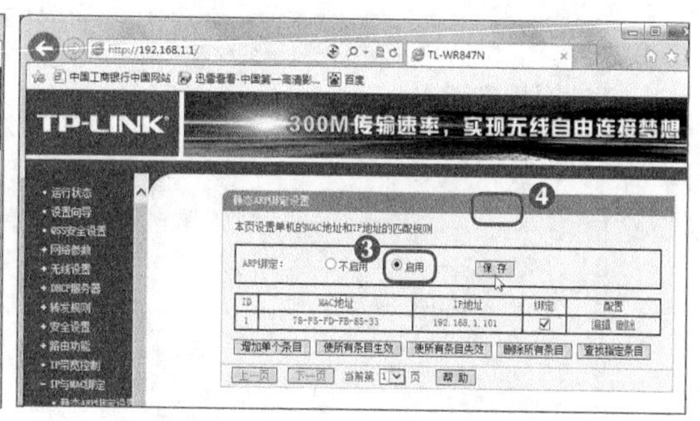

图2-38 启用并保存绑定设置

2.2.3 Wi-Fi上网

创建了无线网络并进行相应的设置后，就可以使用计算机或移动设备上网。下面分别介绍使用计算机和移动设备上网的相关操作。

1. 将计算机连接到无线网络

如果是台式计算机，使用网线连接了无线路由器，则打开计算机就会自动连接网络。如果是笔记本电脑，使用了无线网卡，则需要进行连接无线网络的设置。下面进行无线网络的连接设置，其具体操作如下。（微课：光盘\微课视频\第2章\Wi-Fi上网.swf）

STEP 1 启动笔记本电脑，在桌面任务栏的右下角单击按钮，在打开的界面中会出现计算机搜索到的无线网络列表，在其中找到需要连接的无线网络名称，如图2-39所示。

STEP 2 单击无线网络名称，然后单击其下面出现的连接(C)按钮，如图2-40所示。

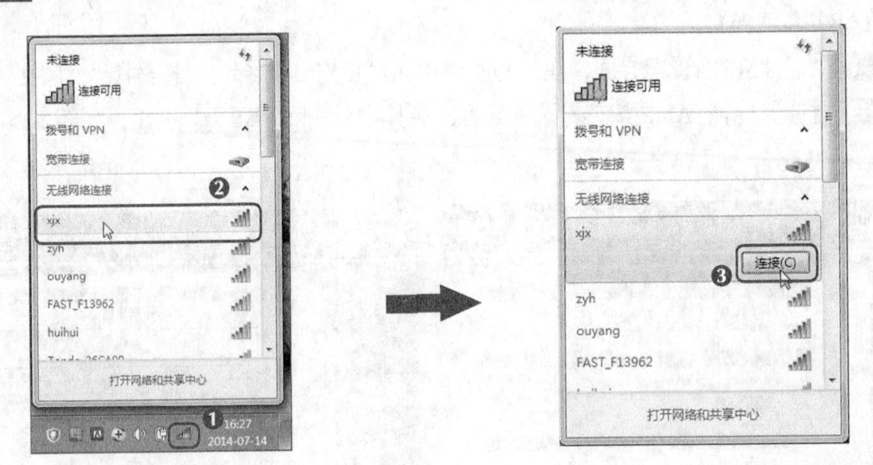

图2-39　选择无线网络

图2-40　单击“连接”按钮

STEP 3 计算机开始连接无线网络，如果无线网络设置了登录密码，则会打开“连接到网络”对话框，安全关键字在文本框中输入设置的登录密码，然后单击确定按钮，如图2-41所示。

STEP 4 片刻后无线网络名称中将出现“已连接”提示信息，此时表示可以使用计算机进行上网，如图2-42所示。

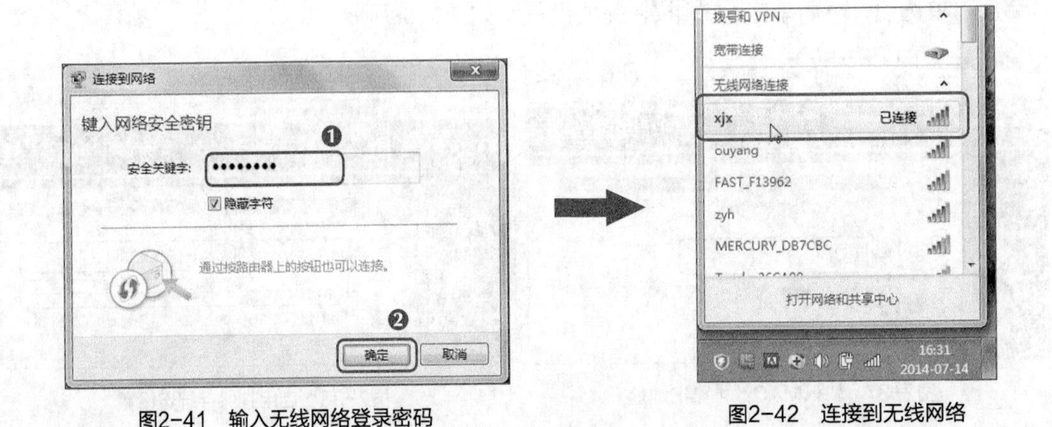

图2-41　输入无线网络登录密码

图2-42　连接到无线网络

2. 将移动设备连接到网络

创建无线网络不仅可以让计算机连接到网络，而且还可以将一些移动设备，如智能手机、平板电脑等连接到网络，下面使用“小米”手机连接到无线网络，其具体操作如下。（微课：光盘\微课视频\第2章\将移动设备连接到网络.swf）

STEP 1 打开手机，在屏幕中单击“设置”图标，如图2-43所示。

STEP 2 进入设置界面，在“无线和网络”栏中单击“WLAN”选项，如图2-44所示。

STEP 3 打开“WLAN”界面，此时无线网络是关闭的，因此在“开启WLAN”栏中滑动右侧的滑块，开启网络，如图2-45所示。

图2-43　单击“设置”图标　　图2-44　选择“WLAN”选项　　图2-45　开启WLAN

STEP 4 开启无线功能后，将自动搜索附近的无线网络，并在界面中列出网络的名称和信号强度，在其中选择需要进入的网络名称，如图2-46所示。

STEP 5 如果该无线网络设置了密码，则会弹出输入密码的界面，在其中输入密码，然后单击 连接 按钮，如图2-47所示。

STEP 6 无线网络开始进行密码的验证，然后自动分配IP地址，最后进行连接，如图2-48所示。

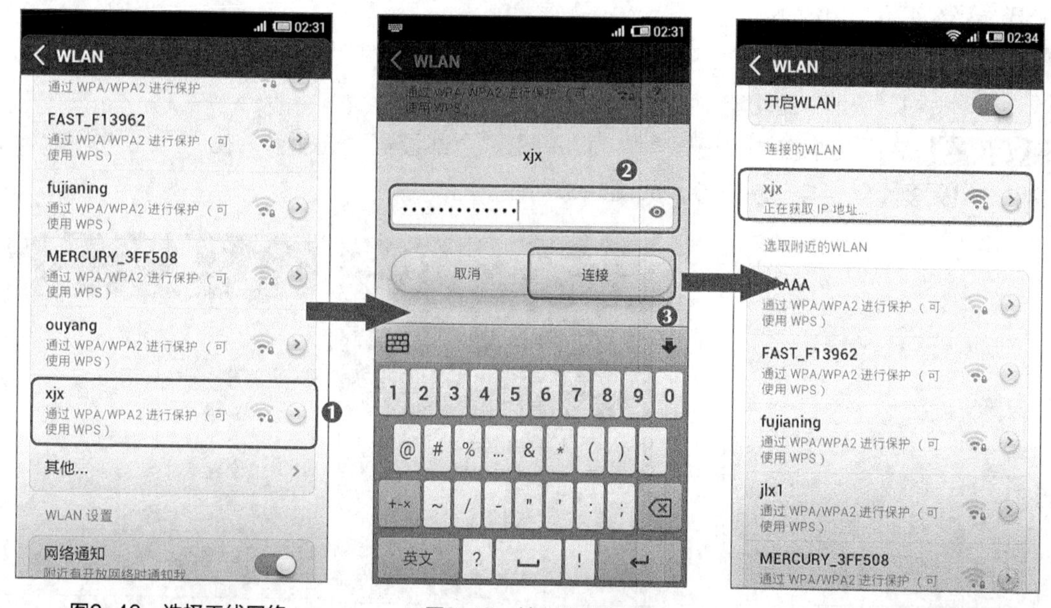

图2-46　选择无线网络　　图2-47　输入登录密码　　图2-48　开始验证身份

STEP 7 连接完成后，无线网络名称下面将会提示网络已连接，如图2-49所示。

STEP 8 将手机连接到网络后，手机屏幕的顶端将会出现无线网络的标志，此时就可以使用手机进行上网了，如图2-50所示。

图2-49　无线网络连接完成

图2-50　连接网络的标志

3. 使用USB共享上网

如果计算机需要通过手机的上网功能来连接到网络，则可以使用手机中的USB共享功能来完成，其具体操作如下。（微课：光盘\微课视频\第2章\使用USB共享上网.swf）

STEP 1 准备一台智能手机，并确保手机连接到互联网。使用手机数据线连接到电脑的USB接口，如图2-51所示。

STEP 2 连接好数据线后，在手机屏幕上将打开“是否打开USB存储”提示界面，单击 不打开 按钮，取消存储功能，如图2-52所示。

STEP 3 在手机中打开“设置”界面，单击“全部设置”选项卡，在“无线和网络”栏中单击“更多无线连接”超链接，如图2-53所示。

图2-51　连接手机和电脑

图2-52　不打开USB存储

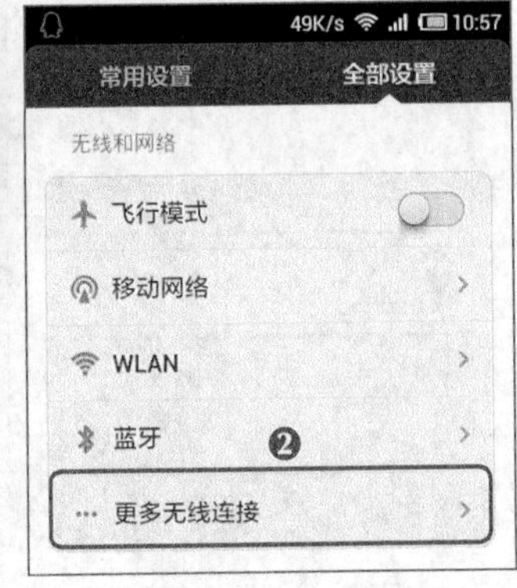

图2-53　查看无线连接

STEP 4 在打开的“更多无线连接”界面中单击“网络共享”超链接，如图2-54所示。

STEP 5 在打开的“网络共享”界面中滑动“USB共享网络”右侧的滑块，启动该功能，如图2-55所示。

STEP 6 计算机开始搜索并识别网络，如图2-56所示，完成后即可连接到网络。

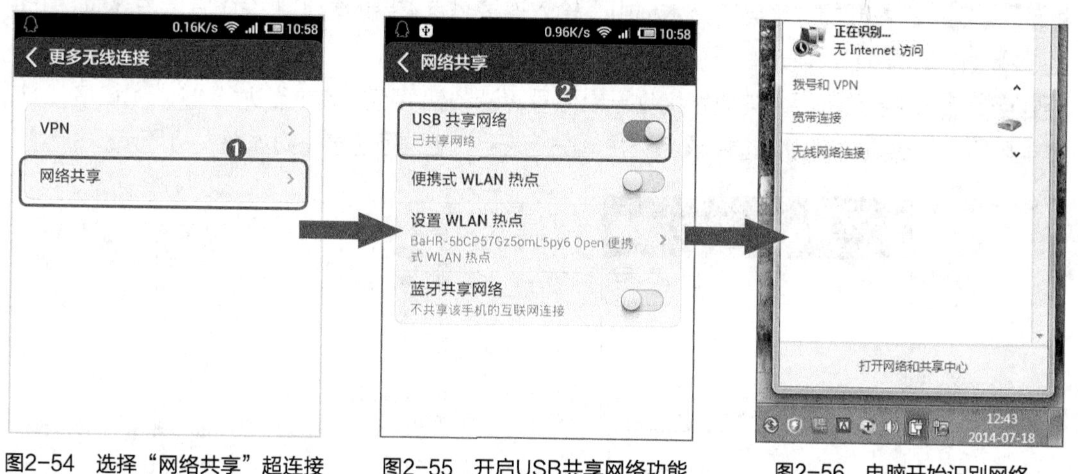

图2-54 选择“网络共享”超连接　　图2-55 开启USB共享网络功能　　图2-56 电脑开始识别网络

4. 实现热点

把手机的接收GPRS或3G信号转化为Wi-Fi信号再发送出去，这样手机就成了一个Wi-Fi热点，其他移动设备就可以通过这个热点进行上网，其具体操作如下。（微课：光盘\微课视频\第2章\实现热点.swf）

STEP 1 打开手机“设置”界面中的“网络共享”界面，滑动“便携式WLAN热点”右侧的滑块，开启该功能，然后单击“设置WLAN热点”链接，如图2-57所示。

STEP 2 在打开的“设置WLAN热点”界面中的“网络 SSID”文本框中，输入创建热点的名称，如“Android”，如图2-58所示。

STEP 3 单击“安全性”的下拉列表框，在打开的界面中选择“Open”选项，如图2-59所示。

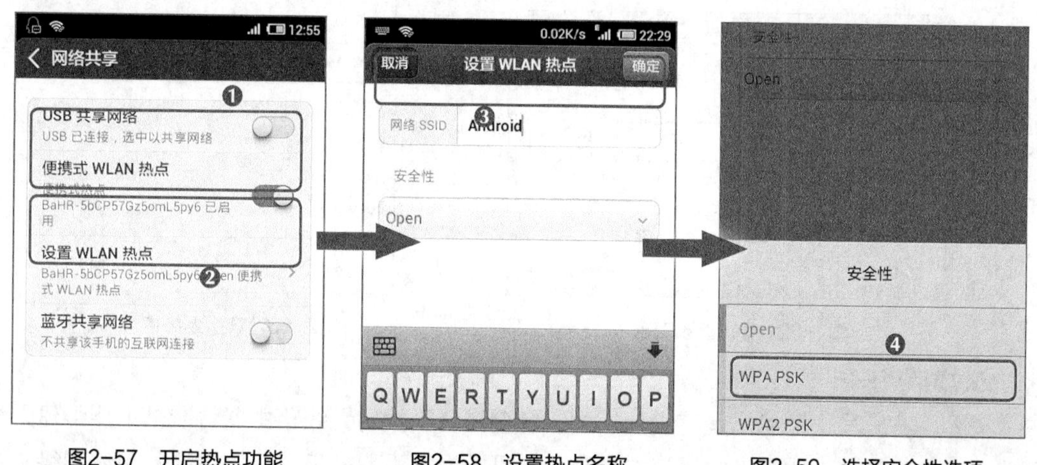

图2-57 开启热点功能　　图2-58 设置热点名称　　图2-59 选择安全性选项

通过手机创建热点，只能使用接收的GPRS或3G信号转换为Wi-Fi信号，而不能将手机连接到Wi-Fi的信号来创建热点，因为手机中的Wi-Fi模块不能同时接收和发送信号。

STEP 4 在打开的“密码”文本框中，输入连接热点需要的密码，完成后单击界面右上角的确定按钮，如图2-60所示。

STEP 5 创建热点后，其他能接收无线信号的设备就可通过该热点进行上网，如通过笔记本电脑搜索该热点的名称，选择该名称并单击连接(C)按钮进行连接，到如图2-61所示。

图2-60 输入热点密码

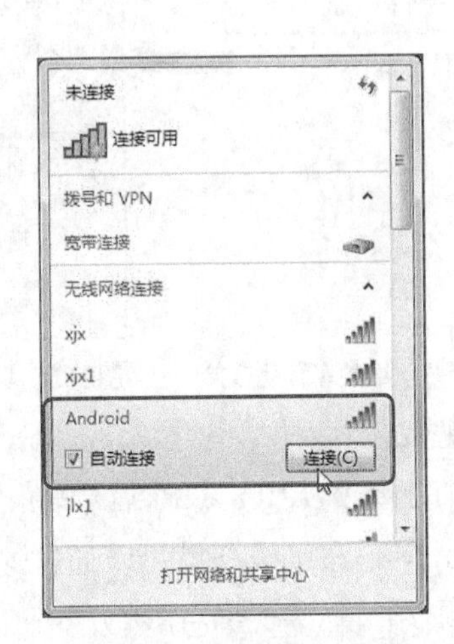

图2-61 选择登录的热点

STEP 6 在打开的“键入网络安全密钥”对话框的文本框中输入创建热点时设置的密码，然后单击确定按钮，如图2-62所示。

STEP 7 片刻后该热点名称后将出现“已连接”的提示信息，此时就可以通过该热点进行上网，如图2-63所示。

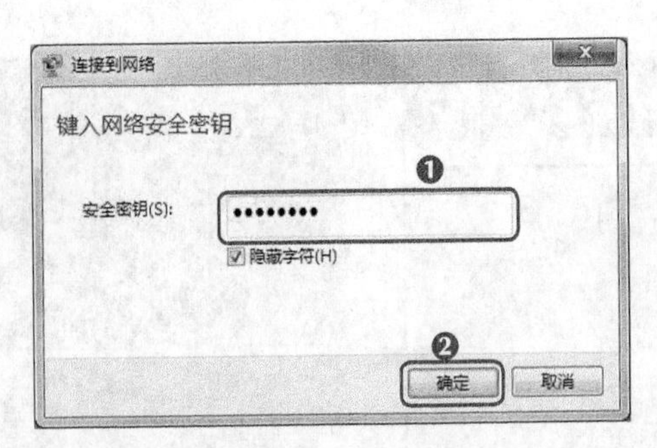

图2-62 输入登录密码

图2-63 连接到热点

5. 虚拟Wi-Fi

有些用户家里上网可能是直接使用调制解调器，而没有无线路由器，所以不能组建无线网络，但如果有带无线网卡的笔记本电脑，则可以通过设置来组建一个虚拟的无线网络，这

样其他移动设备依然能够通过该无线网络进行上网，其具体操作如下。（微课：光盘\微课视频\第2章\虚拟Wi-Fi.swf）

STEP 1 在Windows 7系统中单击按钮，在打开的菜单中的“搜索程序和文件”文本框中输入“cmd”，将自动搜索出cmd程序，单击该程序，如图2-64所示。

STEP 2 打开cmd程序，在窗口中输入“netsh wlan set hostednetwork mode=allow ssid=android key=12345678”命令，然后按Enter键，如图2-65所示。

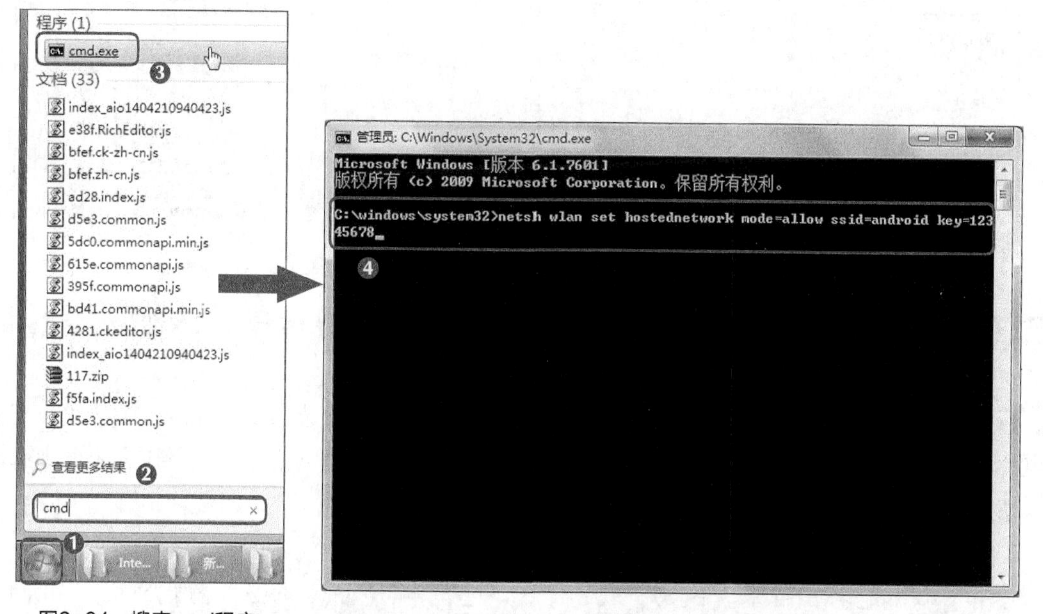

图2-64 搜索cmd程序

图2-65 输入命令

知识提示

在cmd程序中输入的命令，其中“ssid”后为网络名称，“key”后为密码，它们都可以为用户自由设置，“mode”表示是否启用虚拟Wi-Fi网卡，allow表示启用，修改为disallow则为禁用。

STEP 3 在程序中将出现“承载网络模块已设置为允许”等提示信息，表示该功能已经启动，如图2-66所示。

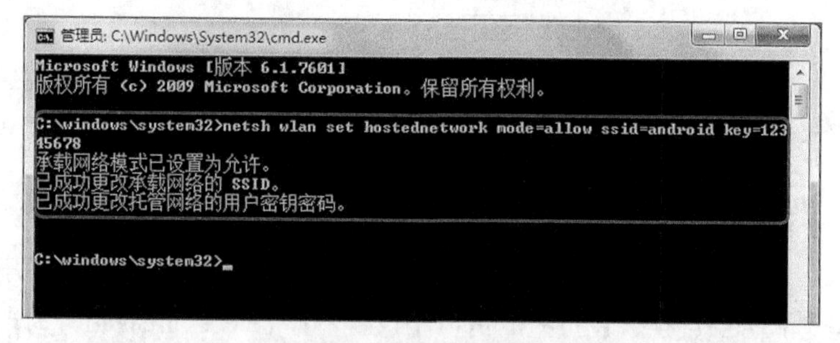

图2-66 查看提示信息

STEP 4 打开“控制面板”窗口，在其中单击“网络和共享中线”超链接，打开“网络和共享中线”窗口，在窗口左侧单击“更改适配器设置”超链接，如图2-67所示。

STEP 5 在打开的窗口中可以看到出现一个网卡名称为“Microsoft Virtual WiFi Miniport Adapter”的无线网络，在其上单击鼠标右键，在弹出的快捷菜单中选择“重命名”命令，如图2-68所示，将其重命名为“虚拟WIFI”。

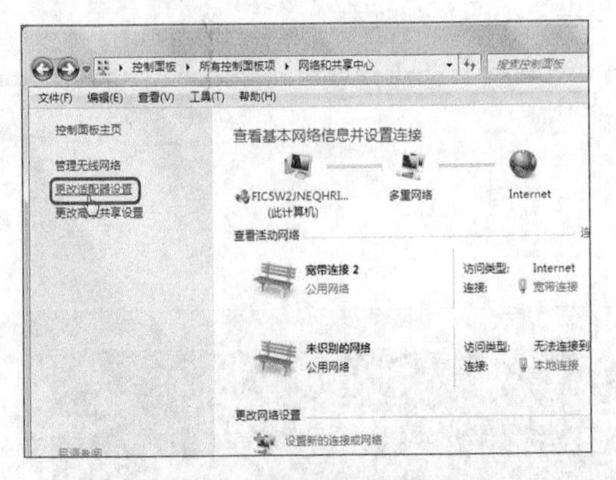

图2-67 更改适配器设置

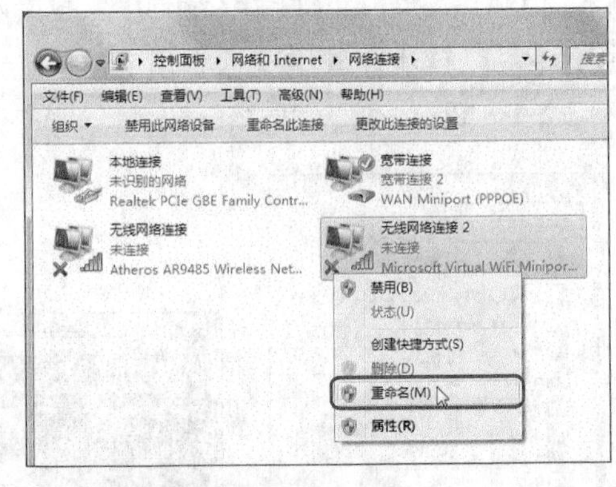

图2-68 选重命名网络连接

STEP 6 在“宽带连接”上单击鼠标右键，在弹出的快捷菜单中选择“属性”命令，如图2-69所示。

STEP 7 在打开的“宽带连接 属性”对话框中单击“共享”选项卡，单击选中“允许其他网络用户通过此计算机的Internet连接来连接”复选框，在“家庭网络连接”下拉列表框中选择“虚拟WIFI”选项，单击 确定 按钮，如图2-70所示。

图2-69 选择“属性”命令

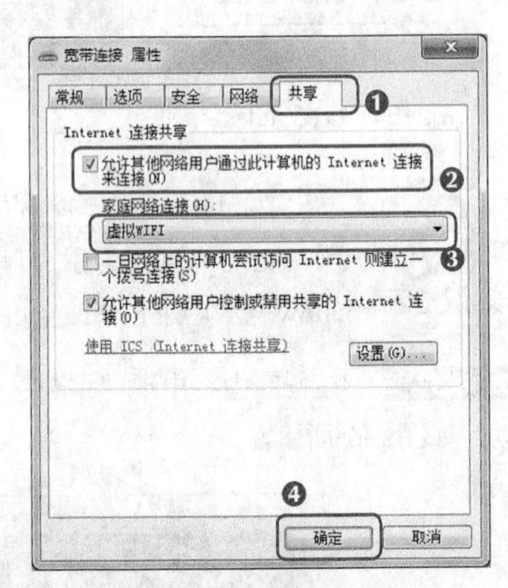

图2-70 设置宽带共享

知识提示

如果在设置宽带共享时提示出现了错误，则是因为系统的防火墙服务没有启用的原因。在控制面板中单击“管理工具”超链接，在打开的窗口中双击“服务”选项，在打开的窗口中设置“Windows FireWall”为自动启用。

STEP 8 此时可以看到“宽带连接”选项上显示了“共享的”提示信息，表示该宽带已经共享，如图2-71所示。

STEP 9 在cmd窗口中输入“netsh wlan start hostednetwork”，按【Enter】键，如图2-72所示。

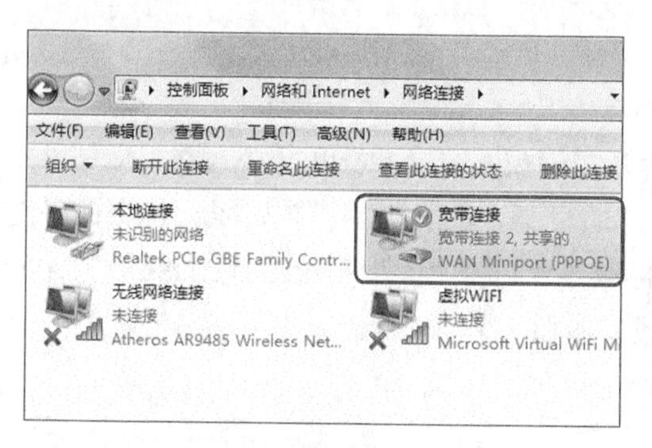

图2-71 查看共享的宽带连接

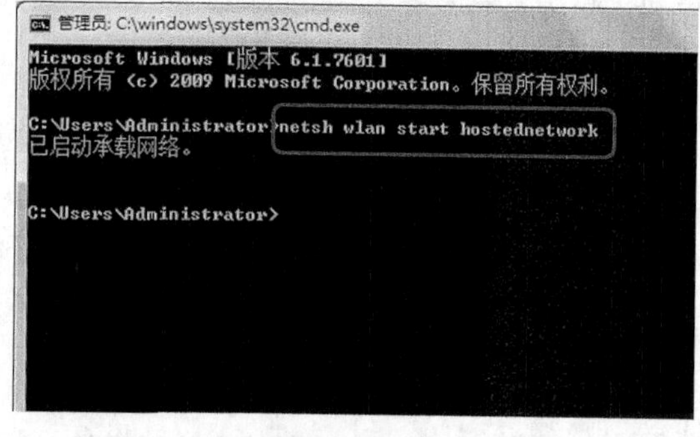

图2-72 输入命令

STEP 10 在“网络连接”窗口中可以看到创建的“虚拟WIFI”网络连接已经启用，如图2-73所示。

STEP 11 使用其他移动设备，如手机可以搜索到创建的虚拟Wi-Fi网络，选择该网络名称即可连接到网络，如图2-74所示。

图2-73 完成网络的创建

图2-74 查看创建的网络

2.3 其他Internet接入方式

互联网正逐步改变着人们的学习、工作、生活方式，甚至影响着整个社会进程。因此关注Internet的发展趋势，不仅可以促进互联网发展，推动经济和社会进步，而且可以抓住互联网带来的机遇抵御风险。

2.3.1 DDN专线接入

DDN（数字数据网）是英文Digital Data Network的缩写，它是随着数据通信业务发展而迅速发展起来的一种新型网络。DDN的主干网传输媒介有光纤、数字微波、卫星信道等，用户端多使用普通电缆和双绞线。DDN将数字通信技术、计算机技术、光纤通信技术、数字交叉连接技术有机地结合在一起，提供了高速度、高质量的通信环境，可以向用户提供点对点、点对多点透明传输的数据专线出租电路，为用户传输数据、图像、声音等信息，且速度越快租金也越高。

2.3.2 光纤接入

光纤出口带宽通常在10Gbit/s以上，适用于各类局域网的接入。光纤接入网实际是以太网，即光纤局域网接入。光纤通信具有容量大、质量高、性能稳定、防电磁干扰、保密性强等优点。光纤宽带网以2~10Mbit/s作为最低标准接入百姓家，以后会取代ADSL成为接入Internet的最优方式，光纤用户端要有一个光纤收发器和一个路由器。

2.3.3 有线电视网接入

Cable Modem（线缆调制解调器）是近两年开始试用的一种超高速Modem，它利用现成的有线电视（CATV）网进行数据传输，已是比较成熟的一种技术。Cable Modem本身不单纯是调制解调器，它集Modem、调谐器、加/解密设备、桥接器、网络接口卡、虚拟专网代理和以太网集线器的功能于一身。它无需拨号上网，不占用电话线，可提供随时在线的永久连接。服务商的设备同用户的Modem之间建立了一个虚拟专网连接，Cable Modem提供一个标准的10Base-T或10/100Base-T以太网接口同用户的PC设备或以太网集线器相联。

2.4 局域网共享接入Internet

局域网（Local Area Network，LAN）是指在某一区域内由多台计算机互联成的计算机组。局域网可以实现文件管理、应用软件共享、打印机共享、工作组内的日程安排、电子邮件、传真通信服务等功能。局域网是封闭型的，可以由两台或多台计算机组成。下面介绍局域网的组建及其设置方法，具体操作如下。（微课：光盘\微课视频\第2章\局域网共享接入Internet.swf）

STEP 1 将需要组建局域网的计算机使用网线和路由器进行连接，如果需要连接到网络，还需要将调制解调器连接到路由器中，如图2-75所示。

STEP 2 打开“控制面板”窗口，在其中选择“网络和共享中心”选项，如图2-76所示。

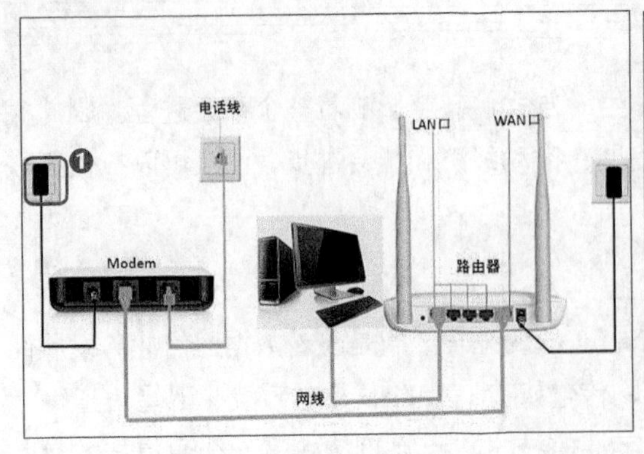

图2-75 网络连接示意图

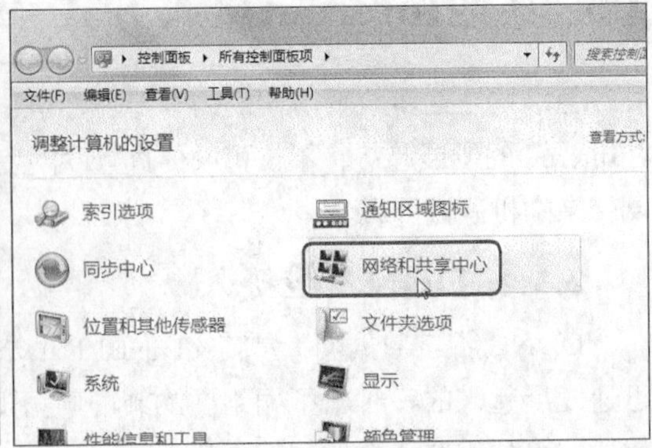

图2-76 选择“网络和共享中心”选项

STEP 3 打开“网络和共享中心”窗口，在窗口左侧单击“更改高级共享设置”超链接，如图2-77所示。

STEP 4 在打开的窗口中的“网络发现”和“文件和打印共享”等栏中分别单击选中“启用网络发现”和“启用文件和打印机共享”单选项，完成后单击[保存修改]按钮，如图2-78所示。

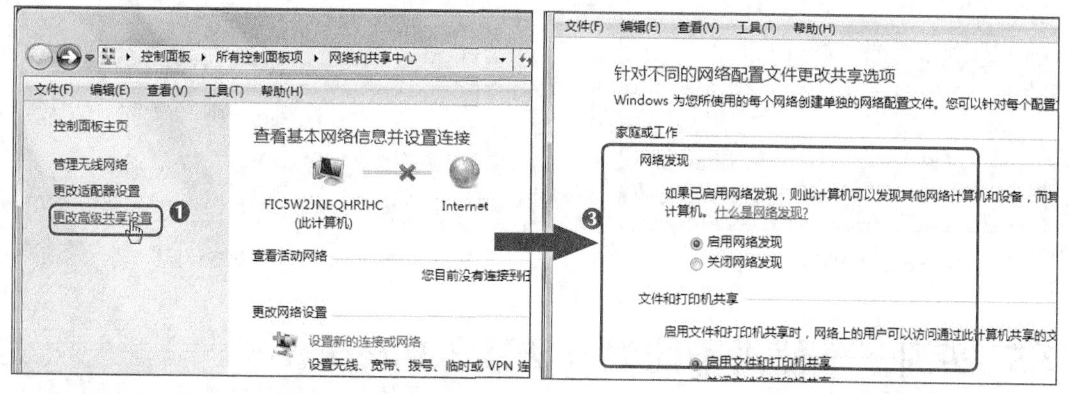

图2-77 单击“更改高级共享设置”超链接　　图2-78 设置共享选项

STEP 5 在“网络和共享中心”窗口的左侧单击“更改适配器设置”超链接，在打开的“网络连接”窗口的“本地连接”选项上单击鼠标右键，在弹出的快捷菜单中选择“属性”命令，如图2-79所示。

STEP 6 在打开的“本地连接 属性”对话框中间的列表框中单击选中“Internet协议版本4（TCP/IP v4）”复选框，然后单击[属性(R)]按钮，如图2-80所示。

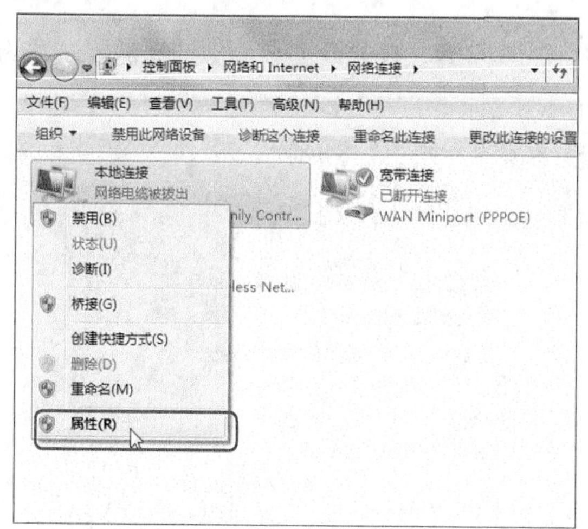

图2-79 选择“属性”命令

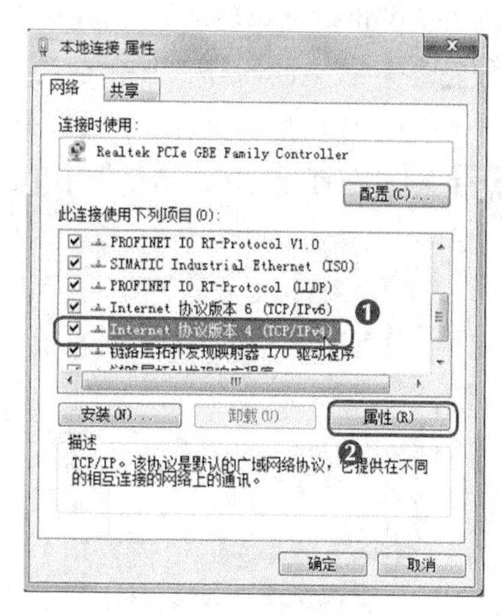

图2-80 选择协议

STEP 7 在打开的对话框中的“常规”选项卡中单击选中“自动获得 IP 地址”和“自动获得 DNS 服务器地址”单选项，单击[确定]按钮，如图2-81所示。

STEP 8 在桌面上双击“网络”图标，在打开的窗口中，可以看到局域网中的所有计算机，如图2-82所示，双击其中某一个电脑的名称，在打开的窗口中可以看到其共享的文件夹。

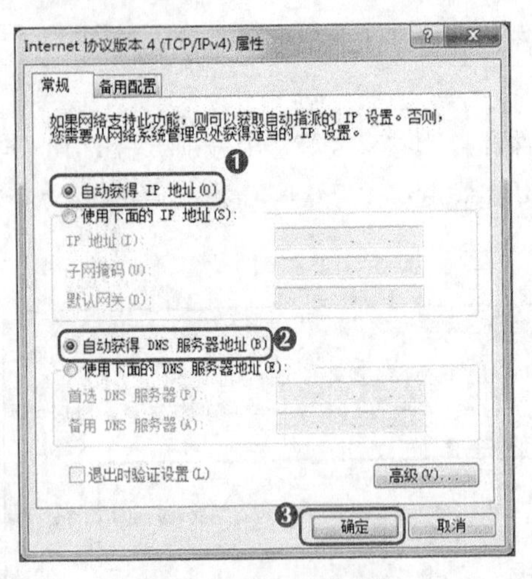

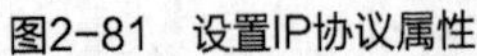

图2-81　设置IP协议属性

图2-82　查看网络中计算机

2.5　实训——使用不同的方法接入Internet

本实训的目标是IP地址的配置与测试。下面首先设置本机的IP地址，然后利用Windows测试工具调试网络。

2.5.1　在笔记本电脑中设置无线路由器

由于笔记本电脑采用无线连接，因此在第一次连接无线路由器时，无法直接登录其设置网页，需要进行相应的设置，其具体操作如下。（微课：光盘\微课视频\第2章\使用不同的方法接入Internet.swf）

STEP 1　在桌面任务栏上单击“无线网络”图标，在打开的界面中选择需要设置的路由器，然后单击 连接(C) 按钮，如图2-83所示。

STEP 2　在打开的提示对话框中单击 确定 按钮，如图2-84所示。

图2-83　选择连接的网络

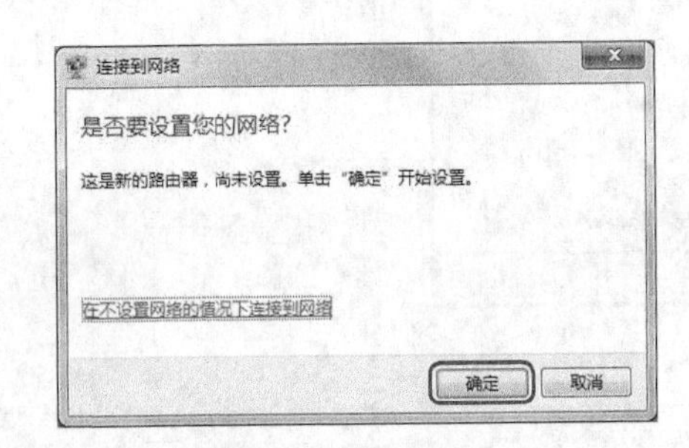

图2-84　提示对话框

STEP 3　在打开的对话框中要求输入路由器的PIN码，该PIN码在路由器的背面标签上，这里输入“52835384”，单击 下一步(N) 按钮，如图2-85所示。

STEP 4　在打开的对话框中输入需要创建无线网络的名称和设置登录无线网络的密码，

完成后单击下一步(N)按钮，如图2-86所示。

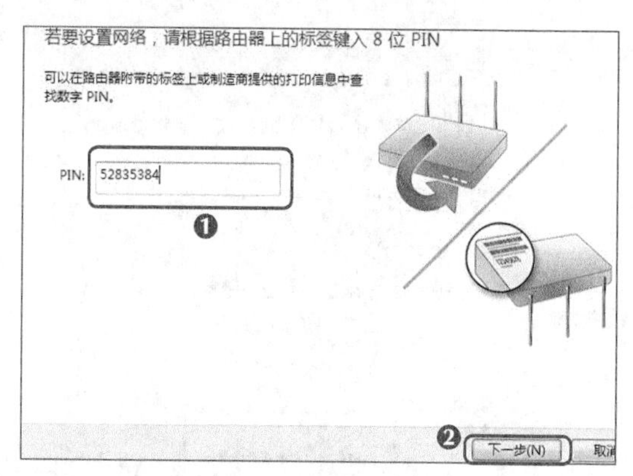

图2-85 输入PIN码

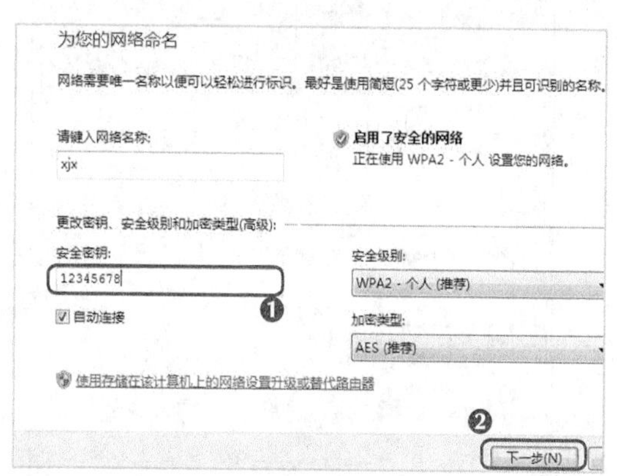

图2-86 输入网络名称和密码

STEP 5 保存刚才对无线路由器进行的设置，如图2-87所示。

STEP 6 在设置完成后将打开提示对话框，提示设置无线网络的名称和密码，单击关闭按钮，如图2-88所示。

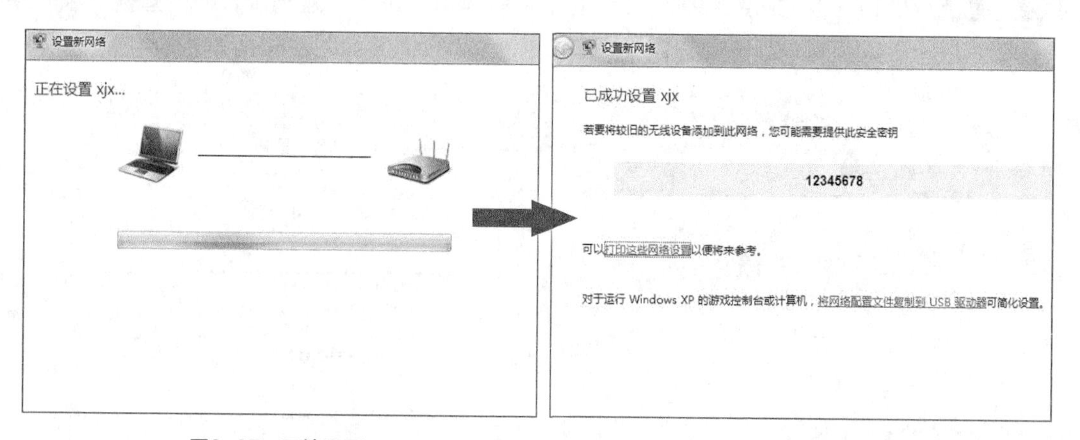

图2-87 开始设置

图2-88 完成设置

2.5.2 设置无线路由器的自动拨号

有些用户可能没有使用路由器，因此开机上网时都需要进行拨号上网，而通过设置可以让计算机自动进行拨号连接，其具体操作如下。（**微课**：光盘\微课视频\第2章\设置无线路由器的自动拨号.swf）

STEP 1 启动IE浏览器，选择【工具】/【Internet选项】菜单命令，打开“Internet属性”对话框中单击“连接”选项卡，单击选中“始终拨打默认连接”单选项，单击设置(S)按钮，如图2-89所示。

STEP 2 在打开的对话框中的“拨号设置”栏中设置用户名和密码，然后单击确定按钮，如图2-90所示。

STEP 3 打开“网络连接”窗口，在“宽带连接”选项上单击鼠标右键，在弹出的快捷菜单中选择“属性”命令，如图2-91所示。

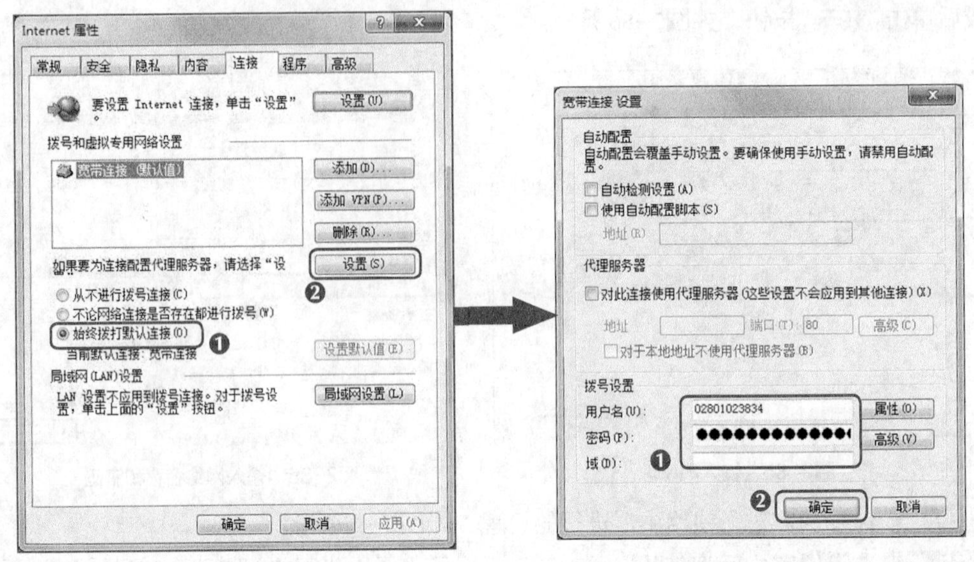

图2-89　选择拨号方式　　　　图2-90　拨号设置

STEP 4 在打开的“宽带连接 属性”对话框中单击“选项”选项卡，在“重拨选项”栏中设置重拨的次数、间隔等选项，完成后单击 确定 按钮，如图2-92所示。

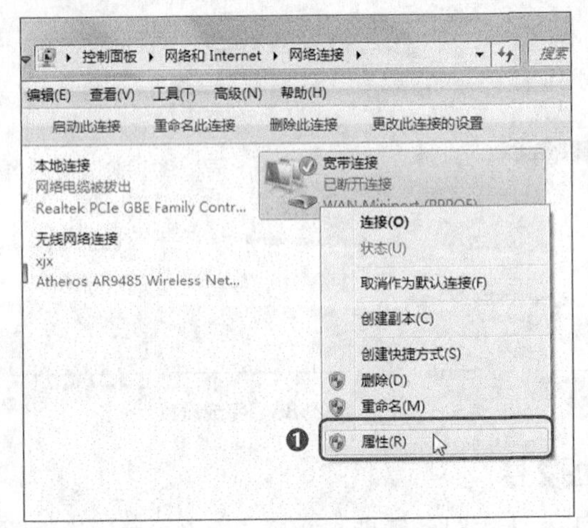

图2-91　选择“属性”命令

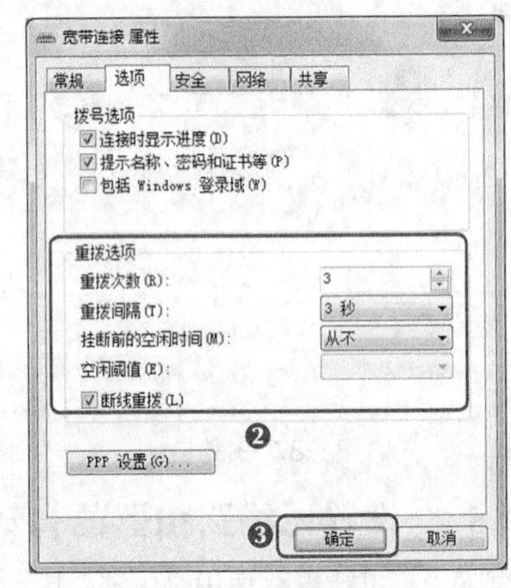

图2-92　设置宽带属性

2.6 疑难解析

问：计算机安装了宽带上网，如何才能了解该宽带的具体带宽是多少？

答：现在有很多测试带宽的方法，可以在专业测试带宽的网站中进行检测，也可以下载测试带宽的相关软件进行测试，在测试过程中最好不要开启与网络进行连接的相关网页和软件。

问：使用台式计算机可以进入无线网络吗？

答：由于台式计算机中安装的是有线的网卡 ，一般情况下是不能直接连接无线网络的，可以购买一个无线网卡安装到电脑上，即可将台式计算机连接到网络。

问：如何修改宽带网络的密码，宽带容易被盗取吗？

答：宽带密码是服务商提供的，密码可以联系服务商进行修改，一般情况下宽带是不容易被盗取的，只有在创建了无线网络时，如果不设置无线网络密码或密码过于简单，则其他用户可以轻易地进入该无线网络。

问：创建的无线网络有距离限制吗？在什么样的范围内可以连接到无线网络？

答：一般家庭创建的无线网络覆盖的范围只有几十米的距离，而且无线网络的信号会根据距离的加大或是障碍物的阻挡而逐渐减弱。无线路由器根据型号的区别，有不同数量的发射天线，数量越多，发射信号的强度越强，覆盖的范围也越广。

2.7 习题

本章主要介绍了连接Internet的方法，包括常规宽带的连接方式、无线网络的组建以及局域网的组建等知识。下面通过几个练习题使读者加强对该部分内容的理解。

（1）简述使用ADSL宽带需要准备的工作。

（2）简述无线路由器的设置方法。

（3）简述连接Internet常用的几种方式。

（4）尝试组建一个局域网，并实现局域网中电脑文件的共享。

（5）在移动设备中搜索一个无线网络，并连接该无线网络。

课后拓展知识

目前大多数拨号上网用户的计算机都用 Windows 系统，经常听到用户抱怨上网速度慢。下面将列出一些导致网络缓慢的常见问题和解决方法。

- **网络自身问题**：可能是要连接的目标网站所在的服务器带宽不足或负载过大。解决办法很简单，换个时间段登陆或换个目标网站即可。
- **网线问题导致网速变慢**：双绞线是由四对线按严格的规定紧密地绞和在一起的，用来减少串扰和背景噪音的影响。不按正确标准（T586A、T586B）制作的网线存在很大的隐患，其表现情况有两种：一是刚开始使用时网速就很慢；二是开始网速正常，但过一段时间后，网速变慢，该情况一般在台式计算机上表现非常明显，但笔记本电脑检查网速却表现为正常。解决方法为一律按T586A、T586B标准来压制网线，在检测故障时不能一律用笔记本电脑来代替台式计算机。
- **网络中存在回路导致网速变慢**：在一些较复杂的网络中，经常有多余的备用线路，如无意间连上则会构成回路。为避免这种情况发生，在铺设网线时一定要养成良好的习惯，网线打上明显的标签，有备用线路的地方要做好记载。当怀疑有此类故障发生时，一般采用分区分段逐步排除的方法。
- **系统资源不足**：可能是加载了太多的运用程序在后台运行，解决办法是合理的加载软件或删除无用的程序及文件，将系统资源空出，以达到提高网速的目的。

- **网络设备硬件故障引起的**：网卡、集线器、交换机是最容易出现故障而引起网速变慢的设备。当网卡或网络设备损坏后，会不停地发送广播包，从而导致广播风暴，使网络通信陷于瘫痪。当怀疑有此类故障时，可先采用置换法替换集线器或交换机排除集线设备故障。如果这些设备没有故障，关掉集线器或交换机的电源后，DOS下用“Ping”命令对所涉及计算机逐一测试，找到有故障网卡的计算机，更换新的网卡即可恢复网速正常。
- **网络中某个端口形成了瓶颈导致**：实际上，路由器广域网端口和局域网端口、交换机端口、集线器端口、服务器网卡等都可能成为网络瓶颈。当网速变慢时，可在网络使用高峰时段，利用网管软件查看路由器、交换机、服务器端口的数据流量；也可用Netstat命令统计各个端口的数据流量，以此确认网络数据流通瓶颈的位置，设法增加其带宽。另外，更换服务器网卡为100M或1000M、安装多个网卡、划分多个VLAN、改变路由器配置来增加带宽等也可有效地缓解网络瓶颈。
- **防火墙的过多使用**：防火墙的过多使用也会导致网速变慢，解决办法是卸载不必要的防火墙，只保留一个功能强大的即可。
- **网卡绑定的协议太多**：这种情况在局域网用户中很常见。网卡上若绑定了许多协议，当数据通过网卡时，计算机就要花费很多时间来确定该数据要使用哪种协议来传送，这时用户就会感觉到速度慢。解决方法为用一块网卡只绑定PPPoE协议来连接ADSL，提供上网的外部连接，用另一块网卡绑定局域网的其他协议，从而提高性能，加快上网速度。
- **ADSL设备散热不良**：ADSL设备工作时发热量较大，平时要注意散热。许多用户把ADSL设备和路由器、集线器等放在一个机柜里，不利于散热，对ADSL的正常工作有影响。ADSL等设备不可放在柜内，要分开摆放，设备之间留有通风散热通道，机房最好做到恒温，一般环境温度应控制在10℃～30℃。
- **不能绑定TCP/IP协议**：不能绑定TCP/IP的原因多为网卡驱动程序未正确安装、网卡质量问题、PCI插槽不良。可先把设备管理器里的网卡驱动删除，重启后安装驱动程序；若问题仍未解决，可把网卡换一个PCI插槽；仍未解决则换一块网卡。
- **微机硬件软件问题**：硬件故障主要表现在网卡坏或没有正确安装；微机主板和网卡不兼容；微机配置低，因内存少导致运行速度慢。软件故障主要是由于用户不了解计算机，在使用过程中误操作，导致操作系统出错或拨号软件损坏而无法上网；用户浏览一些网页后，系统出现问题，在处理时不慎将备份的拨号软件删掉；微机重装系统后，没有安装拨号软件等。要解决这类软件故障只有重新安装拨号软件。
- **某一网站的网页长时间打不开**：可能是因为在上网高峰期，许多用户访问同一个热点网站，由于该网站服务器处理不过来，或带宽较窄就会出现网络速度慢、长时间网页打不开的情况，建议避开高峰时段上网或改访问其他站点。
- **浏览器的设置不当引起的网速慢**：建议重新设置网页的保留天数，把浏览器的缓存目录设置在传输速率最高的硬盘上，并适当增加容量。

PART 3

第3章 使用并设置浏览器

情景导入

将计算机连入Internet后，小白便迫不及待地使用浏览器浏览网页，但作为上网新手，还需要了解WWW基础知识，以及掌握设置浏览器的方法。

知识技能目标

- 了解WWW基础知识
- 熟练掌握IE浏览器的使用和设置
- 了解并选择适合的PC浏览器浏览网页

- 能够使用IE浏览器浏览网页
- 掌握IE浏览器的设置方法

课堂案例展示

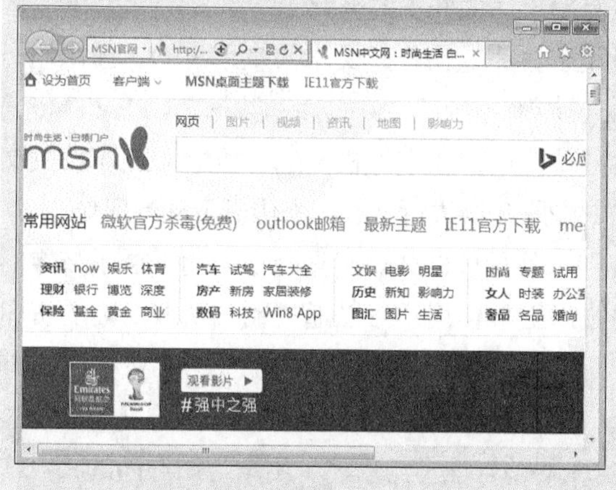

IE浏览器操作界面

360安全浏览器操作界面

3.1 WWW基础知识

WWW（万维网）是Internet上提供的服务之一，它可以通过Internet发布信息，并传输至世界各地以供浏览。下面首先了解什么是WWW和WWW的相关术语。

3.1.1 什么是WWW

WWW（World Wide Web）的中文名为“万维网”，也简称为“Web”，它是一个由许多相互链接的超文本组成的系统，通过互联网访问。在这个系统中，WWW像一个巨大的资源库存放着各种信息资源，为了能快速访问或获取所需的资源，可使用“统一资源标识符”（URI）标识资源存放的位置，这些资源通过超文本传输协议（Hypertext Transfer Protocol）传送给用户，用户通过单击相应的超链接获取所需的资源。

WWW采用客户机/服务器的工作模式，它可以让Web客户机访问浏览Web服务器上的页面，其中WWW服务器采用超文本链路来链接信息页，这些信息页既可放置在同一主机上，也可放置在不同地理位置的主机上；本链路由统一资源定位器（URL）维持，WWW客户端软件（即WWW浏览器）负责信息显示与向服务器发送请求。简单地说，客户机是一个需要某些东西的程序，而服务器是提供某些东西的程序。一个客户机可以向许多不同的服务器发送请求，一个服务器也可以向多个不同的客户机提供服务。通常情况下，由一个客户机启动与某个服务器的对话，而服务器是等待客户机请求的一个自动程序。

统一资源标识符（Uniform Resource Identifier，URI）用于唯一地标识元素或属性的数字或名称。URI包括统一资源名称（URN）和统一资源定位器（URL），URN是唯一标识一个实体的标识符，它与地址无关；而URL是Internet上标准资源的地址。

3.1.2 WWW的相关术语

WWW是无数个网络站点和网页的集合，用户通过网络浏览器浏览网络上的内容。在浏览网络之前，了解一些WWW的相关术语，将有助于后面知识的理解。

- **HTTP和FTP**：HTTP超文本传输协议是用于分布式协作超文本信息系统的、通用的、面向对象的协议。WWW使用HTTP协议传输各种超文本页面和数据。FTP文件传输协议是用于访问远程机器的协议，它可以使用户在本地机和远程机之间操作相关文件。在Internet上，使用FTP协议可以与FTP服务器进行文件的上传或下载等操作。
- **网站**：是指在Internet上根据一定的规则，使用HTML等工具制作的用于展示特定内容的相关网页的集合。它相当于一种通讯工具，用户可以通过网站获取所需的资讯或享受网路服务。
- **网页**：是浏览Internet的主要访问对象。它实际上是存放在Web服务器上的文档，通过网页可以发布信息、收集用户意见，实现网站管理员与用户、用户与用户间的相互沟通。通常网页是HTML（超文本标记语言）格式，文件扩展名为“.html”或“.htm”。

- **网址**：在Internet上每个网页都有一个对应的地址，即网址，以便其他用户访问或获取信息资料。常说的网址实际上是指IP地址和域名地址。
- **主页**：也称首页或起始页，是用户打开浏览器时默认打开的一个或多个网页。大多数作为主页的文件名是index、default、main或portal加上扩展名。

3.2 使用IE浏览器

Internet上的资源一般都以网页的形式显示，用户要浏览网页必须依靠网页浏览器。网页浏览器是显示网页服务器或档案系统内的文件，并让用户与这些文件互动的一种软件。Windows 7自带的浏览器为Internet Explorer浏览器（简称IE浏览器），下面以IE 9为例进行讲解。

3.2.1 启动与关闭IE浏览器

IE浏览器是目前大多数用户上网时使用的浏览器。要熟练使用IE浏览器，必须先掌握启动与关闭IE浏览器的操作方法。（微课：光盘\微课视频\第3章\启动与关闭IE浏览器.swf）

1. 启动IE浏览器

接入Internet后，即可启动IE浏览器畅游网络世界。启动IE浏览器的方法有以下几种。

- **通过任务栏启动**：单击任务栏左侧快速启动区中的“Internet Explorer”图标启动IE浏览器，如图3-1所示。
- **通过开始菜单启动**：选择【开始】/【所有程序】/【Internet Explorer】菜单命令启动IE浏览器，如图3-2所示。
- **通过桌面快捷图标启动**：选择【开始】/【所有程序】菜单命令，在“Internet Explorer”选项上单击鼠标右键，在弹出的快捷菜单中选择【发送到】/【桌面快捷方式】菜单命令，如图3-3所示，在桌面上创建一个IE浏览器的快捷启动图标，以后只需双击该图标即可启动IE浏览器。

图3-1 通过任务栏启动

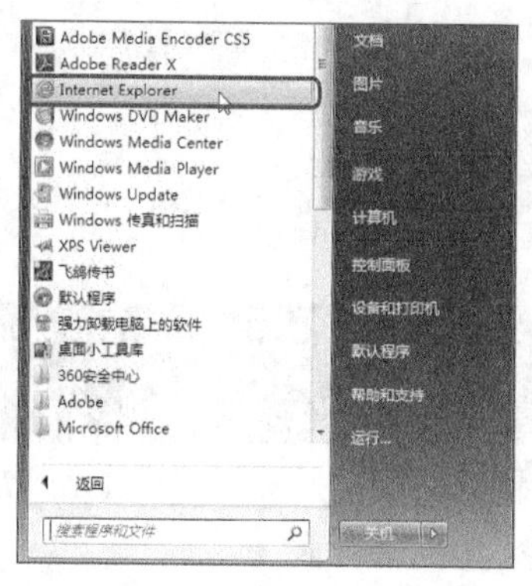

图3-2 通过开始菜单启动

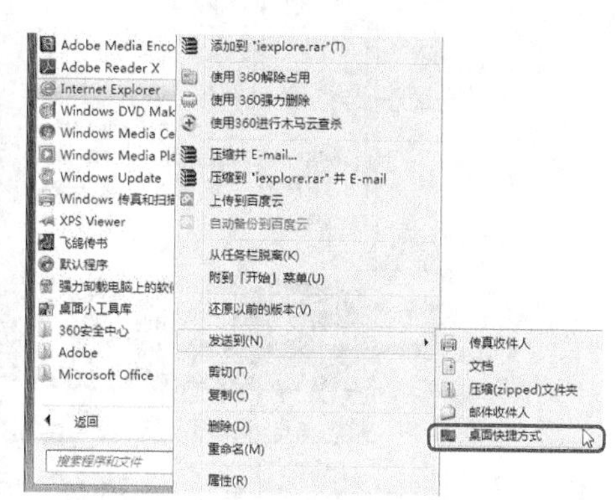

图3-3 创建桌面快捷启动图标

2. 关闭IE浏览器

当不需要浏览网页时，可以关闭IE浏览器，以释放更多的资源。关闭IE浏览器的方法有以下几种。

- **通过标题栏关闭**：在IE浏览器窗口右上角单击“关闭”按钮，或在该窗口的标题栏区域单击鼠标右键，在弹出的快捷菜单中选择“关闭”命令，如图3-4所示。
- **通过任务栏关闭**：在任务栏的IE浏览器图标上单击鼠标右键，在弹出的快捷菜单中选择“关闭窗口”命令，如图3-5所示。
- **通过快捷键关闭**：按【Alt+F4】组合键也可关闭IE浏览器。

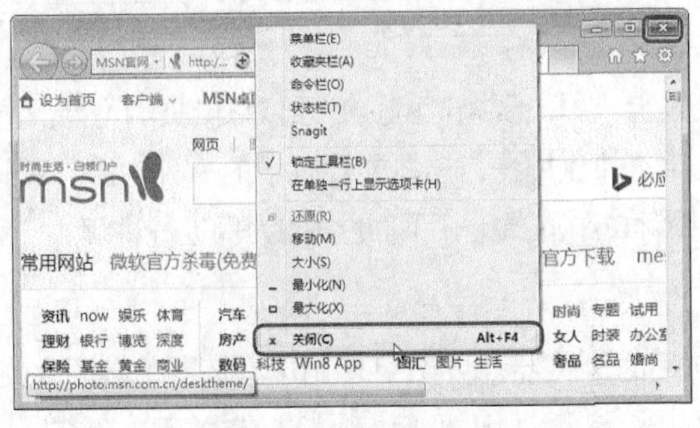

图3-4　通过标题栏关闭

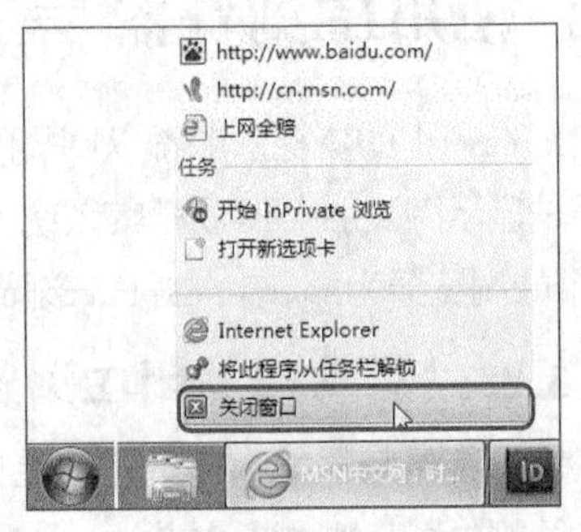

图3-5　通过任务栏关闭

3.2.2　认识IE浏览器操作界面

启动IE浏览器后，将打开默认的主页，如图3-6所示。IE 9浏览器的操作界面非常简洁，默认状态下，只显示标题栏、前进后退栏、地址栏、网页选项卡栏、工具栏和网页浏览区组成部分。

图3-6　IE浏览器操作界面

在IE浏览器窗口的标题栏区域单击鼠标右键，在弹出的快捷菜单中选择相应的命令，可以根据需要显示出菜单栏、收藏夹栏、命令栏、状态栏，并将网页选项卡单独一行显示。

IE浏览器操作界面中各部分的功能如下。

- **标题栏**：标题栏位于IE浏览器窗口的最上方，其右侧的窗口控制按钮组分别用于对窗口执行最小化、最大化/向下还原、关闭等操作。
- **前进后退栏**：只有通过当前网页打开了其他网页后，前进后退栏中的按钮才可用。单击“后退”按钮可以快速地返回到前一个访问的网页中，单击“前进”按钮将返回到单击按钮之前的网页中。
- **地址栏**：在地址栏中输入需要访问网页的网址后，单击按钮或按【Enter】键可打开目标网页，并在地址栏中显示当前打开的网页的地址。在地址栏右侧单击按钮，在弹出的下拉列表框中选择曾经输入过的网址可快速打开该网址对应的网页。

知识提示

打开所需的网页后，按钮将变为状态，此时若当前网页显示的内容不完整，可单击按钮刷新当前网页；若当前网页下载速度过慢，长时间无法显示，可单击×按钮取消打开当前网页。

- **网页选项卡栏**：IE浏览器允许在一个窗口中打开多个网页，当打开所需的多个网页后，将显示出网页对应的选项卡，单击相应的选项卡可切换到对应的网页中。另外，将鼠标光标移动到“新选项卡”图标上，此时该图标将变成状态，单击该图标可新建一个选项卡，在其地址栏中可输入新的网址并打开新网页。
- **工具按钮组**：工具按钮组位于网页选项卡的右侧，它将常用的操作或命令以按钮的形式显示出来，方便用户操作。其中单击按钮可显示默认的主页；单击按钮，在打开的界面中可分别查看收藏夹、源和历史记录；单击按钮，在弹出的下拉列表中集合了同类的所有命令，如“打印”、“文件”、“Internet选项”等。
- **网页浏览区**：用于显示当前打开网页的信息，包含文字、图片、音乐、视频等内容。如果当前网络不通，不能连接到Internet，将显示“无法显示网页”页面。如果当前网页中的内容较多，不能完整显示时，可在网页浏览区右侧和下方拖动滚动条或滚动鼠标滚轮查看网页浏览区中的其他内容。

3.2.3 打开并浏览网页

Internet中丰富的信息资源都是以网页的形式存在的，因此要浏览网页上的信息，必须先打开对应的网页。一般情况下，要浏览一个网页，首先应打开其主页，然后通过主页中的超链接浏览其他的网页。下面打开“网易”网页浏览小米平板（64GB）的信息，其具体操作如下。（微课：光盘\微课视频\第3章\打开并浏览网页.swf）

STEP 1 启动IE浏览器，在地址栏中输入网易的网址“http://www.163.com”，按【Enter】键打开该网页，然后在该网页上方的导航条中单击需要浏览信息的类别，这里单击“家电”分类超链接，如图3-7所示。

STEP 2 在打开的网易“家电”对应的网页中单击“平板”选项卡，如图3-8所示。

STEP 3 在打开的网易“平板”对应的网页的“产品搜索”栏中输入平板型号，这里输入“小米”，并单击按钮，如图3-9所示。若不知道产品型号，可以价格、品牌、系统类型为依据单击相应的超链接浏览产品信息。

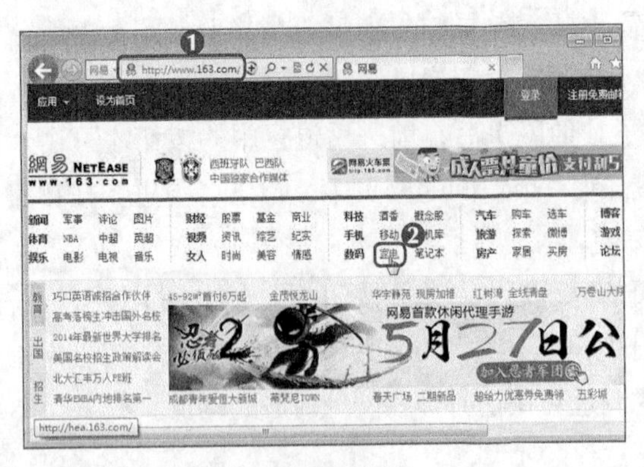

图3-7　打开网易网页

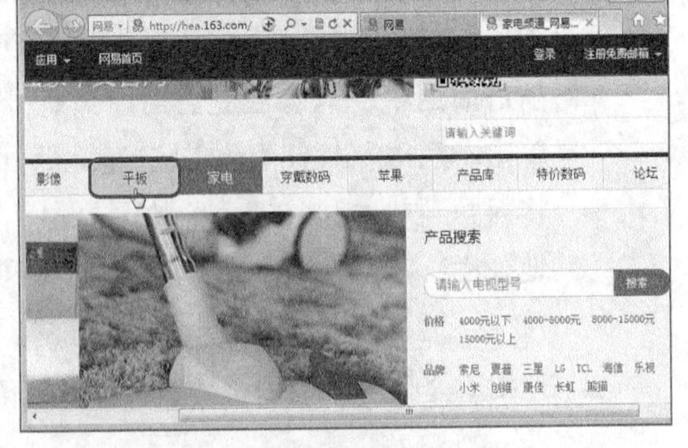

图3-8　选择“平板”选项卡

STEP 4　在打开的网页中列出了“小米”的相关产品，这里单击“小米 平板（64GB）”对应的超链接，如图3-10所示。

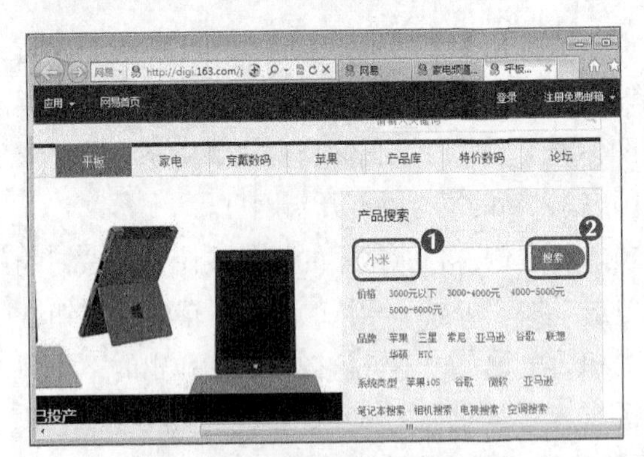

图3-9　输入产品型号进行搜索

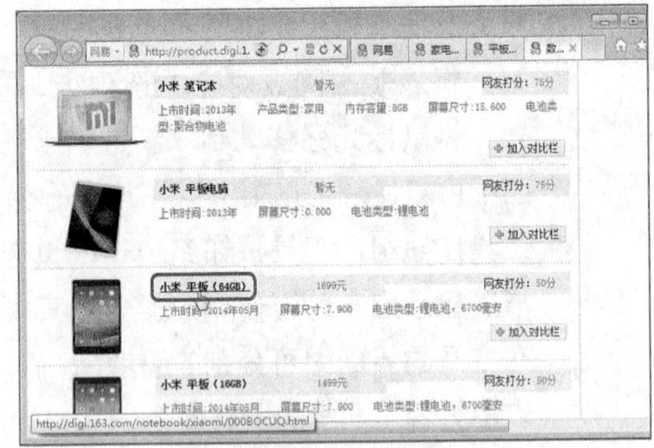

图3-10　单击所需的产品超链接

STEP 5　在打开的网页中显示了该产品的综合信息，向下拖曳滚动条或滚动鼠标滚轮查看该产品的更多信息，如图3-11所示。

STEP 6　在显示了该产品综合信息的网页上方单击相应的超链接，可详细查看该产品的参数、图片、资讯等信息，如图3-12所示。

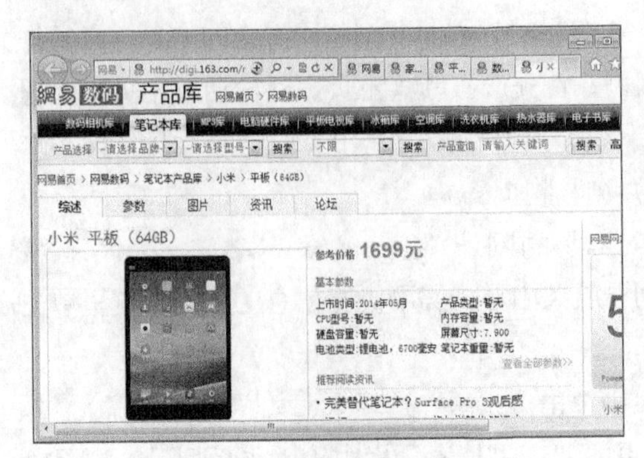

图3-11　查看产品的综合信息

图3-12　查看产品的详细信息

3.2.4 保存与打印网页内容

在浏览网页的过程中，如果发现某些内容具有收藏价值，可将其保存到计算机中或将其打印出来，免去需要再次查看或网页过期无法查看的麻烦。由于网页中的内容不同，其保存方法也有所差异，如保存整个网页、保存网页中的文字、保存网页中的图片等。

1. 保存整个网页

如果当前打开的整个网页内容都有用，可将其全部保存下来，保存后的文件分为网页文件和图片文件夹。下面将打开的网页以“PS创造动感效果”为名保存到桌面，其具体操作如下。（微课：光盘\微课视频\第3章\保存整个网页.swf）

STEP 1 启动IE浏览器，打开需要保存的网页，然后单击按钮，在弹出的下拉列表中选择【文件】/【另存为】菜单命令，如图3-13所示。

STEP 2 在打开的“保存网页”对话框的左侧选择网页的保存位置，这里选择“桌面”选项，然后在“文件名”下拉列表框中输入“PS创造动感效果”，单击保存(S)按钮，如图3-14所示。

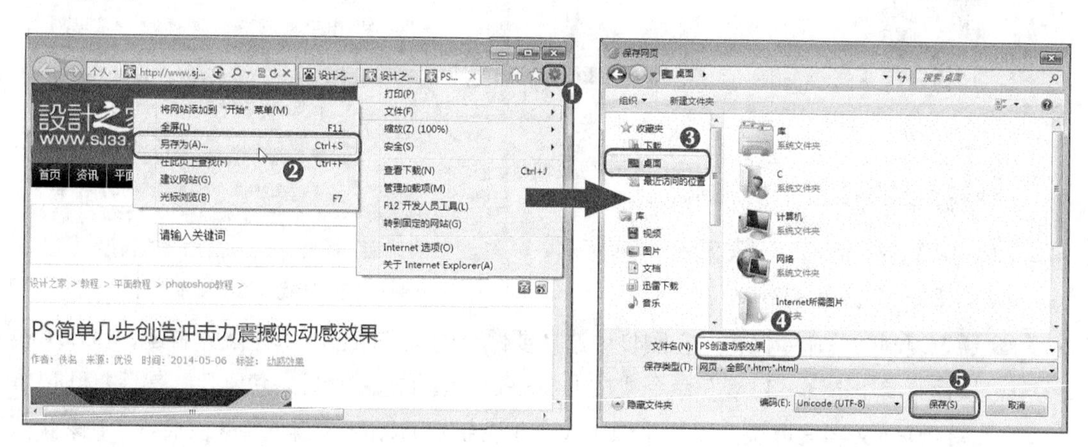

图3-13 选择保存命令　　　图3-14 设置保存参数

STEP 3 找到保存网页文件的位置，可看到同名的网页文件和文件夹，双击“网页文件”图标，如图3-15所示，此时即使计算机没有连接到Internet上，也可启动IE浏览器并打开网页，同时地址栏中的地址变为该网页文件所处的路径，如图3-16所示。

图3-15 查找并双击网页文件

图3-16 双击网页文件图标

2. 保存网页中的文字

如果只需使用网页中的文字，则可只保存网页文字，而无需将整个网页保存下来。保存网页中文字的方法有如下两种。（微课：光盘\微课视频\第3章\保存网页中的文字.swf）

- **通过“保存网页”对话框保存**：打开需保存文字内容的网页，单击按钮，在弹出的下拉列表中选择【文件】/【另存为】菜单命令，在打开的“保存网页”对话框中设置文件保存位置，在“文件名”下拉列表框中输入保存名称，在“保存类型”下拉列表框中选择“文本文件”选项，如图3-17所示，然后单击保存(S)按钮，在保存的位置将生成一个记事本文件，双击该文件，在打开的窗口中可删除不需要的文字内容，如图3-18所示，完成后按【Ctrl+S】组合键进行保存。

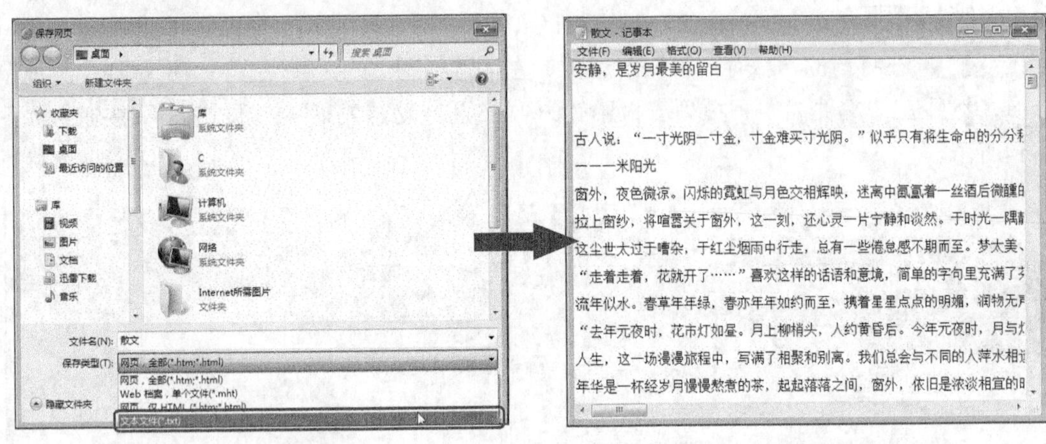

图3-17 设置保存参数

图3-18 查找并修改文本文件

- **通过复制粘贴命令保存**：在网页中选择要保存的文字内容，单击鼠标右键，在弹出的快捷菜单中选择“复制”命令或按【Ctrl+C】组合键，如图3-19所示，然后打开记事本或其他文字编辑软件，按【Ctrl+V】组合键进行粘贴，再选择【文件】/【保存】菜单命令，在打开的“另存为”对话框中设置文件保存位置，在“文件名”文本框中输入保存名称，单击保存(S)按钮即可将文件保存到计算机中，如图3-20所示。

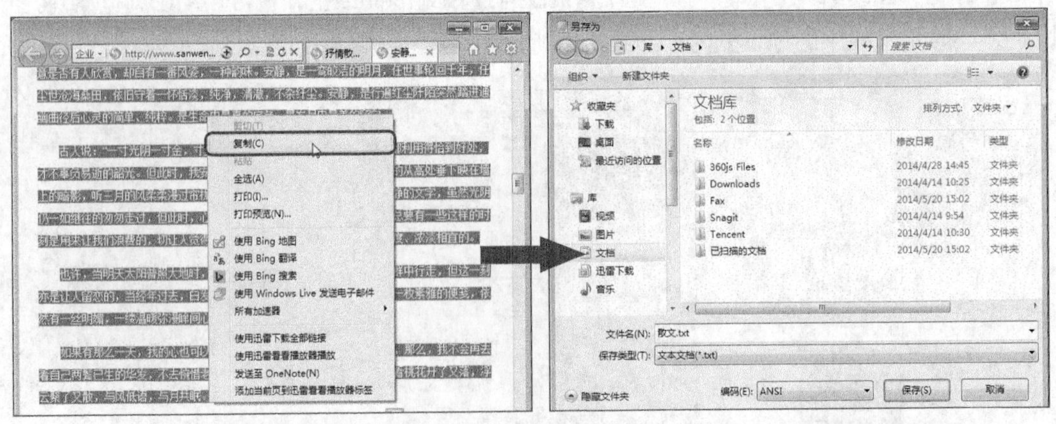

图3-19 复制网页中的文字内容

图3-20 保存网页中的文字内容

多学一招 在IE浏览器操作界面中按【Alt】键，可快速显示出菜单栏，在其中选择【文件】/【另存为】菜单命令也可打开“保存网页”对话框设置保存参数以保存所需的内容。

3. 保存网页中的图片

网页中的图片种类繁多、数不胜数，用户可查找所需的图片，将其保存到计算机中以供日常生活和工作中使用。下面将打开的网页图片以“背景图片”为名保存到图片库中，其具体操作如下。（微课：光盘\微课视频\第3章\保存网页中的图片.swf）

STEP 1 打开需保存图片的网页，在图片上单击鼠标右键，在弹出的快捷菜单中选择“图片另存为”命令，如图3-21所示。

STEP 2 在打开的“保存图片”对话框的左侧选择图片的保存位置，在“文件名”列表中输入图片名称，这里输入“背景图片”，完成后单击 保存(S) 按钮，如图3-22所示。

图3-21 选择“图片另存为”命令　　图3-22 设置保存参数

STEP 3 找到保存图片的位置，双击该图片，如图3-23所示，打开Win 7操作系统自带的图片查看编辑软件——Windows照片查看器的窗口，如图3-24所示，显示该图片并可对其进行编辑。

图3-23 查找并双击图片　　图3-24 查看图片

多学一招 在网页中的图片上单击鼠标右键，在弹出的快捷菜单中选择“设置为背景”命令，可将图片设置为桌面背景。在Win 7桌面的右下角单击“显示桌面”图标▌，可最小化所有桌面上的窗口，查看图片设置为桌面背景后的效果。

4. 打印网页

如果计算机连接了打印机，还可将当前网页中的内容打印到纸张上。下面对打开的网页进行预览，并设置纸张大小为B5，再打印2份，其具体操作如下。（微课：光盘\微课视频\第3章\打印网页.swf）

STEP 1 打开需打印的网页，单击⚙按钮，在打开的下拉列表中选择【打印】/【打印预览】选项，如图3-25所示。

STEP 2 打开“打印预览”窗口，在其中预览打印效果，然后单击上方的“页面设置”按钮，如图3-26所示。

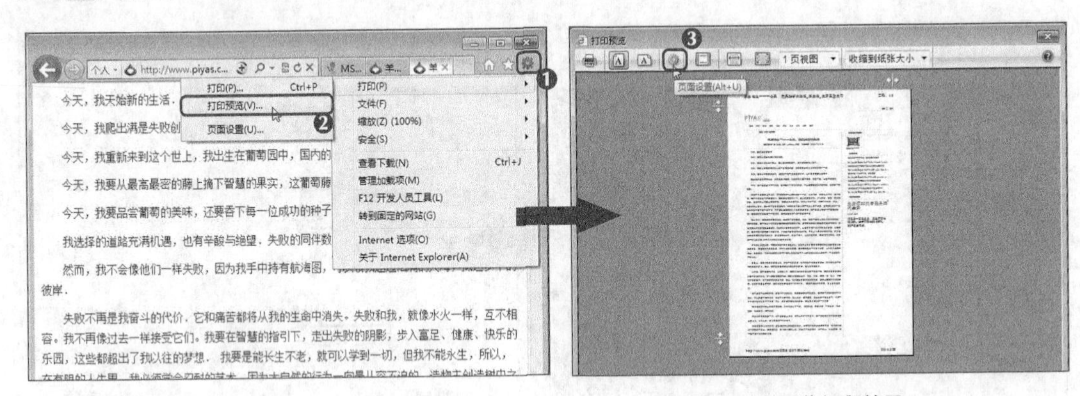

图3-25　选择【打印】/【打印预览】菜单命令　　图3-26　预览打印效果

STEP 3 打开“页面设置”对话框，在“纸张大小”下拉列表框中选择“B5”选项，单击 确定 按钮，如图3-27所示。

STEP 4 返回“打印预览”窗口，在顶端右侧的两个下拉列表框中分别选择“2页视图”和“85%”选项，单击“打印文档”按钮，如图3-28所示。

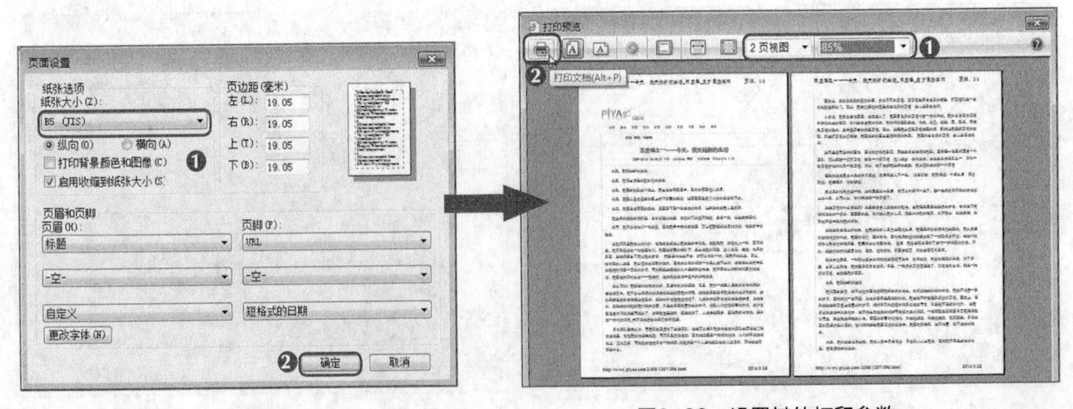

图3-27　设置纸张大小　　图3-28　设置其他打印参数

STEP 5 在打开的“打印”对话框的“份数”数值框中输入数值“3”，然后单击 打印(P)

按钮开始打印，如图3-29所示。

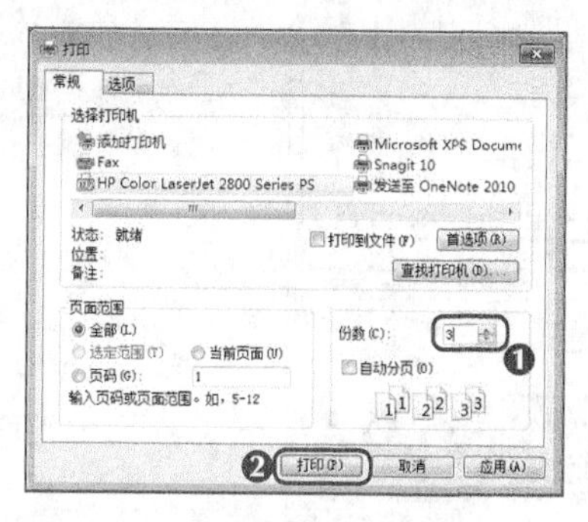

图3-29　设置打印份数并开始打印

多学一招

若只需打印网页中的图片，可直接在图片上单击鼠标右键，在弹出的快捷菜单中选择“打印图片”命令，在打开的“打印”对话框中设置打印参数，完成后单击 打印(P) 按钮。

3.3　设置IE浏览器

在使用浏览器的过程中，用户可根据需要设置适合自己浏览习惯的IE浏览器，这样不仅可以体现个性，还能提高浏览速度。如设置Internet选项、收藏并管理常用网页、查看网页历史记录等。

3.3.1　设置Internet选项

为了满足用户的需要及适应其使用习惯，IE浏览器允许用户对起始主页、临时文件、安全级别、弹出窗口阻止程序等多方面进行设置。

1. 设置起始主页

默认情况下，每次启动IE浏览器时都会自动打开一个网页，这个网页即IE浏览器的默认起始主页。用户可根据需要将其设置为空白页或经常访问的网页，以后每次启动IE浏览器时即可自动打开该网页。下面将主页设置为“http://www.hao123.com/”，其具体操作如下。（微课：光盘\微课视频\第3章\设置Internet选项.swf）

STEP 1 启动IE浏览器，单击⚙按钮，在打开的下拉列表中选择“Internet 选项”选项，如图3-30所示。

STEP 2 打开“Internet 选项”对话框的“常规”选项卡，在“主页”栏的列表框中输入网址“http://www.hao123.com/”，单击 确定 按钮，如图3-31所示。

知识提示

在“Internet选项”对话框的“主页”栏中单击 使用当前页(C) 按钮，可将当前打开的网页设置为主页；单击 使用默认值(F) 按钮，可将IE浏览器默认的网页设置为主页；单击 使用空白页(B) 按钮，可将一个空白页设置为主页，即不打开任何网页。

图3-30　选择“Internet选项”命令

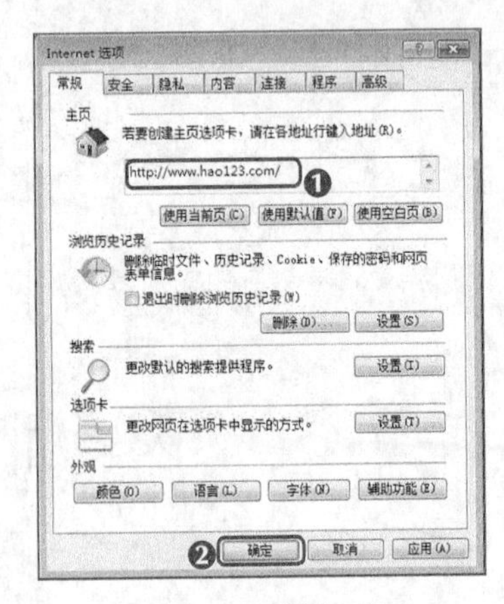

图3-31　设置主页

2. 删除与设置临时文件

在浏览网页的过程中，IE浏览器自动将访问过的网页内容保存到本地磁盘的临时文件夹中，下次访问这些网页时只需加载更新后的内容，以便提高上网速度。但如果经常上网，存放到IE临时文件夹中的内容将越来越多，这样将造成磁盘空间的浪费。因此用户应定期清理IE临时文件夹，也可以根据计算机的硬盘容量与工作情况设置存放临时文件的空间大小或更改IE临时文件夹的位置。下面以删除临时文件、历史记录、Cookies等信息，然后设置临时文件夹到D盘“临时文件”文件夹下，大小为500MB为例，具体操作如下。（微课：光盘\微课视频\第3章\删除与设置临时文件.swf）

STEP 1　打开“Internet选项”对话框，在“常规”选项卡的“浏览历史记录”栏中单击 删除(D)... 按钮，如图3-32所示。

STEP 2　在打开的“删除浏览的历史记录”对话框中单击选中需要删除对象前的复选框，这里保持默认设置，然后单击 删除(D) 按钮，如图3-33所示。

STEP 3　返回“Internet选项”对话框，在“浏览历史记录”栏中单击 设置(S) 按钮，此时可先在D盘创建一个“临时文件”文件夹，然后在打开的“Internet临时文件和历史记录设置”对话框中单击 移动文件夹(M)... 按钮，如图3-34所示。

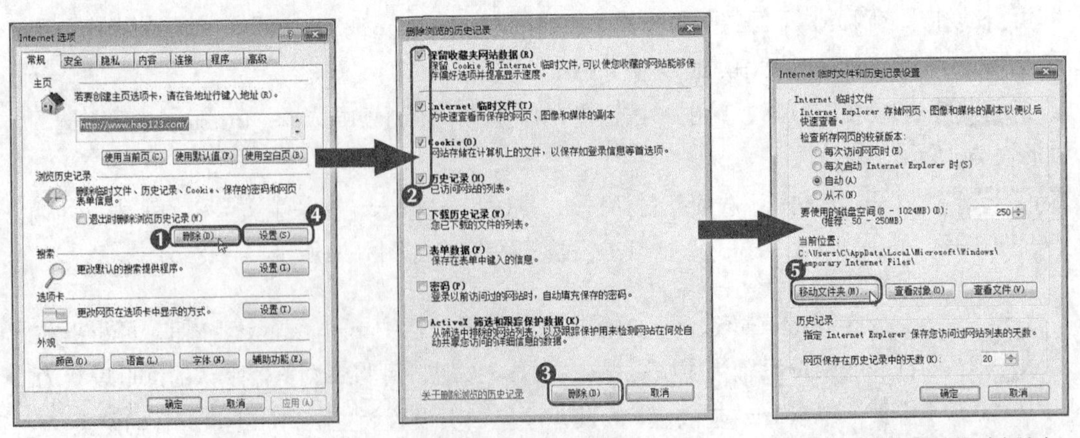

图3-32　单击按钮　　图3-33　删除浏览的历史记录　　图3-34　准备移动临时文件夹

STEP 4 打开“浏览文件夹”对话框，在中间的列表框中单击D盘对应的▸图标展开D盘，选择D盘中的“临时文件”选项，然后单击确定按钮，如图3-35所示。

STEP 5 返回“Internet 临时文件和历史记录设置”对话框，在“要使用的磁盘空间”栏的数值框中输入“500”，完成后单击确定按钮，如图3-36所示。

STEP 6 打开“注销”对话框，提示要完成临时文件夹的移动必须重启电脑，单击是(Y)按钮确认并应用设置，如图3-37所示。

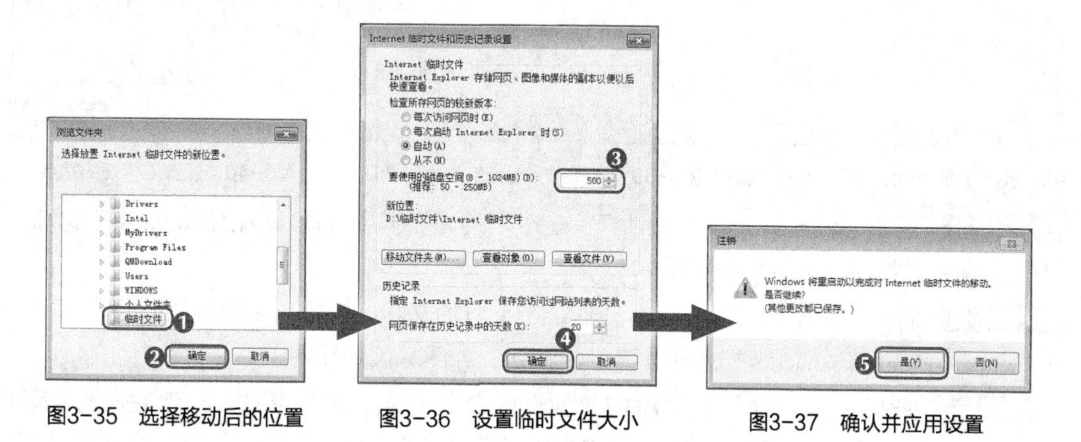

图3-35 选择移动后的位置　　图3-36 设置临时文件大小　　图3-37 确认并应用设置

> **知识提示**
> 在“Internet 临时文件和历史记录设置”对话框中单击查看对象(O)按钮可以打开Downloaded Program Files文件夹，在该文件夹中可以查看在打开一些特殊网页时自动下载到本地磁盘的ActiveX和Java控件；单击查看文件(V)按钮可以打开用于存放临时文件的Temporary Internet Files文件夹，在该文件夹中可以手动删除不需要的临时文件。

3. 设置IE浏览器的安全级别

Internet中除了琳琅满目的资源外，还存在一些安全隐患，如某些网站存在病毒等，而设置IE浏览器的安全级别是提高上网安全性的方法之一。下面以设置IE浏览器的安全级别为“高”，然后添加受信任的站点和受限制的站点为例，具体操作如下。（**微课**：光盘\微课视频\第3章\设置IE浏览器的安全级别.swf）

STEP 1 打开“Internet选项”对话框，单击“安全”选项卡，在中间的列表框中选择“Internet”选项，在“该区域的安全级别”栏中拖曳滑块至“高”，如图3-38所示。

STEP 2 在中间的列表框中选择“受信任的站点”选项，单击站点(S)按钮，如图3-39所示。

STEP 3 打开“受信任的站点”对话框，在“将该网站添加到区域”文本框中输入受信任的网址，这里输入“https://www.baidu.com”，然后单击添加(A)按钮，输入的受信任的网址将被添加到对话框下方的“网站”列表框中，此时可用相同的方法添加其他受信任的站点，完成后单击关闭(C)按钮，如图3-40所示。

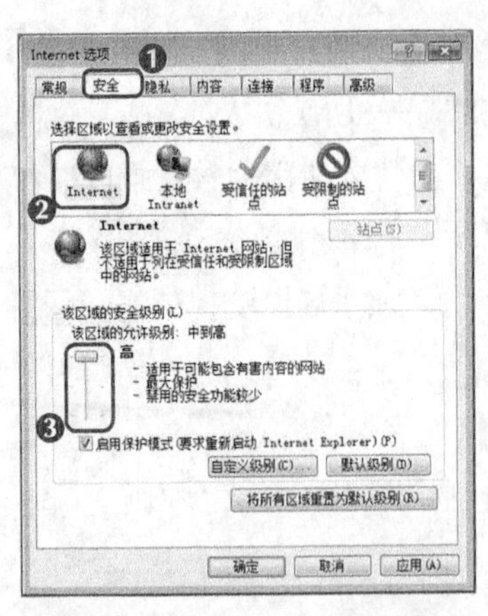

图3-38 设置Internet区域的安全级别

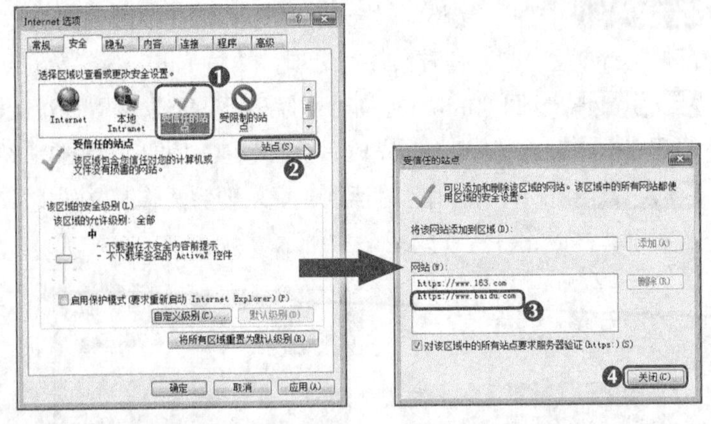

图3-39 选择“受信任的站点”选项

图3-40 设置受信任的站点

STEP 4 返回“Internet选项”对话框，在中间的列表框中选择“受限制的站点”选项，单击站点(S)按钮，如图3-41所示。

STEP 5 打开“受限制的站点”对话框，在上方的文本框中输入受限制的网址，这里输入“https://bbs.hackbase.com”，单击添加(A)按钮，如图3-42所示。

STEP 6 此时可用相同的方法添加其他受限制的站点，然后单击关闭(C)按钮，返回“Internet选项”对话框，单击确定按钮应用设置，如图3-43所示。

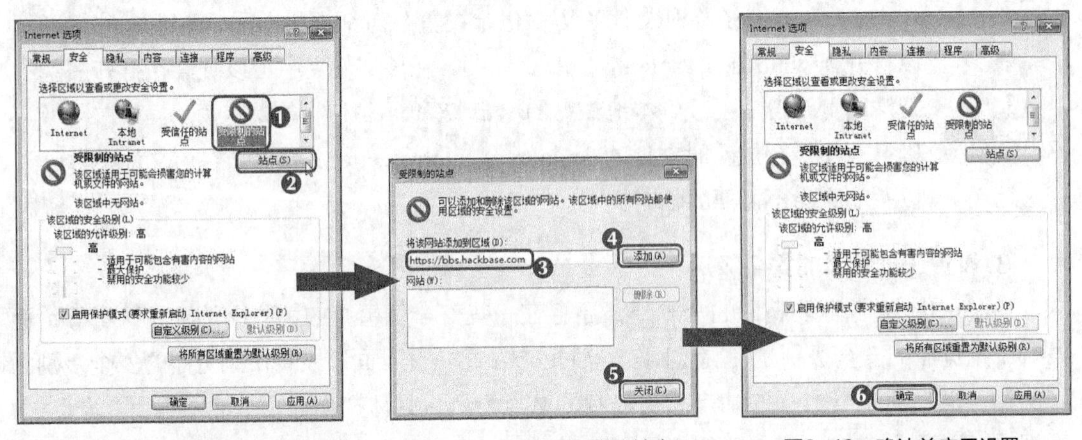

图3-41 选择“受限制的站点”选项 图3-42 设置受限制的站点 图3-43 确认并应用设置

知识提示

如果当前计算机处于局域网中，为了保证计算机的安全，可设置“本地Intranet”。Intranet即企业内部网，通常建立在一个企业或组织的内部并为其成员提供信息的共享和交流等服务，它是Internet技术在企业内部的应用。

4. 启用并设置弹出窗口阻止程序

在Internet中浏览网页时，经常会弹出一些广告窗口、动画播放窗口等，用户并不需要查看这些窗口，而逐个关闭它们又非常繁琐，此时可启用弹出窗口阻止程序。如果要阻止某个网页的弹出窗口，还可单独进行设置。下面启用弹出窗口阻止程序，并设置“www.163.com”网页上的弹出窗口，具体操作如下。（微课：光盘\微课视频\第3章\启用并设置弹出窗口阻止程序.swf）

STEP 1 打开“Internet 选项”对话框，单击“隐私”选项卡，单击选中“启用弹出窗口阻止程序”复选框，单击 设置(E) 按钮，如图3-44所示。

STEP 2 打开“弹出窗口阻止程序设置”对话框，在“允许的网站地址”文本框中输入允许弹出窗口的网址“http://www.163.com/”，然后单击 添加(A) 按钮，如图3-45所示。

STEP 3 添加的网址将显示在“允许的站点”列表框中，在“阻止级别”下拉列表框中选择“高”选项，然后单击 关闭(C) 按钮，如图3-46所示。返回“Internet选项”对话框，单击 确定 按钮应用设置。

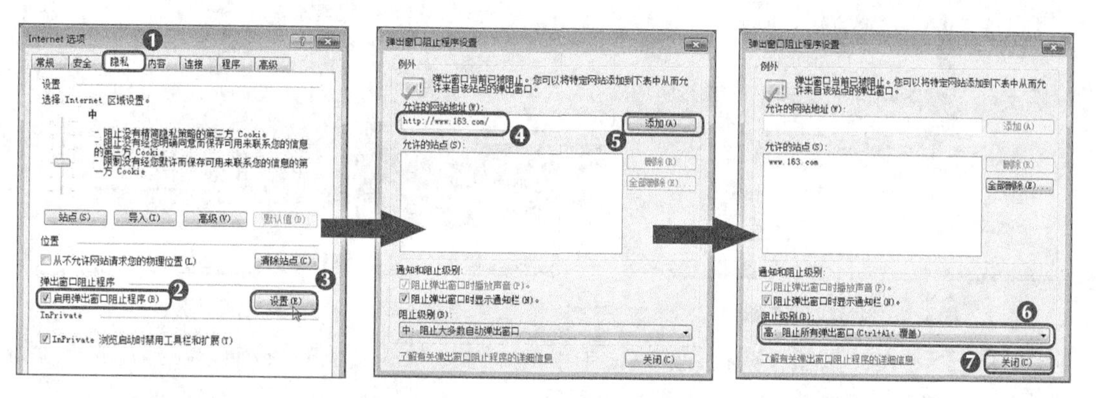

图3-44 启用弹出窗口阻止程序　　图3-45 添加允许弹出窗口的站点　　图3-46 设置阻止级别

3.3.2 收藏并管理常用网页

用户在浏览网页时，为了避免记忆和每次输入网址，可将常用网址和具有收藏价值的网址添加到收藏夹中，下次使用时只需直接调用即可。如果收藏的网页过多，还可对其进行管理。下面将当前打开的网页保存到收藏夹的“汽车”文件夹中，然后删除收藏夹中“房产”文件夹的“58同城”网页，最后将“迅雷看看”移动到“视频”文件夹中，其具体操作如下。（微课：光盘\微课视频\第3章\收藏并管理常用网页.swf）

STEP 1 打开需收藏的网页，这里打开网页“http://www.autohome.com.cn/”，单击☆按钮，在打开的界面中单击 添加到收藏夹 按钮，如图3-47所示。

STEP 2 在打开的“添加收藏”对话框的“名称”文本框中输入收藏的网页名称，这里保存默认名称，单击 新建文件夹(E) 按钮，如图3-48所示。

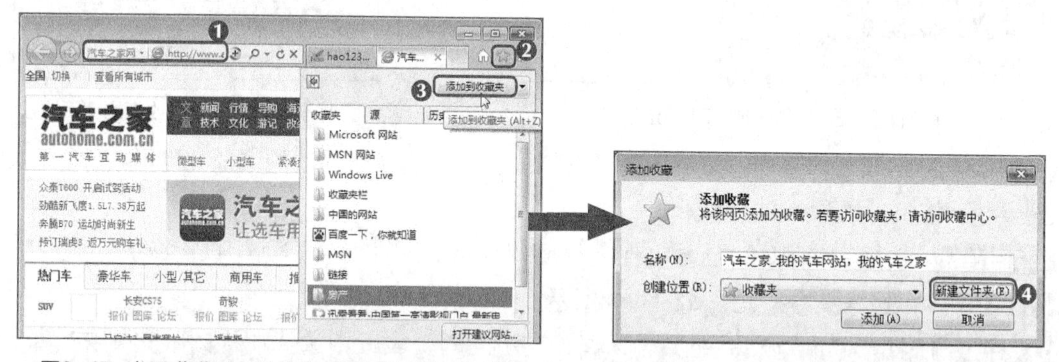

图3-47 打开收藏网页并单击“添加到收藏夹”按钮　　图3-48 设置收藏网页的名称与位置

STEP 3 在打开的“创建文件夹”对话框的“文件夹名”文本框中输入保存的名称“汽车”，单击创建(A)按钮，返回“添加收藏”对话框，单击添加(A)按钮，如图3-49所示。

STEP 4 关闭当前网页，单击☆按钮，在打开的界面的“收藏夹”选项卡中选择“汽车”文件夹，然后在该文件夹下选择并快速打开该网页，如图3-50所示。

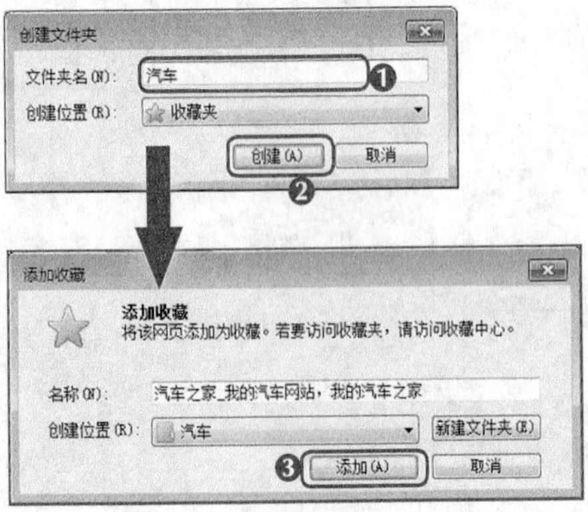

图3-49 创建收藏位置

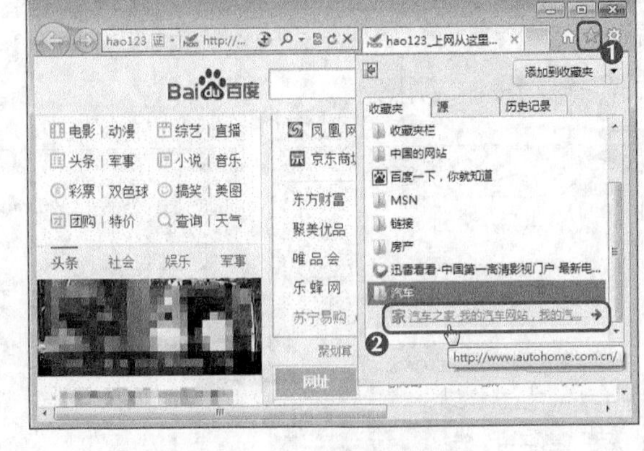

图3-50 通过收藏夹打开网页

STEP 5 单击☆按钮，在打开的界面中单击添加到收藏夹按钮右侧的▾按钮，在打开的下拉列表中选择“整理收藏夹”选项，如图3-51所示。

STEP 6 打开“整理收藏夹”对话框，在列表框中选择不需要收藏的网页“房产”文件夹下的“58同城”网址，单击删除(D)...按钮，如图3-52所示。

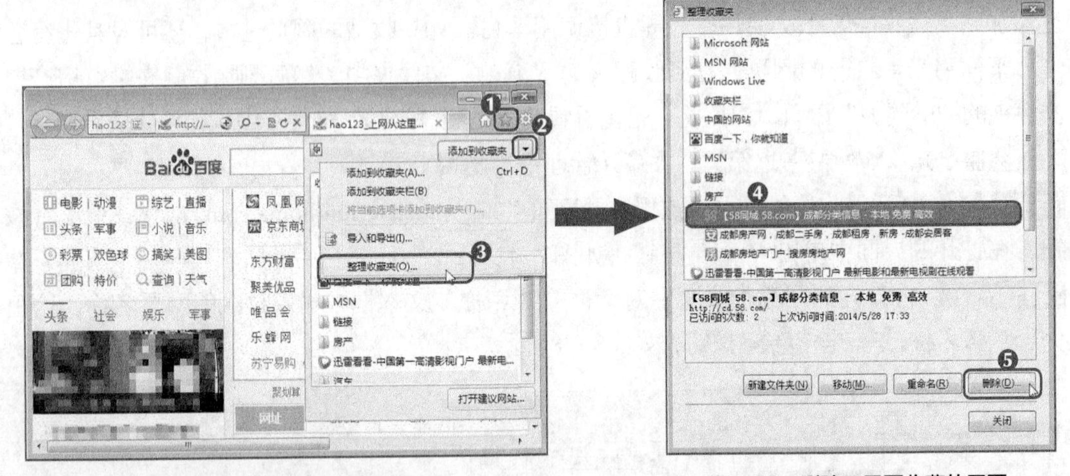

图3-51 选择“整理收藏夹”选项

图3-52 删除不需要收藏的网页

STEP 7 继续在“整理收藏夹”对话框的列表框中选择需移动的网址“迅雷看看”，单击新建文件夹(N)按钮，如图3-53所示。

STEP 8 直接为创建的“新建文件夹”重命名为“视频”，再次选择需移动的网址“迅雷看看”，单击移动(M)...按钮，如图3-54所示。

STEP 9 打开“浏览文件夹”对话框，在中间的列表框中选择“视频”文件夹，单击确定按钮，如图3-55所示。

STEP 10 返回“整理收藏夹”对话框即可看到收藏的相应网址被删除和移动后的效果，完成后单击[关闭]按钮即可。

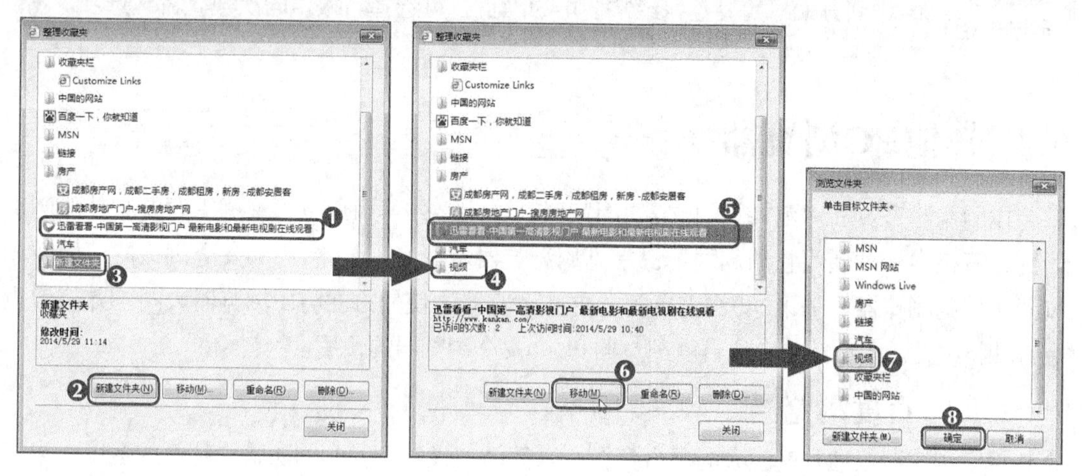

图3-53 新建收藏文件夹　　图3-54 重命名新建文件夹并单击“移动”按钮　　图3-55 移动收藏的网页

> **知识提示**
> 要将当前计算机中的收藏夹在另一台计算机中使用，可单击☆按钮，在打开的界面中单击[添加到收藏夹]按钮右侧的▾按钮，在打开的下拉列表中选择“导入和导出”选项，然后根据提示导出收藏夹，并在另一台电脑中导入即可。

3.3.3 查看网页历史记录

IE浏览器会自动记忆用户在一定时间段内浏览的网页，并将其按时间顺序保存在“历史记录”文件夹中。如果用户需要查看之前浏览的网页，却记不住网址也没有收藏起来，就可以通过历史记录来查找。下面通过历史记录查看QQ音乐网页，其具体操作如下。（微课：光盘\微课视频\第3章\查看网页历史记录.swf）

STEP 1 在IE浏览器中单击☆按钮，在打开的界面中单击“历史记录”选项卡，在其中选择要查看网页所处的时间，这里选择“星期三”，在展开的列表中单击“music.qq.com”超链接，如图3-56所示。

STEP 2 继续在展开的网页列表中单击要打开网页的超链接，即可打开所需的网页，如图3-57所示。

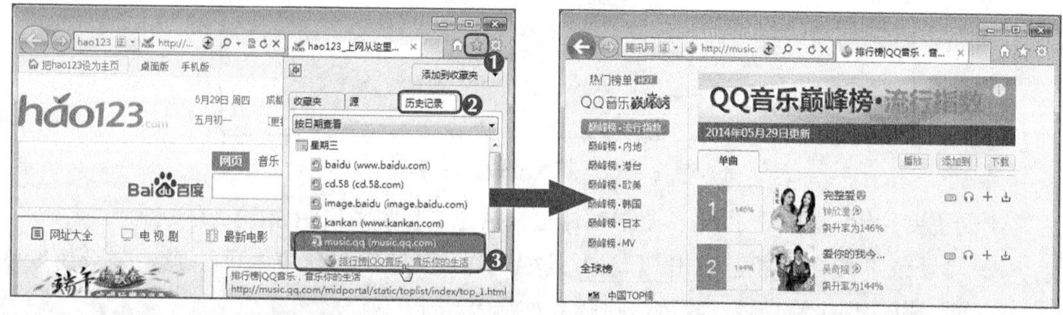

图3-56 选择网页时间和所处文件夹　　图3-57 打开历史记录中的网页

多学一招

在“历史记录”选项卡的“按日期查看”下拉列表框中可选择历史记录的排列方式，如要查找经常使用的网页，可选择“按访问次数查看”选项。

3.4 其他PC浏览器

IE浏览器是Win 7操作系统自带的浏览器，除此之外，用户也可根据需要安装其他浏览器到计算机中，并使用它浏览网页，常见的浏览器有百度浏览器、360安全浏览器、傲游浏览器、搜狗浏览器、腾讯QQ浏览器等。这些浏览器的使用方法与IE浏览器大同小异，但也有其独特之处。下面简单介绍百度浏览器和360安全浏览器的使用。

3.4.1 百度浏览器

百度浏览器依靠百度强大的平台资源，以简洁的设计、安全的防护、超快的速度、丰富的内容逐渐成为国内成长最快的创新浏览器。它不仅整合了热门应用，第一时间推送最新最热的游戏、影视、音乐等应用，还采用沙箱安全技术全方位保护上网过程，优化的地址栏安全铭牌秒速鉴定银行等各类官网，而且实现了数据同步功能。

要使用百度浏览器，首先应下载并安装百度浏览器（软件的下载与安装将在第5章讲解），然后在桌面上双击“百度浏览器”图标，打开其操作界面，如图3-58所示。百度浏览器的操作界面主要由“登录”按钮、网页选项卡栏、地址栏、搜索栏、工具按钮组、收藏栏、网页浏览区等部分组成。

图3-58 百度浏览器操作界面

下面主要介绍“登录”按钮、搜索栏、工具按钮组和收藏栏组成部分的功能。

- **“登录”按钮**：通过单击“登录”按钮，在打开的窗口中可注册并登录百度账号，以实现个性设置、收藏应用随身携带等功能。

- **搜索栏**：在搜索栏中直接输入需要搜索的内容或关键字，然后单击按钮或按【Enter】键可对相关内容进行搜索；也可以单击左侧的按钮，在弹出的下拉列表中选择搜索引擎，然后设置搜索内容进行搜索。
- **工具按钮组**：它将常用的功能和命令以按钮的形式显示，其中单击按钮可进行屏幕截图；单击按钮，可关闭所有网页中的声音，即启用静音功能；单击按钮，可打开下载管理器窗口，查看全部任务、正在下载、已完成任务等，且在其中单击按钮，在打开的界面中可设置相应的选项；单击按钮，在打开的下拉菜单中选择相应的选项，可执行整理收藏夹、历史记录、打印、工具、Internet选项等操作。
- **收藏栏**：用于收藏和打开常用网页，以免每次都要重新输入网址。在收藏栏中单击按钮，在打开的下拉列表中可选择并打开经常使用的网页；在按钮的右侧还分门别类地列出了一些默认的常用网址，可方便用户快速查看相应类别的网址。

3.4.2 360安全浏览器

360安全浏览器是目前Internet上最安全好用的新一代浏览器，它拥有全国最大的恶意网址库，采用恶意网址拦截技术，可自动拦截挂马、欺诈、网银仿冒等恶意网址，且独创沙箱技术，在隔离模式即使访问木马也不会感染。360安全浏览器不仅小巧、快速、安全，而且具有浏览辅助功能、静音功能、隔离模式、无痕浏览、沙箱技术、拦截广告、视频加速等功能。

下载并安装360安全浏览器后，可在桌面上双击“360安全浏览器”图标，打开其操作界面，如图3-59所示。360安全浏览器的操作界面主要由登录按钮、标题栏、菜单栏、地址栏、搜索栏、收藏栏、插件栏、侧边栏、网页选项卡栏、网页浏览区、状态栏等部分组成。

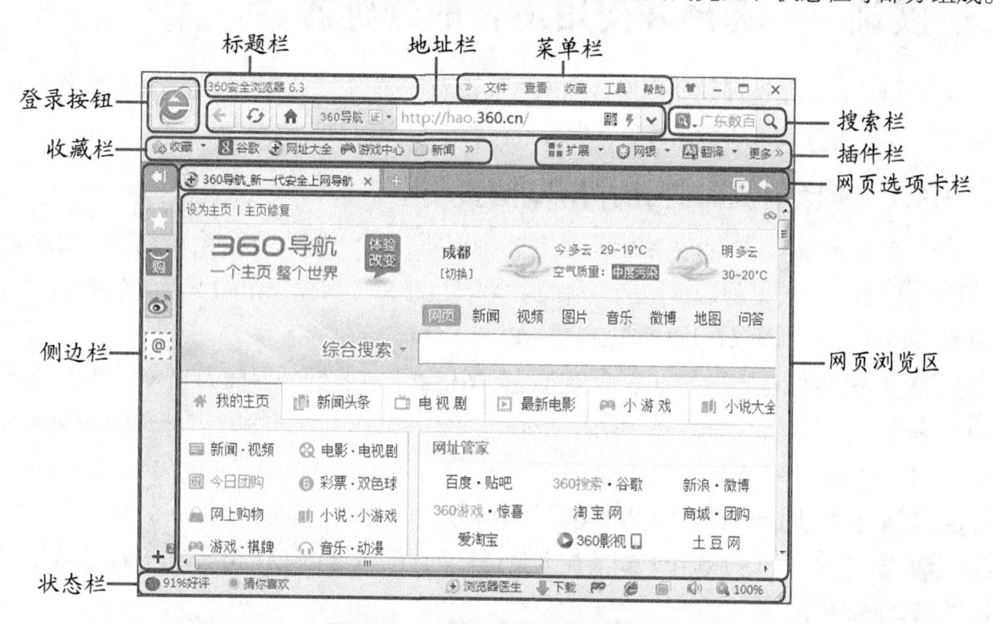

图3-59 360安全浏览器操作界面

下面主要介绍菜单栏、收藏栏、插件栏、侧边栏、状态栏组成部分的功能。

- **菜单栏**：用于对当前网页和浏览器执行各种操作。它将相似的操作和命令集成在一个菜单项中，如“文件”、“查看”、“收藏”、“工具”、“帮助”菜单项。
- **收藏栏**：在收藏栏中单击收藏按钮，可打开“添加到收藏夹”对话框，在其中设置收藏的网页名称和位置；单击收藏按钮右侧的按钮，在打开的下拉菜单中选择“整理收藏夹”选项，在打开的对话框中可对收藏夹执行新建、编辑、删除等操作；在收藏按钮的右侧还分门别类地列出了一些常用的网址。
- **插件栏**：360安全浏览器支持和兼容IE内核浏览器的各种插件，扩展用户的专业应用，如“扩展中心”、“网银”、“翻译”、“截图”等插件。
- **侧边栏**：用来整合程序的部分资源或放置一些快捷入口，方便用户操作，起到提醒或导航的作用，如单击按钮可快速打开收藏夹；单击按钮可初始化“微博”扩展功能，提示用户最新微博通知等。若在侧边栏上方单击按钮还可隐藏侧边栏。
- **状态栏**：用于显示当前网页的相关信息，如网站点评、当前网页信息的相关推荐、当前网页的网址和打开进度等。另外，在状态栏右侧单击下载按钮，可打开下载管理器窗口；单击按钮，可在打开的窗口中使用无痕模式；单击按钮，可启用静音功能；单击100%按钮，在打开的工具条中拖曳滑块可缩放网页文字的显示比例。

知识提示

“登录”按钮即网络收藏夹的登录入口，网络收藏夹是把自己喜欢的网址直接保存到网络数据库中，用户通过会员认证管理方式，保证资料安全，且可随时随地提取，方便导入导出功能。

3.5 实训——选择并使用适合的浏览器

本实训的目标是选择并使用适合的浏览器浏览网页信息，下面首先选择浏览器打开并浏览网页，然后设置网页的显示效果，完成后保存网页内容并收藏网页。

3.5.1 选择浏览器打开并浏览网页

用户可根据使用习惯和需求选择适合的浏览器，这里选择360安全浏览器，使用它打开“新浪”网页，并通过超链接浏览“旅游攻略”信息，其具体操作如下。（**微课**：光盘\微课视频\第3章\选择浏览器打开并浏览网页.swf）

STEP 1 在桌面上双击“360安全浏览器”图标，在打开的界面的“360导航”选项卡中单击“新浪”超链接，如图3-60所示，或在地址栏中输入新浪的网址“http://www.sina.com.cn/”，按【Enter】键打开该网页。

STEP 2 在打开的新浪首页上方的导航栏中单击“旅游”超链接，如图3-61所示。

STEP 3 在打开的“旅游网_新浪旅游频道”网页上方的导航栏中单击“攻略游记”超链接，如图3-62所示。

STEP 4 在打开的“旅游攻略_自助游攻略”网页右上方可根据需要搜索想去的目的地、攻略，或按游玩目的地、游玩主题、出发时间查找目的地、攻略，这里直接向下滚动当前页面，在“主题攻略推荐”栏中单击图3-63所示的超链接。

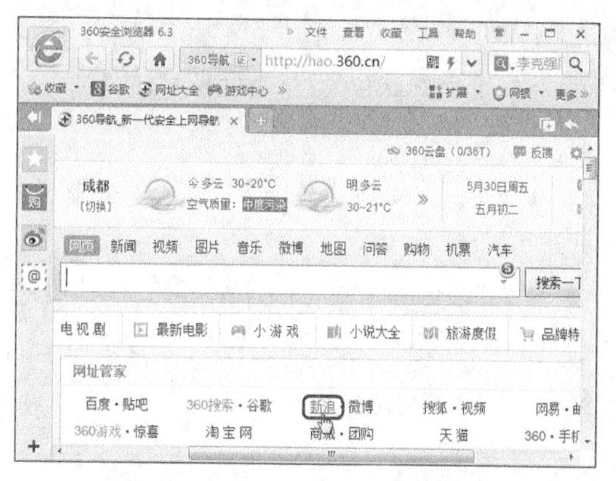

图3-60　单击“新浪”超链接

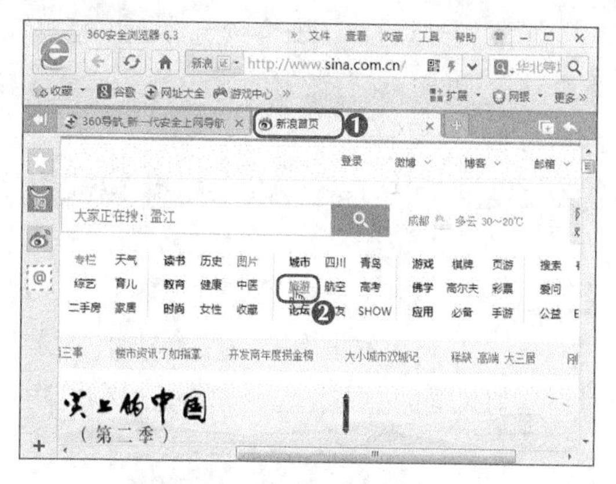

图3-61　单击“旅游”超链接

图3-62　单击“攻略游记”超链接

图3-63　单击感兴趣的旅游景点的超链接

STEP 5 在打开的网页中可查看该次行程的路线、位置、景点提示等，如图3-64所示。

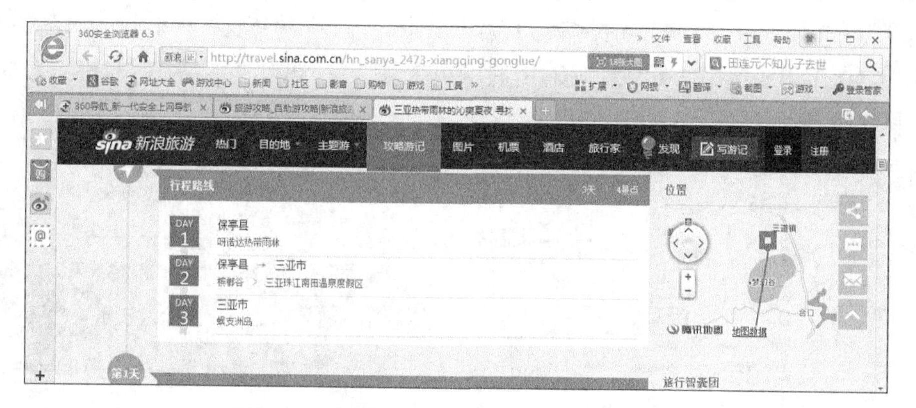

图3-64　查看相关行程路线、位置、景点提示等

知识提示

使用360安全浏览器浏览某个网页时，若需使用IE浏览器同时打开相同的网页，可在状态栏中单击按钮，此时将同时打开两个窗口，即使用不同的浏览器浏览相同的网页内容。

3.5.2 设置网页的显示效果

下面通过设置360安全浏览器选项将其设置为默认浏览器，并关闭“网站点评”和“猜你喜欢”功能，然后调整缩放比例，其具体操作如下。（微课：光盘\微课视频\第3章\设置网页的现实效果.swf）

STEP 1 在360安全浏览器的操作界面中，选择【工具】/【选项】菜单命令，如图3-65所示。

STEP 2 在打开的选项窗口的“基本设置”选项卡的“默认浏览器”栏中单击 将360安全浏览器设置为默认浏览器 按钮，然后单击取消选中“启动时检查是否为默认浏览器”复选框，此时在当前页面的上方将显示“设置保存成功”字样，如图3-66所示。

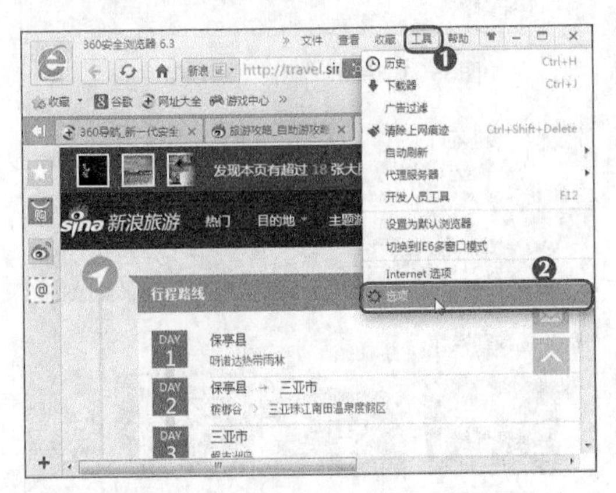

图3-65 选择【工具】/【选项】菜单命令

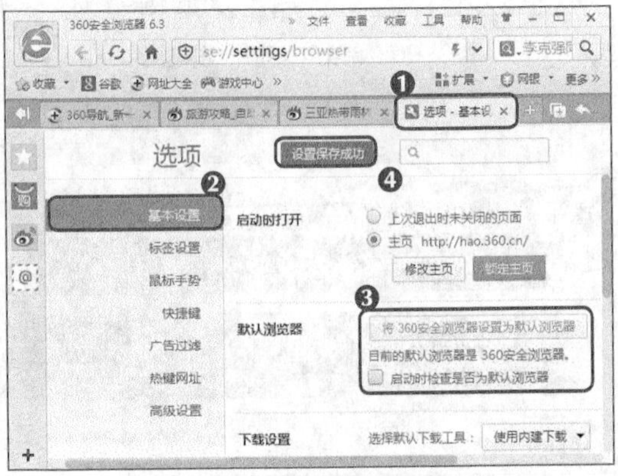

图3-66 设置默认浏览器

STEP 3 单击“高级设置”选项卡，在其中取消选中“启动‘网站点评’功能”和“启动‘猜你喜欢’功能”复选框，然后在当前选项的网页选项卡右侧单击☒按钮关闭当前窗口，如图3-67所示。

STEP 4 选择【查看】/【网页缩放】菜单命令，或在状态栏右下角单击 100% 按钮，在打开的工具条中单击选中“缩放比例对所有网页生效”复选框，然后拖曳滑块至“150%”，完成后将在所有网页中以150%的比例显示网页文字，如图3-68所示。

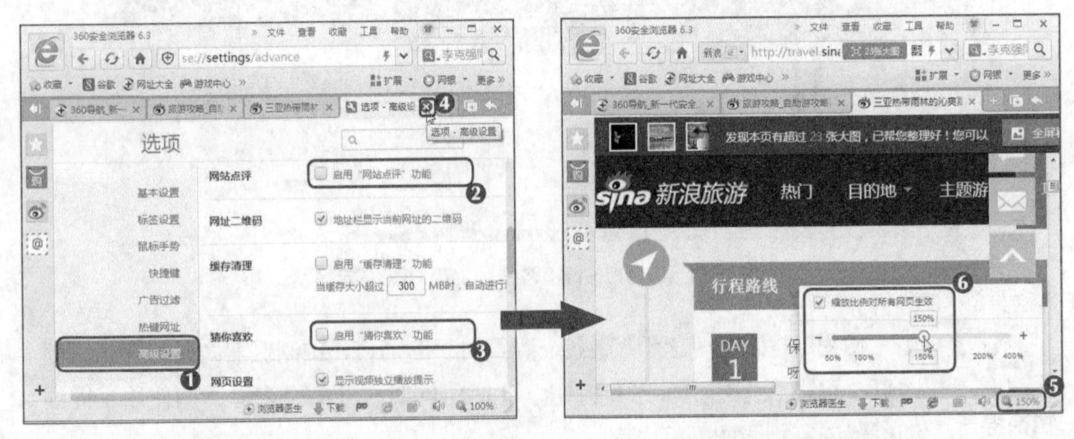

图3-67 进行高级设置

图3-68 缩放显示比例

3.5.3 保存网页内容并收藏网页

下面直接将前面浏览的“旅游攻略”网页内容保存为图片，然后收藏“去哪儿网”网页，并调整其收藏网页的位置，具体操作如下。（微课：光盘\微课视频\第3章\设置网页内容并收藏网页.swf）

STEP 1 选择前面浏览的“旅游攻略”网页，然后选择【文件】/【保存网页为图片】菜单命令，如图3-69所示。

STEP 2 在打开的“另存为”对话框中设置保存路径，在“文件名”下拉列表框中输入保存名称，这里输入“三亚之旅_景点攻略”，单击 保存(S) 按钮，如图3-70所示。

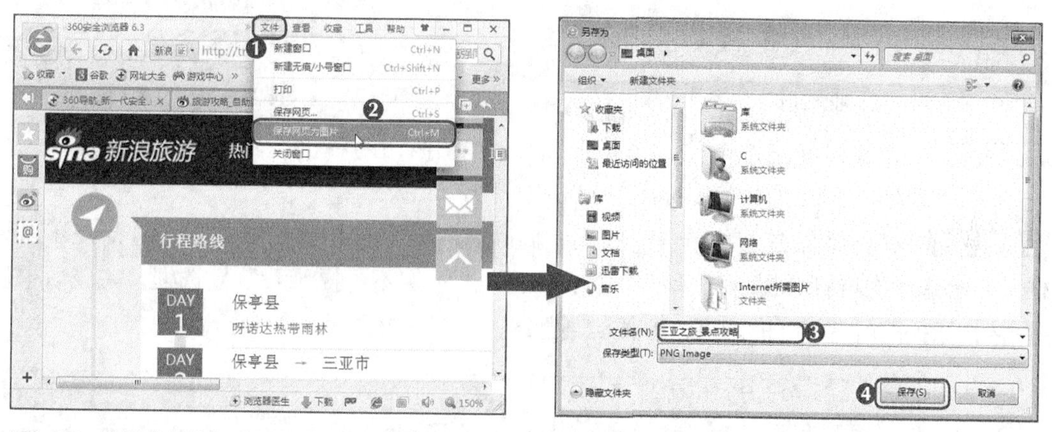

图3-69 选择【文件】/【保存网页为图片】菜单命令

图3-70 直接保存网页为图片

STEP 3 在保存位置双击保存的文件名称，打开Windows照片查看器窗口，在其中滚动鼠标滚轴，可缩放显示比例，按住鼠标左键上下拖曳可依次查看相应的内容，如图3-71所示。

STEP 4 在地址栏中输入网址“http://www.qunar.com/”，按【Enter】键打开该网页，然后在收藏栏中单击 收藏 按钮，如图3-72所示。

图3-71 打开Windows照片查看器窗口

图3-72 打开去哪儿网

STEP 5 在打开的“添加到收藏夹”对话框中保持默认设置，然后单击 添加 按钮，如图3-73所示。

STEP 6 此时在收藏栏中单击»按钮，在打开的下拉列表中可显示出未在收藏栏中显示的网页，这里选择刚收藏的“去哪儿网”，如图3-74所示。

图3-73 收藏网页

图3-74 查看收藏的网页位置

STEP 7 按住鼠标左键不放，将其拖曳到收藏按钮的右侧，此时鼠标光标显示为图3-75所示的形状，完成后释放鼠标即可调整收藏网页的位置，

STEP 8 在标题栏右上角单击☒按钮，此时若打开了多个网页标签，将打开提示对话框，若不想下次再打开提示对话框，可单击选中“下次不再提示我”复选框，完成后单击确定按钮关闭所有打开的网页，即关闭浏览器，如图3-76所示。

图3-75 调整收藏的网页位置

图3-76 关闭浏览器

3.6 疑难解析

问：如果不知道某个网站的网址，又想浏览该网站怎么办？

答：此时可通过一些网址大全或网站导航访问所需的网站，如hao123（http://www.hao123.com/）、360导航（http://hao.360.cn/）、搜狗网址导航（http://123.sogou.com/）等，单击其中的分类超链接或网址超链接即可。

问：有时单击某个超链接时，前一个网页窗口就自动消失了，若需同时查看这两个窗口，该怎么办呢？

答：此时可以在需单击的超链接上单击鼠标右键，在弹出的快捷菜单中选择“在新窗口中打开”命令，这样该超链接对应的内容将在另一个网页窗口中打开并显示。

问：在360安全浏览器中如何设置Internet选项呢？

答：在360安全浏览器中可选择【工具】/【Internet选项】菜单命令，打开“Internet选项”对话框在其中进行设置。

问：有些网页由于包含了大量图片、声音、Flash动画，因此网页的打开速度非常慢，可以不显示这些内容吗？

答：当然可以，只需在“Internet选项”对话框中单击“高级”选项卡，在“设置”列表框的“多媒体”栏下方取消选中“显示图片”、“在网页中播放动画”、“在网页中播放声音”复选框即可屏蔽这些信息。

问：使用IE浏览器打开网页时，经常会弹出许多广告窗口，如何才能把它们清除掉呢？

答：可在“Internet选项”对话框中单击“安全”选项卡，在列表框中选择“Internet”选项，单击自定义级别(C)...按钮，打开“安全设置-Internet区域”对话框，在“设置”列表框的“活动脚本”选项下单击选中“禁用”单选项即可避免广告窗口的骚扰。

3.7 习题

本章主要介绍了WWW基础知识、使用并设置IE浏览器，以及其他PC浏览器，其中包括什么是WWW、WWW的相关术语、启动与关闭IE浏览器、认识IE浏览器操作界面、设置Internet选项、收藏并管理常用网页等知识。下面通过几个练习题使读者灵活掌握浏览器的使用与设置。

（1）根据使用习惯选择适合的浏览器，然后使用不同的方法启动并退出浏览器，注意观察所选浏览器的窗口与普通窗口有何不同。

（2）将经常访问的大型综合网站的首页网址（新浪、搜狐、网易、腾讯等）收藏在“综合网站”文件夹中，然后通过历史记录查看前几天浏览过的网页。

（3）将百度首页设置为主页，然后删除电脑中的临时文件、历史记录等，并将临时文件存放在D盘的“上网临时文件”文件夹下，最后设置安全级别为“高”。

（4）将自己喜欢的文章或新闻保存到本地电脑中。

课后拓展知识

IE 浏览器是大多数用户上网时最常用的浏览器，因此掌握一些 IE 使用技巧有利于用户快速浏览网页，并提高上网效率。下面列出一些实用的 IE 使用技巧。

- **简化网址的输入：**在IE地址栏中输入网址时，通常都是输入完整的网址，如“http://www.sina.com.cn/”等，其实IE可以简化输入，只需输入域名，如输入“sina”，按【Ctrl+Enter】组合键，“http://www.”和“.com.cn/”将由IE自动补全。

- **全屏浏览网页**：在浏览网页时，按【F11】键可隐藏IE浏览器的标题栏和系统的任务栏等，即全屏显示网页，再次按【F11】键可恢复IE浏览器的默认显示窗口。
- **IE自动完成功能**：在IE地址栏中手动输入某个网址后，再次浏览该网站时只需输入网址的前几个字符，系统就会自动补齐后面的字符，同时还具有表单的自动填充功能、表单的用户名和密码自动保存功能等。虽然自动完成功能可简化用户的操作，但其安全性却令人担忧，尤其是使用公用电脑上网的用户，此时可在IE窗口中选择【工具】/【Internet选项】菜单命令，打开“Internet选项”对话框，单击“内容”选项卡，在“自动完成”栏中单击 设置(I) 按钮，打开“自动完成设置”对话框，取消选中“表单上的用户名和密码”复选框，然后依次单击 确定 按钮完成设置。
- **防止网址被记录**：在IE浏览器的操作界面中按【Ctrl+O】组合键，可打开“打开”对话框，在其中输入网址后单击 确定 按钮可打开相应的网页，且不用担心网址被IE自动记录下来。
- **IE地址栏的妙用**：IE地址栏除了可输入网站网址外，还具有其他的一些功能。如在IE地址栏中输入“我的电脑”，按【Enter】键后可快速打开“我的电脑”窗口；在IE地址栏中输入文件夹路径后，按【Enter】键可快速打开该文件夹；在IE地址栏中输入“mailto:电子邮件地址”，按【Enter】键可立即启动系统默认的电子邮件程序进行电子邮件的发送工作。
- **恢复被恶意篡改的主页**：在上网过程中，有时会遇到一些包含木马或病毒的网页，这些网页中包含着恶意代码，它们可以通过修改注册表来改变用户的默认IE主页。此时可在IE窗口中选择【工具】/【Internet选项】菜单命令，打开“Internet选项”对话框，单击“程序”选项卡，在“默认的Web浏览器”栏中单击 设为默认值(D) 按钮即可。如果该方法恢复不了，可借助“超级兔子”或“360安全卫士”等工具来恢复IE的默认主页设置。
- **调整网页的显示效果**：在IE浏览器的操作界面中单击⚙按钮，在打开的下拉列表中选择“缩放”选项，在打开的列表中选择相应的选项并根据需要调整网页中文字的大小。另外，在“Internet选项”对话框的“常规”选项卡的“外观”栏中单击 颜色(O) 按钮，在打开的对话框的“颜色”栏中取消选中“使用Windows颜色”复选框，在其下相应的色块上可设置其显示颜色；单击 字体(N) 按钮，在打开的对话框中可更改网页字体和纯文本字体，完成后单击 确定 按钮应用设置。

PART 4

第4章 网络搜索

情景导入

小白没想到要在众多网页信息中找到自己所需的资源并不容易，于是她准备使用网络搜索功能快速从各个网站中查找与自己需求相匹配的内容。

知识技能目标

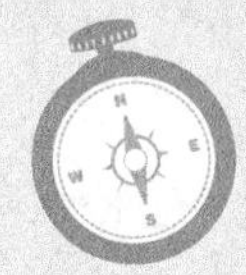

- 认识并理解搜索引擎，为后面的学习奠定基础
- 掌握使用百度搜索的方法，同时了解常用的搜索引擎
- 掌握搜索技巧，并进行搜索引擎优化

- 能够使用百度搜索来搜索所需的资源
- 掌握不同的搜索方式、搜索技巧，以及对搜索引擎进行SEO优化

课堂案例展示

使用百度搜索引擎

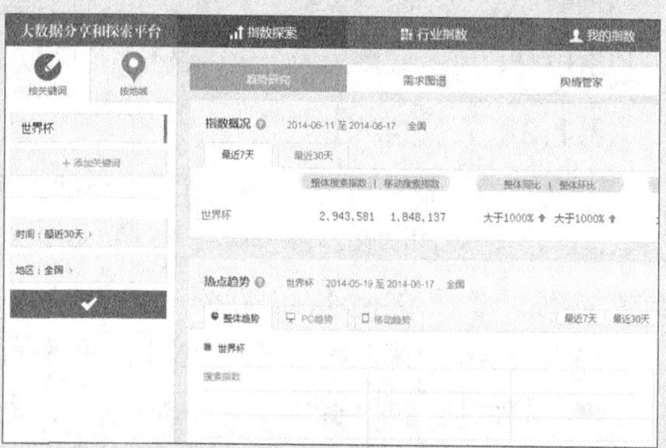

使用百度指数分析关键字

4.1 认识搜索引擎

网络中的信息资源纷繁复杂，可以是文字、图片、视频、动画，也可以是软件和数据库等。用户若需在网络中查找所需的信息资源，可以使用Internet上的搜索引擎来完成。

4.1.1 什么是搜索引擎

搜索引擎是根据一定的策略、运用特定的计算机程序从Internet上搜集所需信息，并对信息进行组织和处理后，为用户提供检索服务，将用户检索的相关信息展示给用户的系统。对于普通用户来说，搜索引擎就是提供一个包含搜索框的页面，在搜索框中输入要查询的内容后通过浏览器提交给搜索引擎，搜索引擎将根据用户输入的内容返回包含相关内容的信息列表。

搜索引擎一般由搜索器、索引器、检索器、用户接口组成。

- **搜索器**：用来在Internet中漫游，发现和搜集信息。由于Internet上的信息更新太快，因此不仅需要搜索各种类型的新信息，还要定期更新已经搜集过的旧信息，以避免死链接和无效链接。
- **索引器**：用来理解搜索器所搜索到的信息，从中抽取出索引项，用于表示文档以及生成文档库的索引表。
- **检索器**：用来根据用户的查询在索引库中快速检索文档，进行相关度评价，对将要输出的结果进行排序，按用户的查询需求合理反馈信息。
- **用户接口**：用来输入用户查询、显示查询结果、提供用户个性化查询项。它不仅可以方便用户使用搜索引擎，还可以使用户高效率、多方式地从搜索引擎中获取有效、及时的信息。

从搜索引擎的用途看，对于普通网民来说，搜索引擎是一种查询工具，用户只需了解它的功能，探讨并掌握其使用方法和技巧。但对于商家来说，搜索引擎是一种赢利的产品或服务，作为产品，搜索引擎商需研制、改进和创新其搜索技术；作为服务，搜索引擎营销商需研究搜索引擎优化和推广。

搜索引擎包括全文索引、目录索引、元搜索引擎、垂直搜索引擎、集合式搜索引擎、门户搜索引擎、免费链接列表等。下面分别进行介绍。

4.1.2 全文索引

全文搜索引擎是目前广泛应用的主流搜索引擎，国内著名的有百度（Baidu）。它是通过从Internet上提取的各个网站的信息（以网页文字为主）而建立的数据库中，检索与用户查询条件相匹配的相关记录，然后按一定的排列顺序将查找结果反馈给用户。

根据搜索结果来源的不同，全文搜索引擎可分为两种。

- 拥有自己的检索程序（Indexer），俗称“蜘蛛”（Spider）程序或“机器人”（Robot）程序，能自建网页数据库，搜索结果直接从自身的数据库中调用。
- 租用其他搜索引擎的数据库，并按自定的格式排列搜索结果，如Lycos搜索引擎。

下面利用百度搜索引擎搜索HTC One 系列手机的相关资料，其具体操作如下。（微课：光盘\微课视频\第4章\全文索引.swf）

STEP 1 启动IE浏览器，在打开的起始主页“http://www.hao123.com”中单击“百度”搜索引擎的网址超链接，如图4-1所示，也可直接在地址栏中输入百度搜索引擎的网址。

STEP 2 在打开的“百度”搜索引擎的搜索框中输入用户的搜索条件，这里输入文本“HTC One系列手机”，在该搜索框的下方将列出与该输入内容相同或相似的项目，此时也可直接选择下方的相关项目，完成后单击百度一下按钮，如图4-2所示。

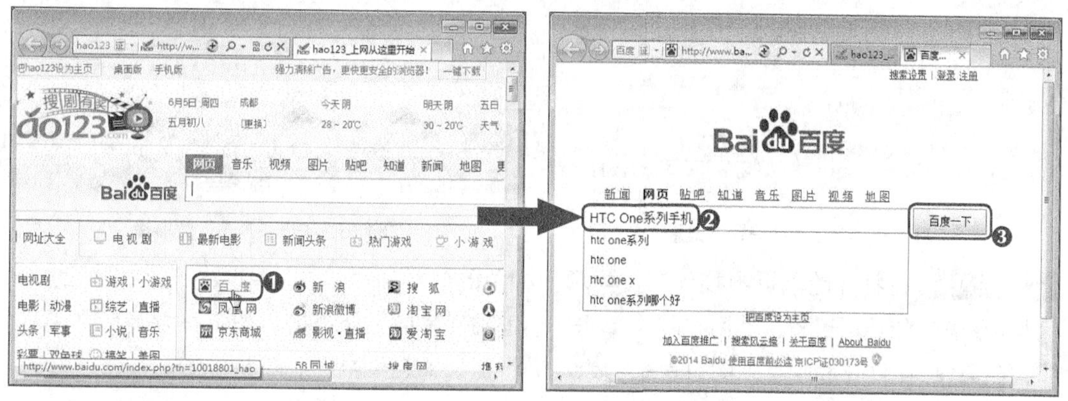

图4-1　单击“百度”搜索引擎的网址超链接　　　图4-2　输入搜索条件

STEP 3 在打开的网页中将列出与搜索内容相关的网站信息，这里直接在列出的ZOL中关村在线网站信息中单击“One 802w/双卡/联通版”超链接，如图4-3所示。

STEP 4 在打开的网页中即可看到搜索项的相关内容和信息，如图4-4所示，若需查看该手机的其他具体信息，可单击上方的选项卡，如“报价”、“图片”、“参数”等选项卡。

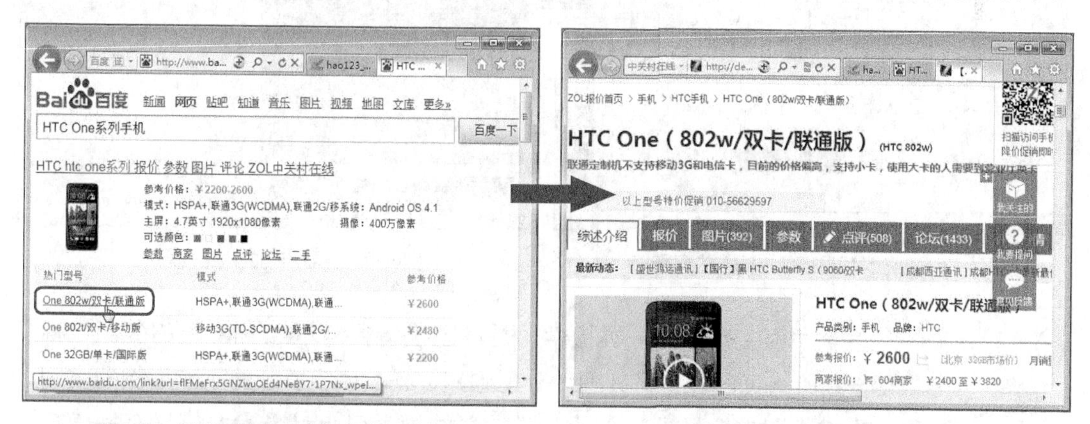

图4-3　列出与搜索内容相关的网站信息　　　图4-4　查看与搜索项相匹配的内容

4.1.3　目录索引

目录索引无需输入任何文字，只要根据网站提供的主题分类目录，便可查找到所需的网络信息资源。国内最具代表性的新浪、网易、搜狗搜索都属于目录索引。下面利用新浪搜索引擎搜索凯迪拉克XTS的相关资料，其具体操作如下。（微课：光盘\微课视频\第4章\目

录索引.swf）

STEP 1 在“http://www.hao123.com”起始主页中单击“新浪”超链接，如图4-5所示。

STEP 2 在打开的“新浪”首页上方的导航栏中单击需要浏览信息的类别，这里单击“汽车”栏超链接，如图4-6所示。

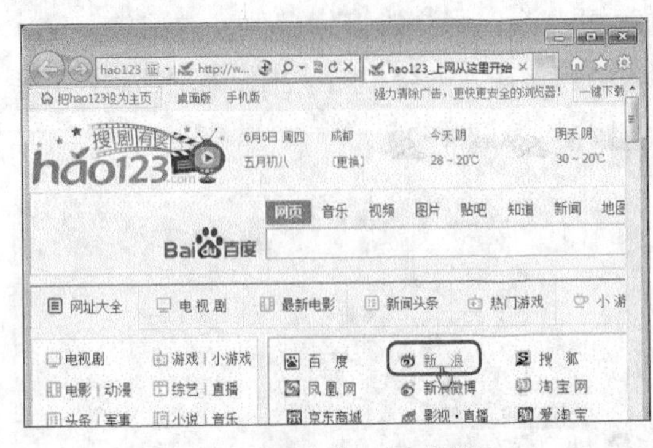

图4-5 单击“新浪”超链接

图4-6 单击“汽车”超链接

STEP 3 在打开的网页中找到与搜索项目相关的分类项目，这里将鼠标光标移动到“中大型/豪华”分类项目下，然后在其中单击“凯迪拉克XTS”超链接，如图4-7所示。

STEP 4 在打开的网页中即可看到搜索项的相关内容和信息，如图4-8所示。

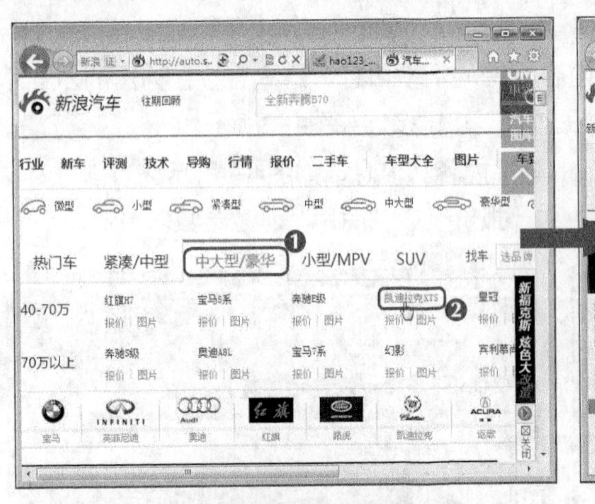

图4-7 在分类项目下单击相应的超链接

图4-8 查看所需的网络信息

知识提示

目录索引（也称为分类检索）是通过搜集和整理Internet上的资源，根据搜索到的网页内容，将其网址分配到相关分类主题目录的不同层次的类别下，形成像图书馆目录一样的分类树形结构索引。目录索引虽然有搜索功能，但严格意义上来说不能算真正的搜索引擎，它只是按目录分类的网站链接列表而已。

4.1.4 垂直搜索

通用搜索引擎通过大量的信息整合导航、快速查询，将所有网站上的信息整理在一个平台上供网民使用，如百度、雅虎、必应、搜狗、有道等。由于通用搜索引擎具有信息量大、深度不够、查询不精准等缺点，因此提出了新的搜索引擎服务模式——垂直搜索，它是针对某一特定领域、某一特定人群或某一特定需求提供的具有一定价值的信息和相关服务。

垂直搜索具有保证信息的收录齐全与更新及时、深度好、检出结果重复率低、相关性强、查准率高等优点。如淘宝、去哪儿、搜房等都属于此类网站。下面在去哪儿网搜索成都到上海的机票，其具体操作如下。（微课：光盘\微课视频\第4章\垂直搜索.swf）

STEP 1 在IE浏览器的地址栏中输入去哪儿网的网址“http://www.qunar.com/”，按【Enter】键，打开该搜索引擎的网页，如图4-9所示。

STEP 2 直接在“机票”选项卡的页面中单击选中“往返”单选项，单击“出发”文本框右侧的按钮，在打开的列表框中选择城市名称，这里保持默认设置，单击“到达”文本框右侧的按钮，在打开的列表框中选择“上海”选项，如图4-10所示。

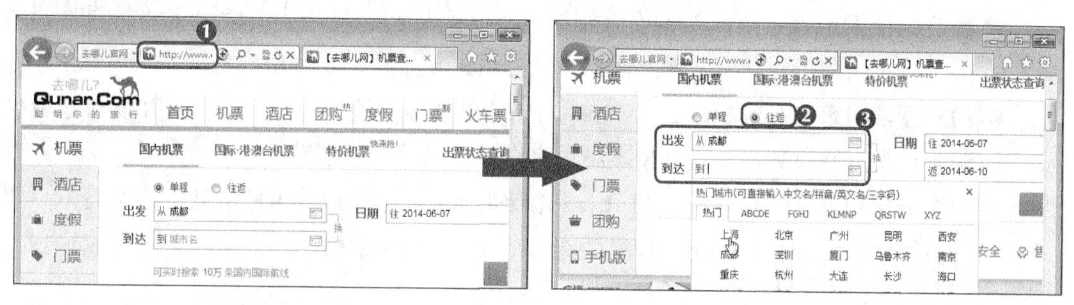

图4-9 打开“去哪儿网”网址　　图4-10 设置出发地与到达地

知识提示

垂直搜索引擎是专门针对某一个行业的专业搜索引擎，是通用搜索引擎的细分和延伸，对于网页库中的某类专门的信息进行处理、整合，定向分字段抽取出需要的数据进行处理后再以某种形式返回给用户。

STEP 3 单击“日期”往文本框右侧的按钮，在打开的列表框中选择起始日期，这里选择6月15号，单击“日期”返文本框右侧的按钮，在打开的列表框中选择返回日期，这里选择6月20号，完成后单击搜索按钮，如图4-11所示。

STEP 4 在打开的网页中将显示搜索到的所有符合设置条件的信息，如图4-12所示。

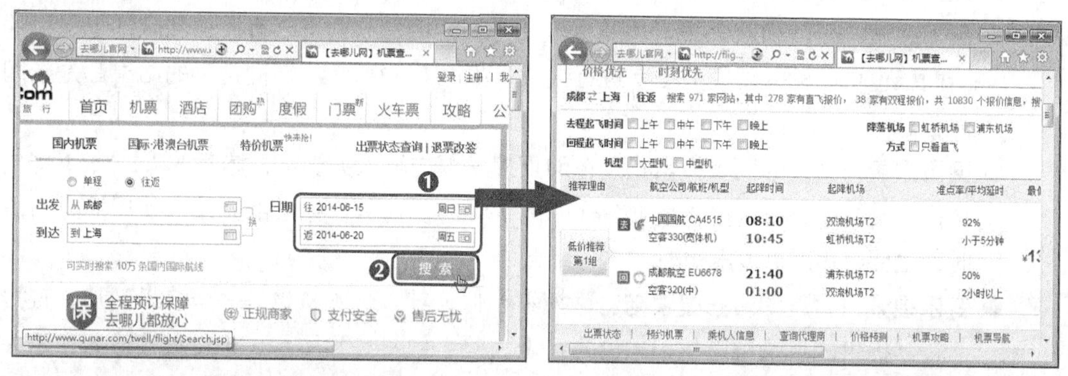

图4-11 设置起始日期和返回日期　　图4-12 查看与设置条件相符的内容

知识提示

完成机票的搜索后，在打开的搜索结果网页中还可以进行更详细的搜索设置，如选择去程和回程的起飞时间、乘坐飞机的机型、所属的航空公司和起降的机场等，然后对比并选择所需的机票，单击订票按钮，打开订票网页，即可开始在网上预订所选机票。

4.1.5 其他搜索形式

除了上述搜索引擎外，还有以下几种搜索形式。

- **元搜索引擎（META Search Engine）：** 是指接受用户查询请求后，同时在多个搜索引擎上搜索，并将查询结果返回给用户。著名的元搜索引擎有InfoSpace、Dogpile、Vivisimo等，国内元搜索引擎有搜魅网、马虎聚搜等。在搜索结果排列方面，可按来源排列搜索结果，如Dogpile；也可按自定义规则将结果重新排列组合，如Vivisimo。
- **集合式搜索引擎：** 与元搜索引擎相似，不同之处在于集合式搜索引擎并非同时调用多个搜索引擎进行搜索，而是由用户从提供的若干搜索引擎中选择。
- **门户搜索引擎：** AOLSearch、MSNSearch等虽然提供搜索服务，但自身并没有分类目录，也没有网页数据库，其搜索结果完全来自其他搜索引擎。
- **免费链接列表（Free For All Links简称FFA）：** 一般只简单地滚动链接条目，少部分有简单的分类目录，不过规模要比Yahoo！等目录索引小。

4.2 使用百度搜索

百度是最大的中文搜索网站，网址为“http://www.baidu.com”。百度搜索可以根据Internet本身的链接结构对搜索到的所有网站自动进行分类，并能为每一次搜索迅速提供准确的结果。

4.2.1 百度搜索简介

百度搜索是用户在互联网上查找信息的快速指南，能及时地为用户推荐最优秀的网络资源。百度搜索分为新闻、网页、音乐、图片、视频和地图等多种搜索模块。单击不同类型的链接即可进入相应的搜索模式。

- **新闻搜索：** 百度的新闻搜索功能也是一个新闻门户，它可以直接访问网站上提供的新闻，也可以输入新闻关键字进行搜索，如图4-13所示，新闻搜索的结果都是新闻内容。
- **网页搜索：** 百度的网页搜索就是在网页搜索框内输入关键字，然后按【Enter】键或单击百度一下按钮搜索符合查询条件的网页内容。通常，绝大部分用户使用搜索引擎时都主要应用网页搜索功能。
- **音乐搜索：** 百度的音乐搜索与新闻搜索相似，其首页本身也是一个音乐门户，直接通过其提供的目录可以找到大量的音乐资源，如图4-14所示，也可直接输入音乐关键字搜索音乐文件或歌词，搜索的歌曲可以在线播放，也可下载。

- **图片搜索**：百度的图片搜索可以直接浏览提供的图片目录，也可指定关键字进行图片搜索，用户还可以通过选项设置搜索图片的尺寸和颜色等。
- **视频搜索**：百度的视频搜索可以通过目录访问到大量的时事、热门话题视频文件，也可输入关键词搜索指定的视频。

图4-13 新闻搜索

图4-14 音乐搜索

- **地图搜索**：百度的地图搜索是推出的一项地图服务，对于出行的人特别有用。默认情况下，地图搜索的首页是用户所在地的城市地图，用户可输入关键字搜索目的地，如图4-15所示，也可输入起始地和目的地为用户乘坐公交和自驾车导航。在使用地图的同时还可调整地图的比例、测距、查询实时路况、在屏幕范围内搜索酒店和餐饮等。另外，还可选择不同的城市查看其他地区地图。
- **贴吧、知道搜索**：百度还提供了百度用户的交互功能。如贴吧就是一个交互平台，用户可以建立一个话题，然后其他人加入这个话题并发帖交流，它类似于传统的BBS；而百度知道是由百度自主研发、基于搜索的互动式知识问答分享平台，用户可以根据需要有针对性地提出问题或回答别人的问题，同时，这些答案将作为搜索结果，进一步提供给其他用户。
- **其他特色功能**：在百度首页单击“更多”超链接，可打开百度的产品大全页面，如图4-16所示，这是百度全部功能和服务的汇总，用户可根据需要单击相应的超链接进入相应的页面进行操作。

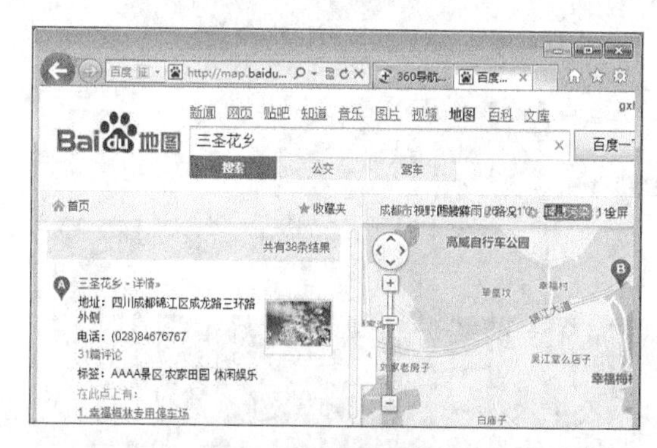

图4-15 地图搜索

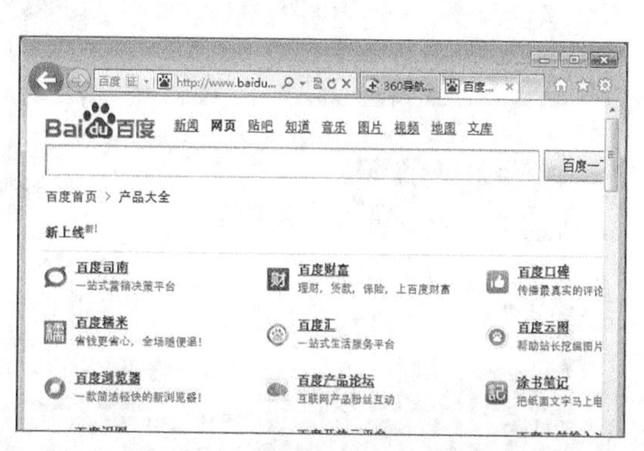

图4-16 百度的产品大全

4.2.2 基本搜索

百度搜索简单方便，用户可直接在搜索框内输入需要查询的内容，单击百度一下按钮或根据需要选择相应的搜索模块，即可搜索到符合查询条件的内容。

1. 简单搜索

百度的搜索结果是以超链接和链接说明的形式提供的，用户可以通过对比来选择最适合的搜索结果，单击符合内容的超链接进行详细浏览。前面讲解全文索引时，已简单介绍了网页搜索功能的使用。下面在百度搜索引擎中搜索“风景”图片，其具体操作如下。（微课：光盘\微课视频\第4章\基本搜索.swf）

STEP 1 打开“百度”搜索引擎，在搜索框内输入文本“风景”，然后单击“图片”搜索超链接，如图4-17所示。

STEP 2 在打开的“图片”搜索模块页面的右上角单击全部尺寸按钮，在弹出的下拉列表中选择“大尺寸”选项，如图4-18所示。

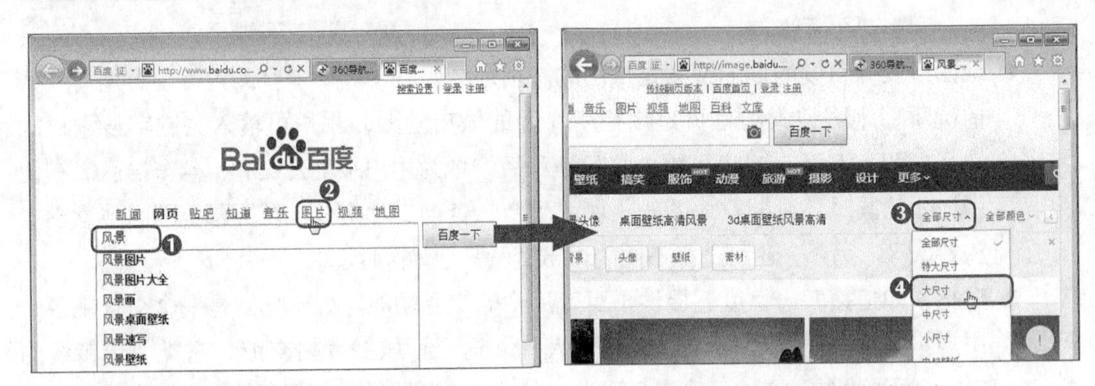

图4-17 输入搜索关键字并选择搜索模块　　图4-18 设置图片的搜索尺寸

STEP 3 在“图片”搜索模块页面左上角的“您需要的需求是”提示框右侧选择“素材”选项，然后继续选择“夏”选项，完成智能检索，如图4-19所示。

STEP 4 在网页中将列出符合条件的搜索结果，完成后对比并选择所需的搜索内容，如单击第一个图片超链接后的效果如图4-20所示。

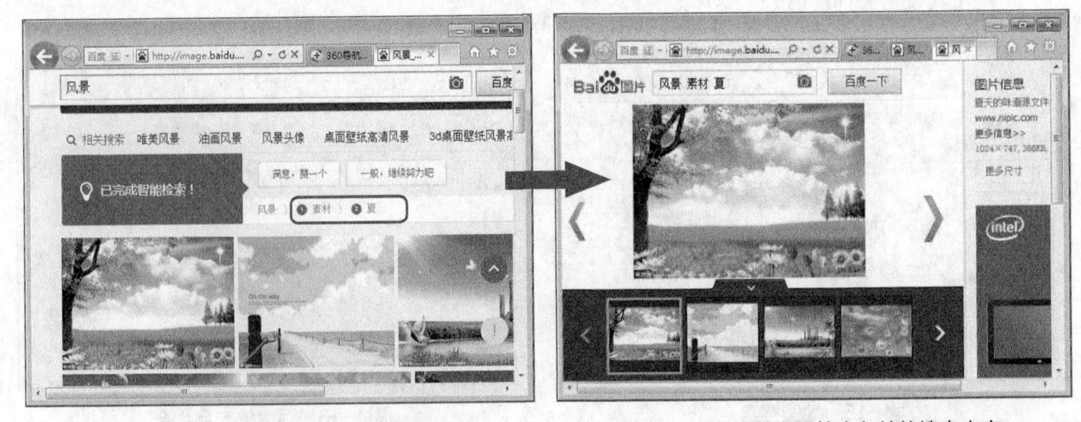

图4-19 完成智能检索并列出搜索结果　　图4-20 选择并查看符合条件的搜索内容

2. 设置多个关键字

通过关键字搜索是用户常用的搜索方式，而且所有的搜索引擎都支持关键字搜索。因此关键字的描述越具体越好，否则搜索引擎将反馈大量无关的信息。在使用关键字时，关键字应尽量是一个名词、一个短语或短句，但也可使用多个关键字（不同字词之间用一个空格隔开）缩小搜索范围，使搜索结果更精确。

下面以输入关键字“手机 联想”为例进行讲解，如只输入关键字“手机”，其搜索结果将显示与手机相关的多条信息，将不能快速准确地查找到相应的信息，如图4–21所示；若输入两个关键字“手机”和“联想”，则其搜索结果将只显示与联想手机相关的信息，如图4–22所示。

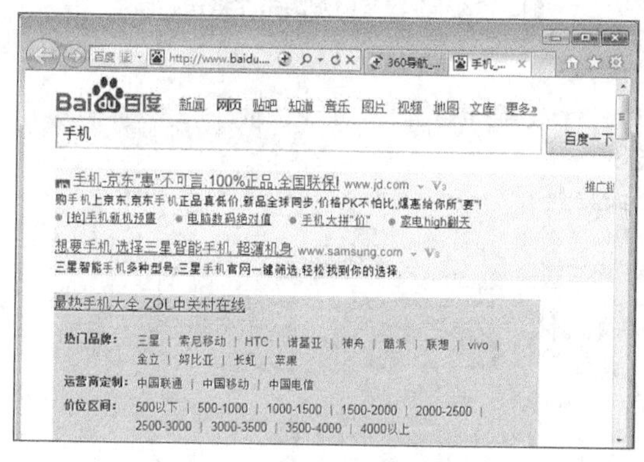

图4–21　输入一个关键字

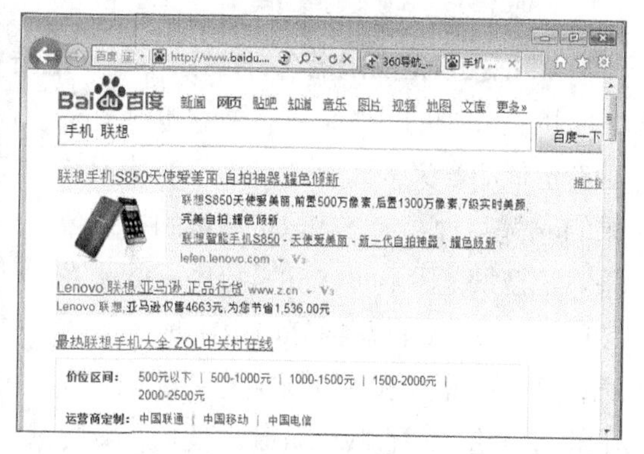

图4–22　输入多个关键字

以关键字方式进行搜索时，如果搜索到的网址列表较多，可以在搜索框中继续输入一个范围更小的关键词，然后在搜索页面右下角单击 结果中找 按钮直接在已搜索的结果中搜索所需信息。

4.2.3　高级语法搜索

为了更精确地获取搜索目标，百度还支持一些高级语法搜索，如将搜索范围限定在特定的网页或网站的指定范围，限定搜索结果的文档格式等。

1. 把搜索范围限定在网页标题中——intitle:标题

网页标题通常是对网页内容提纲挈领式的归纳。把搜索范围限定在网页标题中，就是把查询内容中特别关键的部分用“intitle:”连接起来，且“intitle:”和后面的关键词之间不能有空格。如查找李白的诗词，可以输入“诗词intitle:李白”，其搜索结果如图4–23所示。

2. 把搜索范围限定在特定站点中——site:站名

如果用户知道某个站点中有需要查找的内容，就可以把搜索范围限定在这个站点中，以提高查询效率。把搜索范围限定在这个站点中，就是在查询内容的后面加上“site:站名”，“site:”和站名之间不能有空格，且其后的站名不要带“http://”。如使用天空网下载360安全卫士的最新版本，就可以输入“360安全卫士site:skycn com”，其搜索结果如图4–24所示。

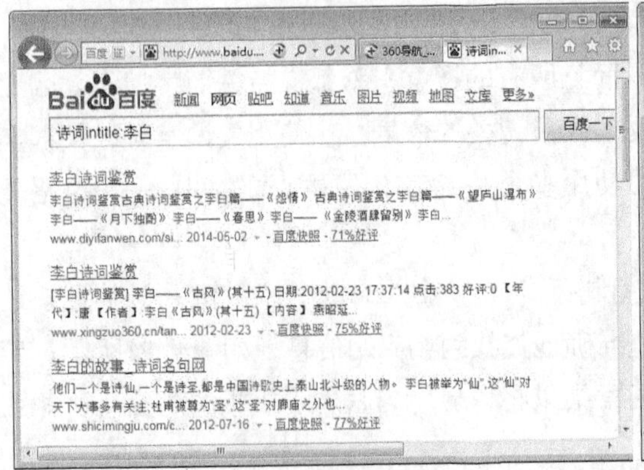

图4-23　把搜索范围限定在网页标题中

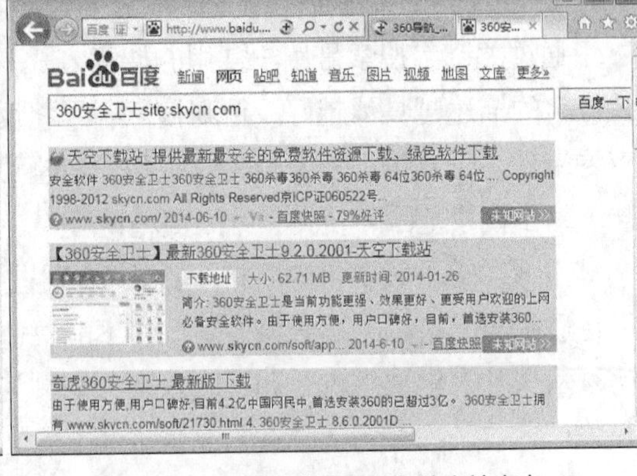

图4-24　把搜索范围限定在特定站点中

3. 把搜索范围限定在url链接中——inurl:链接

网页url中的某些信息，通常也具有某种有价值的含义。因此如果用户对搜索结果的url做某种限定，将取得良好的搜索效果。把搜索范围限定在url链接中，就是在“inurl:”后加上需要在url中出现的关键词，且inurl:语法和后面所加的关键词之间不能有空格。如查找网页制作技巧，就可以输入“网页制作inurl:技巧”，其搜索结果如图4-25所示。（微课：光盘\微课视频\第4章\垂直索引.swf）

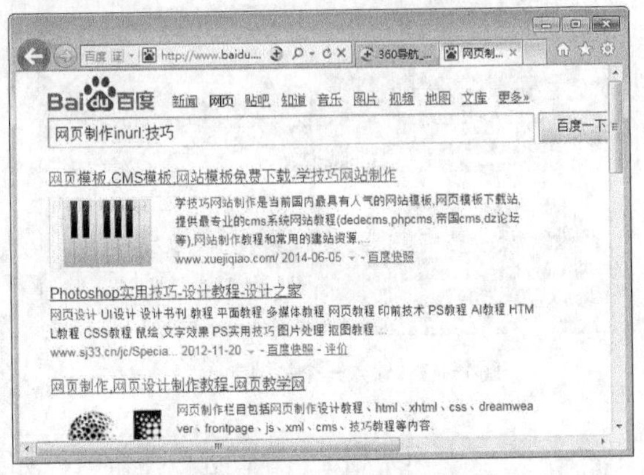

图4-25　把搜索范围限定在url链接中

知识提示

“网页制作inurl:技巧”查询词中的“网页制作”可以出现在网页的任何位置，而“技巧”则必须出现在网页url中。

4. 把搜索范围限定在指定文档格式中——filetype:文档格式

很多有价值的资料，在Internet中不仅仅是普通的网页，有些还会以Word、PowerPoint、PDF等格式存在。百度支持对Office文档（包括Word、Excel、Powerpoint）、Adobe PDF文档、RTF文档进行全文搜索。因此要搜索这类文档，只需在查询词后加上“Filetype:”将搜索范围限定在指定的文档格式中，支持的文档格式有pdf、doc、xls、ppt、rtf、all（所有上面的文档格式）。如输入“photoshop实用技

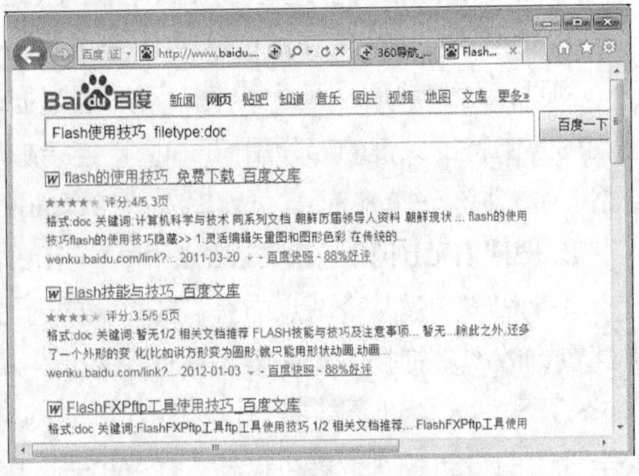

图4-26　把搜索范围限定在指定文档格式中

巧 filetype:doc”，其搜索结果如图4-26所示。

4.2.4 设置高级搜索功能

百度提供的高级搜索功能集成了所有的高级语法搜索，用户不需要记忆语法，只需要填写查询词和选择相关选项就能完成复杂的语法搜索。用户可直接在地址栏中输入“http://www.baidu.com/gaoji/advanced.html”，或在搜索的网页内容中的右下角单击“高级搜索”超链接打开高级搜索页面，在该页面中根据提示进行设置，如图4-27所示，完成后单击 百度一下 按钮即可使搜索结果更加精确。

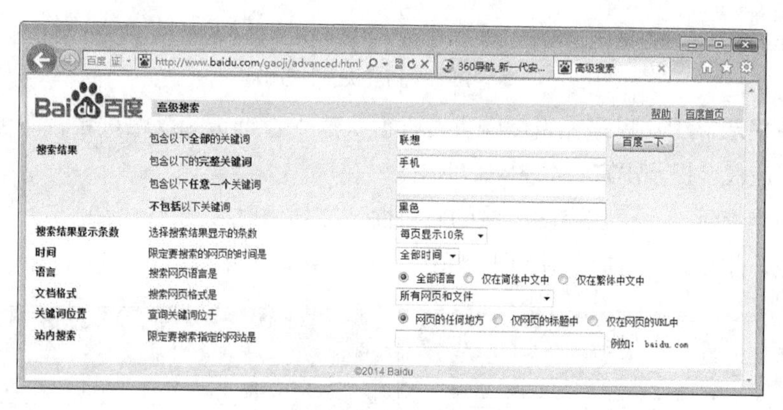

图4-27 百度的高级搜索功能

多学一招

在百度首页的右上角单击“搜索设置”超链接，在打开的页面中可根据不同用户的使用习惯设置个性化搜索引擎。如是否在搜索时显示搜索框提示、设定搜索网页内容的语言、是否在搜索时显示搜索历史等。

4.2.5 其他搜索功能

除了以上介绍的功能外，百度还提供了更多的特色功能，下面将对其进行分类介绍。

- **相关搜索**：如果输入的查询关键词不妥当，此时可通过参考别人的搜索语句获得启发。百度搜索结果下方的“相关搜索”列出了与用户搜索相似的一系列查询词，如图4-28所示，它按搜索热门度进行排序。

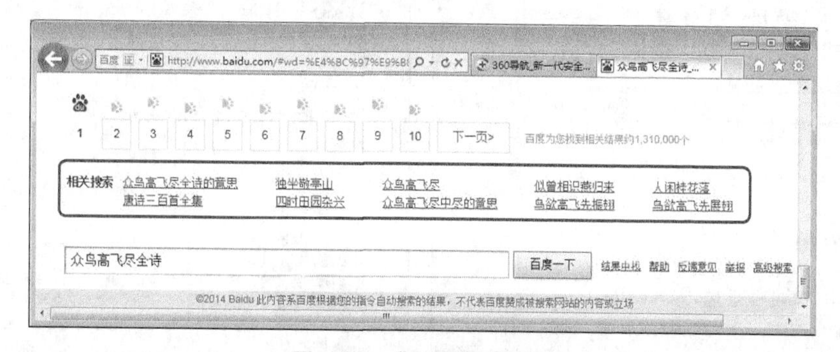

图4-28 “相关搜索”功能

- **百度快照**：如果无法打开某个搜索结果，或打开速度较慢，可使用“百度快照”功能快速浏览该页面内除部分图片、音乐外的主要内容，如图4-29所示。

图4-29 “百度快照”功能

- **拼音提示**：用户只需在百度网页搜索模块输入查询词的汉语拼音，即可将符合要求的对应汉字提示出来，如图4-30所示。
- **错别字提示**：由于汉字输入法的局限性，在搜索时若输入了错别字，导致搜索结果不佳，此时百度将提示并纠正错别字，如图4-31所示。

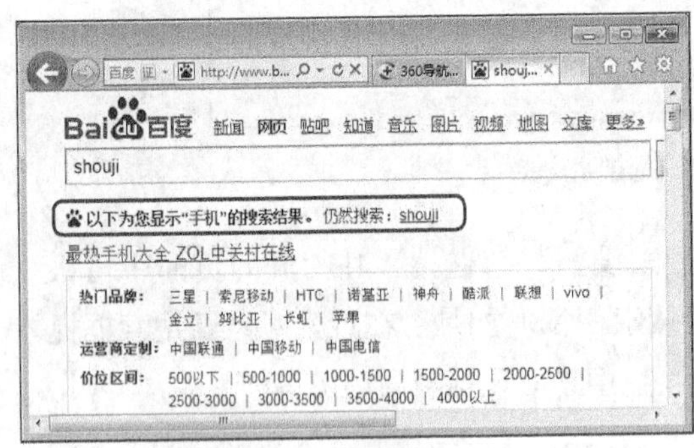

图4-30 “拼音提示”功能

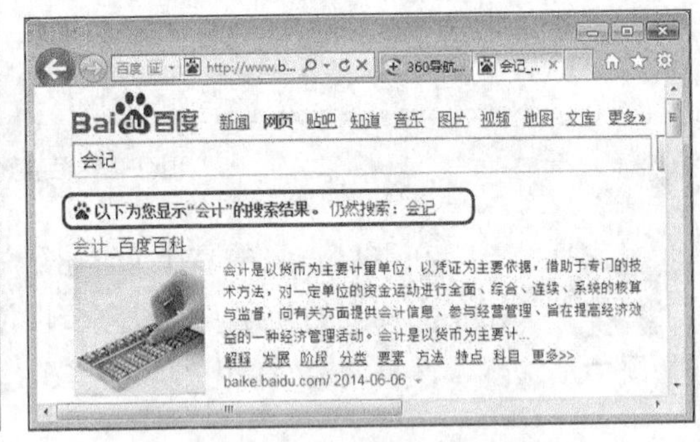

图4-31 “错别字提示”功能

- **英汉互译词典**：用户可在搜索框中输入需要查询的“英文单词或词组+是什么意思”，也可输入需要查询的“汉字或词语+的英语”进行英汉互译，如图4-32所示。

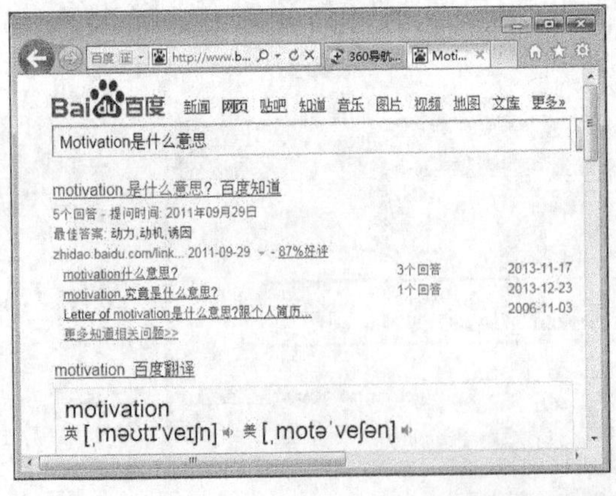

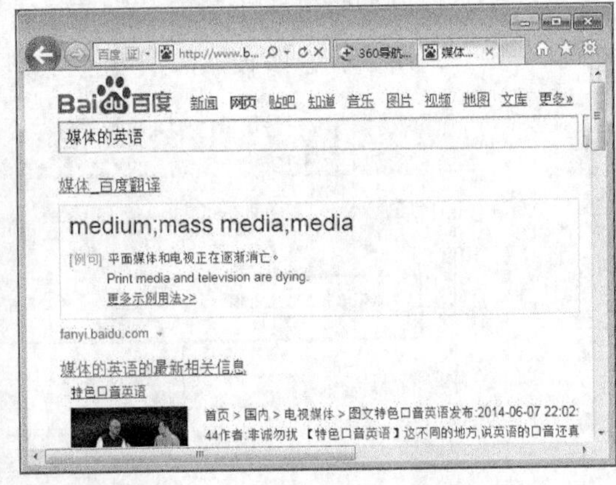

图4-32 “英汉互译”功能

- **计算器和度量衡转换**：百度网页搜索内嵌的计算器功能，能快速高效地解决用户的计算需求，以及单位换算等。用户只需在搜索框内输入计算式，或输入数据后，再输入“等于”、“=”、“换成”，然后按【Enter】键或单击百度一下按钮，如图4-33所示。

- **天气、股票、列车时刻表、飞机航班查询**：在百度搜索框中输入城市天气，如图4-34所示，股票代码、列车车次和飞机航班号，就可直接查询相关信息。

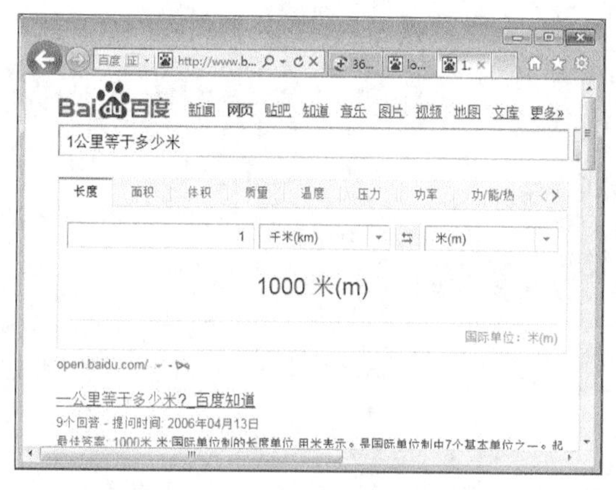

图4-33　“计算器和度量衡转换”功能

图4-34　天气查询功能

4.3 常用的搜索引擎

除了百度外，国内常用的搜索引擎还有360搜索、搜狗、搜搜等几个大型网站旗下的搜索引擎，下面进行简单介绍。

4.3.1 360搜索

360搜索引擎即360综合搜索（http://www.so.com/?src=zh），如图4-35所示，它属于元搜索引擎，是通过一个统一的用户界面帮助用户在多个搜索引擎中选择和利用合适的搜索引擎实现检索操作。而360搜索+（http://www.so.com/），如图4-36所示，它属于全文搜索引擎，是奇虎360公司开发的基于机器学习技术的第三代搜索引擎，具备“自学习、自进化”能力和发现用户最需要的搜索结果。360搜索主要包括新闻搜索、网页搜索、问答搜索、视频搜索、图片搜索、音乐搜索、地图搜索、良医搜索等。

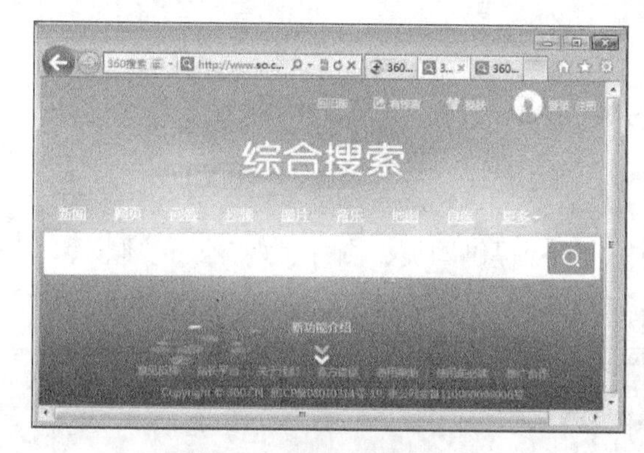

图4-35　360综合搜索

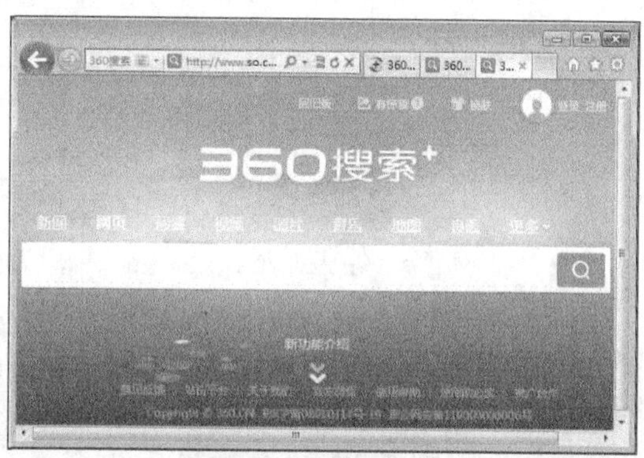

图4-36　360搜索+

4.3.2 搜狗搜索

搜狗（http://www.sogou.com/）是搜狐旗下的搜索网站，如图4-37所示。它以搜索技术为核心，致力于中文互联网信息的深度挖掘，帮助网民加快信息获取速度，为用户创造价值。

搜狗的搜索产品各有特色，极大地满足了用户的日常需求。如新闻搜索能及时反映互联网热点事件的看热闹首页，音乐搜索小于2%的死链率，图片搜索具有独特的组图浏览功能，地图搜索具有全国无缝漫游功能。

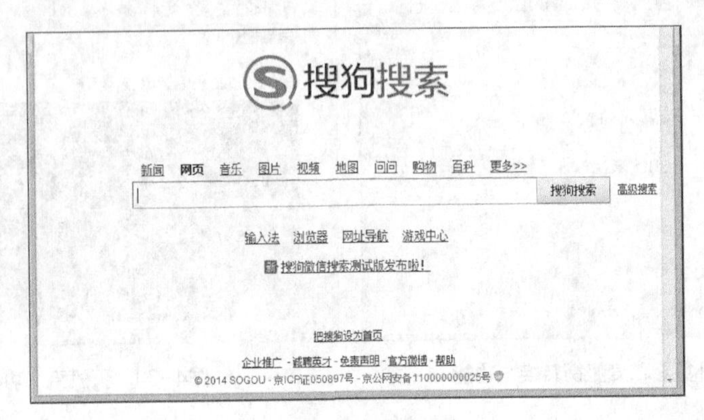

图4-37　搜狗搜索

4.3.3 SOSO搜索

搜搜（http://www.soso.com/）是腾讯旗下的搜索网站，如图4-38所示，它主要包括网页搜索、综合搜索、图片搜索、音乐搜索、论坛搜索、搜吧等16项产品，通过互联网信息的及时获取和主动呈现，为广大用户提供实用和便利的搜索服务。目前，搜搜已成为中国网民首选的三大搜索引擎之一，主要为网民提供实用便捷的搜索服务，同时承担腾讯的全部搜索业务，是腾讯整体在线生活战略中重要的组成部分之一。

图4-38　SOSO搜索

另外，还有必应和有道搜索引擎，必应（Bing）搜索是国际领先的搜索引擎（http://cn.bing.com/），为中国用户提供网页、图片、视频、词典、翻译、资讯、地图等全球信息搜索服务。有道搜索是网易旗下搜索引擎（http://www.youdao.com/），主要提供网页、图片、热闻、视频、音乐、博客等传统搜索服务，同时推出海量词典、阅读、购物搜索等创新型产品。

4.4 搜索技巧

使用搜索引擎时，经常会遇到查询的结果太多或太少、查询的结果与所需的内容不符合等问题，合理地使用搜索引擎可以快速、有效地查找到所需的信息资源。

4.4.1 使用双引号和书名号

当输入的查询词太长时，经过百度分析后可能会拆分其搜索结果中的查询词，为了不拆分查询词，此时可给查询词加上双引号或书名号。（微课：光盘\微课视频\第4章\使用双引号和书名号.swf）

- **双引号“”**：在查询词上加上双引号表示查询词不能被拆分，必须在搜索结果中完整出现，且可以对查询词进行精确匹配。如输入“LED电视”，其搜索结果如图4-39所示。
- **书名号《》**：在查询词上加上书名号不仅可使书名号出现在搜索结果中，而且被书名号括起来的内容不会被拆分。如输入“手机”，不加书名号时，其搜索结果将是通讯工具——手机，而加上书名号后，即输入“《手机》”，其搜索结果将是关于电影方面的内容，如图4-40所示。

图4-39　在查询词上加上双引号　　图4-40　在查询词上加上书名号

4.4.2 使用“+”和“-”

在查询词中还可使用加号“+”限定搜索结果中必须包含的特定查询词，如输入“手机 +游戏”，查询词“手机”在搜索结果中，“游戏”也必须包含在搜索结果中，如图4-41所示；使用减号“-”限定搜索结果不能包含的特定查询词，如输入“射雕英雄传 -电视剧”，查询词“射雕英雄传”在搜索结果中，而“电视剧”将被排除在搜索结果中，如图4-42所示。

知识提示

加减号前一个关键词与加减号之间必须留有空格，加减号与后一个关键词之间，有无空格均可。

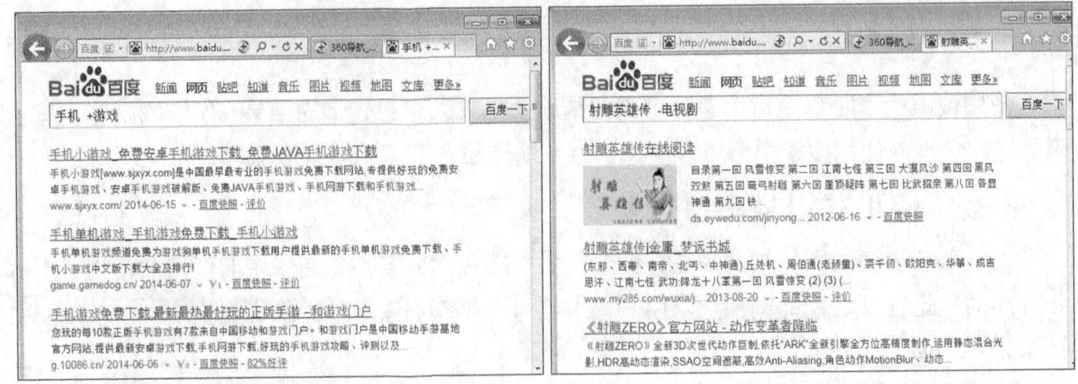

图4-41 用加号“+”限定搜索结果包含特定查询词 图4-42 用减号“-”限定搜索结果不包含特定查询词

4.4.3 使用通配符

通配符是一种特殊语句，主要有星号（*）和问号（?），用来模糊搜索文件。通常，在查找文件夹时，当不知道真正字符或不想输入完整字符时，可使用通配符代替一个或多个真正的字符。

- **星号（*）**：可以代替一个或多个字符，其匹配的数量不受限制，如输入“bal*”，将查找以bal开头的所有文件类型的文件。
- **问号（?）**：可以代替一个字符，其匹配字符数将受到限制。如输入“foot?all”，将查找foot与all之间相差一个字符的文件类型。

4.4.4 使用布尔检索

布尔逻辑检索（即“布尔逻辑搜索”），是指通过标准的布尔逻辑关系来表达关键词与关键词之间逻辑关系的一种查询方法。其实布尔逻辑检索就是“与、或、非”的三种基本逻辑关系，如表4-1所示。在实际使用过程中，将各种逻辑关系综合运用，灵活搭配，可以进行更加复杂的查询。

表 4-1 三种基本的逻辑关系

符号	名称	表达式	说明
and 或 *	逻辑与	A AND B（或 A*B)	表示所连接的两个关键词必须同时出现在搜索结果中。如输入“computer and book”，表示在搜索结果中必须同时包含 computer 和 book。
or 或 +	逻辑或	A or B（或 A+B）	表示所连接的两个关键词中只需任意一个出现在搜索结果中。如输入“computer or book”，表示在搜索结果中可以只有 computer，或只有 book，或同时包含 computer 和 book。
not 或 -	逻辑非	A NOT B（或 A-B)	表示所连接的两个关键词中应从第一个关键词中排除第二个关键词，如输入“automobile not car”，表示在搜索结果中包含 automobile（汽车），但同时不能包含 car（小汽车）。

当两个关键词用另外一种操作符连在一起时，可用括号将相应的部分括起来起到优先作用。如"网页（制作or设计）"，表示其关键词为"网页制作"、"网页设计"，或同时为"网页制作"和"网页设计"。

4.4.5 使用元词检索

大多数搜索引擎都支持"元词"（metawords）功能，依据该功能用户可以把元词放在关键词的前面，告诉搜索引擎需要检索的内容具有哪些特征。如，在搜索引擎中输入"title:交通大学"，可以查到网页标题中带有交通大学的网页；输入"domain:org"，可以查到所有以org为后缀的网站。

另外，其他元词还包括"image:"用于检索图片，"link:"用于检索链接到某个选定网站的页面，"Intext："用于检索网页<body>部分中包含的文字，而忽略标题、URL等处的文字等。

4.5 搜索引擎优化——SEO

目前，如何让搜索引擎在众多网站中快速搜到自己的内容并使其排名靠前，成了大家非常头疼的问题？因此熟练掌握SEO优化可以帮助用户提高自己网站在有关搜索引擎内的自然排名。

4.5.1 什么是SEO

搜索引擎优化（Search Engine Optimization，简称SEO）是一种利用搜索引擎的搜索规则来提高目前网站在有关搜索引擎内的自然排名的方式。SEO的主要工作是通过了解各类搜索引擎的排名规则，来对网页进行合理的优化，使其提高关键词在搜索引擎上的排名，从而提高网站访问量，最终提升网站的销售能力或宣传能力的技术。

对于任何一家网站来说，要想在网站推广中取得成绩，搜索引擎优化成了最为关键的一项任务。同时，随着搜索引擎不断变换它们的排名算法规则，每次算法上的改变都会让一些排名很好的网站在一夜之间名落孙山，而失去排名的直接后果就是失去了网站固有的可观访问量。

搜索引擎优化（SEO）不是突然出现的一个技术，而是和搜索引擎同步发展起来的，两者的关系虽然不能说是"矛和盾"的关系，但是有了SEO才使得搜索引擎技术变得更加完善。

4.5.2 SEO分类

关于搜索引擎优化SEO的分类，主要是关于SEO优化分类及其正规操作体例的优化手法。通常SEO分为站内SEO和站外SEO，这两部分是SEO的核心内容。但根据搜索引擎优化技术又可分为白帽、黑帽、灰帽。

1. 站内SEO

站内SEO是指通过优化自身网站的内容、结构、关键词等，使其更符合搜索引擎的搜索规律，从而在搜索引擎中获得一个好的排名。站内SEO主要以整站优化为核心，涉及的主要因素有网站关键词、网站域名、网站主题、站点设计、网站内部链接、导出链接等。

- **关键词的选择**：为自己的网站增加新的关键词将有利于搜索引擎的"蜘蛛"爬行文章索引，从而增加网站的质量，但关键字的密度不能太低也不能太高，一般合适的关键字密度是在3%~5%。关键词的设计必须遵循一定的规律，关键词应出现在网页标题标签中；在网页导出链接的链接文字中应包含关键词；URL里面有关键词（即目录名文件名可以放上一些关键词）；用粗体显示关键词；在标签中提及该关键词；整个文章中都要包含关键词，且最好把关键词放在第一段第一句话中；图像ALT标签可以放入关键词；在元标签放入关键词，建议关键词密度最好在5%~20%；同时还应注意所选的关键词的竞争程度和搜索量，长尾关键词的应用等。
- **域名的选择**：选择域名有大量的因素，最重要的一点是尽量选择包括关键词的域名，其次应查看这个域名之前是否有注册过。如果之前有高质量的站点和它做反向链接，那就受益了；但也有可能做反向链接的都是一些垃圾站点，那样可能会被搜索引擎禁止很长一段时间。
- **网站主题**：如果网站内容都是关于同一主题的，那么它可能会获得较好的排名。一般情况下，一个主题的网站将比那些涵盖了多个主题的网站的排名要高。如，建立一个200多页的网站，内容都是同一个主题，这个网站的排名就会不断提升，因为在这个主题中该网站将被认为具有权威性。
- **站点设计**：搜索引擎更喜欢友好的网页结构，无误的代码和明确导航的站点。确保你的页面都是有效的和在主流浏览器中的可视化。搜索引擎不喜欢太多的Flash、iframes和java script脚本，所以保持站点的干净整洁，也有利于搜索引擎"蜘蛛"更快更精确的爬行到你网站的索引。
- **网站内部链接**：搜索引擎的工作方式是通过"蜘蛛"程序抓取网页信息，追踪你写的内容和通过网页的链接地址来寻找网页，抽取超链接地址。许多SEO专家都建议网站提供网站地图，在网站上的每个页面之间最好都有一到两个的深入链接。网站要做的第一步是确保导航中包含目录页面和每个子页面都有链接回到主页面以及其他的重要页面。
- **导出链接**：导出链接会提高网站在搜索引擎中的排名，在文章中链接到其他相关站点对读者们是有用的，也有一些轶趣的证据来支持这种理论。但是，太多的导出链接也将给网站带来一定影响，因此适度是关键。
- **有规律的更新**：网站更新的次数越频繁，搜索引擎蜘蛛爬行的也就越频繁。这意味着网站新文章几天甚至几小时内就可以出现在索引中，而不需要等几个星期。这是网站最好的受益方式。内容有规律的更新也非常重要，也许现在的网页排名比较好，但是不更新的话，下次你的网页排名也许就不那么理想了。

- **提交到搜索引擎**：如果所有站内SEO该做的事都做完了，网站却还没有出现在搜索引擎中，那可能是因为搜索引擎还没有开始收录，每个搜索引擎都允许用户提交未收录站点，这个工程一般要等待3~5天。

2. 站外SEO

站外SEO（即脱离站点的搜索引擎优化技术），命名源自外部站点对网站在搜索引擎中排名的影响，提高本站的PR值。这些外部的因素是超出网站控制的，其中功能最强大的外部站点因素就是反向链接，即外部链接。外部链接对于一个站点收录进搜索引擎结果页面起了重要作用，所以获得高质量的站外链接是站外SEO的关键。

要产生高质量的反向链接，其主要方法有如下几种。

- **高质量的内容**：产生高质量的外部链接的最好方法是书写高质量的内容，使你的文章让读者产生阅读的欲望而对文章进行转载。
- **合作伙伴、链接交换**：与合作伙伴相互推荐链接。与行业网站、相关性网站进行链接。
- **分类目录**：将网站提交到DMOZ目录、yahoo目录、ODP目录等一些专业目录网站。
- **社会化书签**：将网站加入百度搜藏、雅虎收藏、QQ书签等社会化书签。
- **发布博客创建链接**：发布博客文章是目前获取外部链接最有效的方式之一。
- **论坛发帖或签名档**：在论坛中发布含有链接的原创帖或在签名档中插入网址。

知识提示

要想自己的网站有好的排名，在掌握各大搜索引擎的抓取网页规律以及做好关键词的设计和优化技术的前提下，应先做好站内SEO，即要把自己的网站做得规范，做好了网站后要有专业的站外SEO。内外结合，才能使网站内部的结构和外部的连接无隙的配合。

3. 白帽、黑帽和灰帽

在搜索引擎优化行业，根据对搜索引擎质量规范的优化手法进行区分，可分为白帽、黑帽、灰帽三大类。

- **SEO白帽（Whitehat）**：是采用正规的符合搜索引擎网站质量规范的SEO优化方法优化网站，提高用户体验，合理与其他网站互联，从而使站点在搜索引擎中排名提升。它是一种公正的手法，也是被业内认为最佳的SEO手法。
- **SEO黑帽（Blackhat）**：是一种采用不符合搜索引擎质量规范的优化手法优化网站，即所有使用作弊手段或可疑手段的都可以称为黑帽SEO。如垃圾链接、隐藏网页、刷IP流量、桥页、关键词堆砌等。
- **SEO灰帽（Greyhat）**：是介于白帽与黑帽之间的优化手法。对于白帽而言，若采取了一些取巧的手法，这些行为虽然不算违规，但同样也没有遵守规则，因此被认为是灰色地带。SEO灰帽是白帽和黑帽手法的结合体，既考虑了长期利益，也考虑了短期收益问题。

4.5.3 SEO相关术语

了解SEO相关术语可帮助用户更好地理解并掌握搜索引擎优化SEO。下面主要介绍导航、首页、标签、PR值算法这几个SEO术语。

- **导航**：确保网站导航（网址导航）都是以html的形式链接。所有页面之间应该有广泛的互联，要满足站内任何页面可以通过回连到达主页，如果无法实现这一点，可以考虑建立一个网站地图。
- **首页**：网站的首页（home或index页等）应该采用文本的形式，而不是flash等。这个文本里面要包含网站的目标关键字或目标短语。
- **标签**：<title></title>是标题标签，里面应当包含最重要的目标关键词；<keywords></keywords>是关键词标签；<description></description>是描述标签。
- **PR值算法**：PR(A)=(PR(B)/L(B)+PR(C)/L(C)+PR(D)/L(D)+...+PR(N)/L(N))q+1−q，其中，PR(A)指网页A的佩奇等级(PR值)，PR(B)、PR(C)...PR(N)表示链接网页A的网页N的佩奇等级(PR)。N是链接的总数，这个链接可以是来自任何网站的导入链接(反向链接)，L(N)是指网页N往其他网站链接的数量（网页N的导出链接数量），q是阻尼系数，介于0~1。

4.5.4 链接优化

链接优化包含的内容有多个方面，下面主要介绍SEO优化基本要点、网站结构优化、关键词优化。

1. SEO优化基本要点

要进行链接优化，首先应了解SEO优化基本要点，如表4−2所示。

表 4−2　SEO 优化基本要点

序号	内容
1	定义网站的名字应选择与网站名字相关的域名注册查询，以保障网站的安全运行
2	分析围绕网站核心的内容，定义相应的栏目，并定制栏目菜单导航
3	根据网站栏目，收集、整理、修改、创作、添加信息内容
4	选择稳定安全服务器，保证网速稳定，网站 24 小时正常打开
5	分析网站相关长尾关键词，合理地添加到内容中
6	网站程序采用 DIV+CSS 构造，符合 w3c 网页标准，全站生成静态网页
7	合理交换网站相关的友情链接，不与搜索引擎禁止的与行业不相关的网站交换链接
8	制作生成 XML 与 HTML 地图，便于搜索引擎对网站内容的抓取
9	为每个网页定义 TITLE、META 标签，且标题应简洁，META 应围绕主题关键词
10	网站经常更新相关信息内容、禁用采集、手工添置、原创为佳

续表

序号	内容
11	放置网站统计计算器，分析网站流量，关注用户浏览的内容，根据用户的需求，修改、添加、增加用户体验。
12	网站设计应美观大方，菜单清晰，网站色彩搭配合理
13	合理的 SEO 优化，不应该采用群发软件，链接买卖，禁止针对搜索引擎网页排名的作弊，应该进行合理的优化推广
14	改版需谨慎，网站成型或收录后应尽可能避免改版或大量删除内容，这样将生成死链给网站带来负面影响

2. 网站结构优化

通过对网站结构进行优化可使网站栏目结构更加合理。只有合理的网站栏目结构，才能准确表达网站的基本内容及其内容之间的层次关系。从用户的角度考虑，用户在网站中浏览信息时才不至于迷失，以便于准确快速地获取信息。进行网站结构优化时，应注意以下几个方面，如表4-3所示。

表 4-3　网站结构优化

序号	内容
1	最好给网站建立一个完整的网站地图 sitemap，同时把网站地图的链接放在首页上，使搜索引擎能方便的发现和抓取所有网页信息
2	每个网页最多距离首页四次点击就能到达，一般网站结构最好采用树状结构，且建议链接层数不超过 3 层
3	网站的导航系统最好使用文字链接，若必须使用图片或 Flash 应加个标签，配以说明文字
4	网站导航中的链接文字应该准确描述栏目的内容，不要使用主流搜索引擎难于识别的形式
5	整站的 PR 传递和流动
6	网页的互相链接

3. 关键词优化

网站关键词的选择是网站优化最重要的一部分，关键词的选择决定了网站未来的发展。若关键词选择得很好，将有很大的发展空间，若关键词选择的没有价值，即使优化的再好，也不会为网站带来流量。下面从四个方面对网站关键词优化进行分析。

- **选择关键词**：关键词的选择是关键词优化中的第一步，要想快速看到自己的优化效果必须选择合适自己能力范围内的并且跟网站相关的关键词。一般情况下，选择关键词的方法主要是通过百度指数和相关的查询工具进行查询并获取比较粗糙的关键词，这些关键词不能直接添加到网站上作为网站关键词，用户需要经过多道工序的操作后选择一个合适的关键词。

- **分析竞争度**：选好关键词后就应该分析该关键词的竞争度。首先在搜索引擎中查询这些关键词在前三页的网站中都有哪些、是使用哪个页面优化的，若前两页都是使用首页优化的，那么这些关键词的竞争就会很激烈，那应该考虑是否放弃。其次参考百度推广的数量，一般搜索这些关键词时，出现在排名中的百度推广数量越多，说明这些关键词的价值越好，其竞争度也越大，若首页推广数量在五条左右，那么这些关键词即使优化上首页也不会产生最大化的流量。因此分析关键词的竞争度，可以明白哪些词可以优化，哪些词优化起来比较费力且不能掌握效果的走向。
- **分析关键词流量**：在做关键词优化之前，要懂得分析关键词流量如何。若优化的关键词几乎没有流量，那么这样的关键词即使排名首页也没有意义。一般来说，关键词流量低于100的属于冷门型的关键词；100~3000的属于中等竞争型关键词、3000以上的属于竞争激烈的关键词。在分析关键词流量时，应确定优化的关键词有没有流量，日流量主要在哪个区域内，这样就不会优化到超级冷门型的关键词，也可为自己能否把关键词优化起来提供一个可靠的参考信息。
- **布局关键词**：在网站优化过程中，合理的布局关键词可以使关键词更容易获得好的排名。假设两个优化方法相同的网站，关键词的布局就是决定其排名高低的关键。如同一个关键词，一个用首页优化一个用栏目页优化，由于首页的权重在网站中属于最高的，所以获得的排名自然比栏目页的好。所以只有合理的分配关键词优化页面，才不会出现大材小用的情况，才更容易让关键词获得更稳定的排名。一般来说，首页适合优化竞争度比较大的关键词，栏目页适合优化中等竞争度的关键词，内容页主要优化长尾关键词。

4.5.5 优化步骤

SEO技术并不是简单的几个建议，而是一项需要足够耐心和细致的脑力劳动。大体上，SEO优化主要分为以下几步。

- **关键词分析（即关键词定位）**：包括关键词关注量分析、竞争对手分析、关键词与网站相关性分析、关键词布置、关键词排名预测，它是SEO优化最重要的环节。
- **网站架构分析**：包括剔除网站架构不良设计、实现树状目录结构、网站导航与链接优化，只有网站结构符合搜索引擎的爬虫喜好才能更有利于SEO优化。
- **网站目录和页面优化**：SEO不仅是让网站首页在搜索引擎中有好的排名，更重要的是让网站的每个页面都带来流量。
- **内容发布和链接布置**：搜索引擎喜欢有规律的网站内容更新，所以合理安排网站内容发布日程是SEO优化的重要技巧之一。链接布置则把整个网站有机地串联起来，让搜索引擎明白每个网页的重要性和关键词，实施的参考因素是第一点中提到的关键词布置。
- **与搜索引擎对话**：向各大搜索引擎登录入口提交尚未收录站点。在搜索引擎看SEO的效果，通过site:你的域名，知道站点的收录和更新情况；通过domain:你的域名或

link:你的域名，知道站点的反向链接情况。

- **建立网站地图SiteMap**：根据自己的网站结构，制作网站地图，让你的网站对搜索引擎更加友好化。让搜索引擎能通过SiteMap就可以访问整个站点上的所有网页和栏目。SiteMap最好有两套，一套方便客户快速查找站点信息（html格式），另一套方便搜索引擎得知网站的更新频率、更新时间、页面权重（xml格式）。
- **高质量的友情链接**：建立高质量的友情链接，对于SEO优化来说，可以提高网站PR值以及网站的更新率。
- **网站流量分析**：网站流量分析可以从SEO结果上指导下一步的SEO策略，同时对网站的用户体验优化也有指导意义。流量分析工具，建议采用百度统计分析工具。

SEO各种执行方式的难易度排名，外链建设、内容制作、撰写博客、社会化整合、SEO着陆页、URL结构、竞争对手调研、关键字研究、XML网站地图、内部链接、Title标记、Meta标记。

4.6 实训——结合不同的搜索方法搜索所需内容

本实训的目标是结合不同的搜索方法搜索所需内容，并使用百度指数查询工具分析关键词。下面首先使用百度搜索引擎进行简单搜索，然后通过设置高级搜索功能进行精确搜索。

4.6.1 使用搜索引擎简单搜索

用户可根据需要选择适合的搜索引擎，下面选择百度搜索引擎，并使用它搜索“足球”信息实现网页搜索，其具体操作如下。（微课：光盘\微课视频\第4章\使用搜索引擎简单搜索.swf）

STEP 1 打开“百度”搜索引擎，在搜索框内输入“足球”，单击百度一下按钮，如图4-43所示。

STEP 2 在打开的网页中将列出与“足球”相关的各类网站信息，如图4-44所示，然后用户可根据需要单击所需的超链接查看信息。

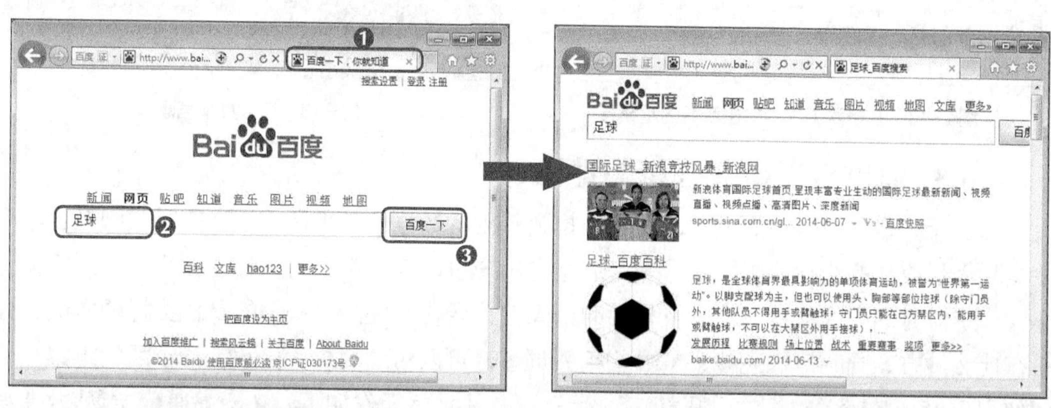

图4-43 输入关键词

图4-44 查看搜索结果

4.6.2 使用搜索引擎精确搜索

为了使搜索结果更精确，提高搜索效率，下面在百度搜索引擎中设置高级搜索功能，其具体操作如下。（微课：光盘\微课视频\第4章\使用搜索引擎精确搜索.swf）

STEP 1 在前面打开的搜索页面的右下角单击“高级搜索”超链接，如图4-45所示，或在地址栏中输入“http://www.baidu.com/gaoji/advanced.html”。

STEP 2 在打开的高级搜索页面中根据需要进行设置，设置的效果如图4-46所示，完成后单击百度一下按钮。

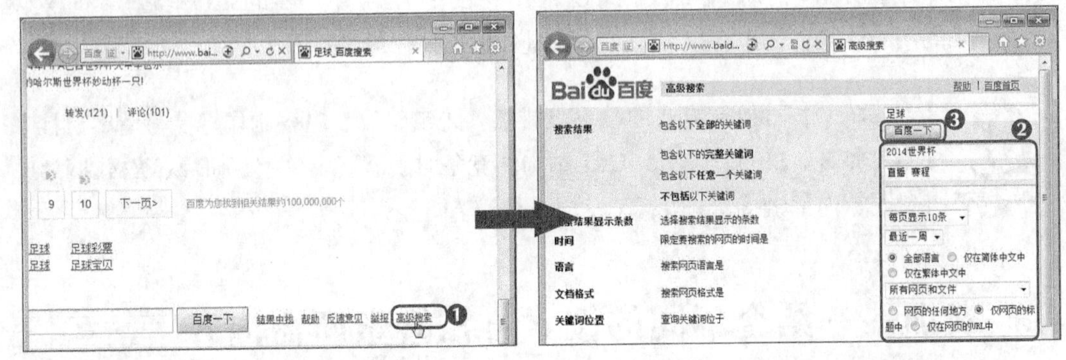

图4-45　单击“高级搜索”超链接　　图4-46　设置高级搜索功能

STEP 3 在打开的网页中将根据设置的高级搜索功能列出更符合用户要求的搜索结果，这里单击“2014世界杯足球直播网”超链接，如图4-47所示。

STEP 4 在打开的网页中即可查看与搜索内容相关的信息，如图4-48所示，也可在网页上方的导航条中单击相应的超链接详细查看每个标题下的具体信息。

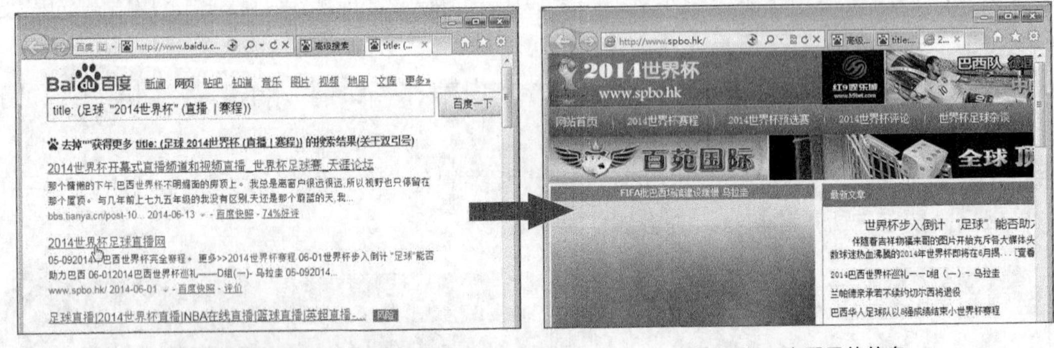

图4-47　在搜索结果中单击所需的超链接　　图4-48　查看具体信息

4.6.3 通过百度指数分析关键词

百度指数是以百度海量网民的行为数据为基础的数据分享平台，是当前互联网乃至整个数据时代最重要的统计分析平台之一。通过它用户可以知道某个关键词在百度的搜索规模有多大、一段时间内的涨跌态势以及相关的新闻舆论变化、关注这些词的是什么样的网民、分布在什么地方、同时他们还搜索了哪些相关词等，可以帮助用户优化数字营销活动方案。下面使用百度指数对关键词“世界杯”进行分析，其具体操作如下。（微课：光盘\微课视

频\第4章\通过百度指数分析关键词.swf）

STEP 1 要进入百度指数首页，必须先注册一个百度账号，因此用户需在“百度”搜索引擎首页的右上角单击“注册”超链接，如图4-49所示。

STEP 2 在打开的注册百度账号页面，如图4-50所示，根据提示注册一个百度账号，完成后登录该账号。

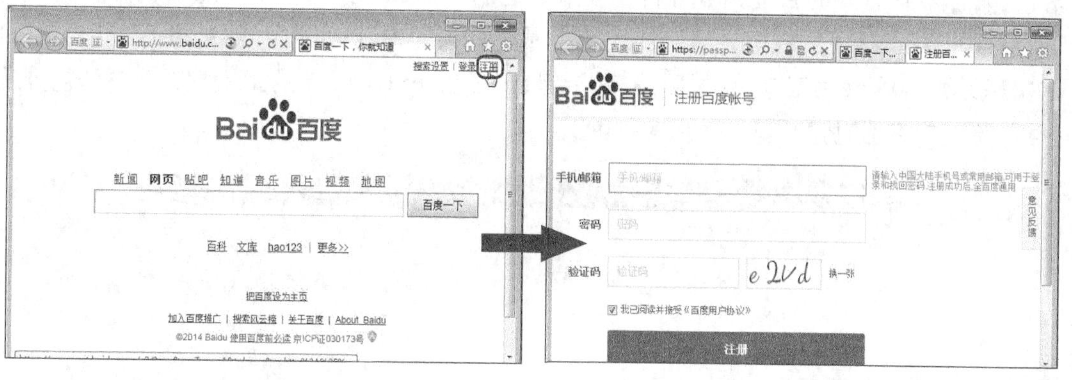

图4-49 单击“注册”超链接　　图4-50 根据提示注册并登录账号

STEP 3 登录百度账号后，在百度首页将显示当地的天气、空气质量，以及导航、新闻、音乐栏等详细信息，这里只需在百度首页的搜索框中输入“百度指数”，单击 百度一下 按钮，如图4-51所示。

STEP 4 在百度搜索页面的搜索框下方将列出“百度指数”的相关网站信息，这里直接单击搜索到的第一条信息，如图4-52所示。

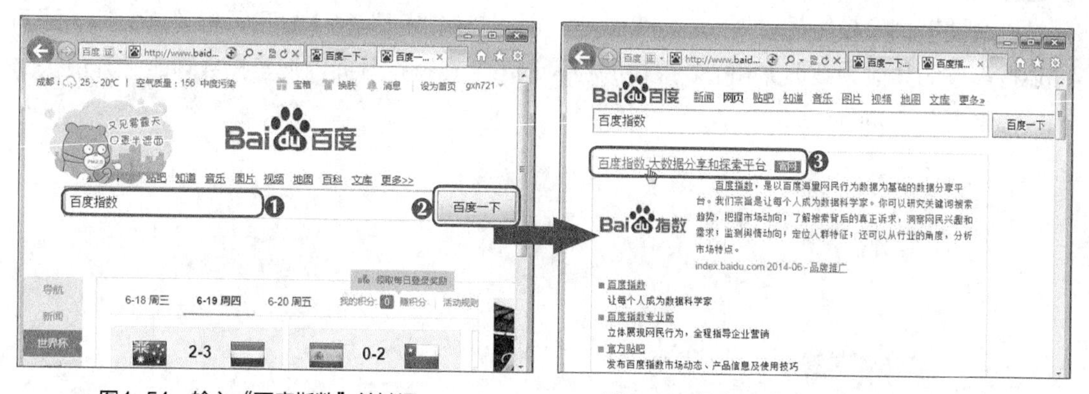

图4-51 输入“百度指数”关键词　　图4-52 单击与“百度指数”对应的超链接

STEP 5 在打开的“百度指数”首页的搜索框中输入需查询的关键词，这里输入“世界杯”，然后单击 查看指数 按钮，如图4-53所示。

图4-53 输入需要分析的关键词

利用逗号可以将多个关键词隔开，实现关键词数据的比较查询，且曲线图上会用不同颜色的曲线加以区分；利用加号可以将多个关键词相连接，实现不同关键词数据相加，相加后的汇总数据将作为一个组合关键词展现。目前，百度指数最多支持5个关键词的比较检索和累加检索。

STEP 6 在打开的百度指数分析页面默认显示“指数探索”模块下的“趋势研究”项目，其中“指数概况”栏中显示了最近7天、最近30天的单日指数，“热点趋势”栏中的PC趋势积累了2006年6月至今的数据，移动趋势展现了从2011年1月至今的数据，而整体趋势是对PC趋势和移动趋势的集合，如图4-54所示。

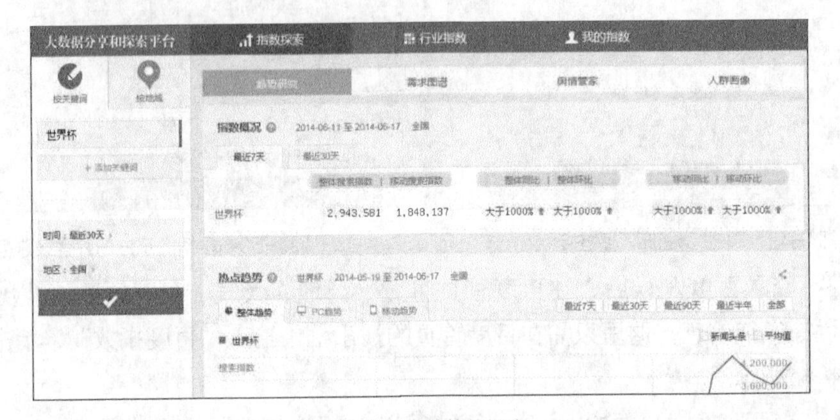

图4-54　查看趋势研究

STEP 7 单击“需求图谱”超链接，在“需求分布”栏中显示了关键词的环比需求变化，以及关键词隐藏的关注焦点、消费欲望，而“热门搜索”栏中显示了相关检索词（即网民还搜索过的其他关键词）和上升最快的检索词（即在特定时间内搜索指数环比上升最快的相关检索词），如图4-55所示。

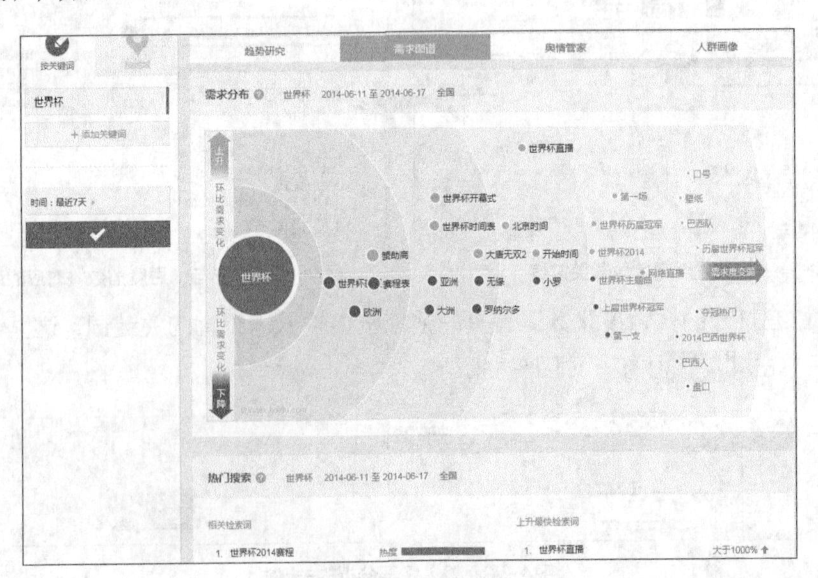

图4-55　查看需求图谱

单击“舆情管家”超链接，百度指数将显示出关键词最热门的相关新闻、微博、问题。百度指数允许收藏最多50个关键词，对于市场、产品工作人员，需要长期监控自己品牌名、竞争对手舆情的，不需要进行多次输入，只需通过一张列表呈现；单击“人群画像”超链接，通过关键词可获得网民年龄、性别、区域、兴趣的分布特点，且数据绝对真实客观。

4.7 疑难解析

问：门户搜索与搜索门户有什么区别？

答：门户（portal），原意是指正门、入口，现多用于互联网的门户网站和企业应用系统的门户系统。所谓门户网站是指通向某类综合性互联网信息资源并提供有关信息服务的应用系统。门户搜索是门户网站里面的搜索功能，与门户搜索相反的是搜索门户，搜索门户是指专业的主做搜索的网站。最大的中文搜索引擎是Baidu，最大的中文门户网站是Sina。

问：什么是人肉搜索，有何利弊？

答：人肉搜索引擎以“人肉”命名，是因为它与百度、Google等利用机器搜索技术不同，它更多的是利用人工参与来提纯搜索引擎提供的信息。人肉搜索引擎其实就是每个遇到困难的人在社区里面提出一个问题，由有这方面知识或线索的人参与解答和分析而非搜索引擎通过机器自动算法获得结果的搜索机制，这种方式可以说是一种问答式搜索。百度知道、新浪爱问、雅虎知识堂从本质上说都是人肉搜索引擎。人肉搜索的发动和参与者通常都是网络上的愤青，他们看见令人愤怒，生气的事就会打抱不平，而失去理智。因此“人肉搜索”使用不当，将侵犯个人隐私权等相关权益，阻碍“人肉搜索”发挥网络舆论监督作用，一旦超越了网络道德和网络文明所能承受的限度，就容易引起网络暴力等消极影响。

问：在搜索引擎中需要区分大小写吗？

答：在检索英文信息时应注意区分大小写，许多英文搜索引擎可以让用户选择是否要求区分关键词的大小写，这一功能对查询专有名词有很大的帮助，如Web专指万维网或环球网，而web则表示蜘蛛网。

问：什么是长尾关键词？

答：网站上非目标关键词但也可带来搜索流量的关键词，称为长尾关键词。 长尾关键词的特征是比较长，往往是2~3个词组成，甚至是短语，存在于内容页面，除了内容页的标题，还存在于内容中。长尾关键词的基本属性包括可延伸性、针对性强、范围广。

4.8 习题

本章主要介绍了什么是搜索引擎，全文索引、目录索引、垂直搜索等搜索形式，百度的基本搜索、高级语法搜索等功能，常用的搜索引擎，以及一些搜索技巧，如使用双引号和书名号、使用“+”和“-”、使用通配符和搜索引擎优化——SEO等知识。下面通过练习题使读者熟练掌握搜索引擎的使用，提高搜索效率。

（1）使用关键字搜索有关香格里拉旅游的相关内容。

（2）在新浪网站中使用目录索引搜索方式搜索手机的最新信息。

（3）利用搜索引擎分别对新闻和图片类型的信息进行搜索。

（4）利用搜索引擎搜索最近一个月内的关键字“输出设备”，要求包括“打印机”和“绘图机”，但不包括“显示器”。

（5）通过百度指数查询工具分析“会计培训”关键词，查看整体趋势、需求图谱、舆情管家。

课后拓展知识

要在海量网络资源中精确查找所需的信息，首先应根据需求选择拥有相应功能优势的搜索引擎，然后掌握相应的搜索技巧。下面列出几个基本的搜索技巧。

- **使用多个关键词：**单一关键词的搜索效果总是不太令人满意，一般用多个关键词的搜索效果会更好，且应避免大而空的关键词。
- **改进搜索关键词：**经常有些用户搜索一次后，若没有返回自己想要的结果便放弃了继续搜索。其实经过一次搜索后，返回的结果中总有一点相关的内容能得到提示。因此用户可先设计一个关键词进行搜索，若搜索结果中没有满意的结果，可从搜索结果页面寻找相关信息，并再次设计一个或多个更好的关键词进行搜索，这样重复搜索后，即可设计出更好的关键词，并得到满意的搜索结果。
- **使用自然语言搜索：**多数搜索引擎对自然语言的处理很好，能够从语句结构中得到有用信息。与其输入不合语法的关键词，不如输入一句自然的提问。如输入“搜索技巧”，不如输入“如何提高搜索技巧？”。
- **小心使用布尔符：**大多数搜索引擎都允许使用布尔符（and、or、not）限定搜索范围使搜索结果更精确。但布尔符在不同的搜索引擎中使用起来略有不同的，且使用布尔符时，可能会错过许多其他的影响因素，如搜索引擎是如何决定搜索结果的相关性的。因此使用布尔符时除非明确知道在某一个搜索引擎中是如何使用的，确定不会用错布尔符，否则最好不要使用它。
- **分析并判断搜索结果：**要准确地获取所需的搜索信息，除了设计优秀的搜索请求外，还应对搜索结果的标题和网址进行分析并判断。由于一些网站为了某种特殊的目的，把一些热门的信息或资源做成了链接，但内容是假的，甚至是木马或病毒，成功地欺骗了搜索引擎，所以对搜索结果进行甄别，选择一个准确可信的搜索结果非常重要，建议选择官网。评估网络内容的质量和权威性是搜索者的重要工作。
- **培养自己有效的搜索习惯：**搜索也是一种需要通过大量实践来锻炼的技能。用户应多多练习，在搜索到满意的结果后学会思考、学会总结，培养出自己快速和有效找到所需内容的搜索习惯，并提高有效搜索结果的搜索技巧。

PART 5

第5章 下载或上传网络资源

情景导入

小白看到朋友将许多有用的网络资源下载到本地电脑中，还将自己的资源发布并上传到网络中，于是他准备学习一下如何下载/上传网络资源。

知识技能目标

- 熟练掌握使用IE和下载软件——迅雷下载网络资源
- 熟练掌握解压缩软件的使用
- 掌握使用网络存储工具——百度云管家下载或上传网络资源

- 能够使用IE和下载软件下载网络资源，然后解压并压缩文件
- 掌握网络存储工具——百度云管家的使用方法，如上传文件、下载文件、分享文件、实现多台电脑文件互传等

课堂案例展示

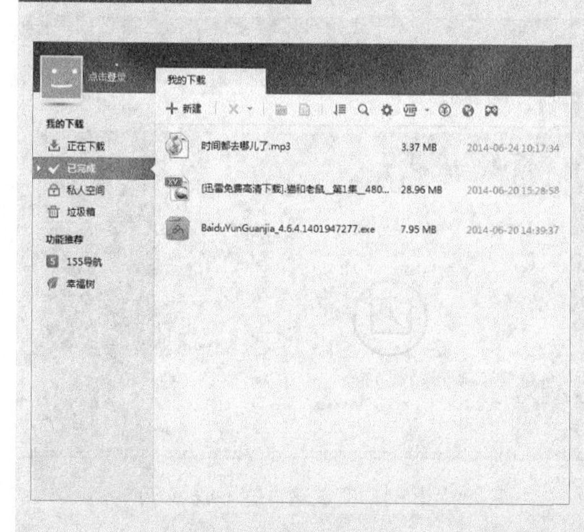

使用迅雷软件下载

百度云管家
41.57MB/5127.00GB
超大空间 等你来填满，快来上传吧~

百度云管家的主界面

5.1 直接使用IE下载

下载文件的方法有多种，可通过IE直接下载，也可使用软件下载。直接下载就是使用IE浏览器的另存为功能，将网页中的文件保存到本地电脑中。下面在迅雷官网下载迅雷软件，其具体操作如下。（微课：光盘\微课视频\第5章\直接使用IE下载.swf）

STEP 1 启动IE浏览器，在地址栏中输入迅雷官网的网址“http://dl.xunlei.com/”，按【Enter】键，打开迅雷产品中心网页，在上方的展示栏中将显示最新版本的软件链接，这里直接在“迅雷7.9”页面单击“立即下载”超链接，如图5-1所示。

STEP 2 在页面下方打开的提示框中单击 保存(S) 按钮右侧的 ▾ 按钮，在打开的列表中选择“另存为”选项，如图5-2所示。

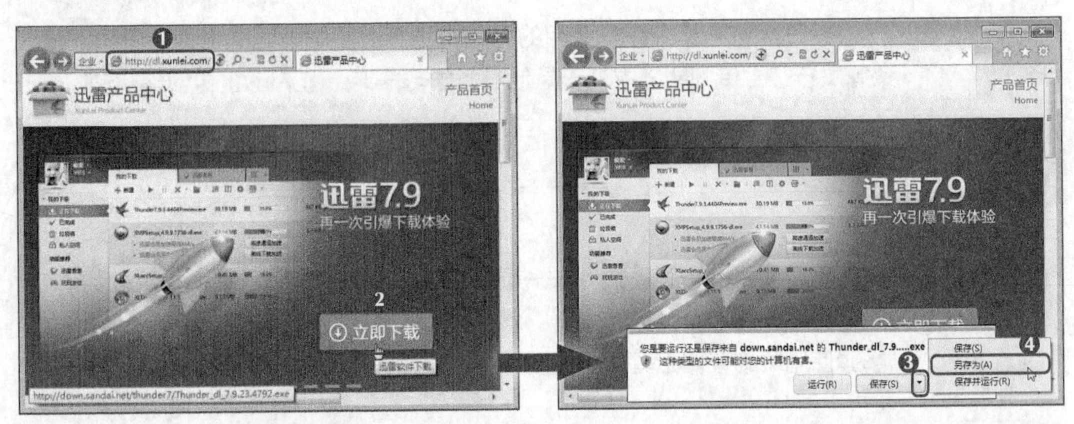

图5-1　打开软件下载网页　　图5-2　选择“另存为”选项

STEP 3 在打开的“另存为”对话框中设置软件的保存位置和名称，完成后单击 保存(S) 按钮，如图5-3所示。

STEP 4 在页面下方打开的提示框中将显示软件的下载情况，下载完成后，将提示软件下载已完成，如图5-4所示。

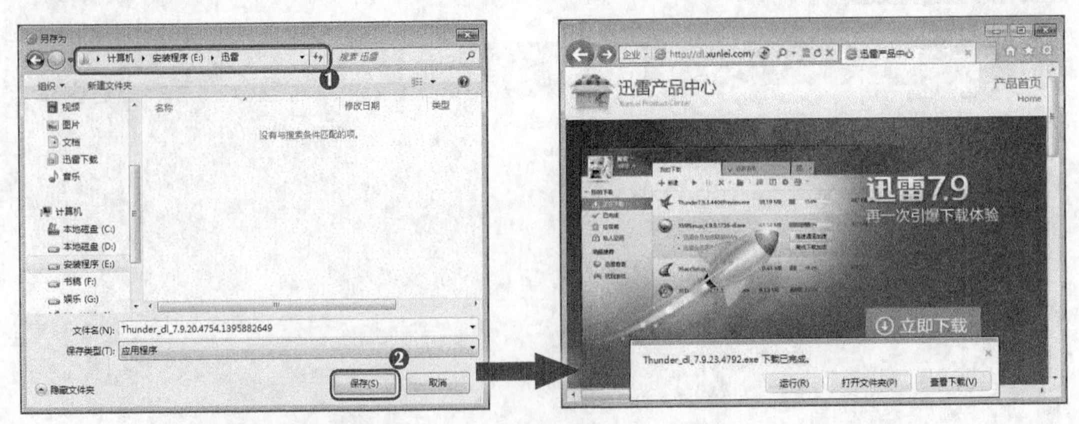

图5-3　设置软件的保存位置和名称　　图5-4　完成软件的下载

知识提示

在打开的提示框中单击 运行(R) 按钮，可根据提示安装并运行该软件，单击 打开文件夹(P) 按钮，可在设置的保存位置查看下载的软件；单击 查看下载(V) 按钮，可打开下载管理器查看下载情况。

5.2 使用下载软件——迅雷

虽然直接使用IE下载的方法非常方便，但若遇到网络故障或停电等意外情况就很有可能需要重新下载。若使用专用下载软件的断点续传功能便可避免这种情况的发生，同时，还可使用多线程下载功能同时下载多个文件，提高下载效率。

5.2.1 安装迅雷

使用迅雷软件之前必须先将该软件安装到电脑中，安装迅雷软件的具体操作如下。（微课：光盘\微课视频\第5章\安装迅雷.swf）

STEP 1 找到并双击迅雷的安装程序，在打开的对话框中单击 运行(R) 按钮，在打开的迅雷安装向导首页中确认单击选中“已阅读并同意迅雷软件 许可协议”复选框，然后可直接单击 快速安装 按钮快速安装该软件，这里单击 自定义安装 按钮进行自定义安装，如图5-5所示。

STEP 2 在打开的窗口中确认安装程序的安装位置，建议不要安装在系统盘，这里的安装路径改为“d:\Program Files\Thunder Network\Thunder”，然后在其下根据需要单击选中相应的复选框，完成后单击 立即安装 按钮，如图5-6所示。

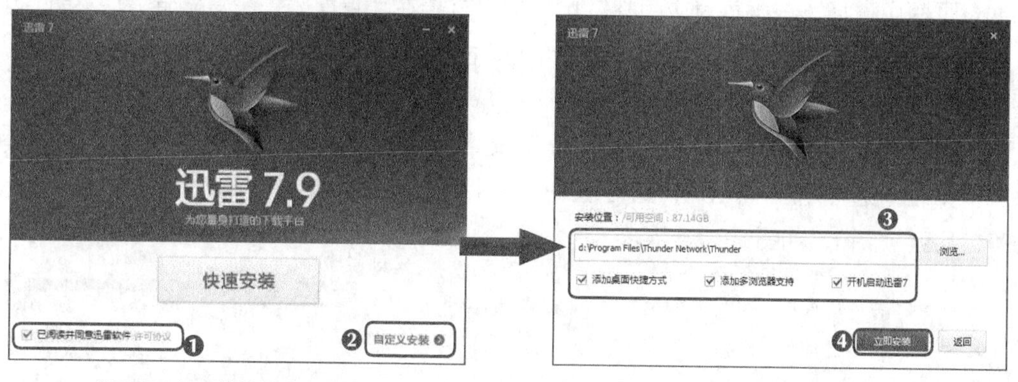

图5-5 打开的迅雷安装向导

图5-6 确认安装位置和相关项目

知识提示

由于大部分软件都附带有一些额外的插件，它们可能会强制安装、秘密安装一些无法彻底删除的流氓软件，这些流氓软件可能会传播木马、影响性能，严重的会盗窃用户的密码、隐私等，因此建议采用自定义安装，避免一些流氓软件自行安装，防止给用户的电脑带来伤害。

STEP 3 在打开的窗口中将显示安装进度，如图5-7所示，安装完成后将打开图5-8所示的窗口，在其中用户可根据需要单击选中相应的复选框，并单击 立即体验 按钮启动迅雷，进入迅雷的工作界面。

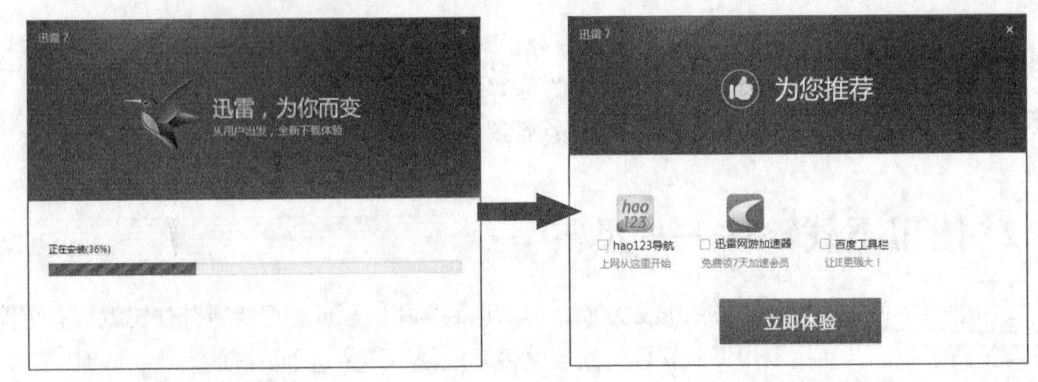

图5-7 显示安装进度　　图5-8 完成软件的安装

5.2.2 添加下载任务

完成迅雷的安装后，即可使用迅雷下载资源。下面分别讲解使用迅雷下载资源的各种方法及技巧。

1. 在网页中使用迅雷下载

要使用迅雷下载网络资源，可在搜索引擎中搜索所需的网络资源，然后在网页中的下载地址的超链接上单击鼠标右键，在弹出的快捷菜单中选择“使用迅雷下载”命令，根据提示进行相应的操作即可。下面使用迅雷下载“百度云管家”软件，并将其保存到E盘的“下载软件”文件夹中，其具体操作如下。（微课：光盘\微课视频\第5章\添加下载任务.swf）

STEP 1 在百度搜索引擎的搜索框中输入“百度云管家”，然后单击百度一下按钮，在打开的搜索页面中选择下载网页对应的超链接，这里直接在“百度云管家最新官方版下载_百度软件中心”超链接下的“普通下载”超链接上单击鼠标右键，在弹出的快捷菜单中选择“使用迅雷下载”命令，如图5-9所示。

STEP 2 在打开的“新建任务”对话框的文本框右侧单击按钮，在打开的“浏览文件夹”对话框中选择E盘，单击新建文件夹(M)按钮，并将新建文件夹重命名为“下载软件”，完成后单击确定按钮，如图5-10所示。

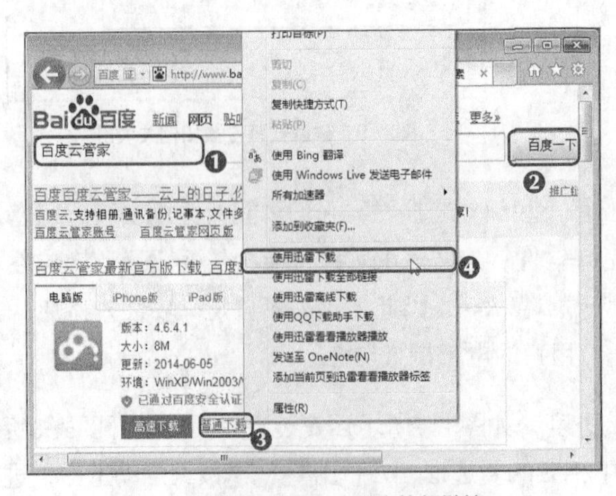

图5-9 选择下载网页下对应的超链接

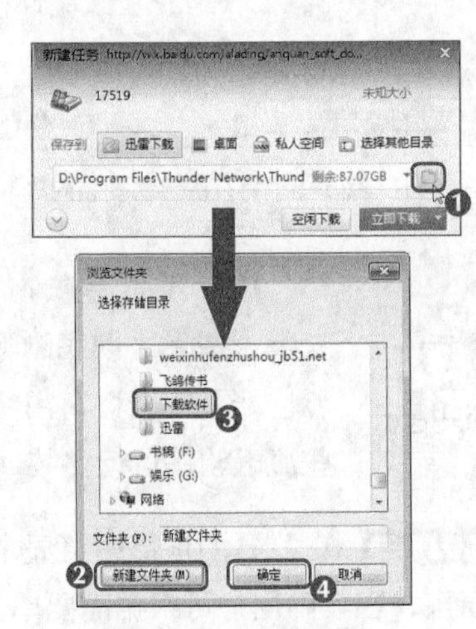

图5-10 修改下载路径

STEP 3 返回“新建任务”对话框，单击立即下载按钮开始下载，在迅雷工作界面中可查看下载进度，如图5-11所示。

STEP 4 下载完成后，将提示软件下载已完成，如图5-12所示，且单击运行按钮可直接运行并安装软件，单击目录按钮可打开软件的保存位置。

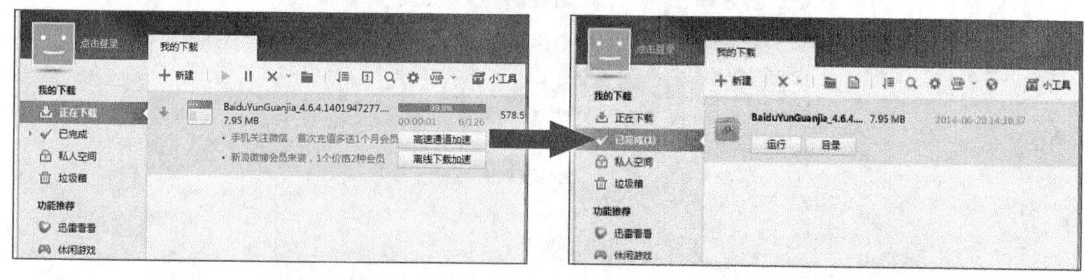

图5-11 查看下载进度

图5-12 完成软件的下载

多学一招

在迅雷的工作界面中单击“配置”按钮，在打开的“系统设置”对话框中可对迅雷进行基本设置、细节设置、模式、提醒等个性化设置；单击“常用下载站点”按钮，在打开的列表中可选择并打开常用的下载站点，如pc6下载站、百度、华军软件园等站点。

2. 通过迅雷工作界面下载

若用户对下载任务的网址比较熟悉，可直接在迅雷的工作界面中添加下载任务进行下载。下面在迅雷工作界面中直接添加下载任务的网址下载百度音乐“时间都去哪儿了”，其具体操作如下。（微课：光盘\微课视频\第5章\通过迅雷工作界面下载.swf）

STEP 1 在桌面上双击迅雷图标，启动迅雷，进入迅雷的工作界面，然后在其工作界面“我的下载”栏中单击+新建按钮，打开“新建任务”对话框，如图5-13所示。

STEP 2 在打开的“新建任务”对话框的“下载链接”文本框中输入下载地址，这里输入“http://music.baidu.com/data/music/file?link=http://zhangmenshiting.baidu.com/data2/music/118358164/14385500158400128.mp3?xcode=e6bd671a25de92f47dda78a78796c48731ba6b5fb13a98ae&song_id=14385500”，然后单击立即下载按钮开始下载，如图5-14所示。

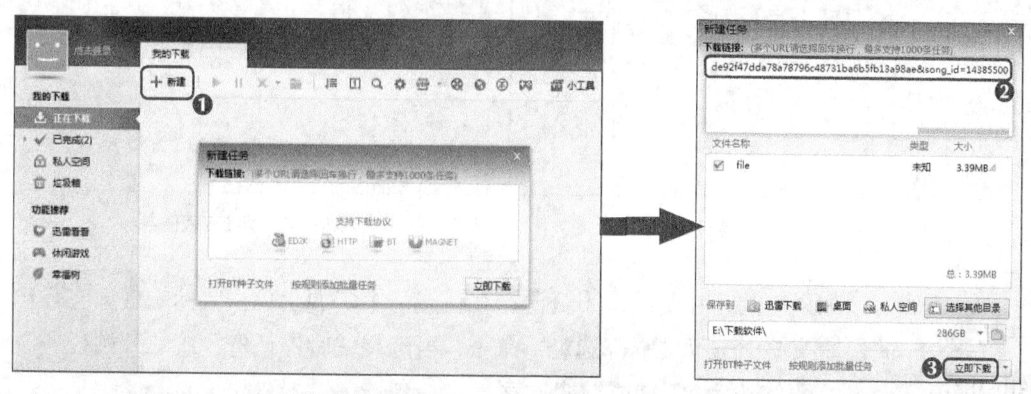

图5-13 打开“新建任务”对话框

图5-14 输入下载地址

STEP 3 返回迅雷工作界面中可查看下载进度，下载完成后将提示下载任务已完成，如图5-15所示，单击 播放 按钮将打开音频软件播放该歌曲，单击 目录 按钮可打开该歌曲的保存位置。

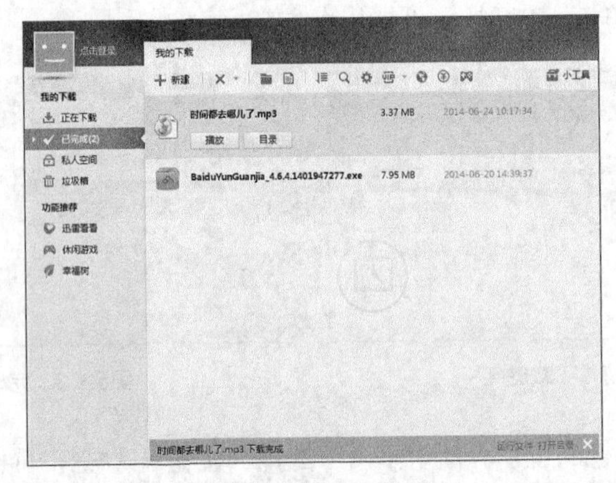

图5-15 完成下载任务

3. 断点下载

使用迅雷下载网上资源时，有时会由于突然停电、意外关闭软件或其他情况需要暂停正在下载的资源，当有需要时可以从中断的地方继续下载。下面首先暂停正在下载的“倒霉熊”，然后再次继续下载，其具体操作如下。（微课：光盘\微课视频\第5章\断点下载.swf）

STEP 1 开始下载网上资源并进入迅雷工作界面，选择需暂停的下载资源，单击 ॥ 按钮，或在其上单击鼠标右键，在弹出的快捷菜单中选择“暂停任务”命令暂停下载，如图5-16所示。

STEP 2 在迅雷工作界面中选择需继续下载的资源，单击 ▶ 按钮，或在其上单击鼠标右键，在弹出的快捷菜单中选择“开始任务”命令继续下载，如图5-17所示。

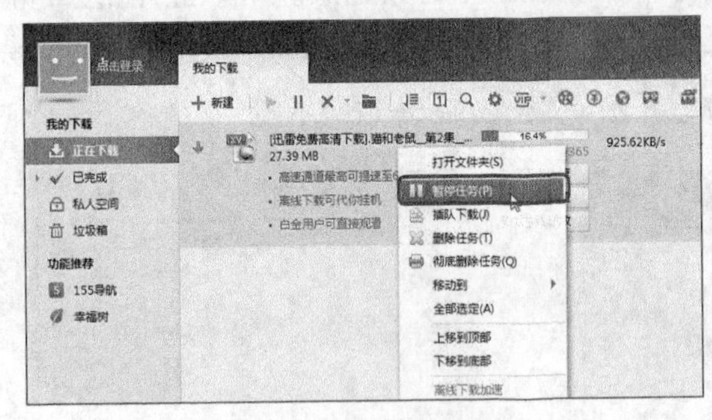

图5-16 暂停下载任务

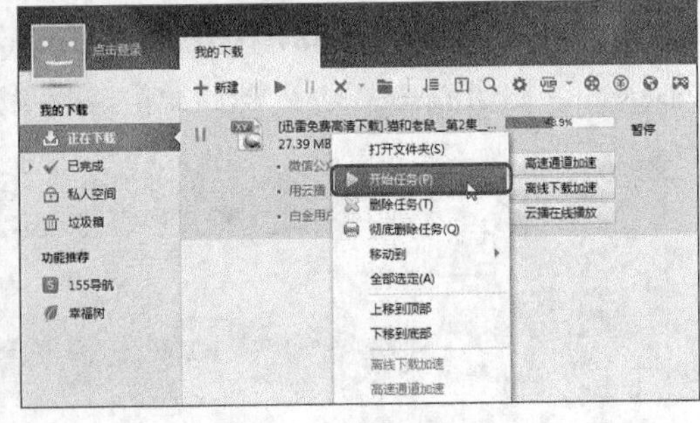

图5-17 继续下载任务

知识提示

如果当前正在下载多个资源，在任意一个资源上单击鼠标右键，在弹出的快捷菜单中选择“全部选定”命令，再选择“暂停任务”或“开始任务”命令，可全部暂停下载或继续下载。

5.2.3 管理下载文件

在迅雷工作界面中还可对下载的文件进行管理，如查看文件信息、移动文件、复制文件、删除文件等，下面分别进行讲解。

- **查看已下载的所有文件**：在迅雷工作界面左侧的"任务管理"窗格中单击"已完成"选项卡，在右侧窗格中将显示所有已下载的文件列表，如图5-18所示。
- **查看下载文件的详细信息**：在需查看的下载文件上单击鼠标右键，在弹出的快捷菜单中选择"详情页"命令，在展开的页面中可查看该下载文件的属性详情、来源信息、连接情况等，如图5-19所示。

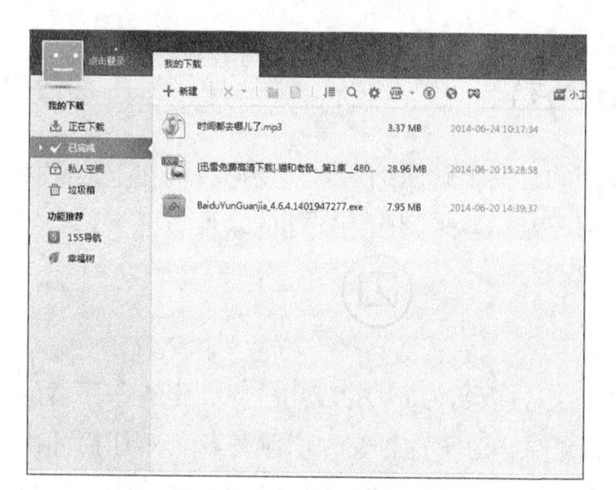

图5-18 查看已下载的所有文件

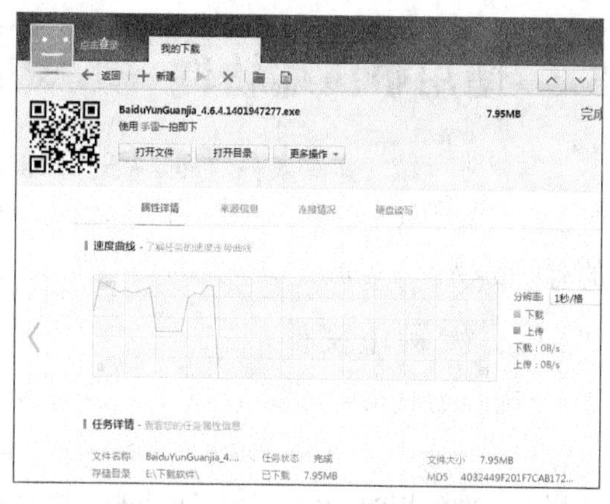

图5-19 查看下载文件的详细信息

- **打开已下载的文件或保存位置**：在需打开的下载文件上单击鼠标右键，在弹出的快捷菜单中选择"打开文件"命令，可快速打开该文件；若选择"打开文件夹"命令，将打开该下载文件的保存位置。
- **删除下载的文件**：在需删除的下载文件上单击鼠标右键，在弹出的快捷菜单中选择"删除任务"命令，可将下载的文件从下载列表中删除并移动到垃圾箱中；若选择"彻底删除任务"命令，在打开的对话框中单击选中"同时删除文件"复选框，并单击 确定 按钮，可将下载的文件彻底从电脑中删除，如图5-20所示。
- **重命名已下载的文件**：在需重命名的下载文件上单击鼠标右键，在弹出的快捷菜单中选择"重命名"命令，然后在打开的对话框的"新文件名"文本框中输入文件名，并单击 确定 按钮。
- **移动已下载的文件到私人空间**：选择已下载的文件，将其拖曳到左侧"我的下载"窗格的"私人空间"选项卡上，释放鼠标后即可将其移动到相应的位置。同时，将提示用户为私人空间进行加密，如图5-21所示。

知识提示

在右键快捷菜单中还可对下载文件执行发送文件到其他目录、重新下载、分享下载链接到微博和复制下载链接等操作。

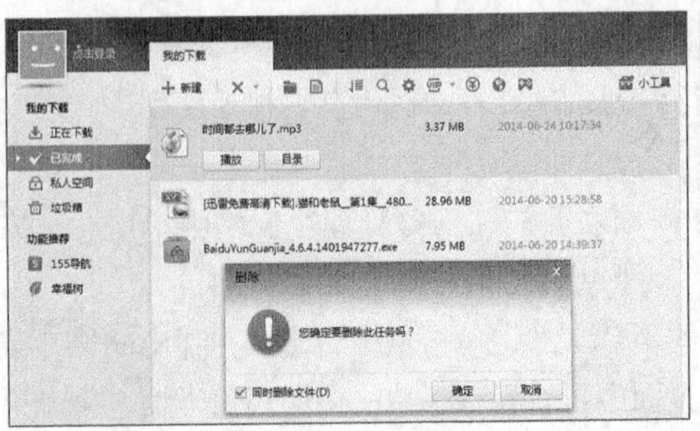

图5-20　彻底删除下载的文件

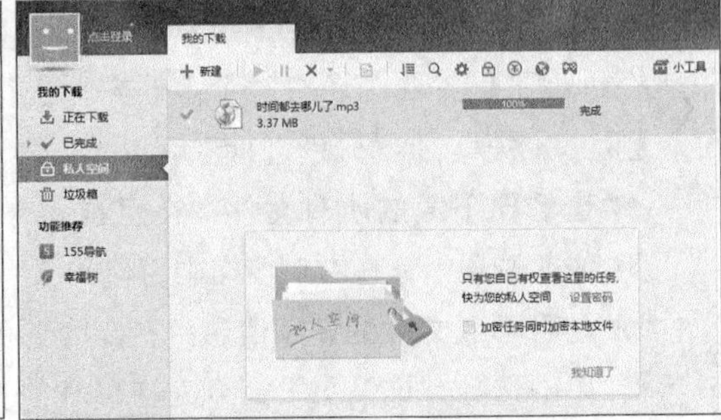

图5-21　移动下载文件到私人空间

5.3　使用解压缩软件——WinRAR

从网上下载的文件大多数都是经过压缩处理的，需要解压缩后才能使用；而在上传文件时，经常需要将文件进行压缩，以提高传输效率。专门用来解压缩文件的软件有很多，常用的有WinRAR、360压缩等。

5.3.1　解压文件

有些下载的文件可以直接双击打开并应用，如后缀名为.exe的应用程序，但有些下载的文件却不可以直接使用，如后缀名为.rar的压缩文件，对于这种文件必须先将其解压后才能使用。下面使用WinRAR解压下载的“极品五笔”文件，其具体操作如下。（微课：光盘\微课视频\第5章\解压文件.swf）

STEP 1　打开需解压文件所在的文件夹，在压缩文件上单击鼠标右键，在弹出的快捷菜单中选择“解压文件”命令，如图5-22所示。

STEP 2　在打开的“解压路径和选项”对话框右侧的列表框中选择解压的路径，这里保持默认设置不变，然后单击 确定 按钮，如图5-23所示。

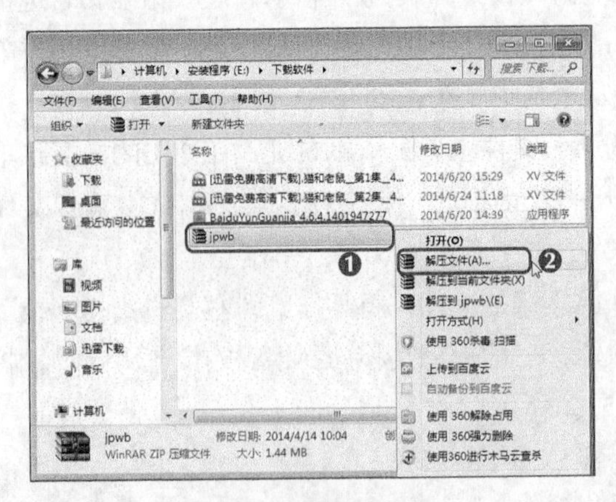

图5-22　选择解压命令

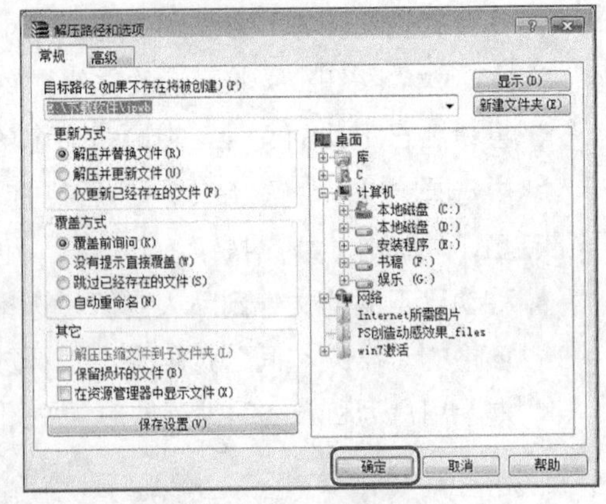

图5-23　设置解压参数

STEP 3　系统开始对压缩文件进行解压，完成解压后，在设置的文件保存位置即可看到解压缩后的文件，如图5-24所示。

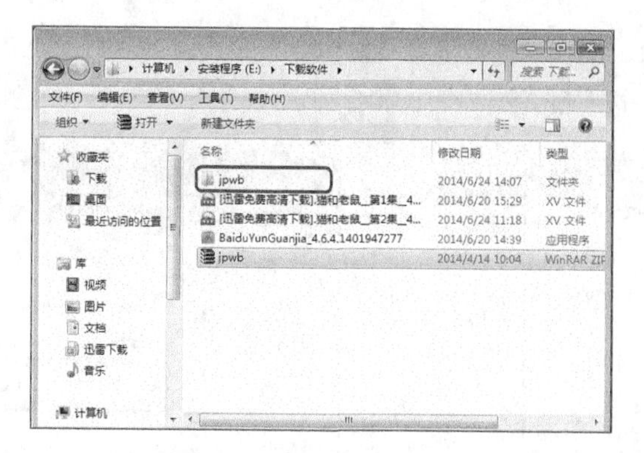

图5-24　查看解压后的文件

在右键快捷菜单中选择“解压到当前文件夹”命令可将压缩的文件直接解压到当前打开的文件夹中；选择“解压到（文件名）”命令，将在当前文件夹中新建一个和压缩文件同名的文件夹，并将解压后的文件放入其中。

5.3.2 压缩文件

若需传输多个文件或较大的文件时，为了方便移动和存储，并提高传输速率，可对相应的文件执行压缩操作。压缩与解压文件的过程恰好相反。下面对“InDesign CS5 官方简体中文版”的安装程序进行压缩，其具体操作如下。（微课：光盘\微课视频\第5章\压缩文件.swf）

STEP 1 打开需压缩的文件所在的文件夹，在需压缩的文件上单击鼠标右键，在弹出的快捷菜单中选择“添加到压缩文件”命令，如图5-25所示。

STEP 2 在打开的“压缩文件名和参数”对话框的“压缩文件名”文本框中输入压缩后的文件名，这里保持默认设置，然后单击 确定 按钮，如图5-26所示。

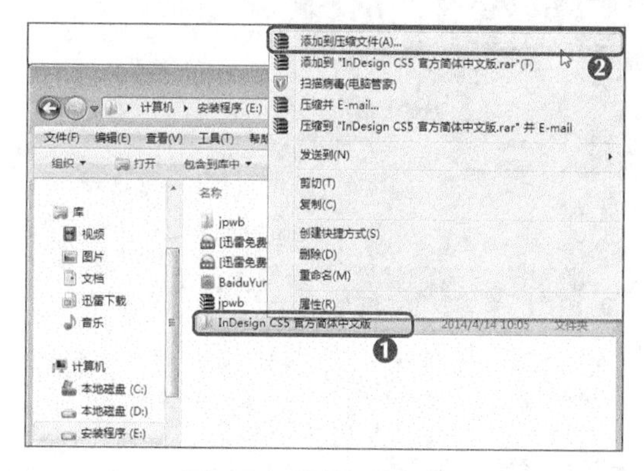

图5-25　选择压缩命令

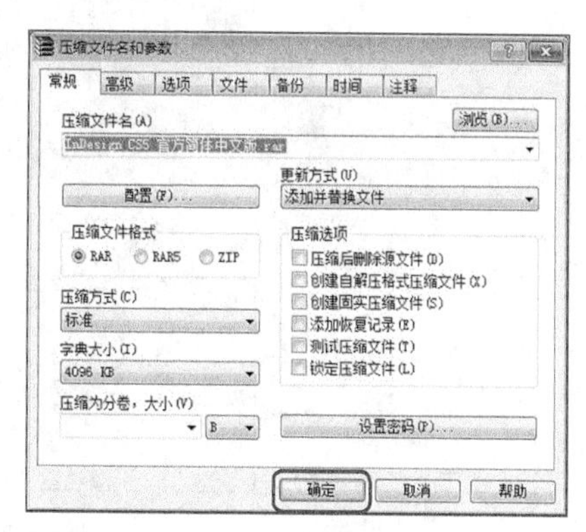

图5-26　设置压缩参数

在压缩文件时若需将一个文件压缩成几个压缩包，可在“压缩文件和参数”对话框的“压缩方式”下拉列表框中选择压缩方式，在“压缩为分卷，大小”下拉列表框设置每一个压缩包的大小即可。

STEP 3 打开“正在创建压缩文件”对话框，系统自动进行压缩，如图5-27所示。

STEP 4 完成压缩后，在原文件夹中可看到创建的压缩文件，如图5-28所示。

图5-27 正在创建压缩文件

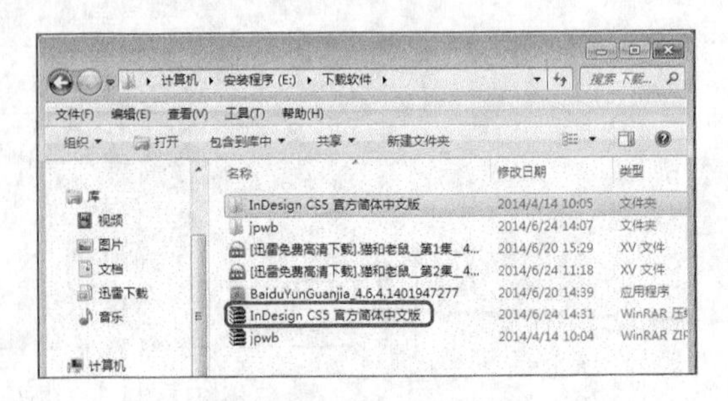

图5-28 查看压缩后的文件

5.4 使用网络存储工具——百度云管家

百度云管家是百度公司推出的一款云服务产品，通过它可以便捷地查看、上传和下载百度云端各类数据。其实百度云管家就是网络U盘，存入的文件不会占用本地空间。下面将讲解百度云管家的使用方法。

5.4.1 注册与登录百度云管家

下载并安装百度云管家后，在桌面上双击图标即可打开百度云管家的登录界面，如图5-29所示，若用户已拥有百度账号，可直接输入百度账号和密码，然后单击 登录 按钮登录百度云管家；若用户没有百度账号，除了在下方单击 立即注册百度帐号 按钮，根据提示注册账号外，还可使用合作账号进行登录，即单击、或图标，在打开的窗口中根据提示输入相应的账号和密码进行登录即可。

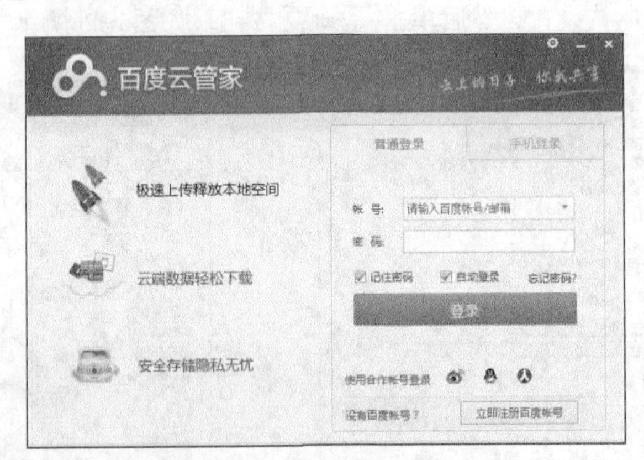

图5-29 百度云管家的登录界面

5.4.2 上传文件

当很多数据和文件因容量不够没有地方存放，或者需要在其他PC端或移动设备端查看文件时，就可以利用百度云管家存储大量的文件，即上传文件。下面将本地音乐“醉后放手”上传到百度云网盘中，其具体操作如下。（微课：光盘\微课视频\第5章\上传文件.swf）

STEP 1 登录百度云管家后即可打开百度云管家的主界面，在其中单击 上传 按钮，或在窗口中间的空白区域单击 上传文件 按钮，如图5-30所示。

STEP 2 在打开的“请选择文件/文件夹”对话框中找到需上传文件的文件路径并选择该文件，这里选择“醉后放手”文件，然后单击 存入百度云 按钮，如图5-31所示。

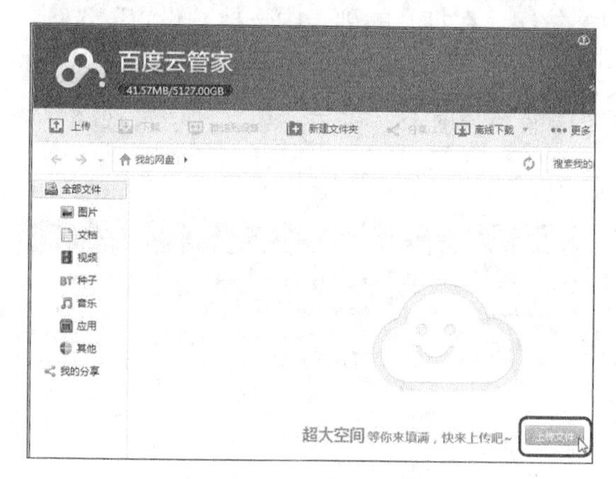

图5-30 单击“上传”按钮

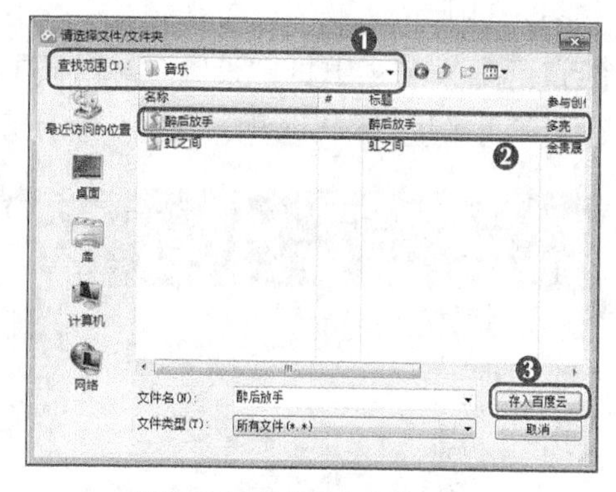

图5-31 选择需上传的文件

多学一招

将需要上传的文件或文件夹，如图片、文档、音乐、视频、书籍等任意内容，拖曳到百度云管家主界面或桌面上的悬浮窗 拖拽上传 中都可实现文件的上传。

STEP 3 系统开始上传文件，然后在窗口右上角单击 传输列表 按钮，如图5-32所示，此时将打开传输列表，在其中可查看传输进度，以及已存入百度云管家的文件等，如图5-33所示，完成后单击 收起 按钮，返回百度云管家的主界面。

图5-32 开始上传文件

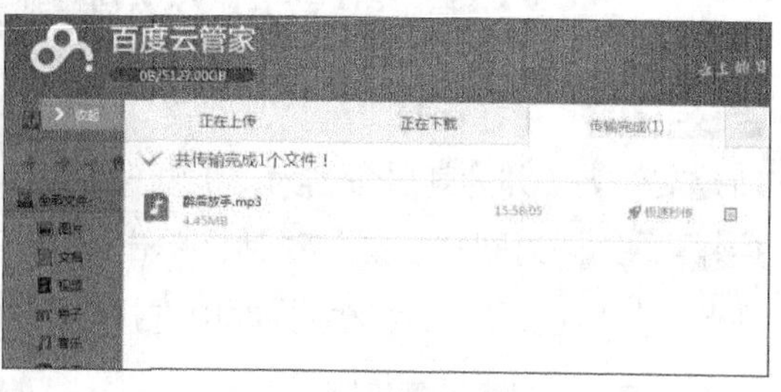

图5-33 查看传输列表

知识提示

打开百度云管家的主界面后，在中间空白窗格的右上角单击按钮可分类查看上传的文件，单击按钮可切换到列表模式查看上传的文件。另外，在百度云管家主界面中上传的文件上单击鼠标右键，在弹出的快捷菜单中选择相应的命令，可对上传的文件执行复制、剪切、重命名、删除等操作。

5.4.3 下载文件

当需要在其他PC端或移动设备端查看上传的文件时就可执行下载操作。默认情况下，下载的文件将保存到硬盘的BaiduYunDownload目录中，这样将不利于用户查找，因此下载文件前可先设置文件保存到本地的路径。下面首先设置下载文件的保存路径，然后再将上传的“电算化安装资料”文件下载到F盘的“下载文件”文件夹中，其具体操作如下。（微课：光盘\微课视频\第5章\下载文件.swf）

STEP 1 在百度云管家主界面的右上角单击按钮，在打开的列表中选择“设置”选项，如图5-34所示。

STEP 2 在打开的“设置”对话框中单击“传输”选项卡，在“下载文件位置选择”文本框下方单击 浏览 按钮，如图5-35所示。

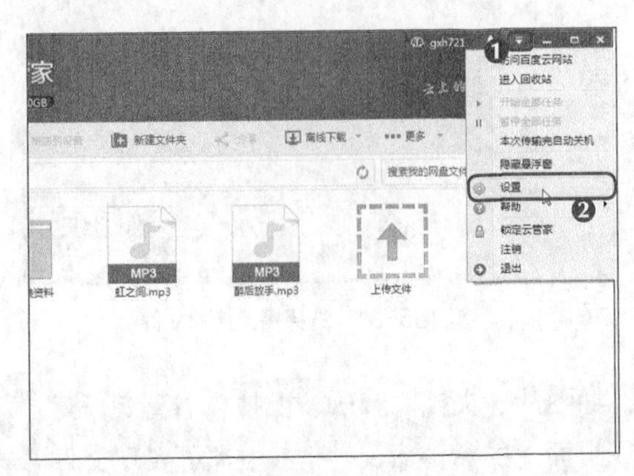

图5-34 选择“设置”命令

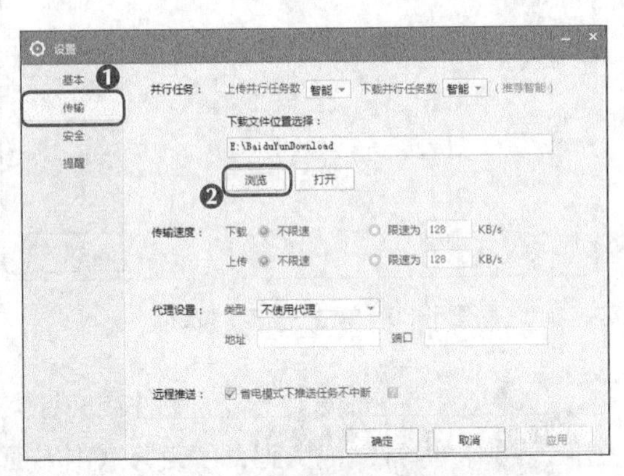

图5-35 单击“浏览”按钮

知识提示

在“设置”对话框的“基本”选项卡中可取消开机时启动百度云管家、桌面显示悬浮窗、启动软件自动升级等；在“传输”选项卡中还可限制传输速度、进行代理设置等；在“安全”选项卡中可设置客户端锁定，在“提醒”选项卡中可设置气泡提示或声音提醒。

STEP 3 在打开的“浏览文件夹”对话框中选择F盘，然后在其下方单击 新建文件夹(M) 按钮新建文件夹，并为其重命名为“下载资料”，完成后单击 确定 按钮，如图5-36所示。

STEP 4 返回“设置”对话框单击 确定 按钮应用设置，以后每次下载的文件将都存放在此，然后在百度云管家主界面中选择需下载的文件，并单击 下载 按钮，如图5-37所示。

图5-36 设置下载文件的保存位置

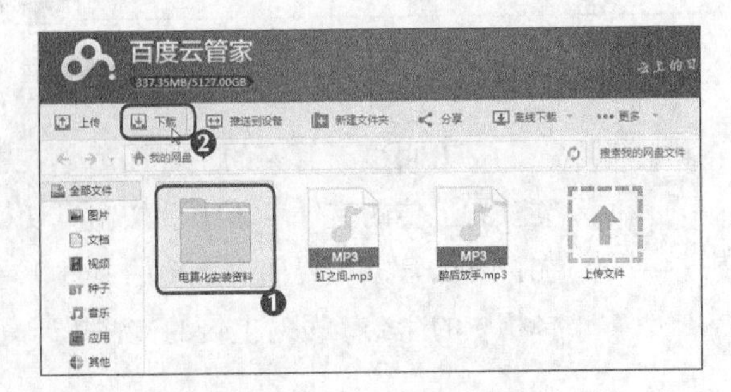

图5-37 单击“下载”按钮

STEP 5 在打开的“设置下载存储路径”对话框中确认下载文件的存储路径后，单击下载按钮，如图5-38所示。

STEP 6 系统将打开“正在下载”列表，在其中列出了当前文件夹中所有的文件，并依次进行下载，如图5-39所示。

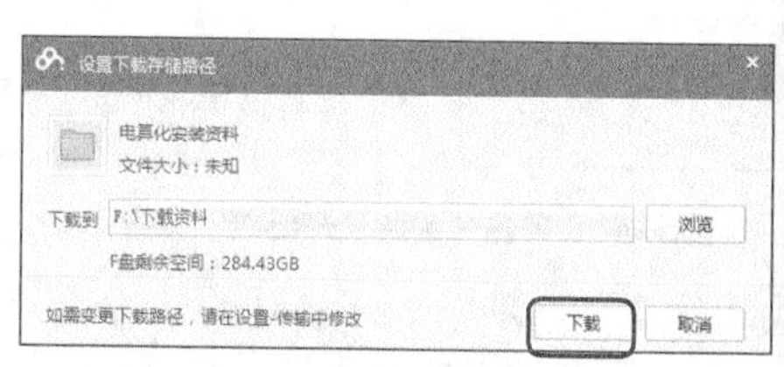

图5-38　确认下载存储路径

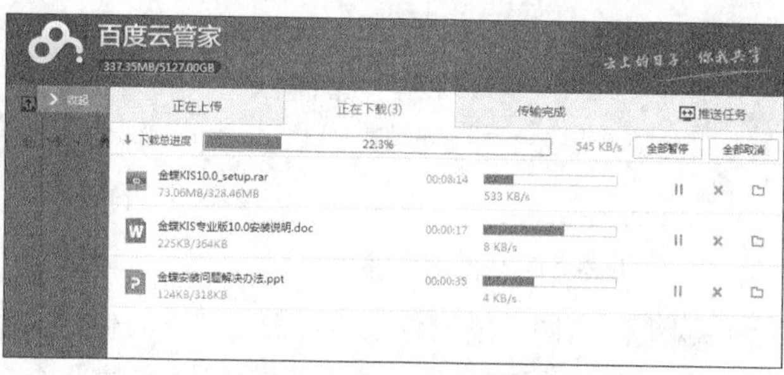

图5-39　开始下载

STEP 7 下载完成后，在“传输完成”列表中可查看下载的相关文件，如图5-40所示。

图5-40　查看下载的文件

多学一招

在“传输完成”列表右上角单击清除所有记录按钮可清除该列表中的所有上传和下载的文件。另外，在相应文件的右侧单击按钮，可打开该文件；单击按钮，可打开该文件所在的位置；单击按钮，可清除对应的文件。

5.4.4　分享文件

百度云管家支持将文件分享到微博、手工创建分享链接、通过邮件、短信分享等，且在我的分享中还可查看分享出去的链接。下面将音乐“虹之间”公开分享到分享主页上，其具体操作如下。（微课：光盘\微课视频\第5章\分享文件.swf）

STEP 1 在百度云管家的主界面中选择需要分享的文件，这里选择“虹之间.mp3”文件，然后单击分享按钮，如图5-41所示。

STEP 2 在打开的“分享文件（文件名）”对话框中确认公开分享后，直接在“公开分享”选项卡中单击创建公开链接按钮，如图5-42所示。

STEP 3 在打开的对话框中可查看创建的公开分享链接，完成后单击关闭按钮，如图5-43所示。

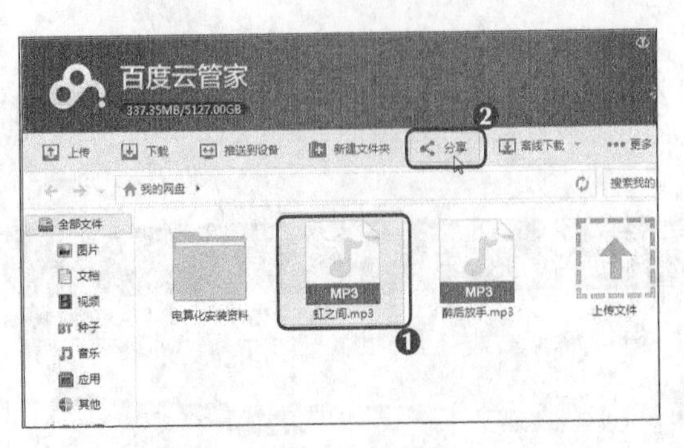

图5-41　单击 分享 按钮

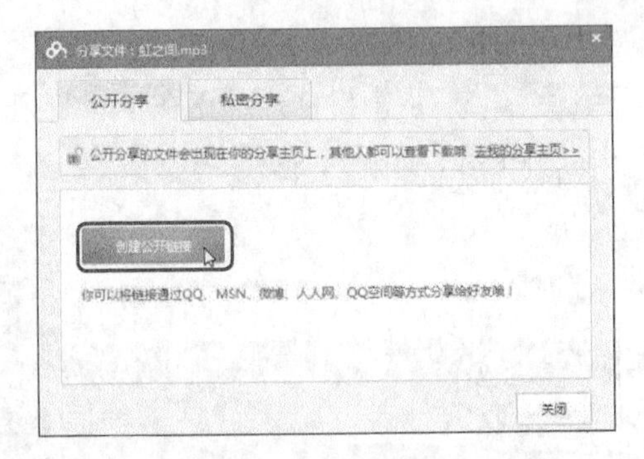

图5-42　单击“创建公开链接”按钮

STEP 4 返回百度云管家主界面，单击右侧的“我的分享”选项卡，在打开的“我的分享”对话框中即可查看分享文件、分享时间，如图5-44所示。

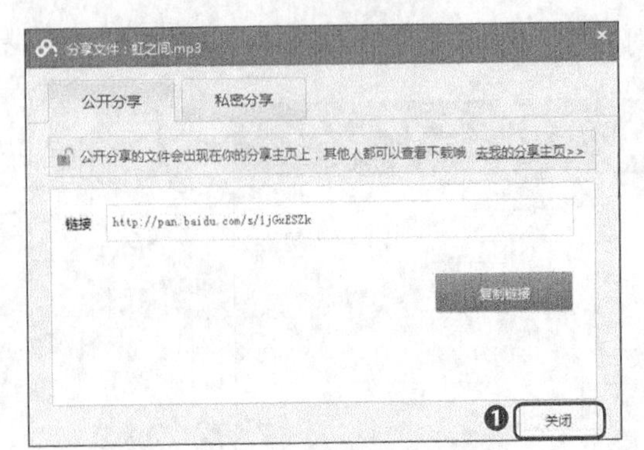

图5-43　查看创建的公开分享链接

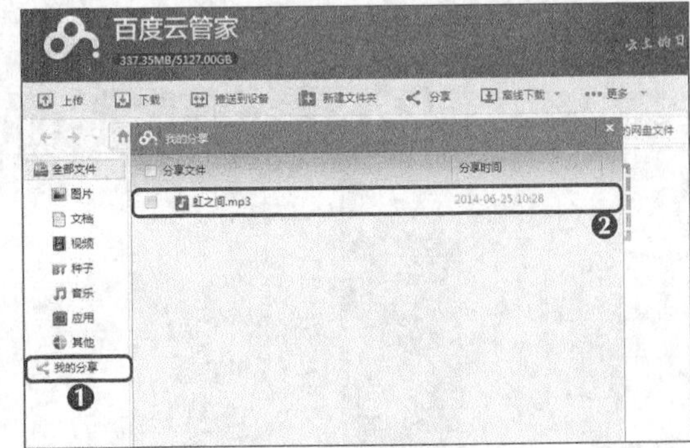

图5-44　查看分享文件

多学一招

查看创建的公开分享链接后单击 复制链接 按钮可复制链接，然后将该链接通过微博、QQ、人人网等方式可分享给好友。另外，在“我的分享”对话框中将鼠标光标移动到分享文件上，在其右侧单击 复制 按钮，也可复制链接；单击 取消分享 按钮，则可取消分享的文件。

5.4.5　实现多台电脑文件互传

百度云管家可支持推送功能，即多台电脑使用相同账号登录到百度云管家后，一台电脑可以将网盘内文件推送到其他电脑进行下载。下面在两台电脑上使用相同账号登录百度云管家，并使用推送功能将一台电脑中的“阅读资源”文件传送到另一台电脑中，其具体操作如下。

（微课：光盘\微课视频\第5章\实现多台电脑文件互传.swf）

STEP 1 确定两台电脑同时使用相同账号登录百度云管家后，在其主界面中上传需要推送的文件，然后选择该文件，并单击 推送到设备 按钮，如图5-45所示。

知识提示

下载并安装手机版的百度云后，用与PC端相同的账号登录百度云，在其中可查看云盘里的内容，并管理其中的文件。同时，手机版还支持手机找回、相册备份、文件备份等功能。

STEP 2 在打开的“我的在线设备”对话框的列表框中选择推送的设备，然后单击 确定 按钮开始推送下载，如图5-46所示。

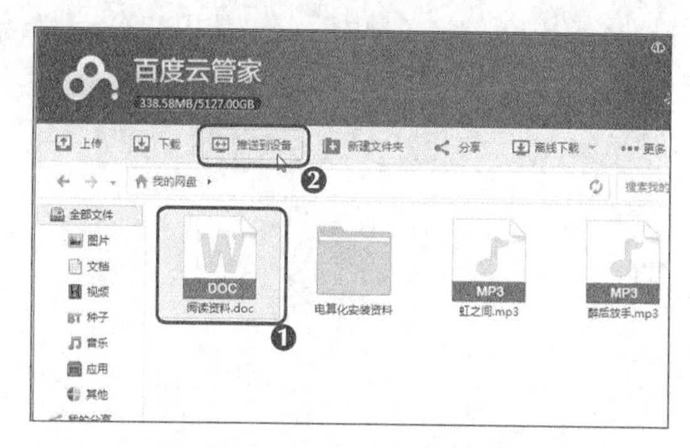

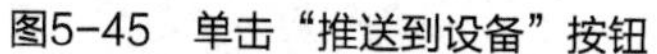
图5-45　单击“推送到设备”按钮

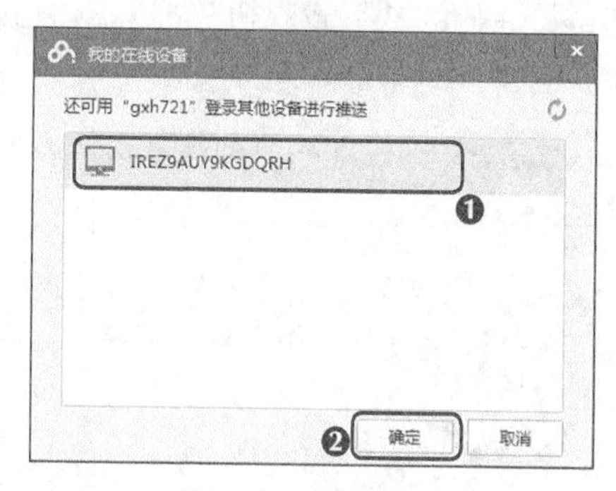

图5-46　选择推送设备

STEP 3 返回百度云管家的主界面，此时将有一个红色的圆点移至 传输列表 按钮上，单击该按钮，如图5-47所示。

STEP 4 在“推送任务”列表中可查看推送到其他设备的文件的下载进度，如图5-48所示，完成推送后在“推送任务”列表中将提示下载完成。

图5-47　将推送文件添加到传输列表

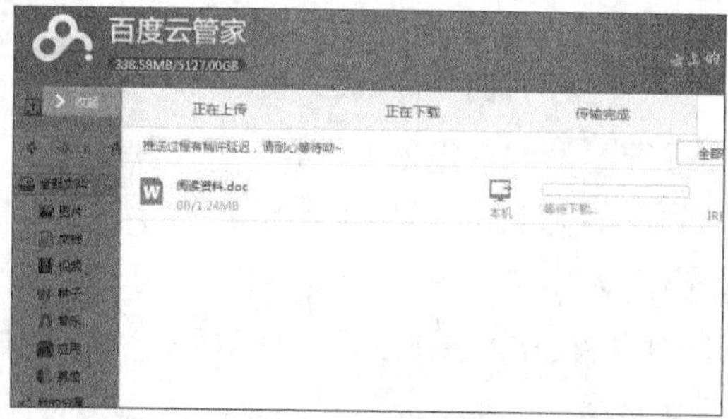

图5-48　完成推送任务

多学一招

在推送过程中，在“推送任务”列表的相应任务后单击 按钮可暂停推送任务，单击 按钮可删除推送任务。完成推送任务后，在“推送任务”列表的相应任务后单击 按钮可将该任务从列表中清除。

5.5 实训——下载并上传所需的资源

本实训的目标是下载并上传所需的资源，下面首先下载并安装QQ软件，然后使用百度云管家管理文件。

5.5.1 下载并安装QQ软件

要下载QQ软件，首先应打开QQ软件的官方网站“http://pc.qq.com/”，然后使用专用的下载软件下载所需的程序软件，然后再安装该软件，其具体操作如下。（微课：光盘\微课视频\第5章\压缩文件.swf）

STEP 1 打开IE浏览器，在地址栏中输入腾讯软件中心官方网址“http://pc.qq.com/”，按【Enter】键打开该网站的首页，在其中找到需要下载的文件对应的超链接，这里在“QQ 5.5”超链接右侧的“下载”超链接上单击鼠标右键，在弹出的快捷菜单中选择“使用迅雷下载”命令，如图5-49所示。

STEP 2 在打开的“新建任务”对话框中保存默认设置，然后单击 立即下载 按钮开始下载，如图5-50所示。

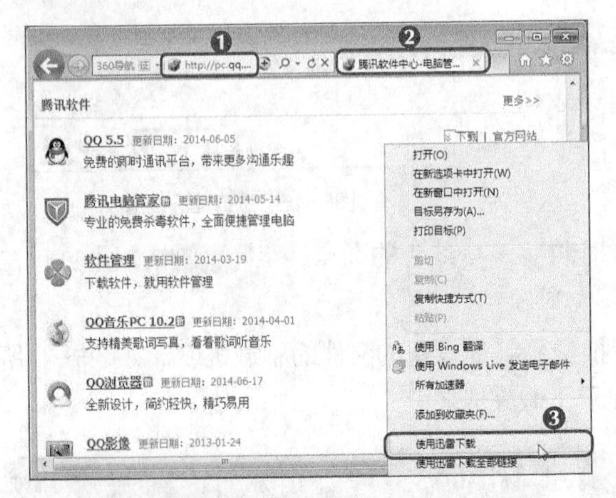

图5-49 找到下载文件

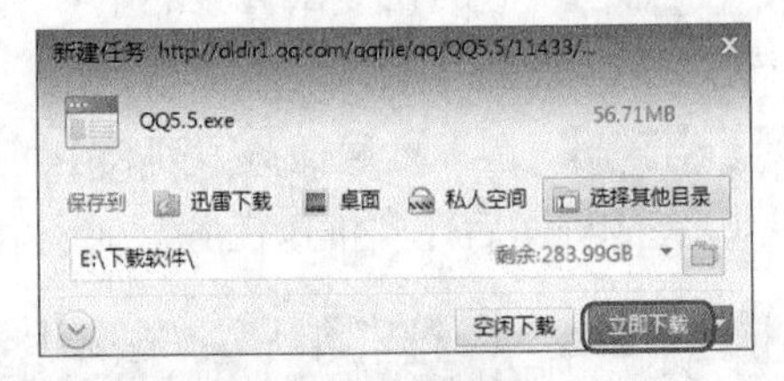

图5-50 开始下载

STEP 3 打开迅雷工作界面，在其中查看下载进度，完成下载后，单击 运行 按钮直接运行并安装软件，如图5-51所示。

STEP 4 系统自动检测安装环境，并打开图5-52所示的窗口，在其中确认阅读并同意软件许可协议和青少年上网安全指导，然后单击 自定义选项 按钮。

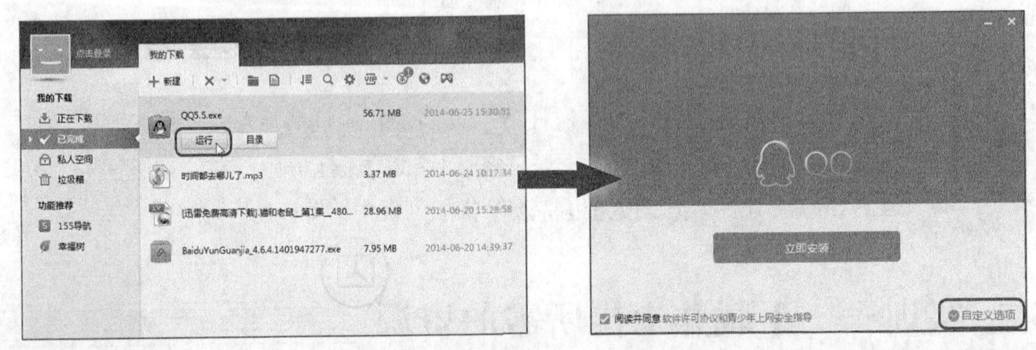

图5-51 单击“运行”按钮

图5-52 单击“自定义选项”按钮

STEP 5 展开自定义选项列表，在其中根据需要设置相关选项，完成后单击 立即安装 按钮，如图5-53所示。

STEP 6 在打开的对话框中将显示安装进度，并展示QQ的新功能，在其下方将提示正在安装、正在注册组件等，完成后在打开的对话框中根据需要单击选中相应的复选框，再单击 完成安装 按钮完成安装，如图5-54所示。

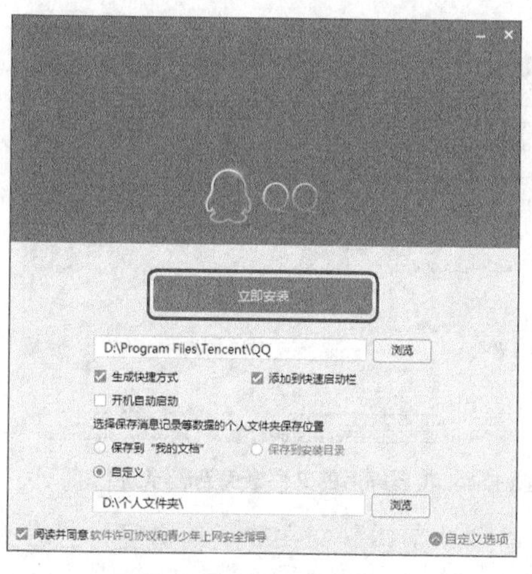

图5-53　设置相关选项

图5-54　完成安装

5.5.2 使用百度云管家管理文件

下面将多个“字体”文件进行压缩，然后使用百度云管家上传文件，并将其发送给其他用户，其具体操作如下。（微课：光盘\微课视频\第5章\使用百度云管家管理文件.swf）

STEP 1 新建文件夹并将其重命名为“字体”，然后将多个“字体”文件保存到其中，选择“字体”文件夹或多个“字体”文件，在其上单击鼠标右键，在弹出的快捷菜单中选择“添加到压缩文件”命令，如图5-55所示。

STEP 2 在打开的“压缩文件名和参数”对话框中保持默认设置，然后单击 确定 按钮，如图5-56所示。

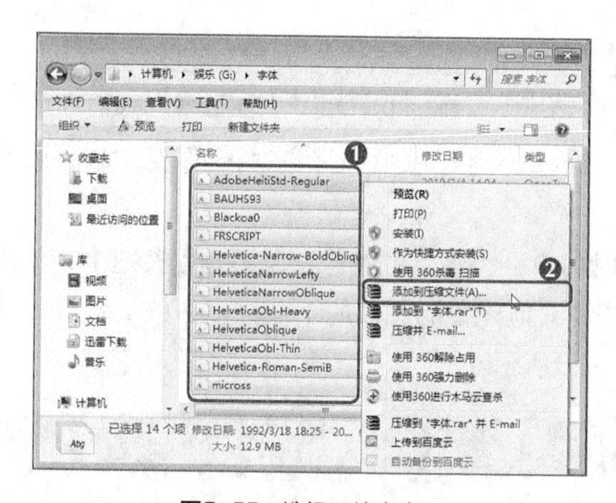

图5-55　选择压缩命令

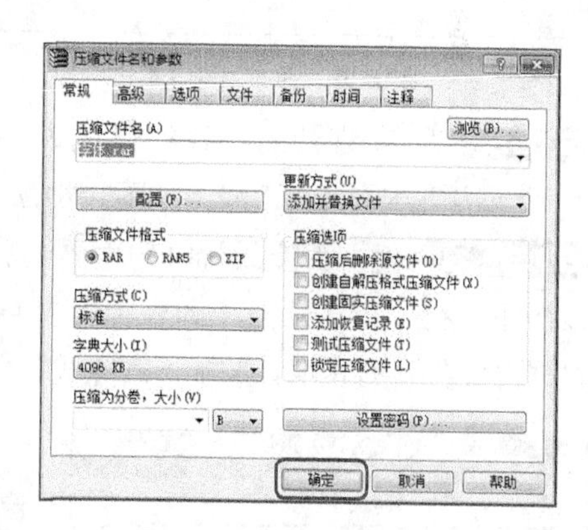

图5-56　设置压缩参数

STEP 3 打开“正在创建压缩文件”对话框，系统自动进行压缩，如图5-57所示，完成压缩后，在“字体”文件夹中即可看到创建的压缩文件。

STEP 4 选择压缩的“字体”文件，将其拖曳到桌面上的百度云管家悬浮窗 拖拽上传 上，如图5-58所示。

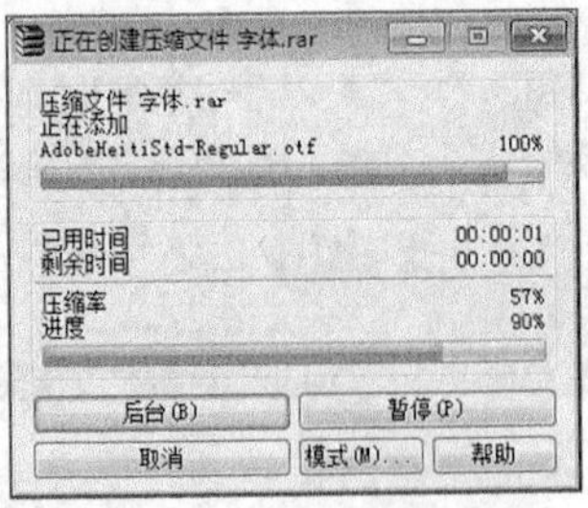

图5-57　正在创建压缩文件

图5-58　将压缩后的文件拖曳到悬浮窗上

STEP 5　释放鼠标，在百度云管家主界面中可看到“字体”文件的上传进度，且在桌面上的百度云管家悬浮窗中还可看到上传速度，如图5-59所示。

STEP 6　在另一台电脑同时使用相同账号登录百度云管家后，在其主界面中选择需推送的文件，然后单击 推送到设备 按钮，如图5-60所示。

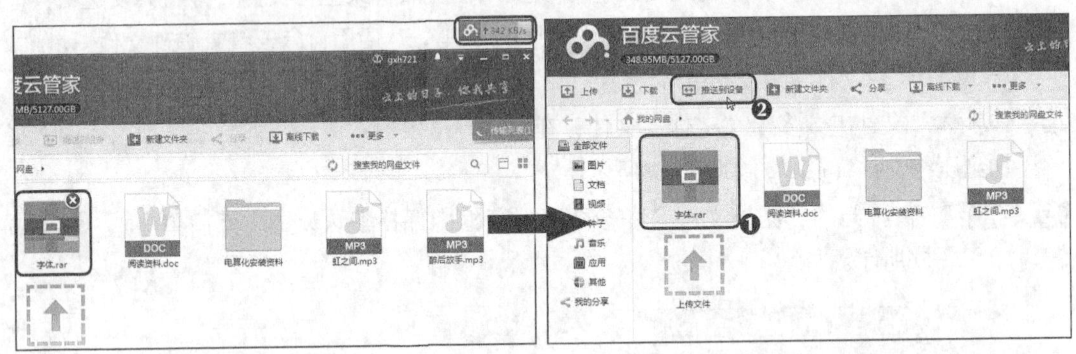

图5-59　查看上传进度　　图5-60　单击“推送到设备”按钮

STEP 7　在打开的“我的在线设备”对话框的列表框中选择推送的设备，然后单击 确定 按钮开始推送下载，如图5-61所示。

STEP 8　返回百度云管家的主界面，此时将有一个红色的圆点移至 传输列表 按钮上，单击该按钮，在“推送任务”列表中可查看推送到其他设备的文件的下载进度，完成推送后在“推送任务”列表中将提示下载完成，如图5-62所示。

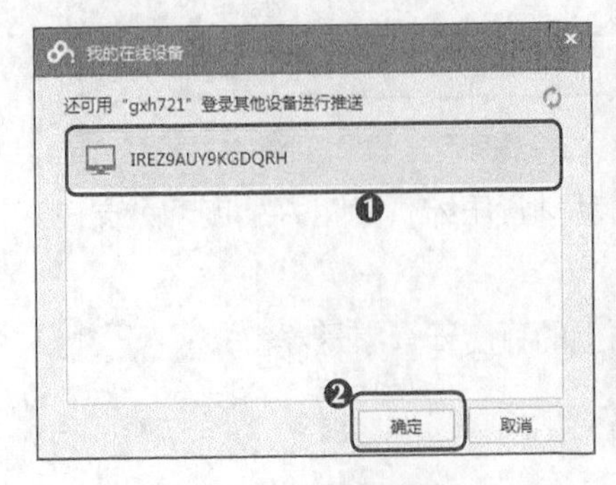

图5-61　选择推送设备

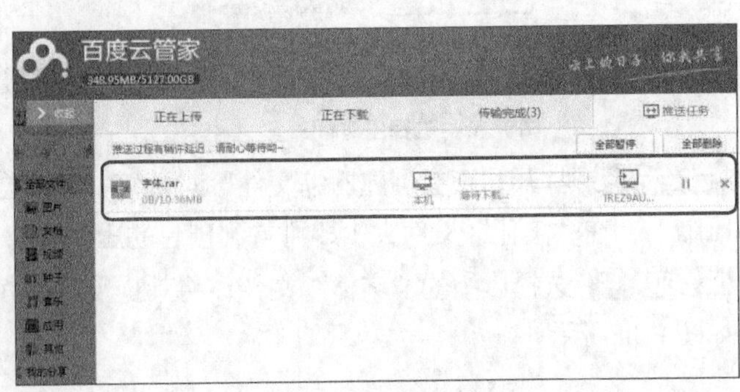

图5-62　完成推送任务

5.6 疑难解析

问：通过迅雷工作界面下载任务时，如何快速地知道下载任务的网址呢？

答：有些浏览器支持“复制图片地址”和“复制链接地址”的右键菜单功能，如360安全浏览器、搜狗浏览器等。用户只需打开相应的网页，在需下载的图片或链接文字上单击鼠标右键，在弹出的快捷菜单中选择“复制图片地址”或“复制链接地址”命令，然后在迅雷工作界面中单击＋新建按钮，在打开的“新建任务”对话框的“下载链接”文本框中粘贴链接地址，完成后单击立即下载按钮即可。

问：如何创建自解压文件？

答：若需压缩成自解压文件，可在“压缩文件和参数”对话框的“压缩选项”栏中单击选中“创建自解压格式压缩文件”复选框，这样当压缩包传送给别人时别人不需要安装压缩软件就可以解压缩该压缩包。

问：如何利用百度云管家进行离线下载呢？

答：离线下载是利用百度的服务器帮助下载网络资源，用户只需输入资源的下载地址，百度的服务器就可将资源下载到百度云里。在下载过程中关闭浏览器、关闭电脑都不影响下载。离线下载的方法为，新建离线下载任务，然后粘贴资源的下载地址到输入框，可以查看离线下载任务列表，查看下载进度。窗口关闭后不影响正常下载。如果想查看下载进度，单击“离线下载”里的“查看下载列表”即可。

问：百度云管家、百度云网盘、百度同步盘之间有什么不同？

答：百度云管家主要解决用户单向上传或下载文件的需求，用户可以根据自己的意愿上传、下载文件，操作界面更直观，适合大部分用户使用；百度云网盘依托于百度强大的云存储集群机制，发挥了百度强有力的云端存储优势，提供超大的网络存储空间，使用它用户可以把自己的文件上传到网盘上，并可以跨终端随时随地查看和分享；而百度同步盘属于“百度云网盘客户端”，安装后将在电脑上默认开拓出一个磁盘空间，直接与百度网盘里的文件和资料双向同步，本地同步文件夹数据同步到云端，云端数据增加、删除后本地也会随之变化，适合在多设备共享数据的办公人群使用。

问：使用百度云管家时，要打开百度云网盘该怎么办？

答：在百度云管家主界面右上角单击▾按钮，在打开的菜单中选择“访问百度云网站”选项，可打开百度云网盘页面，在其中查看全部上传或下载的文件；选择“回收站”命令，则可打开百度云网盘中的回收站页面，在其中可查看被清除的文件。回收站文件不占用空间，文件一般保存10天后将被服务器清除。

5.7 习题

本章主要介绍了直接使用IE下载、使用迅雷下载软件下载、解压缩软件WinRAR的使用，以及百度云管家的使用。下面通过练习题使读者熟练掌握下载或上传网络资源的方法。

（1）使用迅雷将“搜狗拼音输入法”下载到本地磁盘，并进行安装。

（2）将下载文件中的压缩文件用WinRAR解压。

（3）将电脑中的多个文件或文件夹压缩成一个压缩文件。

（4）使用百度云管家上传文件、下载文件，并将其推送到其他PC端。

课后拓展知识

在迅雷中还可以按一定的规律生成一系列相似的下载地址，这样就可以添加下载地址相近的下载任务进行批量下载。如某个网站中的一系列视频的地址只有少部分不同，要将其进行下载，就可用添加批量下载任务的方法进行。批量下载文件的具体操作如下。

STEP 1 启动迅雷软件，在其工作界面的右上角单击按钮，在打开的列表中选择【文件】/【新建任务】/【批量任务】选项，如图5-63所示。

STEP 2 在打开的“新建任务”对话框的“URL”文本框中输入要下载的文件的相似地址，其中会变动的部分以“(*)”表示，然后根据变量的类型在其下单击选中对应的单选项，在其前面的两个文本框中分别输入变量的起始值及终止值，在“通配符长度”文本框中设置变量部分的长度，完成后单击 确定 按钮，如图5-64所示。

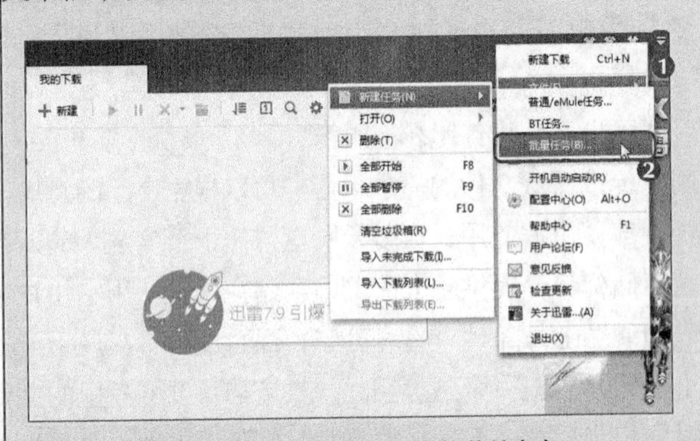

图5-63 选择批量下载任务的菜单命令

图5-64 输入下载地址并设置变量

STEP 3 在打开的对话框中确认下载链接和保存路径后，单击 立即下载 按钮，如图5-65所示，系统将根据设置生成一组下载地址，并开始依次下载所有的任务，如图5-66所示。

图5-65 确认下载链接和保存路径

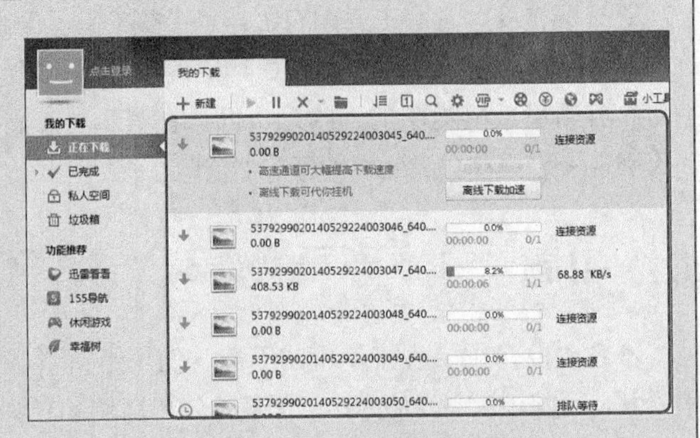

图5-66 开始批量下载任务

PART 6

第6章 收发电子邮件

情景导入

听说通过Internet收发电子邮件不仅方便、快捷、价格低廉，而且可以发送图片、声音、动画等文件，于是小白准备认真学习并向朋友发送邮件。

知识技能目标

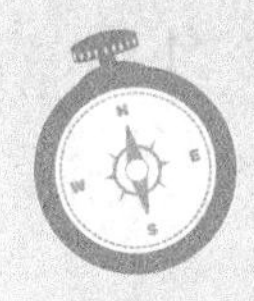

- 认识电子邮箱与电子邮件
- 熟练掌握使用IE收发电子邮件的方法，如撰写并发送电子邮件、接收电子邮件、上传附件、群发邮件等
- 掌握使用Foxmail收发电子邮件的方法，如建立邮件账户、多账户管理等

- 能够熟练使用IE收发电子邮件，并通过一些高级操作管理电子邮件
- 能够使用Foxmail建立邮件账户、接收并阅读邮件、撰写与发送邮件，并实现多账户管理

课堂案例展示

使用IE收发电子邮件

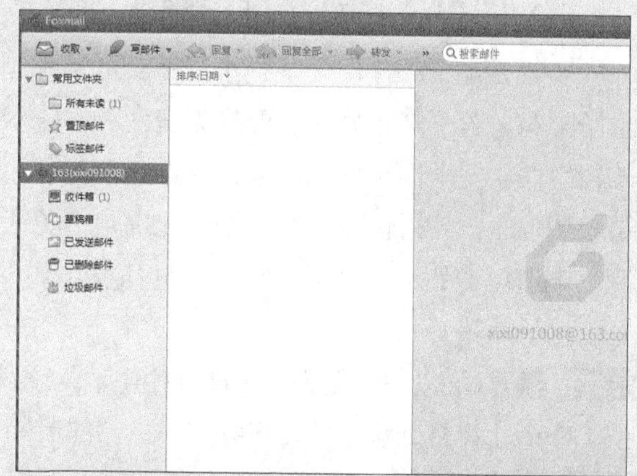

使用Foxmail收发电子邮件

6.1 认识电子邮箱与电子邮件

电子邮件是Internet中传递信息的重要方式之一，它改变了大多数人传统的书信交流方式。但随着即时通信工具QQ、微信等网络新应用的冲击，它已不再是Internet上最广泛的应用，但仍然是必不可少的通信工具之一。

电子邮件即“E-mail”，是一种通过网络实现异地之间快速、方便、可靠地传送和接收信息的现代化通信手段。而电子邮箱是用于装载电子邮件的载体，通俗地讲，电子邮件就像邮局收发的信件一样，而电子邮箱则如同邮箱。

邮寄普通信件时需要知道收信人的地址，同样，发送电子邮件时也必须知道收件人的电子邮箱地址，Internet中的每个电子邮箱都有一个全球惟一的邮箱地址。通常，电子邮箱地址的格式为“user@mail.server.name”，其中“user”是收件人的用户账号，“mail.server.name”是收件人的电子邮件服务器名称，“@”（音为“at”）是连接符，用于连接前后两部分。如：wangfang@163.com中，wangfang是收件人的用户账号，163.com是电子邮件服务器的域名，它表示在电子邮件服务器163.com上有账号为wangfang的电子邮箱，当用户需要发送或收取电子邮件时，就可以登录到邮件服务器上。

知识提示

电子邮箱的用户账号是注册时自己设置的名字，它可使用英文小写、数字、下画线（下画线不能在首尾），不能用特殊字符，如#、*、￥、？、^、%等，其字符长度应在4~16。

6.2 使用IE收发电子邮件

使用IE浏览器收发电子邮件是最简单的电子邮件收发方式。用户只需在提供有电子邮箱服务的网站中申请并登录电子邮箱，然后在其中执行撰写并发送电子邮件、接收电子邮件、回复与转发电子邮件等操作即可。

6.2.1 申请并登录电子邮箱

要收发电子邮件，必须先申请一个电子邮箱。目前，在许多大型的网站上都可以申请到电子邮箱。电子邮箱分为收费与免费两种，收费邮箱一般比免费邮箱提供更多的服务、更好的稳定性、安全性也更高，适合公司或单位使用，如果要存放一些比较重要的邮件，则可申请收费邮箱；如果仅作一般用途，只需申请免费邮箱即可，适合个人用户使用。下面在网易网站申请免费的个人电子邮箱，其具体操作如下。（**微课**：光盘\微课视频\第6章\申请并登录电子邮箱.swf）

STEP 1 启动IE浏览器，在地址栏中输入网易免费邮箱的网址“http://email.163.com/”，按【Enter】键打开该网站，在其中单击“注册网易免费邮”超链接，如图6-1所示。

STEP 2 在打开的注册网易免费邮箱页面根据需要选择注册哪类邮箱，这里选择注册字母邮箱，然后根据提示填写邮件地址、密码、确认密码、验证码等信息，完成后单击 立即注册按钮，如图6-2所示。

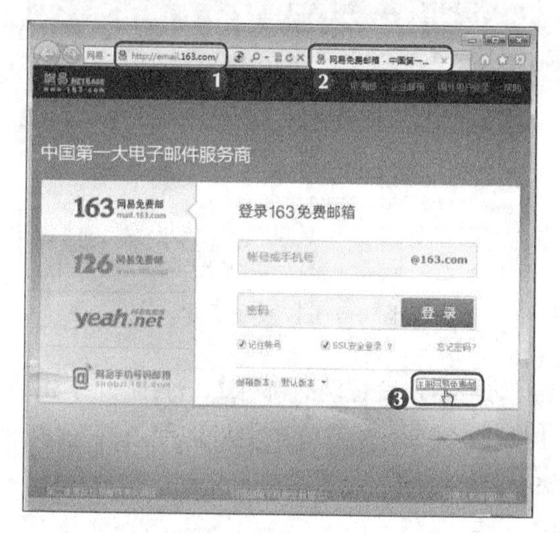

图6-1　打开网易免费邮箱的网址

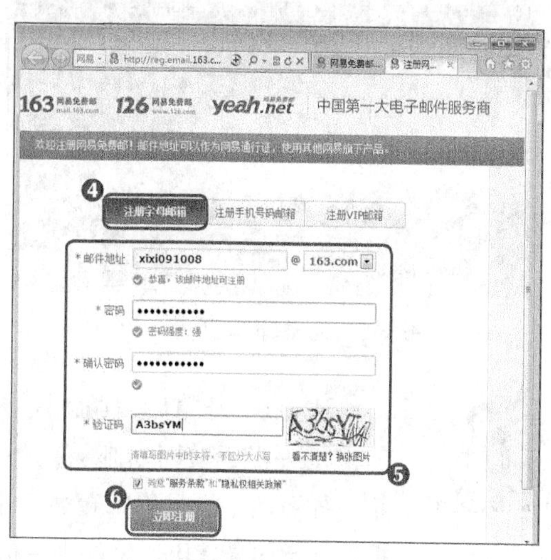

图6-2　选择注册邮箱种类并输入信息

> **知识提示**　若用户输入的邮件地址已被占用，此时用户应再次输入不同的邮件地址直到提示该邮件地址可注册为止。在设置邮箱密码时，密码过于简单或不符合密码的设置要求，系统都会给予提示，且不会成功申请到邮箱，所以设置邮箱的密码最好使用字母和数字的组合，字符长度应为6~16。

STEP 3　在打开的网页中将提示注册信息正在处理，然后根据提示输入验证码，并单击提交按钮，如图6-3所示。

STEP 4　在打开的网页中单击立即体验按钮，系统将打开注册成功的提示页面，然后单击进入邮箱按钮可立即登录并进入邮箱，如图6-4所示。

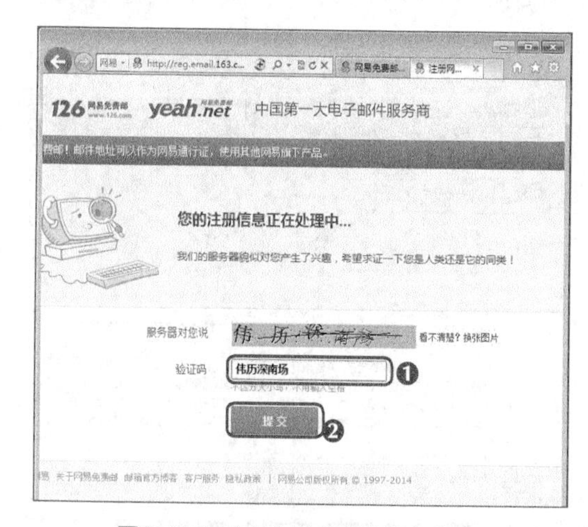

图6-3　再次输入验证码并提交申请

图6-4　免费电子邮件注册成功后的效果

STEP 5　初次登录并进入邮箱后，将显示邮箱欢迎页面，如图6-5所示，依次单击知道了按钮确认已知道该功能的提示信息，完成后即可在网易邮箱页面中执行相应的操作，如图6-6所示。

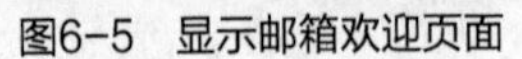

图6-5　显示邮箱欢迎页面

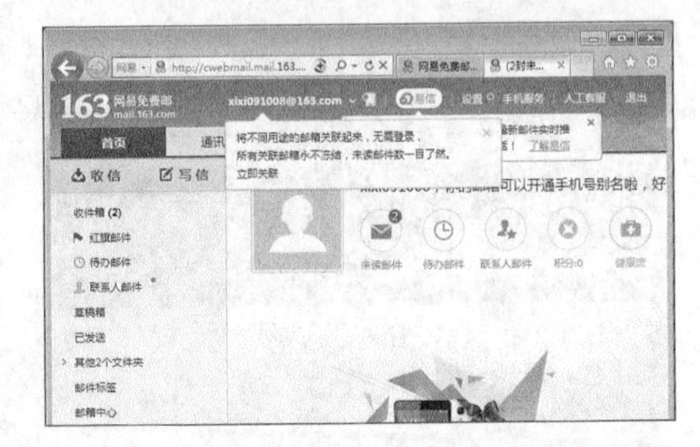

图6-6　进入电子邮箱

知识提示

注册163邮箱后，通常网易会自动给用户发送两封邮件，一封是介绍如何使用手机玩转网易邮箱；另一封是介绍如何通过设置更好地使用网易邮箱，如激活手机号码邮箱、代收您的其他邮箱、使用邮箱积分等，用户只需根据提示向导就可以轻松地完成邮箱设置。

6.2.2　撰写并发送电子邮件

登录电子邮箱后就可以撰写并发送电子邮件了。下面撰写一封“问候信”邮件，并将其发送给好友，其具体操作如下。（微课：光盘\微课视频\第6章\撰写并发送电子邮件.swf）

STEP 1　再次登录电子邮箱时，只需在网易免费邮箱主页的“账号”和“密码”文本框中输入相应的内容，在右侧的列表框中选择“163邮箱”选项，并单击 登 录 按钮进入电子邮箱主界面，在其左上角单击 写信 按钮，如图6-7所示。

STEP 2　在打开的“写信”编辑窗口的“收件人”文本框中输入收件人的邮箱地址，在“主题”文本框中输入邮件的标题，在其下方的文本框中输入邮件的正文，确认邮件无误后，单击页面上方或下方的 发送 按钮发送邮件，如图6-8所示。

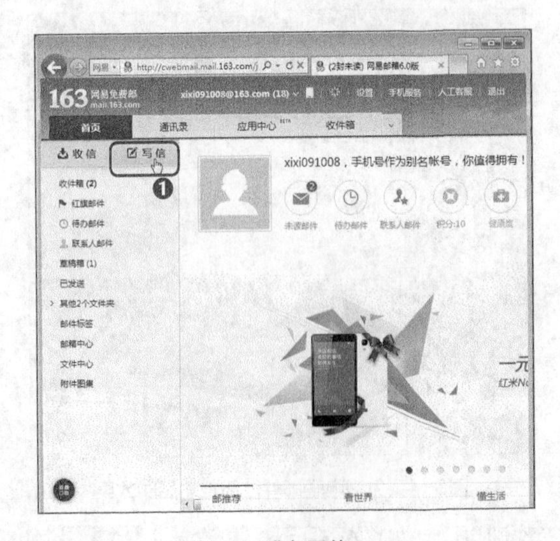

图6-7　准备写信

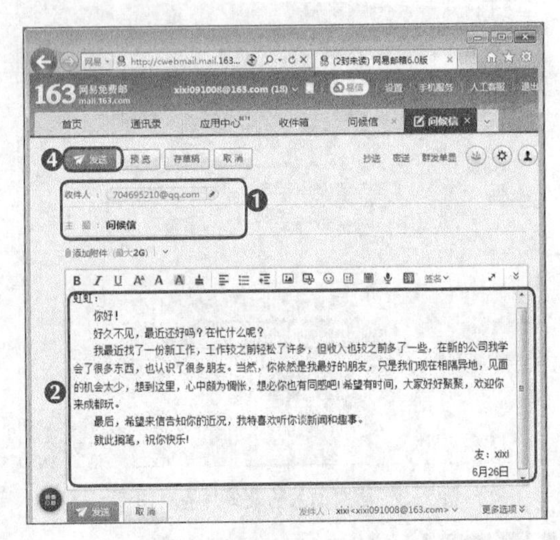

图6-8　撰写邮件

STEP 3 初次发送邮件时，将打开“您还没设置姓名”对话框，在其文本框中可输入本人姓名，完成后单击 保存并发送 按钮，如图6-9所示，以后发送邮件时将不再打开该对话框。

STEP 4 稍等片刻后，在打开的页面中将提示邮件发送完成，如图6-10所示。

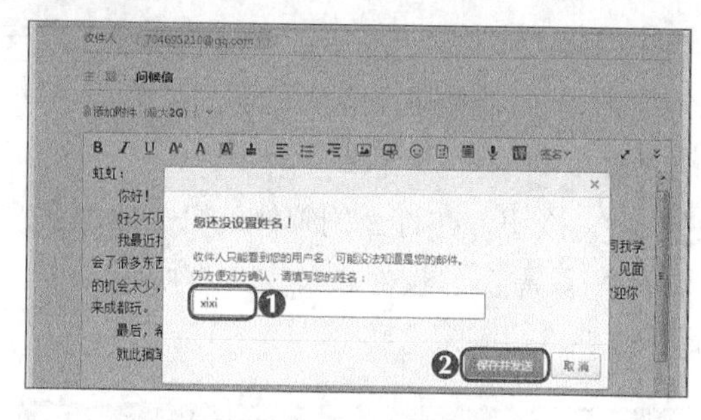

图6-9 发送邮件并设置姓名

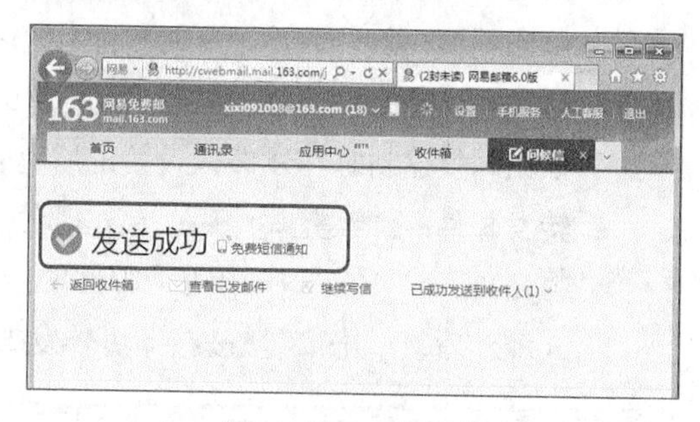

图6-10 邮件发送成功

6.2.3 接收电子邮件

除了撰写并发送邮件外，还可以接收别人发来的邮件。一般情况下，登录邮箱后，在其主界面中将显示收件箱中的邮件数量，并提示用户未读邮件的数量。下面将接收并阅读一封邮件，其具体操作如下。（微课：光盘\微课视频\第6章\接收电子邮件.swf）

STEP 1 登录电子邮箱，在其主界面的左上角单击 收信 按钮，在打开的收件箱中未阅读邮件前将显示✉图标，单击要阅读的邮件的主题，如图6-11所示。

STEP 2 在打开的窗口中可以阅读邮件的正文内容，如图6-12所示。

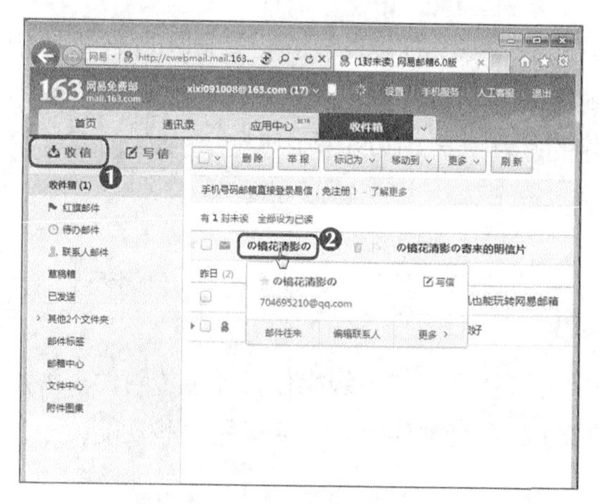

图6-11 单击要阅读的邮件的主题

图6-12 阅读邮件的正文内容

知识提示

如果邮件中还发送了附件，可单击附件栏右侧的 查看附件 按钮，或直接将鼠标光标移到下方附件栏的相应附件上，在打开的列表中单击“下载”按钮，在下方打开的提示框中单击 保存(S) 按钮，可下载并将该附件保存到电脑中，单击“打开”按钮，可直接打开该附件。

6.2.4 回复、转发、删除邮件

回复、转发和删除邮件也是电子邮件的日常操作之一。回复、转发\删除邮件的方法如下。

- **回复邮件**：阅读完邮件后，单击邮件上方的回复按钮，在打开的邮件编辑窗口中系统将自动填写收件人地址和邮件主题，在邮件正文区中输入邮件内容后，单击发送按钮即可回复邮件，如图6-13所示。如果需要对群发邮件进行全部回复，可单击回复全部按钮回复这封邮件发件人设置的所有收件人。
- **转发邮件**：阅读完邮件后，单击邮件上方的转发按钮，在打开的邮件编辑窗口中系统将自动在“正文”中引用原邮件的内容，用户只需在“收件人”文本框中输入收件人地址后，单击发送按钮即可转发邮件，如图6-14所示。

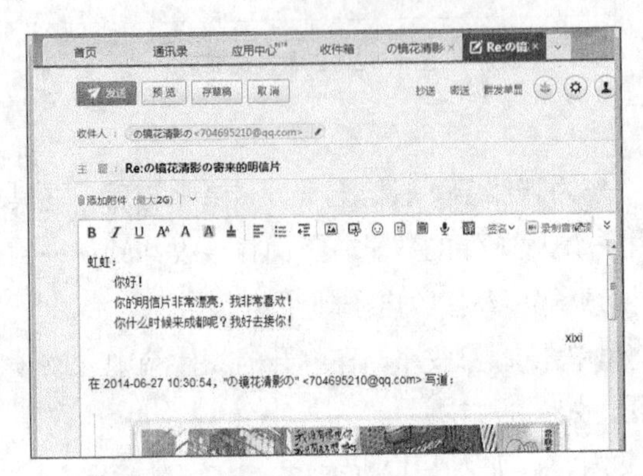

图6-13 回复邮件

图6-14 转发邮件

- **删除邮件**：由于邮箱空间有限，应定期删除一些不需要的邮件。要删除邮件可在相应的邮件列表中单击选中要删除邮件前面的复选框，然后单击删除按钮即可将邮件移动到已删除的邮件列表中。在已删除的邮件列表中单击选中要删除邮件前面的复选框，然后单击彻底删除按钮可将其彻底删除。

6.3 电子邮件的高级操作

除了写信收信等基本功能外，在电子邮箱中还可执行一些高级操作，如上传附件、添加联系人、群发邮件、备份重要邮件、拒收垃圾邮件和可疑邮件等。灵活运用这些功能，不仅可以有效地管理邮件，而且可以提高工作效率。

6.3.1 上传附件

当需要将文件作为附件发送给收件人时，就可以在邮件里上传附件。下面将“产品资料”文件作为附件发送，其具体操作如下。（**微课**：光盘\微课视频\第6章\上传附件.swf）

STEP 1 完成邮件的撰写后，可在写信编辑窗口的“主题”栏中单击添加附件按钮，如图6-15所示。

STEP 2 在打开的“选择要上载的文件”对话框中选择上传文件的路径，然后选择相应的文件，单击打开(O)按钮，如图6-16所示。

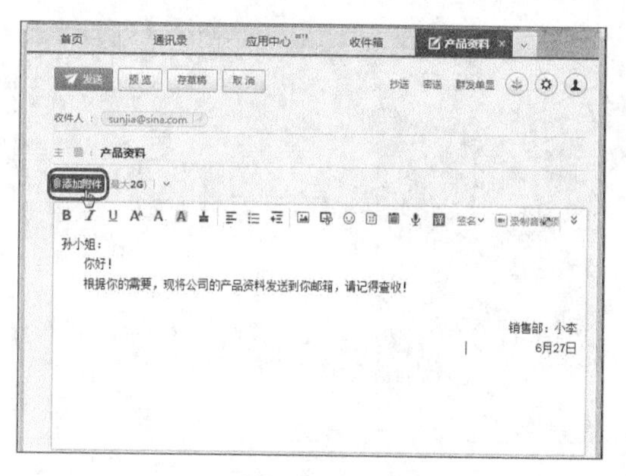

图6-15　单击“添加附件”按钮

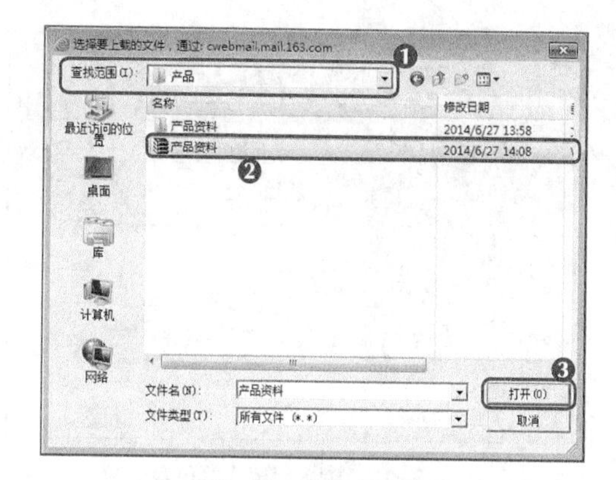

图6-16　选择上传的附件

STEP 3　返回写信编辑窗口，在其中可看到添加附件的进度，如图6-17所示，完成附件的添加后将提示上传完成，如图6-18所示。

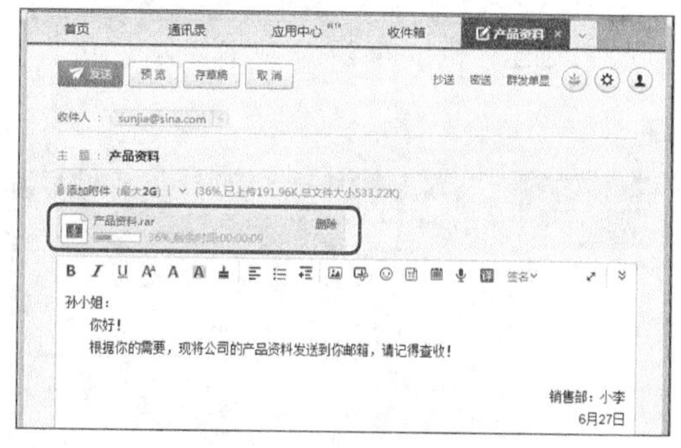

图6-17　上传附件

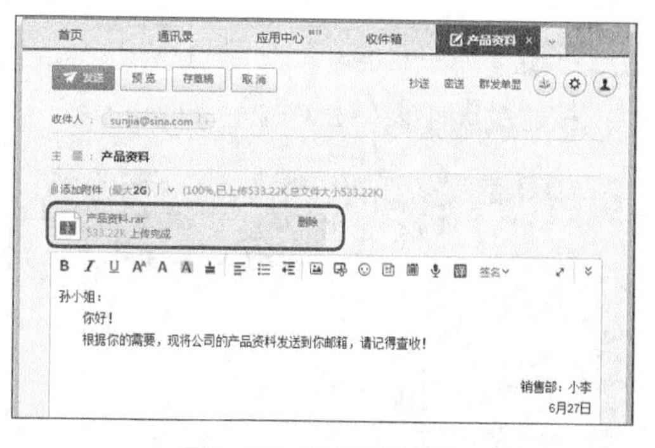

图6-18　完成附件上传

多学一招　若上传的附件只有一个文件，可直接进行上传；若上传的附件有多个文件，建议先压缩后再上传；若要删除已添加的附件，可在已添加附件名称后单击“删除”超链接；若要继续添加附件，可再次单击添加附件按钮继续添加。

6.3.2　添加联系人

为了更好地使用邮箱，应建立一个通讯录。利用通讯录可以创建分类邮箱将家人、好友、同事或其他朋友的信息分组管理，在通讯录中不仅可以将多个联系人的邮箱地址和联系方式等信息记录下来，以备需要时查询使用，而且在发送邮件时可以直接在地址簿中选择收件人的邮箱地址，省去每次手动输入的麻烦。下面将好友的邮箱地址“xiaojian@163.com”添加到通讯录中，其具体操作如下。（微课：光盘\微课视频\第6章\添加联系人.swf）

STEP 1　在电子邮箱主界面上方单击“通讯录”选项卡，单击新建联系人按钮，在打开的“新建联系人”对话框的文本框中分别填写联系人的相关信息，然后在“分组”栏中单击请选择按钮，如图6-19所示。

STEP 2　在打开的对话框中单击新建分组按钮，然后在打开的对话框中的文本框内输入“好友”，单击保存按钮，如图6-20所示。

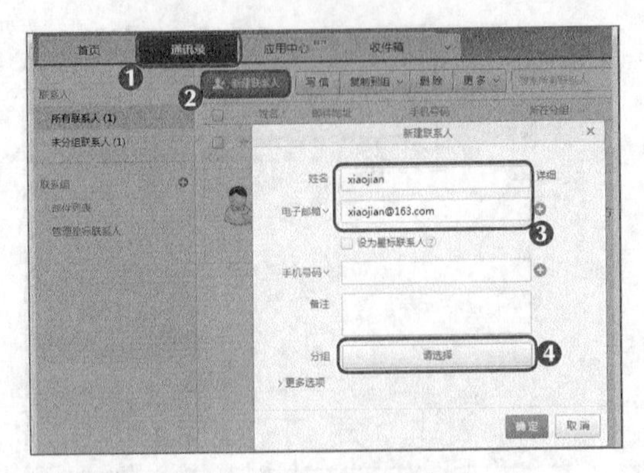

图6-19　输入联系人的信息

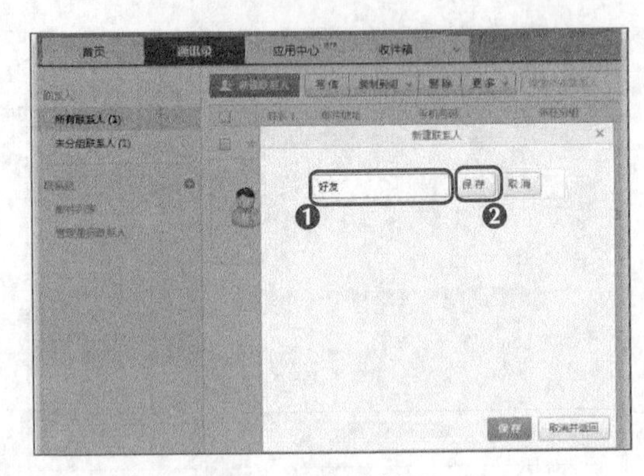

图6-20　新建分组

STEP 3　在打开的对话框中单击保存按钮，返回“新建联系人”对话框的首页确认输入的信息无误后，单击确定按钮，如图6-21所示。（微课：光盘\微课视频\第6章\拒收垃圾邮件.swf）

STEP 4　返回通讯录的编辑窗口，新添加的联系人信息将以小窗口突出显示，可单击关闭按钮关闭小窗口，如图6-22所示。

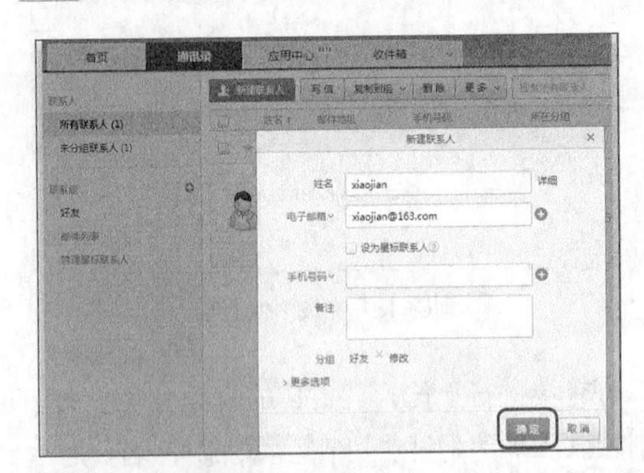

图6-21　确认分组

图6-22　成功添加联系人

6.3.3　群发邮件

若需给多个收件人发送相同的邮件，则可使用群发邮件功能。群发邮件的操作非常简单，在撰写邮件时，只需在“收件人”文本框中输入多个收件人的邮箱地址，且不同的邮箱地址应用分号隔开，如图6-23所示。

图6-23　群发邮件

6.3.4 拒收垃圾邮件

电子邮件给人们的交流带来了方便，同时，源源不断的垃圾邮件却困扰着每个网民。垃圾邮件会为电脑带来风险，如消耗网站资源、甚至传播病毒等。目前，很多邮件接收端都采用了黑白名单的方式来处理垃圾邮件，黑名单就是将不愿意接收的邮件地址添加到其中，邮箱自动拒收该邮件地址的邮件，而白名单就是将那些信任的邮件地址添加到其中，邮箱就可放心接收该邮件地址的邮件。要拒收垃圾邮件，其具体操作如下。（微课：光盘\微课视频\第6章\拒收垃圾邮件.swf）

STEP 1 在电子邮箱主界面上方选择【设置】/【邮箱设置】菜单命令，如图6-24所示。

STEP 2 在打开的设置编辑窗口中单击“反垃圾/黑白名单”选项卡，在其右侧根据需要设置反垃圾规则、添加黑名单和白名单，完成后单击保存按钮，如图6-25所示。

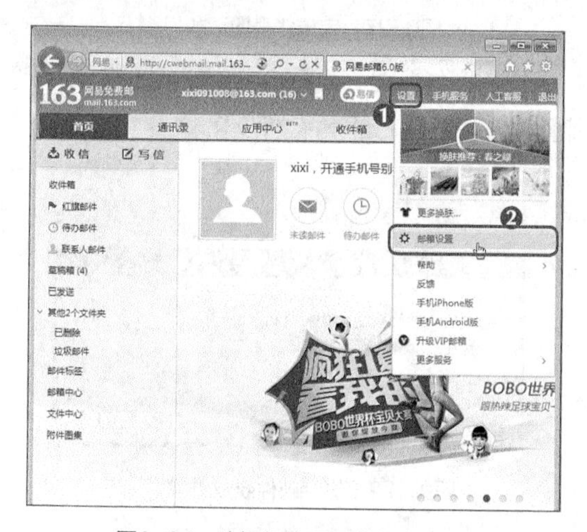

图6-24 选择邮箱设置菜单命令

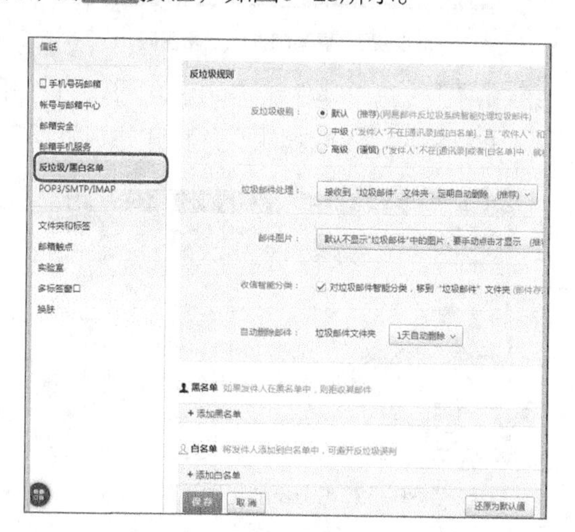

图6-25 设置反垃圾/黑白名单

6.4 使用Foxmail收发电子邮件

对于经常收发邮件的用户来说，使用专业的邮件收发软件无需每次进入网站登录邮箱收发邮件，而且管理方便。下面将讲解邮件收发软件Foxmail的使用方法，Foxmail是一款非常优秀的国产电子邮件客户端软件，用户可以在Foxmail的官方网站（http://www.foxmail.com）免费下载该软件的最新版本。

6.4.1 建立邮件账户

下载并安装Foxmail后，首先应添加邮件账户到Foxmail，才能使用Foxmail收发指定的电子邮件。下面将前面申请的网易电子邮箱账户添加到其中，其具体操作如下。（微课：光盘\微课视频\第6章\使用Foxmail收发电子邮件.swf）

STEP 1 选择【开始】/【所有程序】/【Foxmail】菜单命令，或在桌面上双击Foxmail图标启动该软件，若是初次使用该软件，系统将在打开的对话框中提示正在检测电脑上已有的邮箱数据，然后打开“新建账号”对话框，在其中输入网易邮箱的地址和密码，完成后单

击 创建 按钮，如图6-26所示。

STEP 2 在打开的对话框中将提示邮箱设置成功，然后单击 完成 按钮，如图6-27所示。

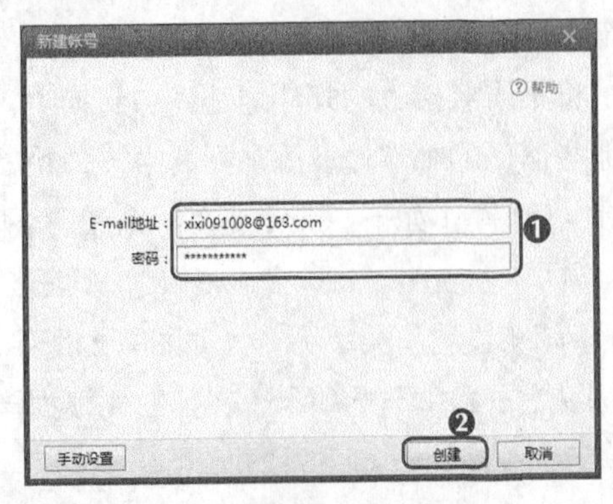

图6-26　填写邮件地址和密码

图6-27　完成账号的添加

STEP 3 完成邮件账户的建立后，将打开Foxmail工作界面，如图6-28所示，默认情况下，系统将自动收取邮件，并打开对话框提示邮件收取进度，如图6-29所示。

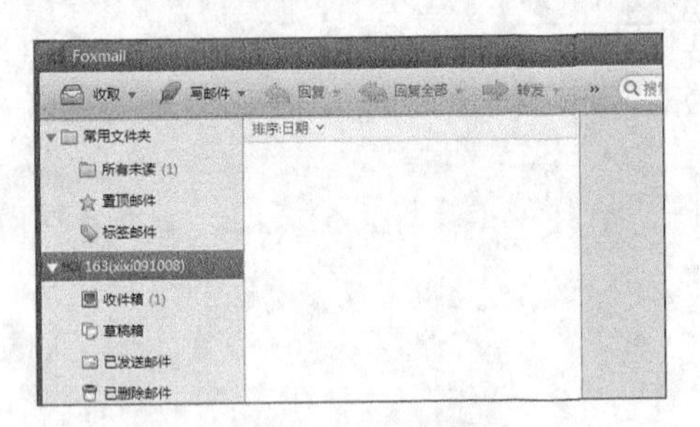

图6-28　Foxmail工作界面

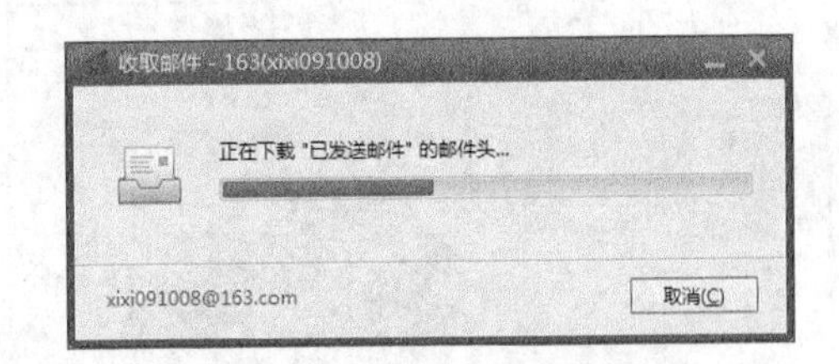

图6-29　提示邮件收取进度

6.4.2 接收并阅读邮件

只要Foxmail发现有新邮件需要接收，系统将自动收取邮件，邮件接收完毕后，将在屏幕右下角弹出一个信息框，告诉用户共接收到了多少封邮件，如果未接收到邮件，则不会弹出该信息框。下面在Foxmail中接收并阅读邮件，其具体操作如下。（微课：光盘\微课视频\第6章\接收并阅读邮件.swf）

STEP 1 当Foxmail发现有新邮件时，系统将自动收取邮件，并在屏幕右下角弹出信息框提示共接收到了多少封邮件，如图6-30所示。

STEP 2 在Foxmail工作界面左侧的账户列表中选择“收件箱”选项，在中间窗格中将显示收件箱中的邮件列表，选中邮件列表中的未读邮件，右侧的窗格中可预览该邮件的正文内容，如图6-31所示。

多学一招

在Foxmail中也可手动收取邮件，其方法为在其工作界面左侧的账户列表中选中要接收邮件的账户，然后单击 收取 按钮右侧的 按钮，在打开的列表中选择要收取邮件的账户，系统开始自动收取邮件，并打开对话框提示邮件收取进度。

图6-30 收取邮件

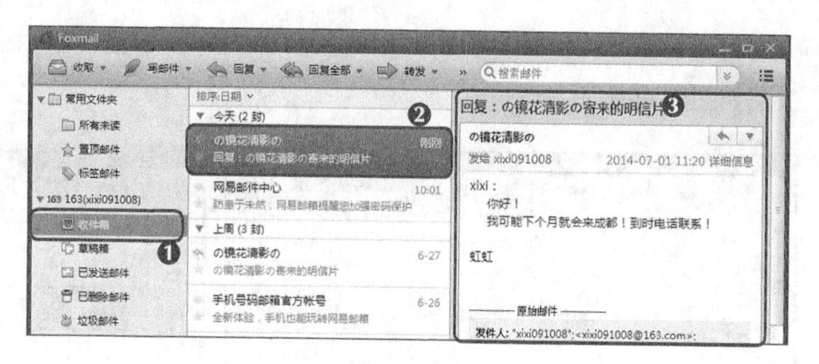

图6-31 查看邮件

STEP 3 在邮件列表中双击要阅读的邮件，将打开一个单独的阅读邮件窗口，在其中可以对该邮件进行阅读和其他操作，如图6-32所示。

STEP 4 如果邮件中包含附件，会在邮件正文区下面的附件区中显示附件的文件名，双击附件的图标，将打开一个“查看下载”对话框，如图6-33所示，在相应的文件后单击 保存 按钮，可指定保存附件的文件夹和文件名；单击 打开 按钮，系统将使用相应的软件打开所需的附件。

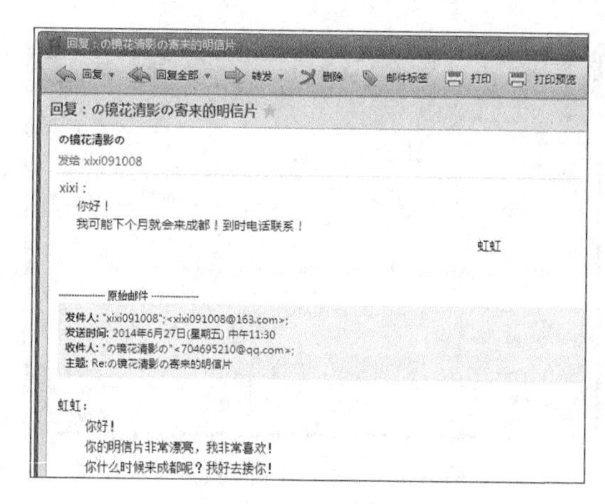

图6-32 阅读邮件

图6-33 下载附件

知识提示

按【F4】键或单击 收取 按钮右侧的 按钮，在打开的列表中选择“收取所有账号”选项可以接收所有账户邮箱中的邮件。

6.4.3 撰写与发送邮件

在Foxmail中撰写并发送邮件的具体操作如下。（微课：光盘\微课视频\第6章\撰写与发送邮件.swf）

STEP 1 在Foxmail工作界面左侧选中要使用的邮件账户，单击工具栏上的 写邮件 按钮，打开“写邮件”窗口，系统自动在其中填写好发件人落款信息，如图6-34所示。

STEP 2 在“收件人”文本框中输入收信人的邮箱地址；在“抄送”文本框中输入其他收件人的邮箱地址，可以用分号隔开多个收信人的邮箱地址；在“主题”文本框中输入该邮件的主题；在下方的邮件编辑区中输入邮件内容；若要发送附件，可在工具栏中单击附件按钮，如图6-35所示。

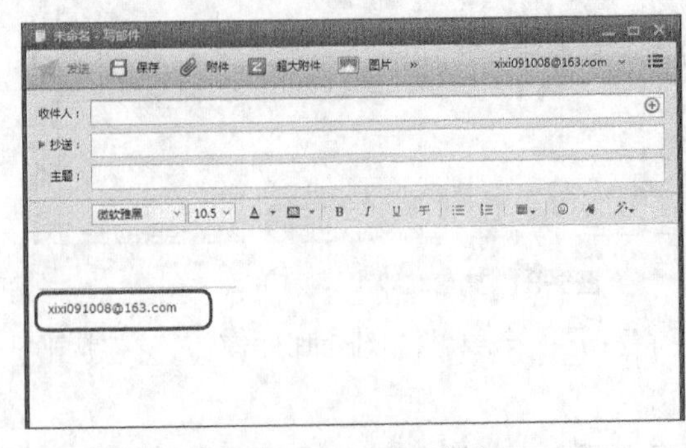

图6-34　打开“写邮件”窗口

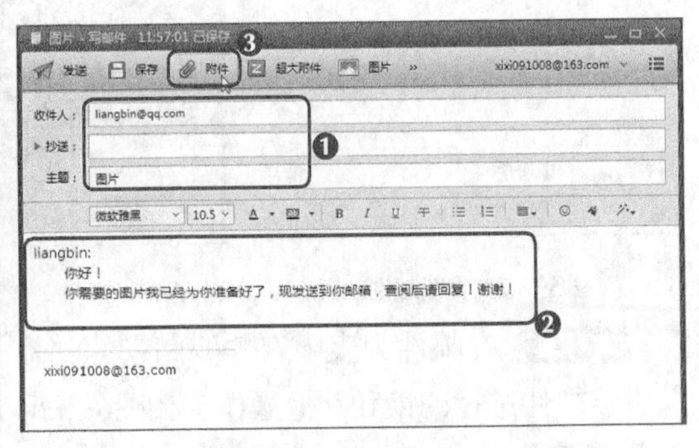

图6-35　输入相关信息

STEP 3　在打开的“打开”对话框中选择要发送附件的文件路径和文件，然后单击打开(O)按钮，如图6-36所示。

STEP 4　返回“写邮件”窗口，确认邮件无误后，单击发送按钮，如图6-37所示。

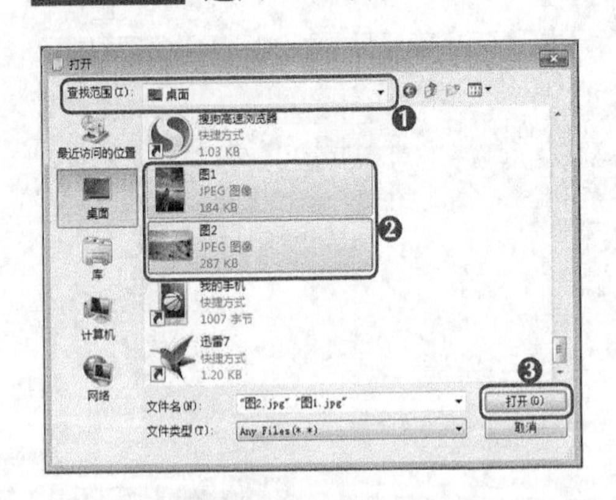

图6-36　选择附件

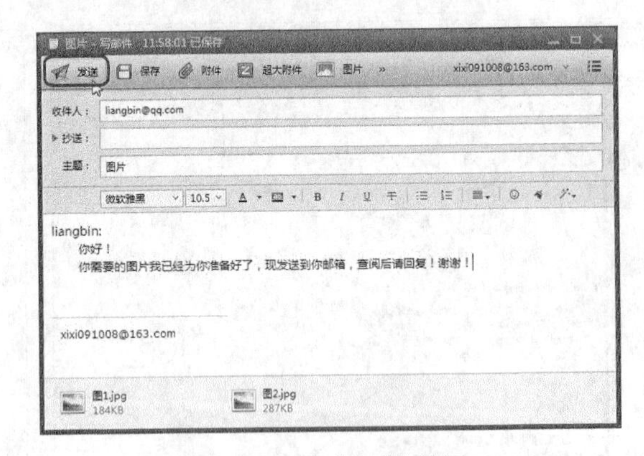

图6-37　单击“发送”按钮

STEP 5　系统开始自动发送邮件，并打开图6-38所示的对话框显示邮件发送进度，邮件发送成功后该对话框自动关闭，此时在“已发送邮件”列表中可查看已发送的邮件。

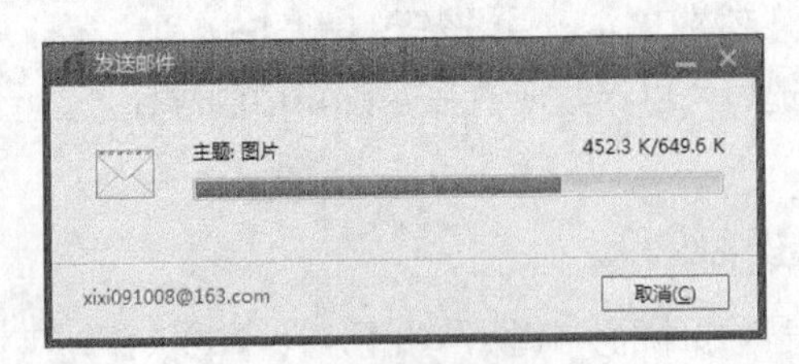

图6-38　查看邮件发送进度

多学一招

在撰写邮件正文时，为了使文本内容更美观，可在其文本框上方单击相应的按钮，设置文本内容的字体格式、对齐方式、添加表情、新建超链接、插入表格等。

6.4.4 多账户管理

如果用户拥有多个不同的电子邮箱，或多个用户使用同一台电脑上的Foxmail软件收发邮件，此时使用Foxmail的多账户管理功能，不仅方便了用户管理电子邮箱，而且提高了工作效率。下面继续添加邮件账户，并为其设置口令，其具体操作如下。（微课：光盘\微课视频\第6章\多账号管理.swf）

STEP 1 在Foxmail工作界面的右上角单击按钮，在弹出的菜单中选择“账号管理”命令，如图6-39所示。

STEP 2 在打开的“系统设置”对话框的“账号”选项卡中单击新建按钮，如图6-40所示。

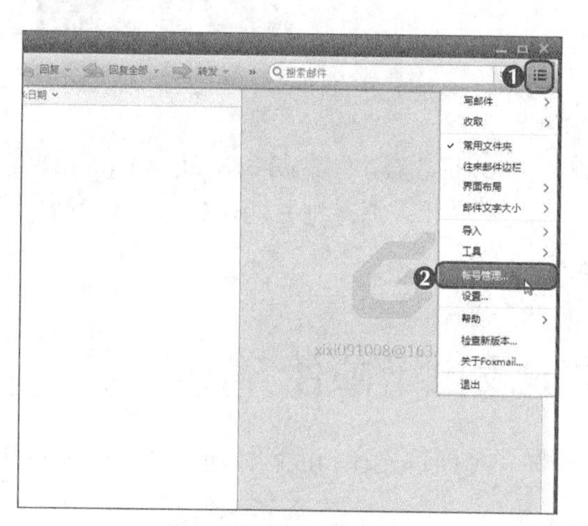

图6-39 选择“账号管理”命令

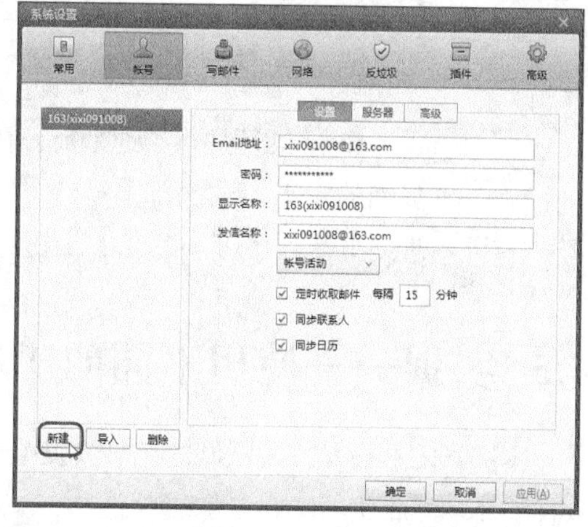

图6-40 单击“新建”按钮

STEP 3 在打开的“新建账号”对话框中根据需要设置邮箱地址和密码，完成后单击创建按钮，如图6-41所示，并在打开的对话框中单击完成按钮。

STEP 4 返回“系统设置”对话框单击确定按钮应用设置，完成后系统自动收取新添加的邮件账户的所有邮件，如图6-42所示。

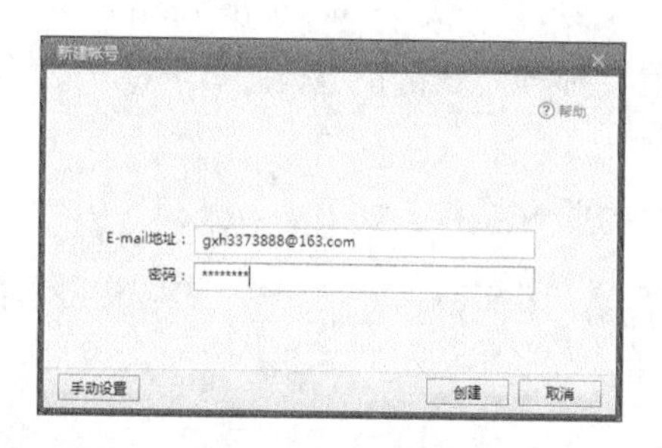

图6-41 添加邮件账户

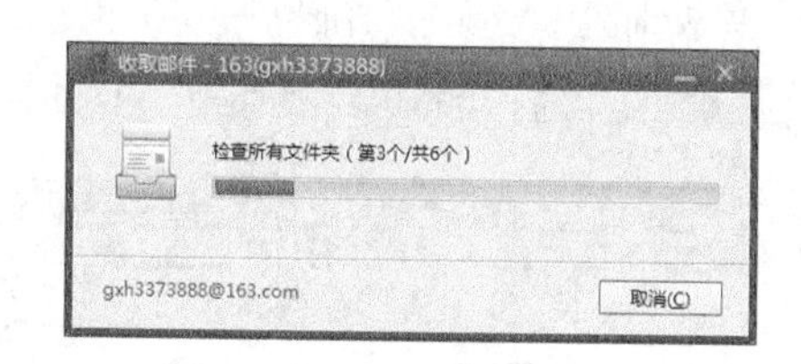

图6-42 自动收取邮件

STEP 5 为了防止邮件被他人查看，可对邮件账户进行加密。在邮件账户列表中选择需设置口令的邮件账户，在其上单击鼠标右键，在弹出的快捷菜单中选择“账户访问口令”命令，如图6-43所示。

STEP 6 在打开的“设置访问口令”对话框中输入账户访问口令，然后单击确定按钮，如图6-44所示，被加密的邮件账户前面将会出现锁标记，表示该账户已加密，若要在该邮件账户下收发邮件，必须先输入正确的口令。

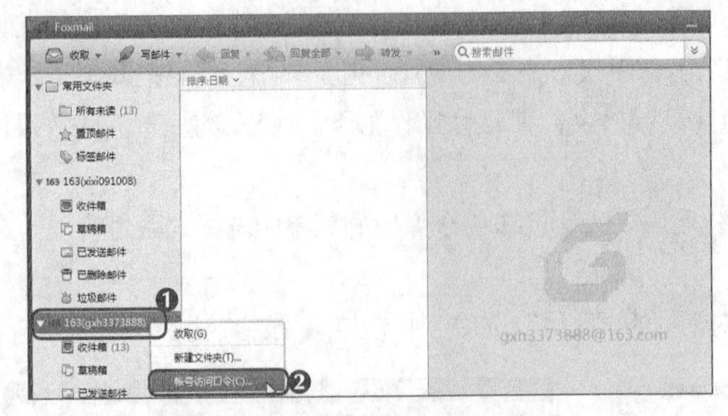

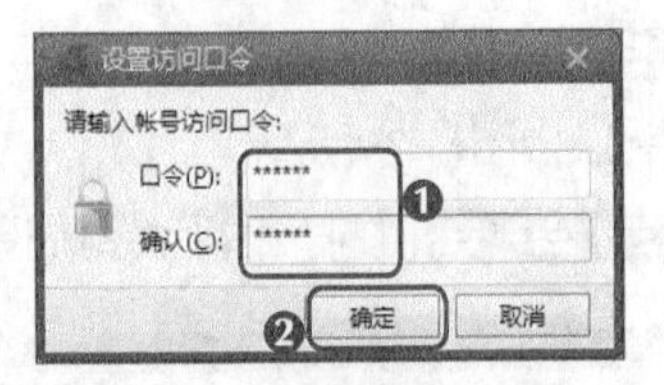

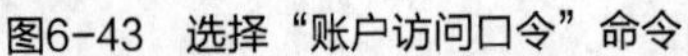

图6-43　选择“账户访问口令”命令　　　图6-44　设置账户访问口令

Foxmail还提供了地址簿、日历、记事本、RSS阅读功能，在Foxmail工作界面的左下角依次单击、、、按钮可分别在打开的窗口中查看并管理地址簿、日历、记事本、RSS阅读。

6.5　实训——使用不同的工具收发电子邮件

本实训的目标是使用不同的工具收发电子邮件，下面首先在新浪网注册免费电子邮箱并收发邮件，然后使用Foxmail管理邮件。

6.5.1　在新浪网注册免费电子邮箱并收发邮件

下面在新浪网（网址“http://www.sina.com.cn”）注册并登录免费电子邮箱，然后收发邮件，其具体操作如下。（微课：光盘\微课视频\第6章\在新浪网注册免费电子邮箱并收发邮件.swf）

STEP 1　在IE浏览器的地址栏中输入新浪网站的网址“http://www.sina.com.cn”，按【Enter】键打开新浪网主页，然后将鼠标光标移动到“邮箱”超链接上，在打开的列表中选择“免费邮箱”选项，如图6-45所示。

STEP 2　在打开的“新浪邮箱”页面中单击“立即注册”超链接，如图6-46所示。

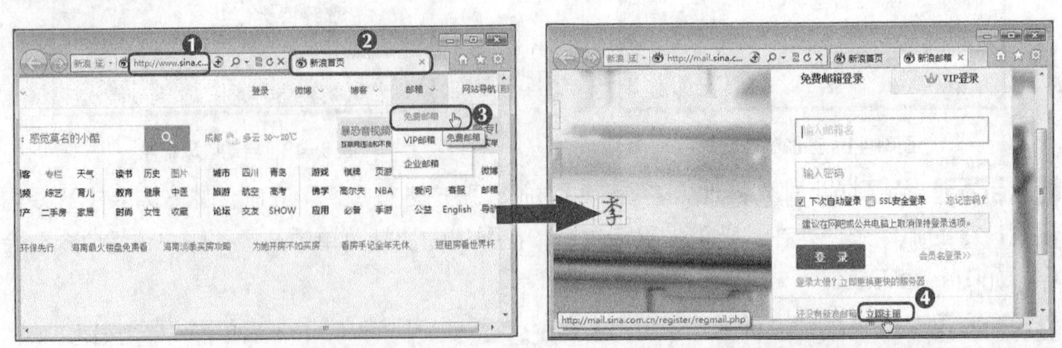

图6-45　选择“免费邮箱”选项　　　图6-46　单击“立即注册”超链接

STEP 3 在打开的“注册新浪邮箱”页面中根据提示填写邮箱名称、密码、验证码等信息，单击 立即注册 按钮，如图6-47所示。

STEP 4 在打开的网页中将提示电子邮箱申请成功，然后在页面左侧单击“收件夹”选项卡，如图6-48所示。

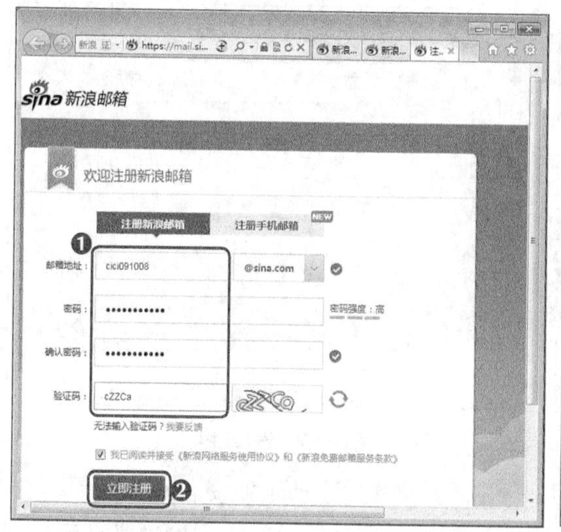

图6-47 填写注册信息

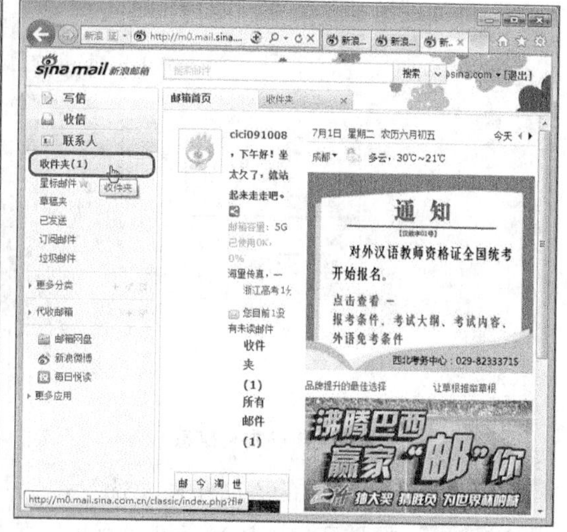

图6-48 单击“收件夹”选项卡

STEP 5 在窗口中间的窗格中单击所选邮件主题，在右侧可预览邮件内容，或双击所选邮件主题，在打开的窗口中都可查看邮件内容，这里将查看新浪自动给用户发送的邮件，其中介绍了新浪免费邮箱的特点和新功能等，如图6-49所示。

STEP 6 单击 写信 按钮，若是初次使用该邮箱撰写邮件，将打开图6-50所示的窗口，在其中可设置昵称和签名，完成后单击 确定 按钮，也可直接单击⊗按钮关闭该窗口取消设置。

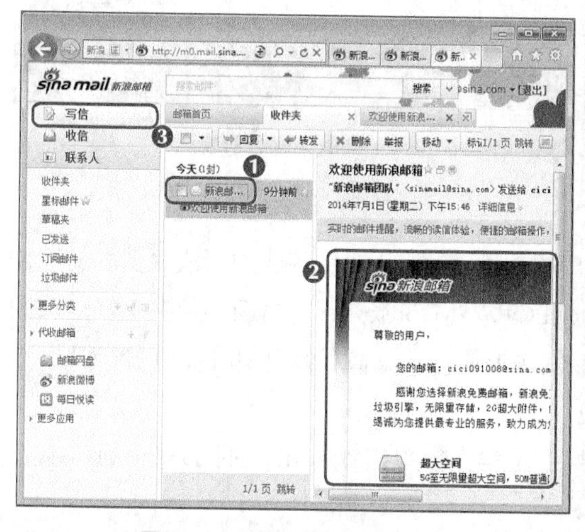

图6-49 接收并查看邮件内容

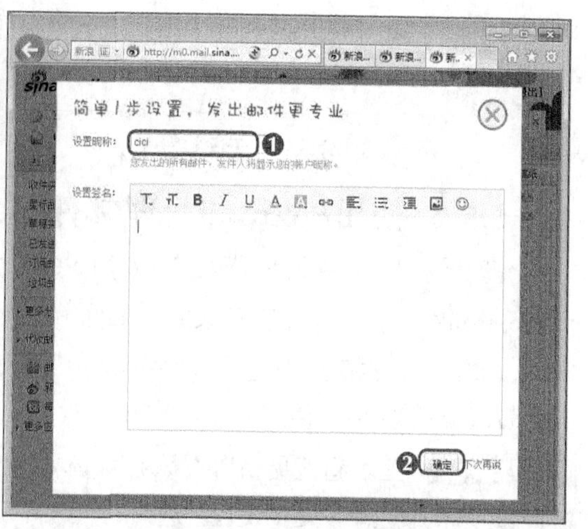

图6-50 设置昵称和签名

STEP 7 在打开页面的“收件人”文本框中填写对方的邮箱地址，在“主题”文本框中

输入邮件标题，若需添加附件，可单击 添加附件 按钮，在打开的列表中选择“普通附件”选项，如图6-51所示。

STEP 8 在打开的“选择要上载的文件”对话框中选择需随同电子邮件一起发送的文件，然后单击 打开(O) 按钮，如图6-52所示。

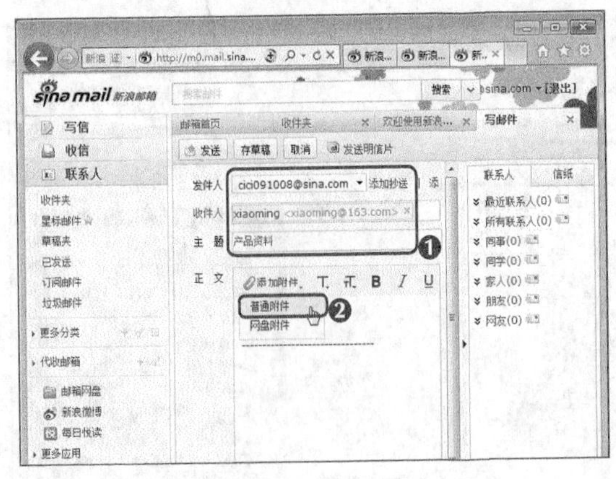

图6-51 输入邮件信息

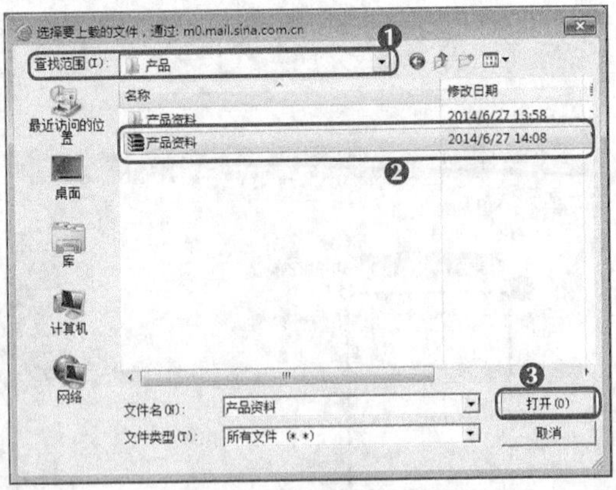

选择要上载的文件，通过：m0.mail.sina.com.cn
查找范围(I)：产品
产品资料
文件名(N)：产品资料
文件类型(T)：所有文件 (*.*)
打开(O)
取消

图6-52 选择附件

STEP 9 完成附件的添加并确认邮件无误后，单击 发送 按钮发送邮件，如图6-53所示。

STEP 10 在打开的提示对话框中将提示邮件正在发送，如图6-54所示，发送成功后将提示邮件已发送成功，且将收件人信息自动保存到联系人中。

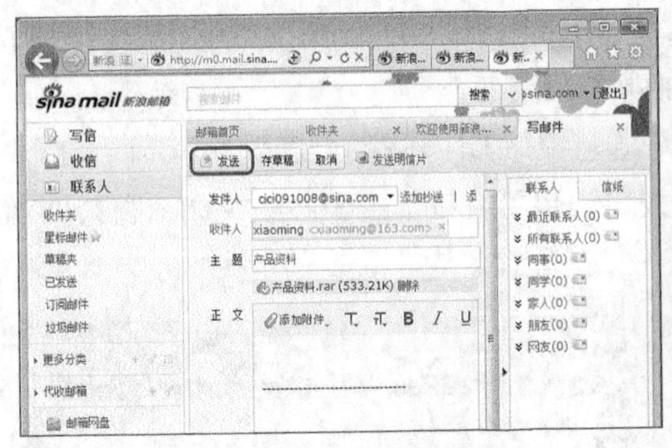

图6-53 确认邮件无误并发送

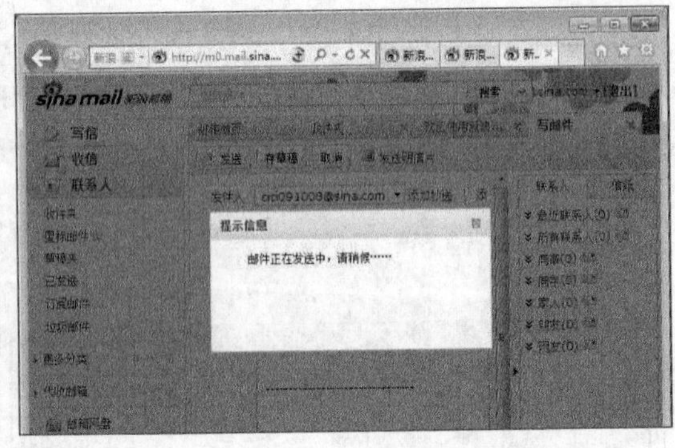

图6-54 正在发送邮件

6.5.2 使用Foxmail管理邮件

默认情况下，新浪免费邮箱关闭了POP3/SMTP服务，因此要将创建的新浪免费邮箱添加到Foxmail中，必须先开启该服务。下面首先开启POP3/SMTP服务，并将新浪免费邮箱添加到Foxmail中，然后在其中进行邮件收取、查看、发送等操作，其具体操作如下。（微课：光盘\微课视频\第6章\使用Foxmail管理邮件.swf）

STEP 1 登录新浪免费邮箱，在其邮箱窗口右上角直接单击⚙按钮，如图6-55所示，或在打开的列表中选择“更多设置”选项。

STEP 2 在打开的“设置区”窗口中单击“账户”选项卡，在“POP3/SMTP服务”栏中单击选中“开启”单选项，然后单击 保存 按钮，在打开的“验证码”对话框中根据提示输入验证码，完成后单击 确定 按钮，如图6-56所示。

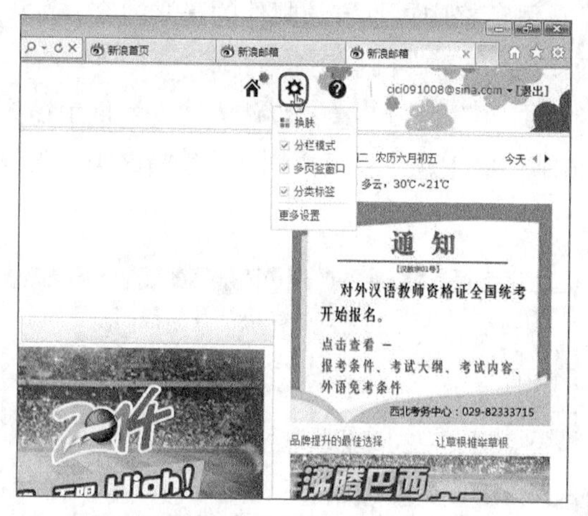

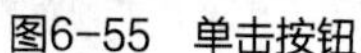

图6-55 单击按钮

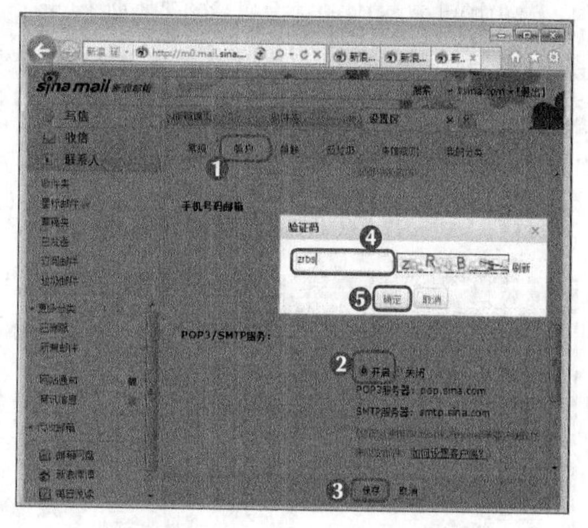

图6-56 开启POP3/SMTP服务

STEP 3 启动Foxmail，在其工作界面的右上角单击≡按钮，在打开的列表中选择“账号管理”选项，在打开的“系统设置”对话框的“账号”选项卡中单击 新建 按钮，如图6-57所示。

STEP 4 在打开的“新建账号”对话框中根据需要设置邮箱地址和密码，然后单击 创建 按钮，并在打开的对话框中单击 完成 按钮，如图6-58所示。

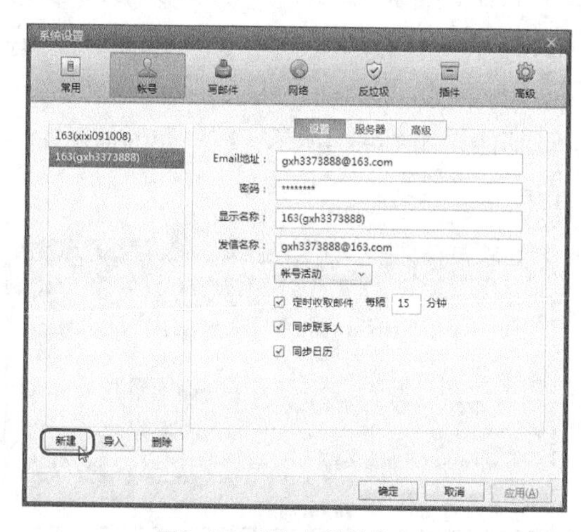

图6-57 添加邮件账户

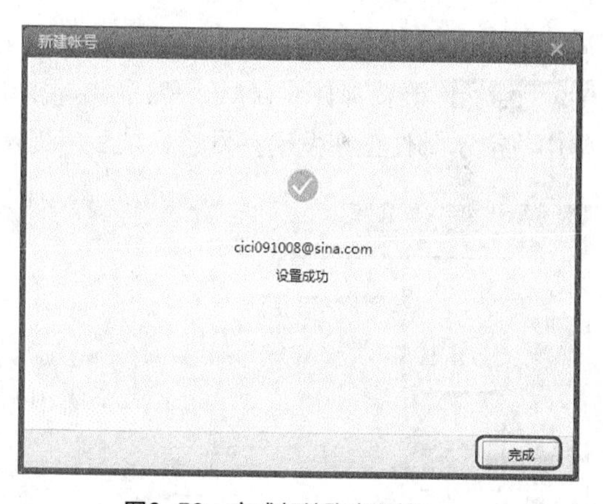

图6-58 完成邮件账户添加

STEP 5 返回“系统设置”对话框单击 确定 按钮应用设置，然后系统自动收取新添加的邮件账户中的所有邮件，如图6-59所示，完成邮件的收取后将在屏幕右下角弹出信息框提示收取到的邮件，如图6-60所示。

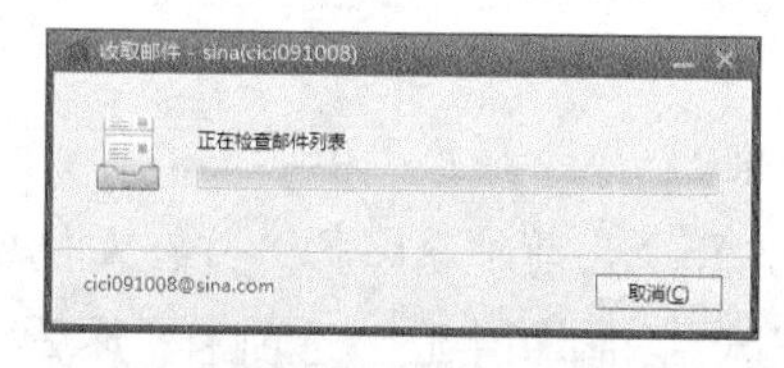

图6-59 自动收取邮件

图6-60 提示收取的邮件

STEP 6 在Foxmail工作界面左侧的账户列表中选择所需邮件账户对应的“收件箱”文件夹，在中间窗格中单击需要查阅的邮件主题，右侧窗格中可预览该邮件的正文内容，如图6-61所示，用户也可双击邮件主题，在打开的窗口中查阅邮件内容。

STEP 7 单击工具栏上的“写邮件”按钮，打开“写邮件”窗口，在“收件人”文本框中输入收信人的邮箱地址，在“主题”文本框中输入该邮件的主题，在下方的邮件编辑区中输入邮件内容，如图6-62所示。

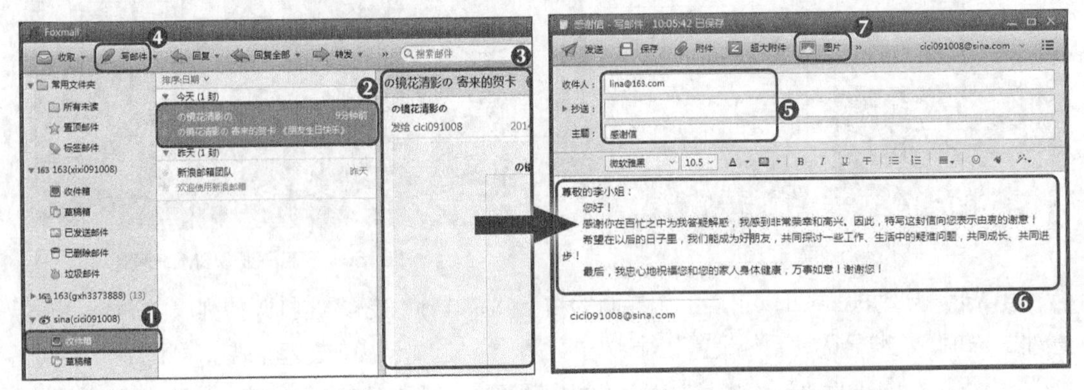

图6-61　查阅邮件　　　　图6-62　输入邮件信息

STEP 8 为了使邮件内容更丰富，可单击工具栏上的“图片”按钮，在打开的“打开”对话框中选择需随同电子邮件一起发送的图片，然后单击“打开(O)”按钮将图片插入到邮件内容后，如图6-63所示。

STEP 9 确认邮件无误后，单击“发送”按钮发送邮件，如图6-64所示，在打开的提示对话框中将提示邮件正在发送，发送成功后将提示邮件已发送成功。

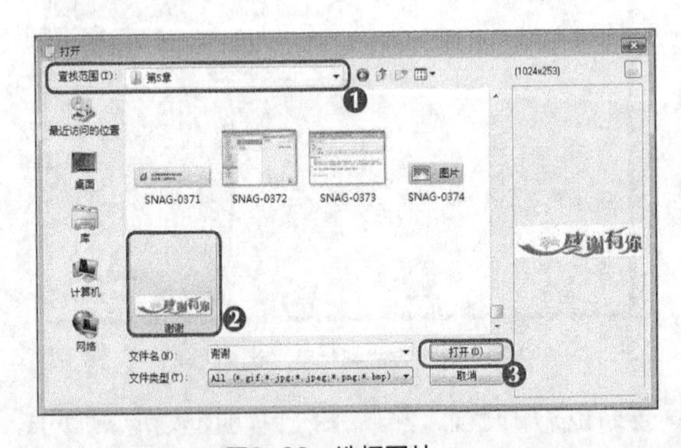

图6-63　选择图片

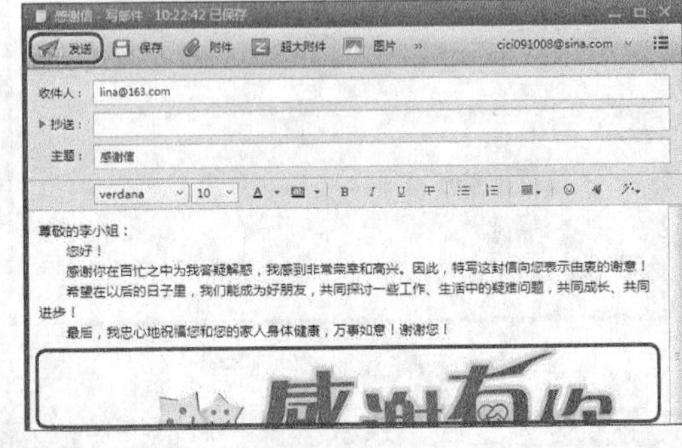

图6-64　发送邮件

6.6 疑难解析

问：如何将网易的当前邮箱与其他网易邮箱关联起来？

答：网易提供了与其他邮箱关联的功能，用户可先登录当前邮箱账户，并在左侧单击“邮箱中心”选项卡，在打开的“设置”窗口中单击“账号和邮箱中心”选项卡，然后在右侧的"多账户关联"栏下单击"添加关联账户"超链接，在打开的对话框中根据提示输入当前邮箱账号、密码，以及需要关联的邮箱账号和密码，完成后单击关联按钮即可实现多账户的关联功能。

问：抄送、密送、群发单显是什么意思？

答：要将一封邮件发送给多个联系人，可单击抄送按钮；同时，若不想让收件人和抄送人看到密送人，可单击密送按钮。另外，当群发邮件时要对多个人进行一对一发送，并使每个人单独收到发送的邮件，可单击群发单显按钮。

问：在Foxmail中要备份和恢复重要邮件，该怎么办？

答：若要备份重要邮件，首先应选择相应邮箱账户下的邮件，在其上单击鼠标右键，在弹出的快捷菜单中选择"导出邮件"命令，在打开的对话框中设置导出邮件的位置和文件名，如在D盘建立一个"2014重要邮件"的文件夹来存放2014重要邮件的备份，完成后单击保存(S)按钮。若要将备份邮件恢复，则应在Foxmail工作界面的右上角单击≡按钮，在打开的列表中选择【导入】/【邮件】选项，然后在打开的对话框中选择对应邮箱的文件夹，单击确定(O)按钮，在打开的对话框中选择要恢复的邮件，完成后单击打开(O)按钮即可。

问：在Foxmail中如何取消邮件自动收取功能？

答：在Foxmail工作界面的右上角单击≡按钮，在打开的列表中选择"账号管理"选项，在打开的"系统设置"对话框的"账号"选项卡中，取消选中"定时收取邮件"复选框，然后单击确定按钮即可取消邮件自动收取功能。

问：如何删除Foxmail中的邮件和建立的邮箱账户？

答：在Foxmail中若只是删除某封邮件，只需选择相应邮箱账户下的邮件，然后单击工具栏中的删除按钮即可；若要删除建立的邮箱账户，则需在其工作界面的右上角单击≡按钮，在打开的列表中选择"账号管理"选项，在打开的"系统设置"对话框的"账号"选项卡左侧的列表框中选择需删除的邮箱账户，单击删除按钮，在打开的提示对话框中单击是(Y)按钮，完成后单击确定按钮即可。

6.7 习题

本章主要介绍了电子邮箱与电子邮件，以及如何使用IE和Foxmail收发电子邮件。下面通过练习题使读者熟练掌握收发电子邮件的方法。

（1）在新浪或网易中找到注册电子邮箱的位置，填写注册信息，注册并登录电子邮箱。

（2）利用注册的电子邮箱收发邮件，并将自己的亲朋好友分类添加到地址簿中，以备以后写邮件时使用。

（3）下载并安装Foxmail，在其中添加新的邮件账户。

（4）在Foxmail中撰写邮件并添加附件，然后将其发送给多个朋友。

课后拓展知识

Foxmail 提供了模板功能，用户可以在撰写、回复、转发邮件时使用模板。下面在Foxmail 中自定义模板，并将其设置为默认模板，其具体操作如下。

STEP 1 启动Foxmail，选择相应的邮箱账户，然后在工具栏中单击写邮件按钮右侧的▾按钮，在打开的列表中选择“模板管理”选项，如图6-65所示。

STEP 2 在打开的“模板管理”窗口中单击新建按钮，在打开的“设置模板名称”对话框中输入模板名称，这里保持默认设置，完成后单击确定按钮，如图6-66所示。

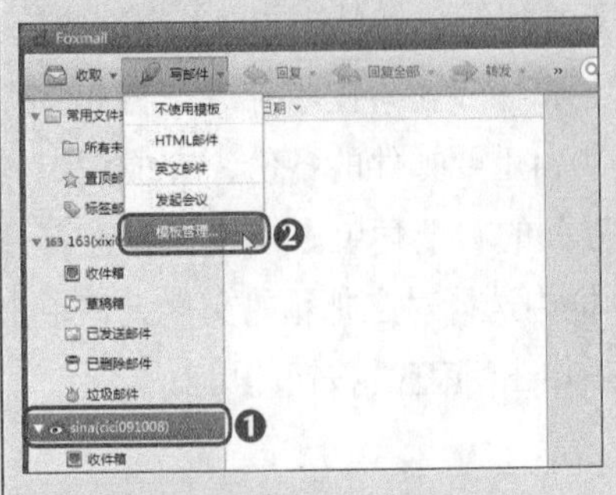

图6-65 选择“模板管理”命令

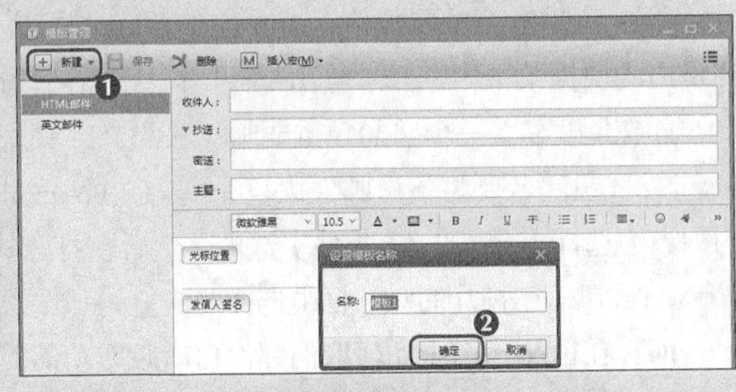

图6-66 新建模板

STEP 3 返回“模板管理”窗口，将鼠标光标定位到“发信人签名”框后，按【Enter】键换行，然后单击插入宏(M)▾按钮，在打开的列表中选择【与名字、地址无关的项】/【%DATE（当前日期）】选项，如图6-67所示。

STEP 4 选择“发信人签名”和“当前日期”模块，单击≡▾按钮，在弹出的菜单中选择“右对齐”命令，框选“光标位置”与“当前日期”模块之间的内容，分别设置字体格式为“宋体，12，紫色”，如图6-68所示。

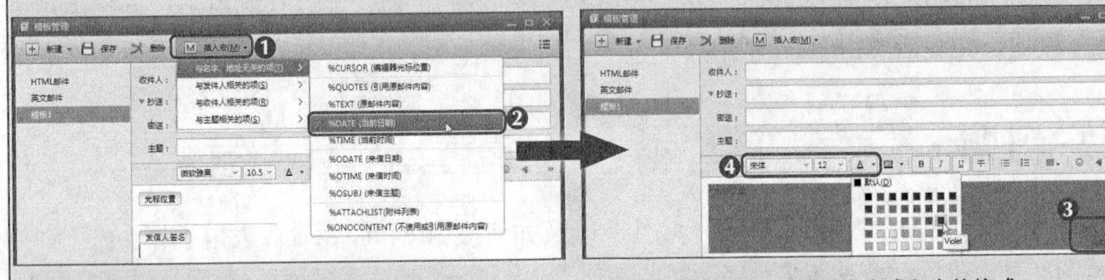

图6-67 插入“当前日期”宏模块

图6-68 设置对齐方式和字体格式

STEP 5 在“设置账号默认模板”栏中分别设置“新邮件”、“回复”、“转发”都使用“模板1”，如图6-69所示，完成后单击保存按钮，以后在所选的邮件账户中收发邮件时，将使用自定义的模板样式。

图6-69 设置账号默认模板

PART 7

第7章 网络交流

情景导入

通过QQ、微博、博客、论坛等都可以随时随地与天南海北的朋友进行交流，但是这么多网络交流方式该如何选择呢？下面就跟小白一起来学习！

知识技能目标

- 熟练使用QQ进行聊天、传送文件等
- 熟练使用微博发表并管理微博信息
- 学会使用博客记录网络日志、使用论坛查看、回复和发表帖子等

- 能够熟练使用QQ实现即时通信，使用微博发表并管理实时信息
- 能够使用博客记录网络日志、使用论坛查看、回复和发表帖子

课堂案例展示

使用QQ收发信息

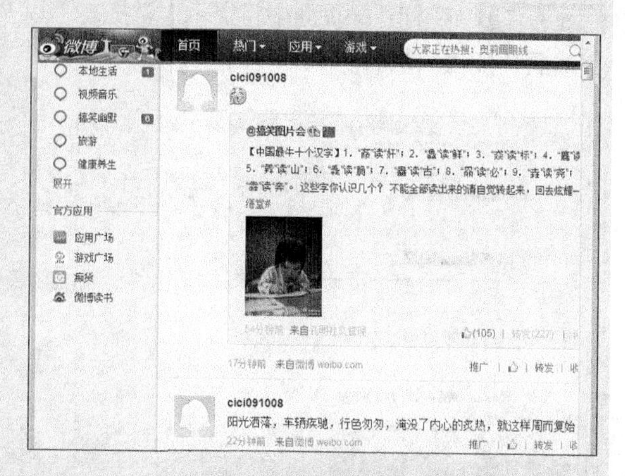

使用微博发表并管理信息

7.1 即时通信工具——QQ

QQ是腾讯公司开发的在线聊天工具，它不仅可以实时收发信息，还提供了传送文件、语音聊天、视频聊天、游戏和博客等功能。它是目前功能最强大的聊天软件之一，因此受到了众多网民的青睐。

7.1.1 申请QQ账号

要使用QQ聊天工具，首先应下载并安装QQ软件，然后申请一个QQ账号。需注意的是申请QQ账号的同时必须绑定手机账号或邮箱账号才能注册。下面申请QQ账号，其具体操作如下。（微课：光盘\微课视频\第7章\申请QQ账号.swf）

STEP 1 双击桌面上的“腾讯QQ”图标，在打开的对话框中单击“注册账号”超链接，如图7-1所示。

STEP 2 在打开的“QQ注册”网页中根据提示填写相关的申请信息，完成后单击立即注册按钮，如图7-2所示。

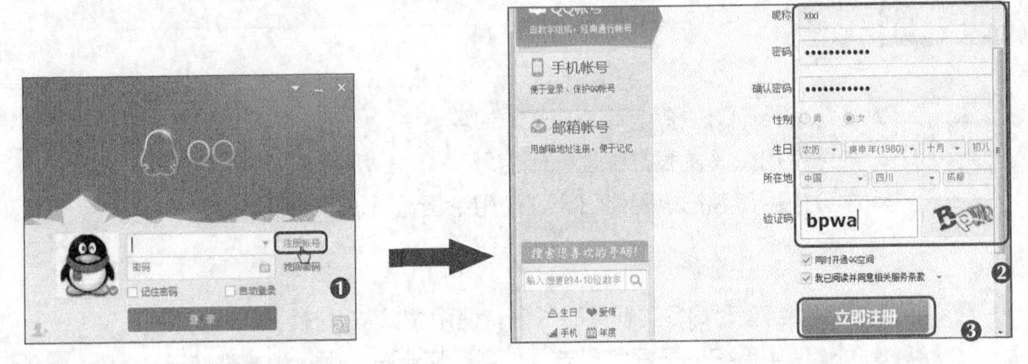

图7-1　单击“注册账号”超链接

图7-2　填写注册信息

STEP 3 在打开的页面中输入手机账号，并单击向此手机发送验证码按钮，当手机收到验证码后，在当前页面的“验证码”文本框中输入验证码，完成后单击提交验证码按钮，如图7-3所示。

STEP 4 在打开的页面中将提示申请成功，以及手机账号绑定的QQ号码，如图7-4所示，完成后关闭IE浏览器。

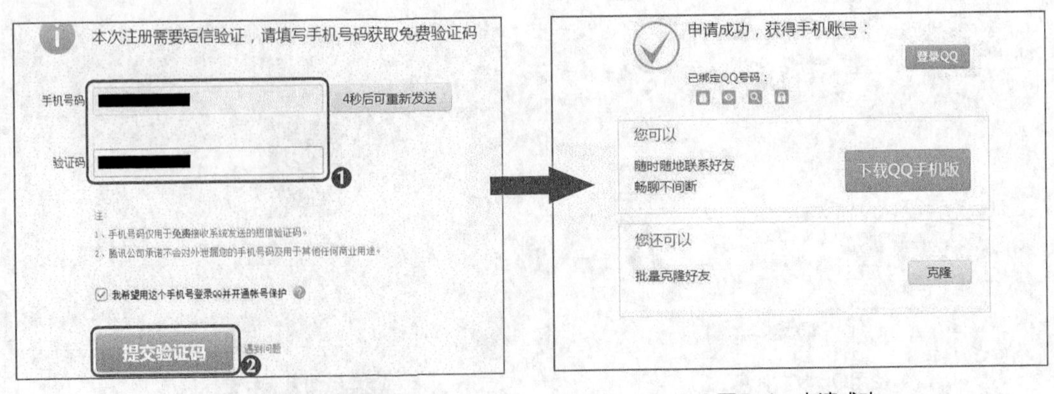

图7-3　填写手机号码和验证码

图7-4　申请成功

知识提示

在申请QQ号码的过程中，用户必须牢记申请的QQ号码和密码，缺一不可。而昵称不是用户的姓名，只是网络中的虚拟名称，无需记忆。这里的手机账号和QQ号码由于涉及个人隐私，因此进行了涂抹处理。

7.1.2 登录QQ并添加好友

成功申请到QQ号码后，就可以登录到QQ软件了，但是要与好友进行聊天，还必须将好友的QQ号码添加到好友列表中。下面使用刚申请到的QQ号码登录并添加好友，其具体操作如下。（微课：光盘\微课视频\第7章\登录QQ并添加好友.swf）

STEP 1 双击桌面上的“腾讯QQ”图标，在打开的对话框上方的下拉列表框中输入QQ号码或手机号码，在“密码”文本框中输入设置的QQ密码，完成后单击登录按钮，如图7-5所示。

STEP 2 登录到QQ主界面，同时系统打开“新手引导”窗口，用户可根据新手引导执行相应的操作，这里直接关闭“新手引导”窗口，并在QQ主界面中单击按钮，如图7-6所示。

图7-5 输入QQ号码与密码

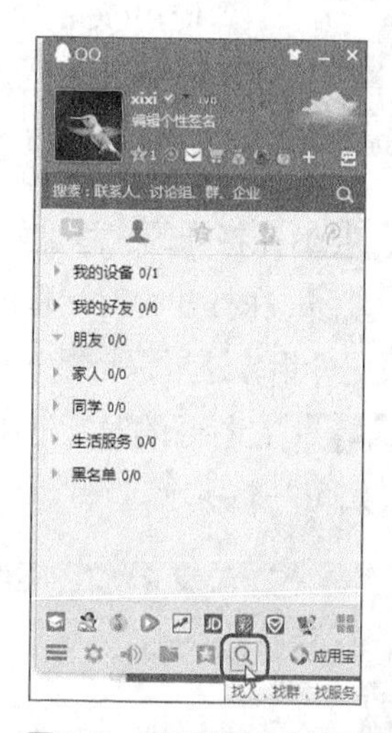

图7-6 登录到QQ主界面

多学一招

在QQ登录界面中单击图标，在打开的菜单中选择相应的选项，可设置登录QQ后的显示状态，如希望好友看到我在线，可选择“我在线上”选项；如忙碌没时间处理消息，可选择“忙碌”选项，如不想好友看到我在线，可选择“隐身”选项。若不想每次登录QQ时都输入密码，可单击选中“记录密码”复选框（切记使用公用或他人电脑时不要选中该复选框）。

STEP 3 在打开的“查找”对话框中单击“找人”选项卡，在“关键词”文本框中输入需要添加的QQ号码，单击查找按钮，如图7-7所示。

STEP 4 在其下的空白窗格中将显示查找结果，此时若单击该QQ好友的头像或昵称，可查看该好友的相关信息，这里直接单击+好友按钮，如图7-8所示。

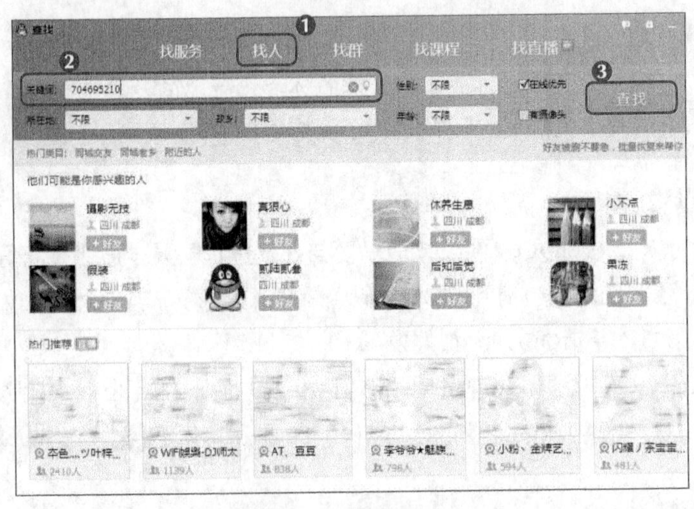

图7-7 查找好友

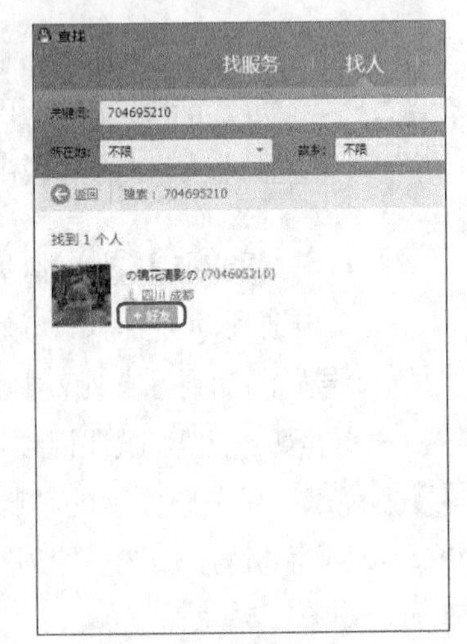

图7-8 选择好友

知识提示

使用QQ的查找功能，不仅可以输入关键字、所在地、性别、年龄等信息查找所需的人，以及可以查找更多感兴趣的群，如美食群、校友群、同城群等，而且还可以查找所在地的服务、感兴趣的培训课程、热门的直播等。

STEP 5 在打开的“添加好友”对话框中输入验证信息，单击 下一步 按钮，如图7-9所示。

STEP 6 在打开的对话框的“备注姓名”文本框中输入好友的姓名，在“分组”下拉列表框中设置分组，这里保持默认设置，然后单击 下一步 按钮，如图7-10所示。

STEP 7 在打开的对话框中显示好友添加请求已经发送成功，然后单击 完成 按钮等待对方确认，如图7-11所示。

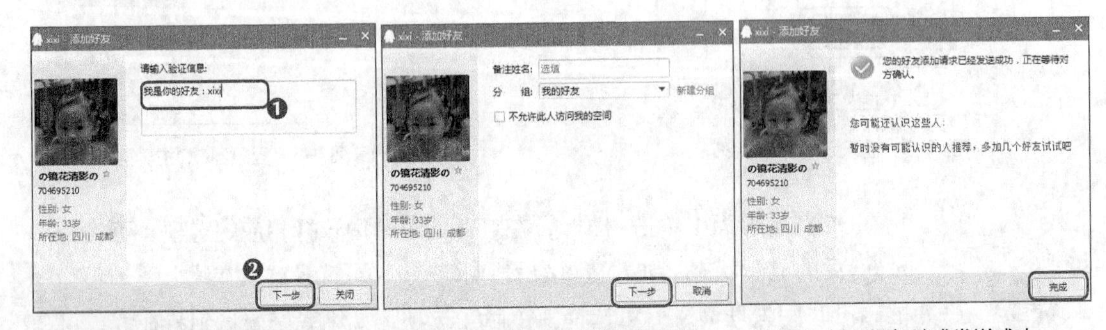

图7-9 输入验证信息　　图7-10 确认备注姓名与分组　　图7-11 添加请求发送成功

STEP 8 待对方确认请求后，在任务栏中将出现一个不停闪烁的图标，单击该图标，在打开的聊天窗口中将提示你们已经是好友，可以开始对话，如图7-12所示，同时在QQ主界面中单击“我的好友”分组，在其中可看到添加的好友，如图7-13所示。

知识提示

若有其他QQ用户请求你添加为好友，任务栏右下角的QQ图标位置处将会出现一个不停闪动的小喇叭图标，单击该图标，将打开好友请求的对话框，用户可根据实际需要选择同意或拒绝请求，然后单击 确定 按钮。

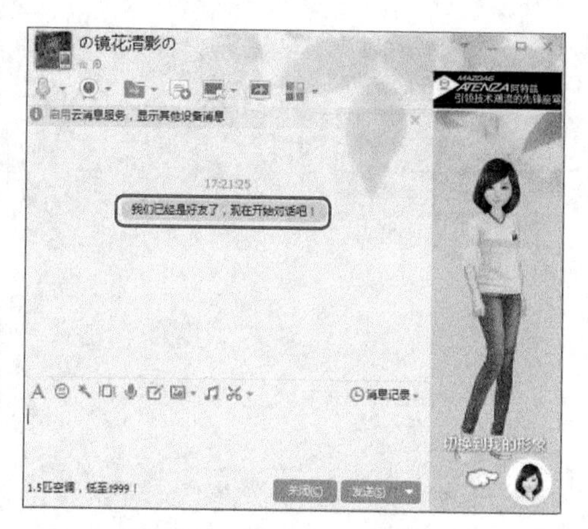

图7-12　提示你们已经是好友

图7-13　查看添加的好友

7.1.3 与好友收发文字信息

添加好友后，就可以和好友聊天了。一般情况下，使用QQ聊天主要是收发文字信息，在聊天过程中还可修改聊天文字字体、使用图像表情等。下面与前面添加的好友进行聊天，其具体操作如下。（微课：光盘\微课视频\第7章\与好友收发文字信息.swf）

STEP 1 在QQ主界面中单击“我的好友”分组，并双击需要聊天的好友头像“の镜花清影の”，在打开的聊天窗口中单击A图标，在打开的工具栏中选择“文本模式”选项，然后设置字体格式为“方正水柱简体，12”，再单击图标，在打开的“颜色”对话框中选择需要的颜色，完成后单击确定按钮，如图7-14所示。

STEP 2 再次单击A图标隐藏工具栏，然后在聊天窗口下方的文本框中输入向好友发送的消息内容，单击图标，在打开的表情选择框中选择要添加的表情，如图7-15所示。

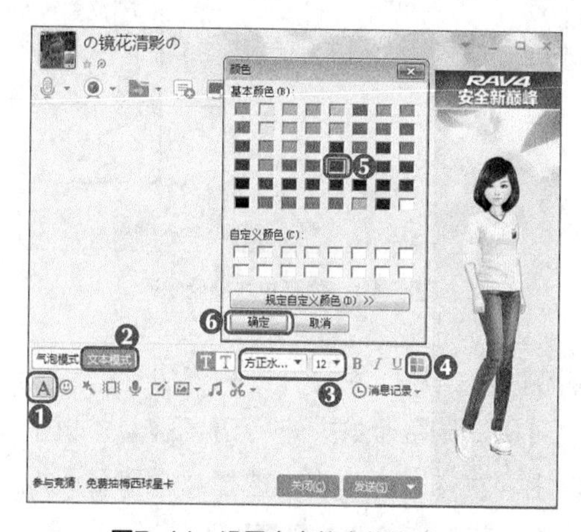

图7-14　设置文字的字体格式

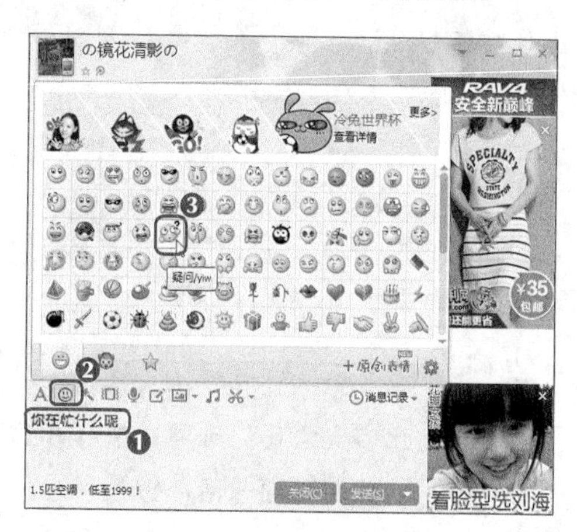

图7-15　输入文本内容并添加表情

STEP 3 选择的表情图片将自动添加到文本框的光标定位处，单击发送(S)按钮，如图7-16所示，文本框中的消息将立即出现在聊天窗口中。

STEP 4 当对方回复消息后，任务栏中的QQ聊天窗口图标会不停闪动，并且发出提示音，单击该图标即可在打开的窗口中看到对方的回复消息，如图7-17所示。

图7-16　发送信息

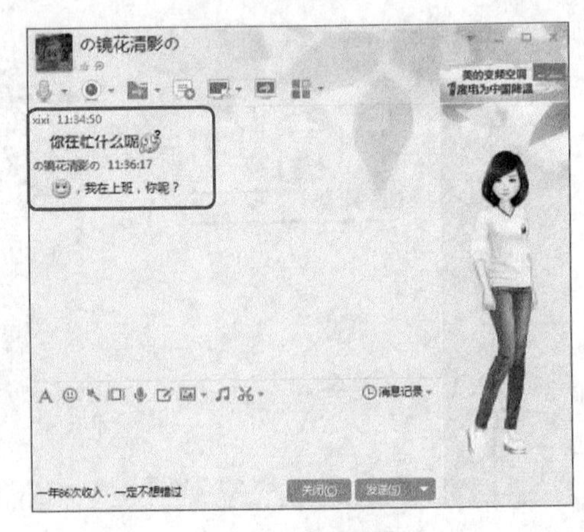

图7-17　接收信息

7.1.4 进行语音、视频聊天

除了进行文字聊天外，还可以与好友进行语音、视频聊天。要实现QQ语音聊天必须插入麦克风和音响，要实现QQ视频聊天还必须安装摄像头。下面与好友进行语音、视频聊天，其具体操作如下。（微课：光盘\微课视频\第7章\进行语言、视频聊天.swf）

STEP 1 在聊天窗口上方单击“开始语音通话”按钮，如图7-18所示。

STEP 2 打开等待对方接受邀请的窗口，等待对方同意后才能开始语音聊天，如图7-19所示。

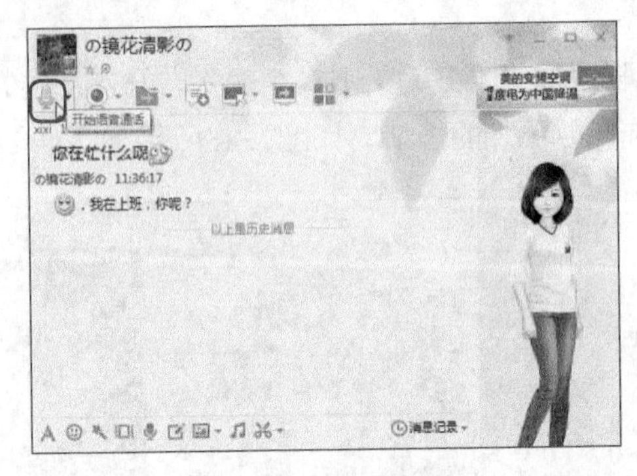

图7-18　发起语音对话

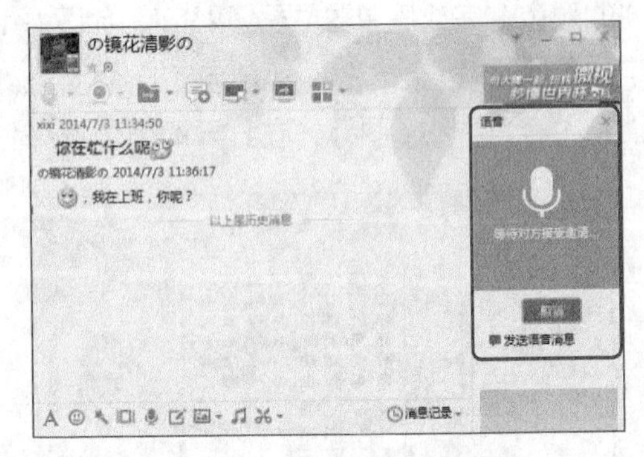

图7-19　等待对方接受邀请

知识提示

单击“开始语音通话”按钮右侧的按钮，在打开的列表中选择“发起多人语音”选项，在打开的窗口中可以邀请多个好友进行语音聊天；单击“开始视频通话”按钮右侧的按钮，在打开的列表中选择“邀请多人视频通话”选项，在打开的窗口中可以邀请多个好友进行视频聊天。

STEP 3 对方同意后，在聊天窗口右侧将显示出连接状态，这时通过话筒即可和对方轻松畅谈，如图7-20所示。

STEP 4 要结束语音聊天直接单击挂断按钮即可结束聊天，并显示语音聊天的时长，如图7-21所示。

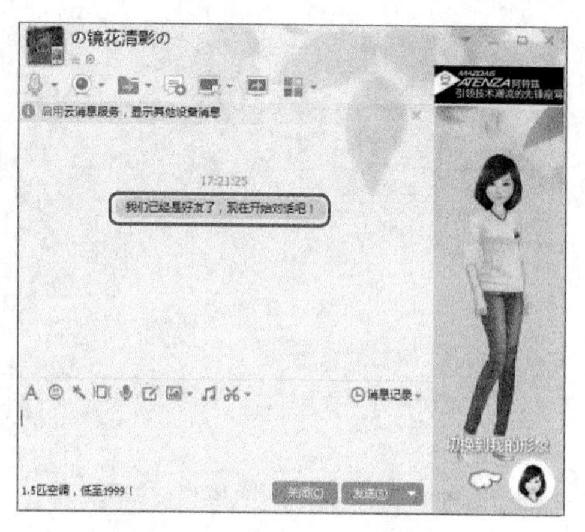

图7-12 提示你们已经是好友

图7-13 查看添加的好友

7.1.3 与好友收发文字信息

添加好友后，就可以和好友聊天了。一般情况下，使用QQ聊天主要是收发文字信息，在聊天过程中还可修改聊天文字字体、使用图像表情等。下面与前面添加的好友进行聊天，其具体操作如下。（微课：光盘\微课视频\第7章\与好友收发文字信息.swf）

STEP 1 在QQ主界面中单击“我的好友”分组，并双击需要聊天的好友头像“の镜花清影の”，在打开的聊天窗口中单击A图标，在打开的工具栏中选择“文本模式”选项，然后设置字体格式为“方正水柱简体，12”，再单击图标，在打开的“颜色”对话框中选择需要的颜色，完成后单击确定按钮，如图7-14所示。

STEP 2 再次单击A图标隐藏工具栏，然后在聊天窗口下方的文本框中输入向好友发送的消息内容，单击图标，在打开的表情选择框中选择要添加的表情，如图7-15所示。

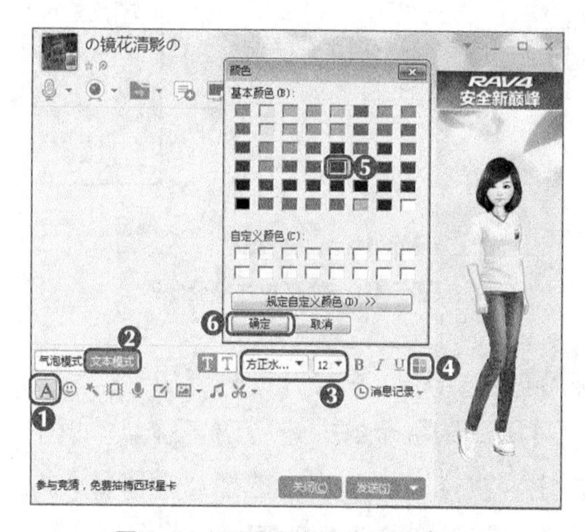

图7-14 设置文字的字体格式

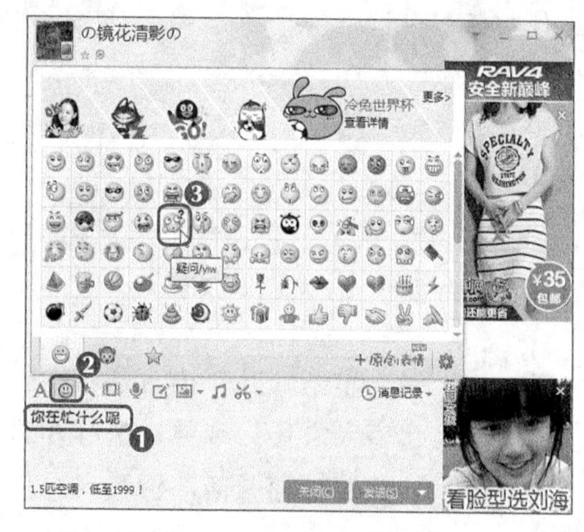

图7-15 输入文本内容并添加表情

STEP 3 选择的表情图片将自动添加到文本框的光标定位处，单击发送(S)按钮，如图7-16所示，文本框中的消息将立即出现在聊天窗口中。

STEP 4 当对方回复消息后，任务栏中的QQ聊天窗口图标会不停闪动，并且发出提示音，单击该图标即可在打开的窗口中看到对方的回复消息，如图7-17所示。

图7-16　发送信息

图7-17　接收信息

7.1.4 进行语音、视频聊天

除了进行文字聊天外，还可以与好友进行语音、视频聊天。要实现QQ语音聊天必须插入麦克风和音响，要实现QQ视频聊天还必须安装摄像头。下面与好友进行语音、视频聊天，其具体操作如下。（微课：光盘\微课视频\第7章\进行语言、视频聊天.swf）

STEP 1 在聊天窗口上方单击“开始语音通话”按钮，如图7-18所示。

STEP 2 打开等待对方接受邀请的窗口，等待对方同意后才能开始语音聊天，如图7-19所示。

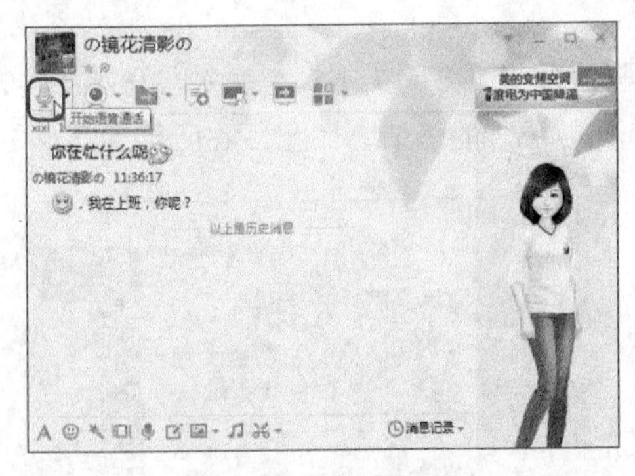

图7-18　发起语音对话

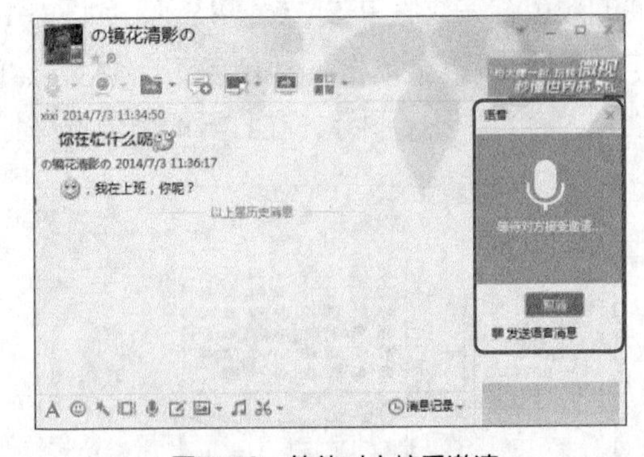

图7-19　等待对方接受邀请

知识提示

单击“开始语音通话”按钮右侧的按钮，在打开的列表中选择“发起多人语音”选项，在打开的窗口中可以邀请多个好友进行语音聊天；单击“开始视频通话”按钮右侧的按钮，在打开的列表中选择“邀请多人视频通话”选项，在打开的窗口中可以邀请多个好友进行视频聊天。

STEP 3 对方同意后，在聊天窗口右侧将显示出连接状态，这时通过话筒即可和对方轻松畅谈，如图7-20所示。

STEP 4 要结束语音聊天直接单击挂断按钮即可结束聊天，并显示语音聊天的时长，如图7-21所示。

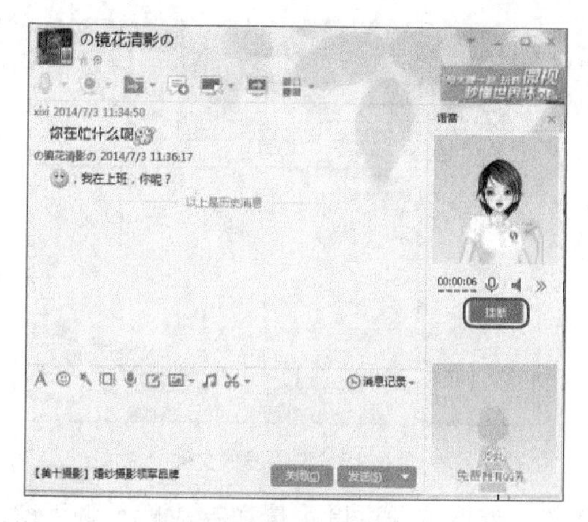

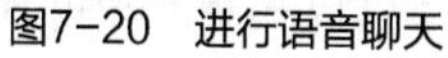

图7-20　进行语音聊天

图7-21　结束语音聊天

STEP 5 在聊天窗口上方单击“开始视频通话”按钮，打开等待对方接受邀请的窗口，如图7-22所示。

STEP 6 对方接受邀请后，在打开的视频通话窗口中即可看到对方的模样，同时，对方也可在他的QQ窗口中看到你的模样，完成后单击挂断按钮即可结束视频聊天，如图7-23所示。

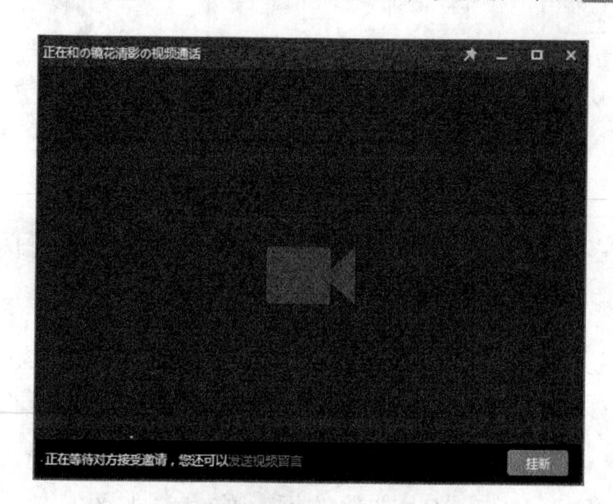

图7-22　等待对方接受邀请

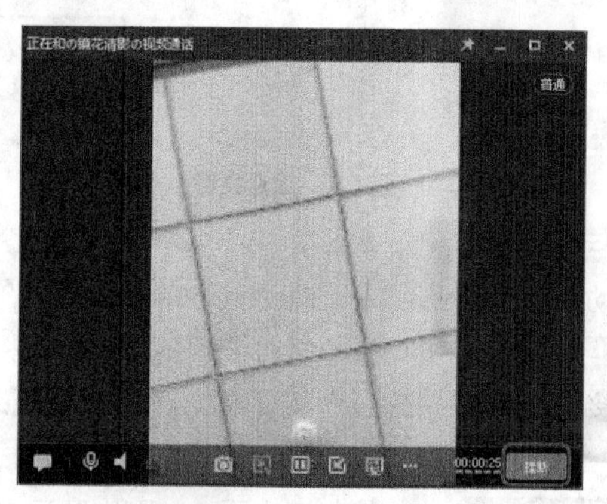

图7-23　结束语音聊天

7.1.5 传送文件

使用QQ的传送文件功能可以方便快捷地给好友传输文件、图片及歌曲等。下面给好友发送文件，并接收好友发送的图片，其具体操作如下。（微课：光盘\微课视频\第7章\传送文件.swf）

STEP 1 在聊天窗口上方单击“传送文件”按钮，在打开的列表中选择“发送文件”选项，如图7-24所示。

STEP 2 在打开的对话框的“查找范围”下拉列表框中选择要传送文件的位置，在下方列表中选择要发送的文件，单击打开(O)按钮，如图7-25所示。

STEP 3 在聊天窗口右侧将出现发送文件的请求，等待对方接收文件。此时，若对方长时间没有接收，可单击“转离线发送”超链接；若要停止传送，可单击“取消”超链接，如图7-26所示。

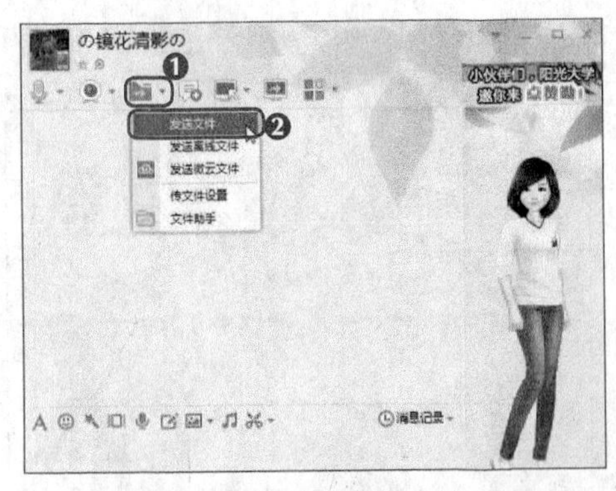

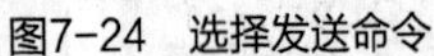
图7-24　选择发送命令

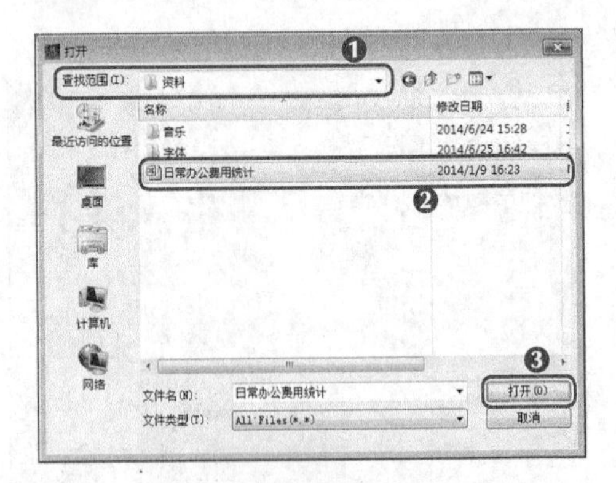

图7-25　选择发送文件

STEP 4　对方接收文件后将出现传送的进度条，查看传送进度。传送完成后，聊天窗口中将出现成功发送的提示信息，如图7-27所示。

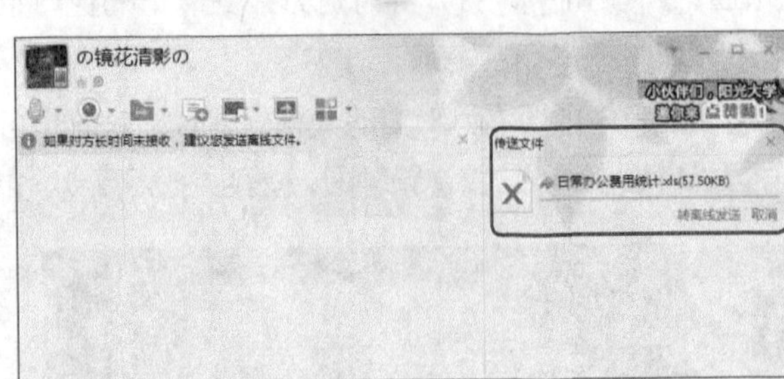

图7-26　发送文件

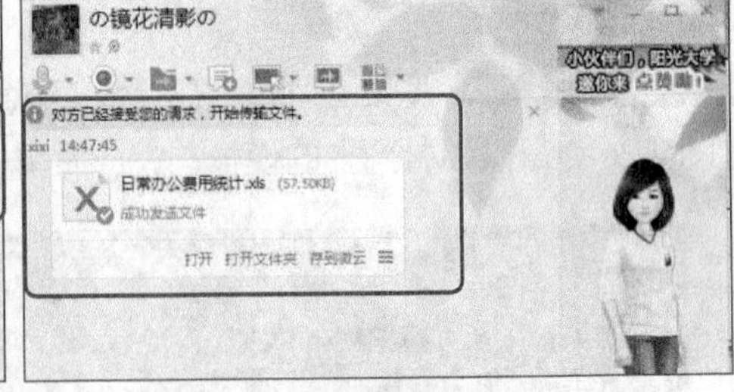

图7-27　完成文件发送

STEP 5　若好友发送了传送请求，在任务栏右下角的QQ图标位置处将会出现一个不停闪动的图标，且会弹出图7-28所示的提示框，在聊天窗口的右侧也会出现接收信息。

STEP 6　此时若单击“接收”超链接可将文件保存到默认位置，若单击“另存为”超链接，可打开“另存为”对话框，在其中选择要接收文件的位置，然后单击保存(S)按钮，如图7-29所示。

STEP 7　文件接收完成后，在聊天窗口中将出现成功接收文件的提示信息，如图7-30所示，在其中单击“打开”超链接可打开文件，单击“打开文件夹”超链接可打开该文件的保存位置。

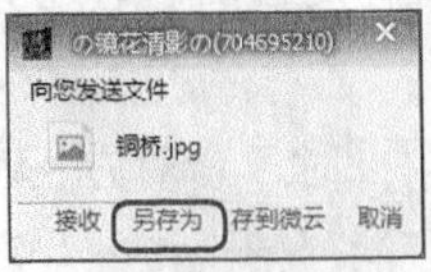

图7-28　打开提示框

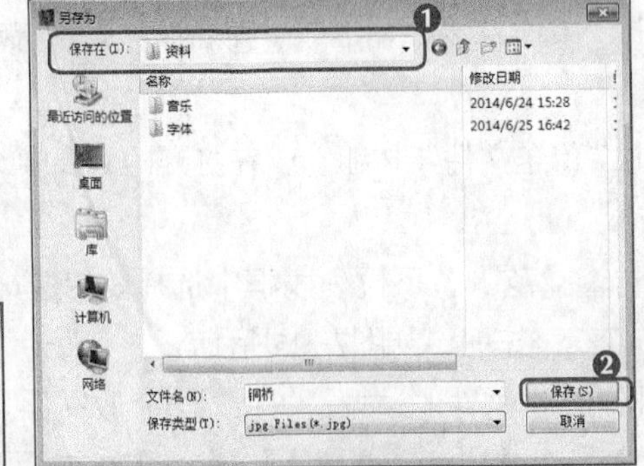

图7-29　接收文件

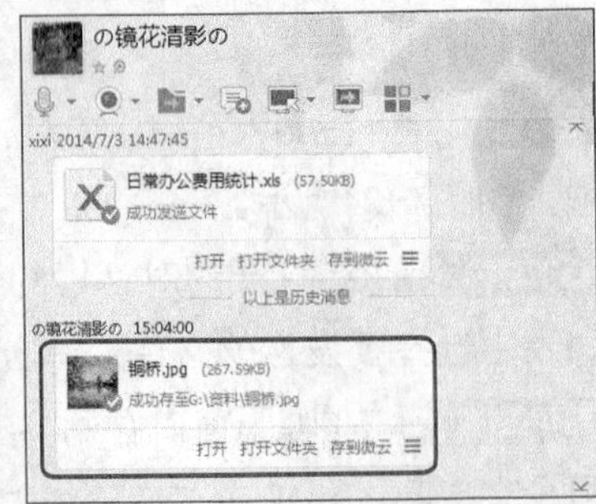

图7-30　完成文件接收

7.1.6 设置个性化QQ

为了让自己的QQ更具特色，用户可以对QQ软件进行各种设置，如设置个人资料、系统设置、设置QQ皮肤等。

1. 设置个人资料

申请QQ号码时只输入了部分个人信息，用户还可根据需要修改个人信息或对其进行完善。下面首先编辑个性签名、个人说明等，然后自定义QQ秀头像，其具体操作如下。（微课：光盘\微课视频\第7章\设置个人资料.swf）

STEP 1 在QQ主界面的左上角单击QQ头像，如图7-31所示，在打开的编辑窗口中单击编辑资料按钮，如图7-32所示。

STEP 2 在其编辑窗口的"个性签名"和"个人说明"文本框中分别输入相应的内容，在"血型"和"职业"下拉列表框中选择相应的选项，完成后单击保存按钮应用设置，如图7-33所示。

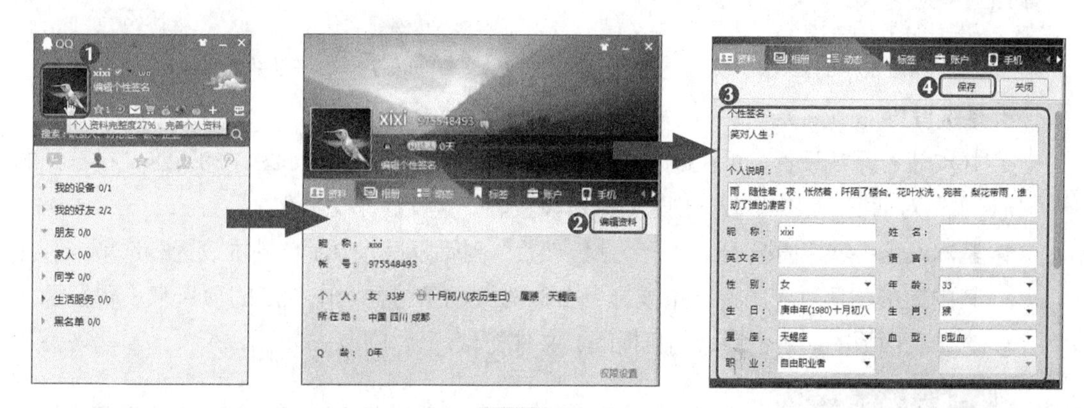

图7-31　单击QQ头像　　图7-32　单击编辑资料按钮　　图7-33　编辑个人资料

STEP 3 在其编辑窗口的左上角单击QQ头像，如图7-34所示。

STEP 4 在打开的"更换头像"对话框的"自定义头像"选项卡中单击"QQ秀头像"图标，如图7-35所示。

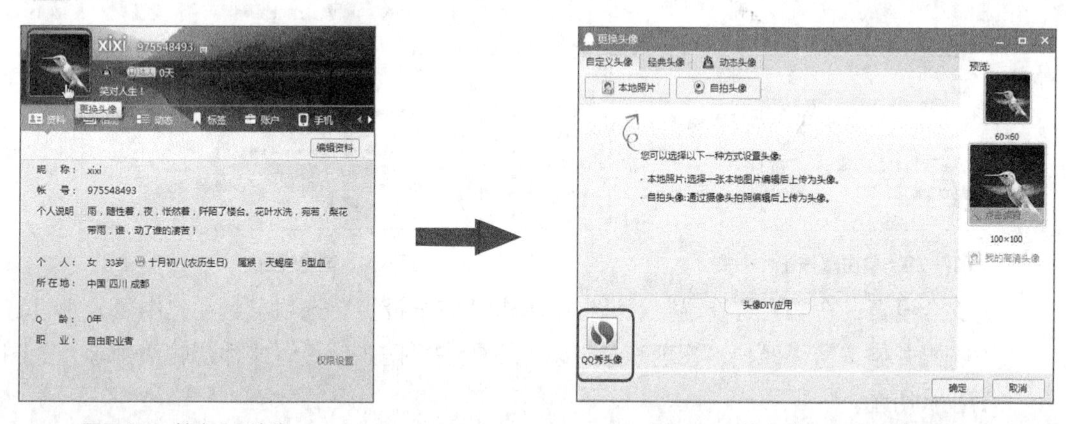

图7-34　单击QQ头像　　图7-35　单击"QQ秀头像"图标

STEP 5 在打开的"DIY头像"窗口中根据需要选择脸型、发型、眼镜等，完成后单击完成按钮，如图7-36所示。

STEP 6 返回“更换头像”对话框的“自定义头像”选项卡中，在其下设置滤镜、边框、色调等，完成后单击确定按钮，如图7-37所示，返回QQ主界面中可看到头像已更改为设置的效果。

图7-36 DIY头像

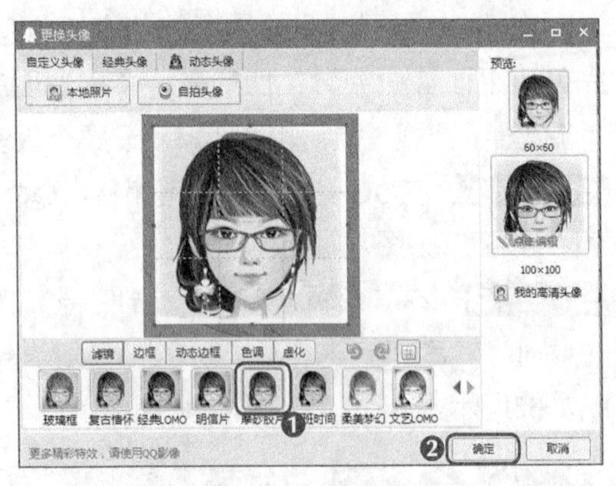

图7-37 确认并更改头像

2. 系统设置

要对QQ进行系统设置，可在QQ主界面的左下角单击按钮，如图7-38所示，在打开的“系统设置”对话框中根据需要分别进行基本设置、安全设置、权限设置。

● **基本设置**：默认情况下，打开“系统设置”对话框后将显示“基本设置”选项卡，在其中单击左侧对应的选项条或拖曳右侧的滚动条可显示出相应的项目来设置登录状态、主面板的显示位置、消息提醒、文件管理等，如图7-39所示。

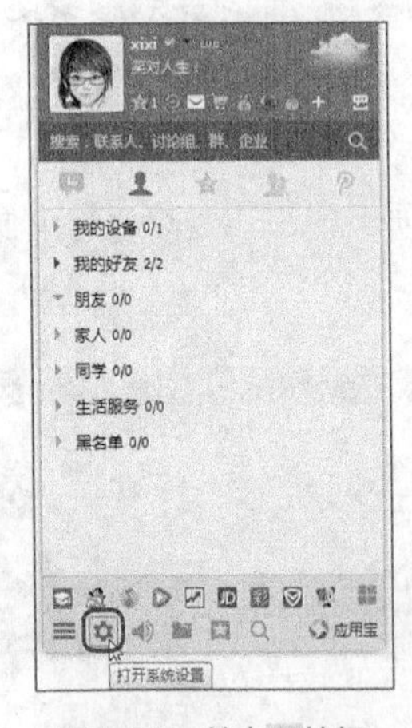

图7-38 单击按钮

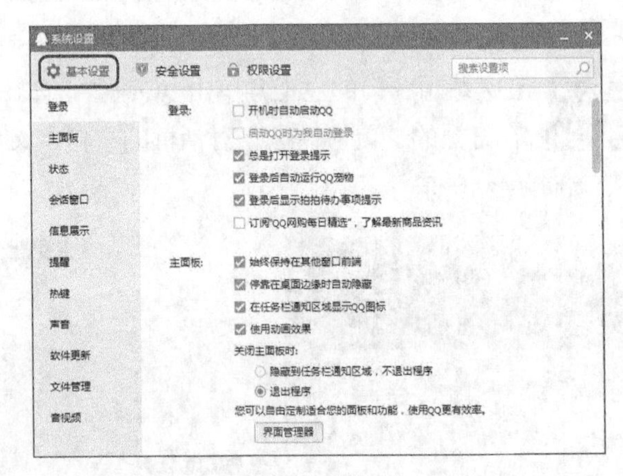

图7-39 基本设置

● **安全设置**：在“系统设置”对话框中单击“安全设置”选项卡，在其中可分别设置密码并申请密码保护、管理消息记录、设置安全防护、设置文件传输级别等，如图7-40所示。

● **权限设置**：在“系统设置”对话框中单击“权限设置”选项卡，在其中可分别设置查看个人资料权限、空间访问权限、别人查找你的方式和验证方法，以及向好友展示的个人状态等，如图7-41所示。

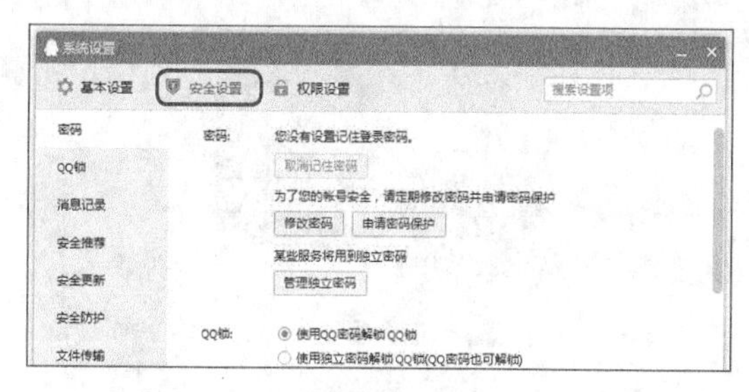

图7-40 安全设置

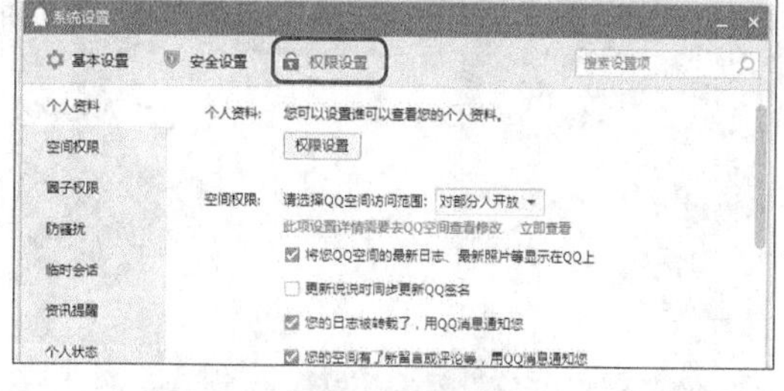

图7-41 权限设置

多学一招 在QQ主界面的左下角单击≡图标，在打开的列表中单击“修改密码”超链接，可打开相应的页面修改密码；选择“安全”选项，在打开的列表中选择相应的选项，可紧急冻结QQ、申请密码保护、举报恶意行为等；选择“所有服务”选项，可查看QQ提供的所有服务；选择“工具”列表，可查看QQ提供的相关工具。

3. 更换QQ皮肤

为QQ换肤可以让QQ变得更加个性化。下面更换QQ的皮肤，其具体操作如下。（微课：光盘\微课视频\第7章\更换QQ皮肤.swf）

STEP 1 在QQ主界面的右上角单击按钮，如图7-42所示。

STEP 2 在打开的“更改外观”对话框的“皮肤设置”选项卡中选择所需的皮肤，如图7-43所示。

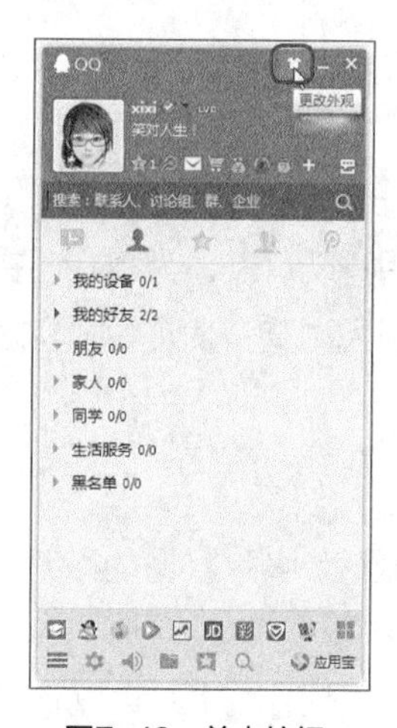

图7-42 单击按钮

图7-43 选择皮肤

STEP 3 单击“场景秀”选项卡，在其中选择所需的场景秀，在打开的“效果预览”窗口中可预览效果，如确认要使用则单击使用按钮，如图7-44所示。

STEP 4 单击“多彩气泡”选项卡，在左下角单击气泡模式按钮，在打开的气泡列表中选择所需的气泡样式，如图7-45所示。

图7-44　选择并应用场景秀

图7-45　开启气泡模式并选择气泡

STEP 5 单击“界面管理”选项卡，在其中可设置主面板和个人信息区的显示信息，这里保持默认设置，完成后单击对话框右上角的×按钮，如图7-46所示，返回QQ主界面可看到换肤后的效果，如图7-47所示。

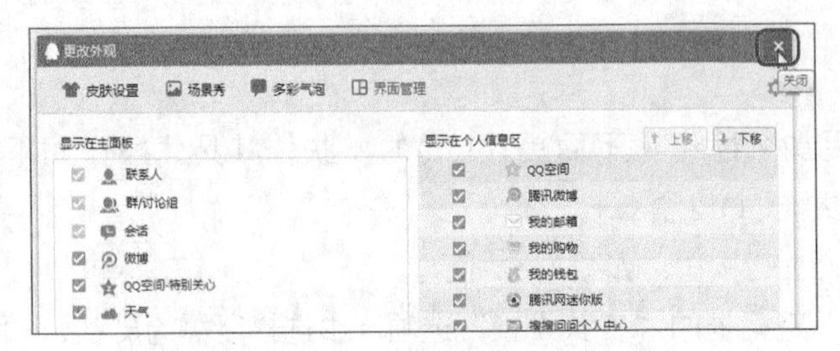

图7-46　关闭对话框

图7-47　查看换肤后的效果

7.2 实时信息平台——微博

微博是微型博客（MicroBlog）的简称，即一句话博客，是一种通过关注机制分享简短实时信息的广播式的社交网络平台。微博作为一种分享和交流平台，用户既可以作为观众，在微博上浏览感兴趣的信息；也可以作为发布者，在微博上发布内容供别人浏览。发布的内容限定在140字以内（包括标点符号），内容简短。

7.2.1 常用的微博平台

目前，国内的四大门户网站新浪、腾讯、网易、搜狐均开设有微博。各家推出的微博服务功能各有不同，它们各自的特点如下。

- **新浪微博**：新浪微博是由新浪网推出的提供微型博客服务的网站。用户可以通过网页、WAP页面、手机客户端、手机短信、彩信等多种方式发布信息，并可上传图片和链接视频，实现即时分享。新浪微博主要提供有发布功能、私信功能、评论功能、转发功能、关注功能、搜索功能等。新浪微博的特色是公众人物用户众多，目前基本已经覆盖大部分知名文体明星、企业高管、媒体人士。
- **腾讯微博**：腾讯微博是由腾讯公司推出的提供微型博客服务的网站。它限制字数为

140字以内，有私信功能，支持网页、客户端、手机平台，支持简体中文、繁体中文、英语，支持对话和转播，并具备图片上传和视频分享等功能。在“转播”设计上，转发内容独立限制在140字以内，此外，腾讯微博更加鼓励用户自建话题，在用户搜索上可直接对账号进行查询。

- **网易微博**：网易微博是网易公司推出的提供微型博客服务的网站。其界面简洁干净，支持文字、图片发布，字数限制为163字，与品牌相呼应。网易微博的特色是继承Twitter中@、原文转发等原生功能，区别于其他三家微博的是没有推出名人认证类功能，坚持草根路线。网易微博定位为简单的分享和交互上，摒弃了新浪微博回复提醒的繁琐功能，相比于新浪微博的评论内嵌，网易微博采用了@的形式进行用户之间的友好交流。
- **搜狐微博**：搜狐微博是由搜狐推出的提供微型博客服务的网站，它支持文字和图片发布，且打破了微博客服务存在字数限制的传统。除此之外，搜狐微博正在尝试打通搜狐各产品，如博客、社区、相册、圈子、校友录等，试图进一步发挥其矩阵优势。

知识提示

目前，用户主要通过网页、短信、手机版访问和发布微博，而新浪微博的发布方式较为丰富，它还有即时通讯绑定、博客关联、共享书签、博客挂件等多种方式；腾讯微博还可以通过QQ客户端发布；搜狐微博还可关联博客。

7.2.2 注册微博账号

要想发表自己的微博，必须先注册微博账号。下面使用新浪邮箱账号注册并登录微博账号，其具体操作如下。（微课：光盘\微课视频\第7章\注册微博账号.swf）

STEP 1 打开新浪微博的网页（http://weibo.com/），在其文本框中输入新浪邮箱账号与密码，然后单击 登录 按钮，如图7-48所示。

STEP 2 在打开的页面中设置微博的注册信息，包括昵称、生日、性别、所在地和验证码等，完成后单击 立即开通 按钮，如图7-49所示。

图7-48 输入新浪邮箱账号与密码

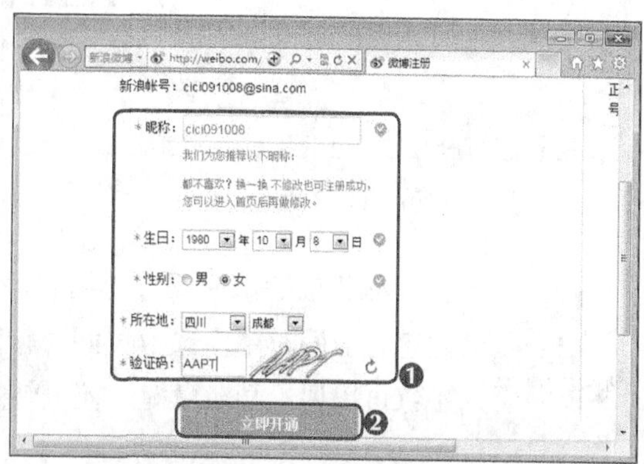

图7-49 填写微博的注册信息

STEP 3 在打开的页面中保持默认设置，直接单击 进入兴趣推荐 按钮，如图7-50所示。

STEP 4 在打开的页面选择感兴趣的用户，然后单击 进入微博 按钮，如图7-51所示。

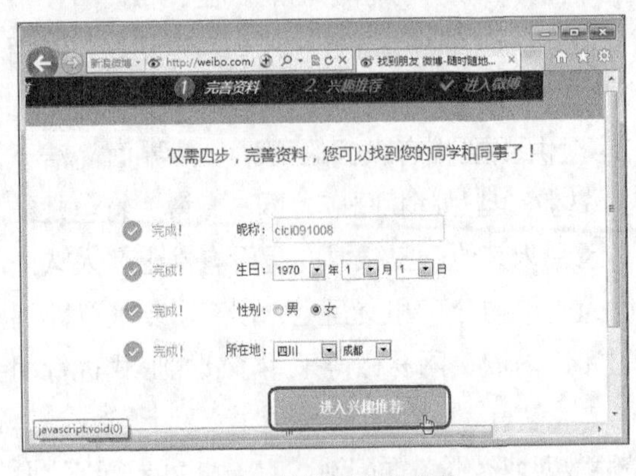

图7-50 确认进入兴趣推荐

图7-51 选择兴趣推荐并进入微博

7.2.3 发表、查看、转发微博

进入微博后，即可以发表、查看并转发微博。下面在新浪微博中发表并转发微博，其具体操作如下。（微课：光盘\微课视频\第7章\发表、查看、转发微博.swf）

STEP 1 进入微博后，即可在页面上方的文本框中输入自己所要发表的内容，然后单击 发布 按钮，如图7-52所示。

STEP 2 在当前页面中单击更新后的多条微博提示超链接，并拖曳垂直滚动条依次向下查看相应的微博，若其中有感兴趣的微博并希望转发给更多的好友查看，可在相应的微博下方单击“转发”超链接，如图7-53所示。

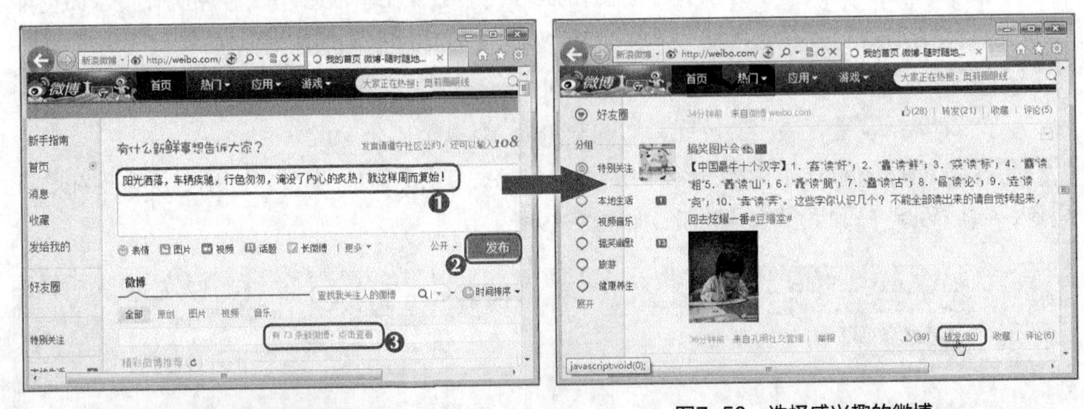

图7-52 发布微博　　图7-53 选择感兴趣的微博

知识提示

在相应的微博下方单击“评论”超链接，在展开的文本框中输入所需的内容，若同时单击选中“同时转发到我的微博”复选框，然后单击 评论 按钮不仅可以评论某条微博，还可转发该条微博。

STEP 3 在打开的“转发微博”窗口中单击按钮，在打开的列表中选择相应的表情，这里选择“鼓掌”表情将其添加到评论文本框中，完成后单击 转发 按钮，如图7-54所示。

STEP 4 返回微博首页，在其中可看到发表并转发后的微博，如图7-55所示。

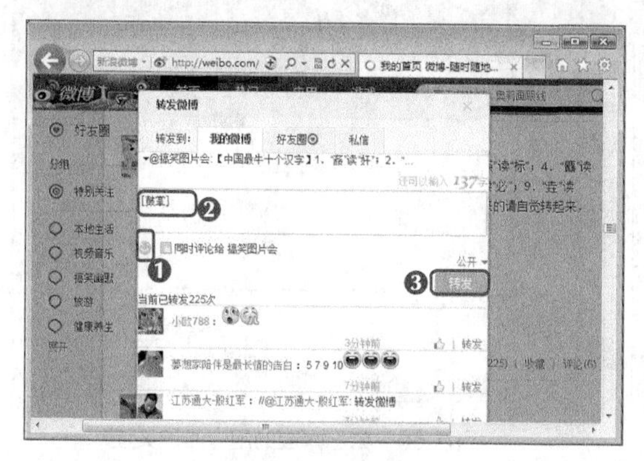

图7-54 转发微博

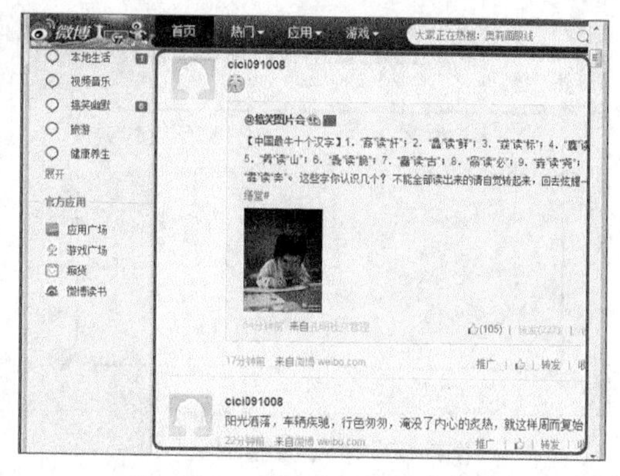

图7-55 查看发表和转发的微博

多学一招 在微博首页中间“微博”栏的“查找我关注人的微博”文本框中输入关注人的关键字，单击 按钮，可快速查找所关注人的微博，单击 按钮，在展开的列表中设置类型、关键字、时间等进行高级搜索。

7.2.4 查找并关注好友微博

通过微博还可查找并关注好友最近的动态，以及微博信息。下面在新浪微博中查找并关注好友微博，其具体操作如下。（微课：光盘\微课视频\第7章\查找并关注好友微博.swf）

STEP 1 再次登录新浪微博时，只需在其网页（http://weibo.com/）中输入新浪邮箱账号与密码，然后单击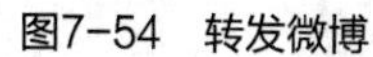按钮即可进入微博首页，在其首页右侧的头像下单击“关注”超链接，如图7-56所示。

STEP 2 在页面左下角单击“找人”选项卡，如图7-57所示。

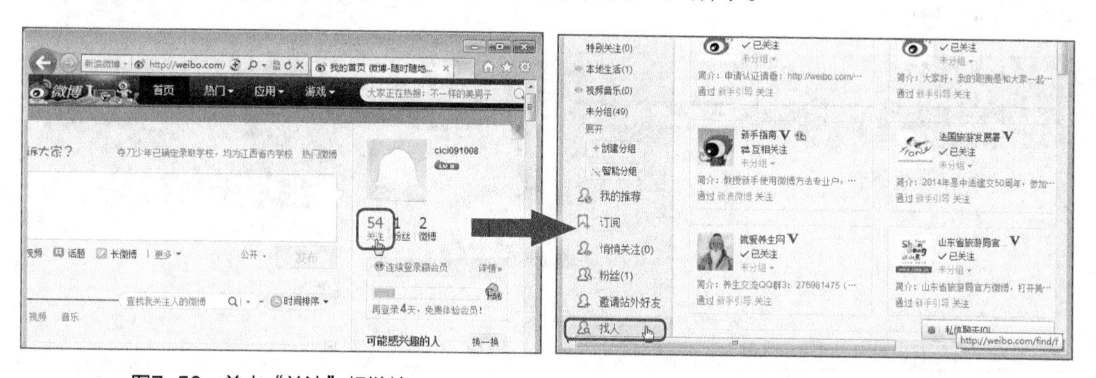

图7-56 单击“关注”超链接　　图7-57 单击“找人”选项卡

STEP 3 在打开的页面中根据需要输入查找条件，然后单击 查找 按钮，如图7-58所示。

STEP 4 在页面下方将列出符合查找条件的用户，在感兴趣的用户右侧单击 +加关注 按钮，在打开的“关注成功”窗口中为用户添加备注名称并分组，然后单击 保存 按钮，如图7-59所示，完成后只要该用户发布了微博即可在微博首页的“微博”栏下查看到相应的消息。

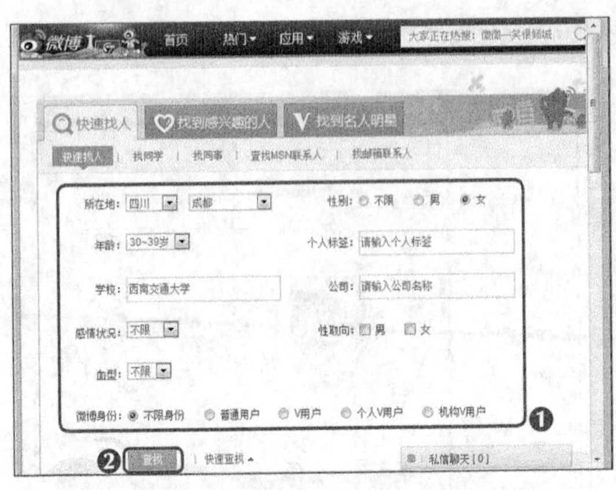
图7-58　输入查找条件

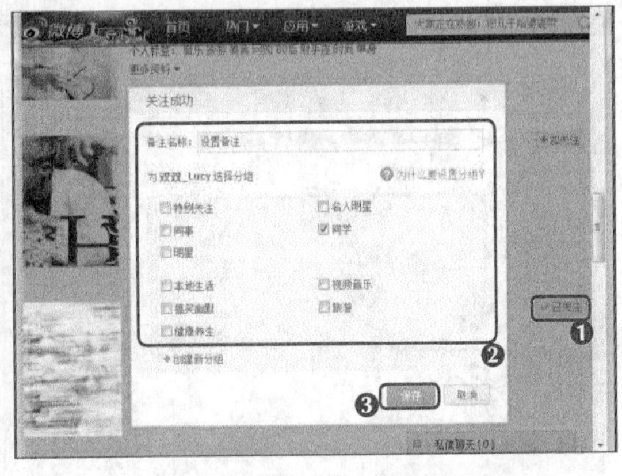
图7-59　为感兴趣的用户添加关注

知识提示

在微博首页左侧单击“消息”选项卡，在下方的列表中选择相应的选项，可依次查看@提到我的、评论、赞、私信等消息；也可在导航条中单击按钮，在打开的列表中选择相应的选项查看更多微博消息。

7.2.5 管理个人微博

拥有了自己的微博后还需要对其进行管理，管理自己的微博其实很简单。下面将讲解如何管理新浪微博，其具体操作如下。

STEP 1 在微博首页的导航条中单击账户名称，或单击微博首页右侧的头像或账户名称，如图7-60所示。

STEP 2 在打开的个人微博设置页面中可查看“我的主页”、“微博”、“个人资料”、“相册”等，这里将鼠标光标移至头像上，此时将出现“更换头像”图标，单击该图标，如图7-61所示。

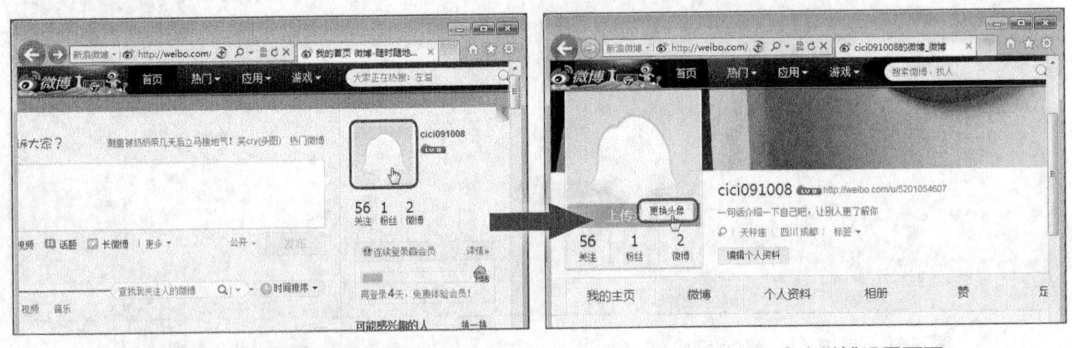
图7-60　单击账户头像　　图7-61　打开个人微博设置页面

STEP 3 在打开的头像设置页面中单击选择上传按钮，如图7-62所示。

STEP 4 在打开的对话框中选择要设置为头像的图片位置和图片，然后单击打开(O)按钮，如图7-63所示。

STEP 5 返回个人微博设置页面，在其中可看到更换头像后的效果，然后单击编辑个人资料按钮，如图7-64所示。

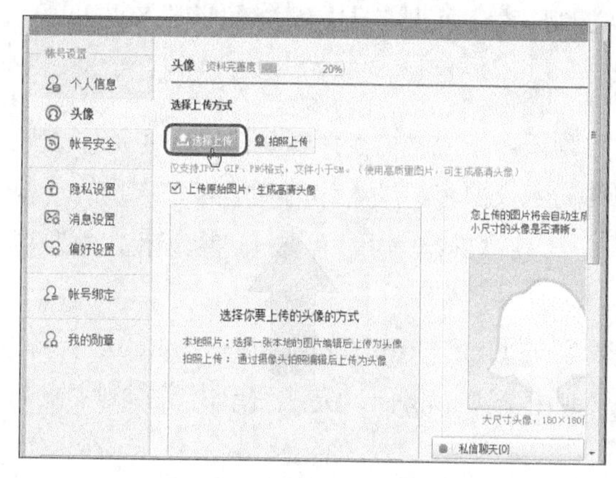

图7-62　单击 选择上传 按钮

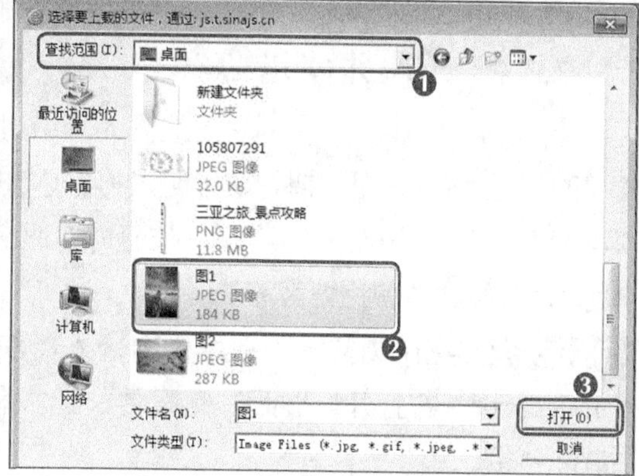

图7-63　选择需设置为头像的图片

STEP 6 在打开的页面中单击每个部分的超链接可以对其内容进行修改和补充，然后单击 保存 按钮即可完成个人资料的编辑，如图7-65所示。

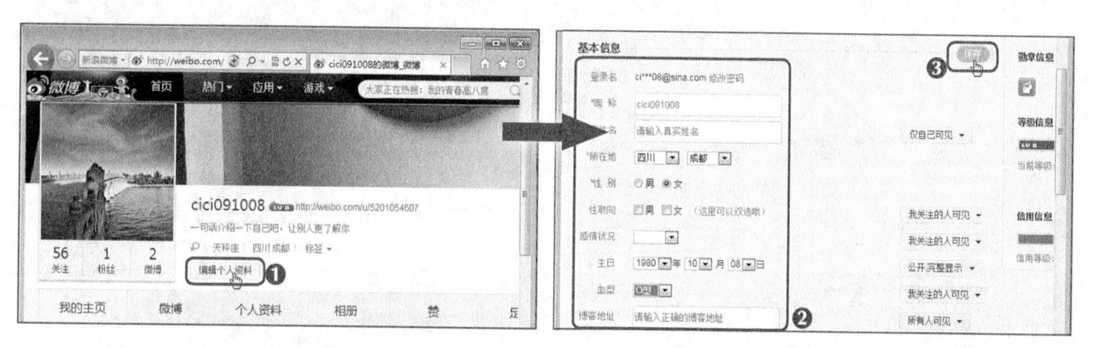

图7-64　单击“编辑个人资料”按钮　　　　图7-65　编辑并保存个人资料

7.3 网络日志——博客

博客也称网络日志、部落格或部落阁等，是一种通常由个人管理、不定期张贴新文章的网站。许多博客专注在特定的课题上提供评论或新闻，其他则被作为比较个人的日记。一个典型的博客结合了文字、图像、其他博客或网站的链接及其他与主题相关的媒体。

7.3.1 博客与微博的区别

博客与微博都是用来描述一个人的所见所闻，而微博以其短小精悍，更加贴近生活而受到网民的推崇，被称之为一句话博客。微博与博客之间的主要区别体现在以下几个方面。

- **字数限制**：微博必须在一定字数以内，这是为了方便用手机发布和阅读；而博客没有限制，它主要是让用户在电脑上发表和阅读。
- **被动阅读**：查看微博时只需在自己的首页上就能看到别人的微博；而查看博客时必须去对方的首页才能看到。
- **发布简便**：微博可以通过发短信、手机网络、电脑进行更新；而博客用手机更新相

对比较麻烦，一般用电脑进行更新。

● **自传播速度快**：微博是通过粉丝转发增加阅读量；而博客是靠网站推荐带来流量。

7.3.2 开通并使用博客

新浪博客是中国门户网站新浪网的网络日志频道。新浪网博客频道是全国最主流，人气颇高的博客频道之一，拥有娱乐明星博客、知性的名人博客、动人的情感博客、自我的草根博客等。下面利用新浪邮箱账户开通博客服务，其具体操作如下。（微课：光盘\微课视频\第7章\开通并使用博客.swf）

STEP 1 在IE浏览器的地址栏中输入新浪博客的网址“http://blog.sina.com.cn/”，按【Enter】键，在打开的页面右侧的文本框中输入邮箱账户和密码，完成后单击 登录 按钮，如图7-66所示。

STEP 2 登录邮箱账户后，在当前页面单击“开通博客”超链接，如图7-67所示。

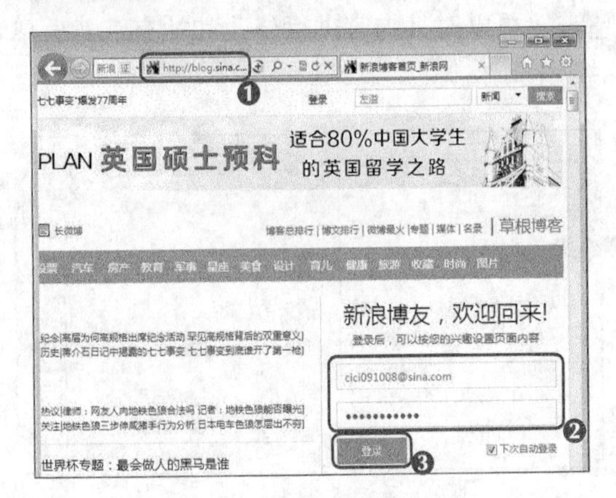

图7-66 单击“登录”按钮

图7-67 单击“开通博客”超链接

STEP 3 在打开的“开通新浪博客”页面中填写相应的信息，完成后单击 完成开通 按钮，如图7-68所示。

STEP 4 在打开的页面中将显示已成功开通新浪博客，然后单击博客地址后的网站链接，如图7-69所示。

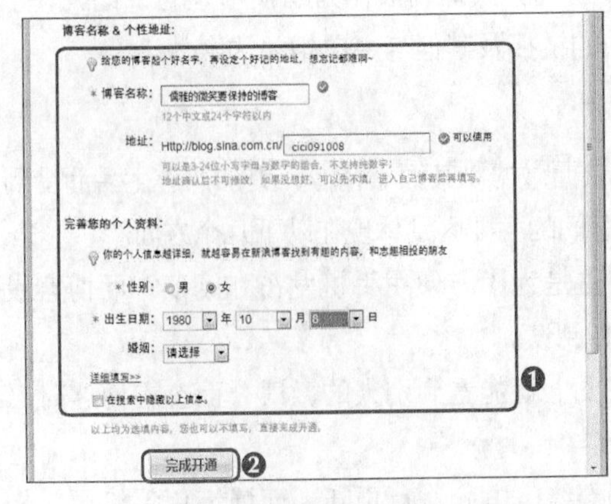

图7-68 填写相应的信息

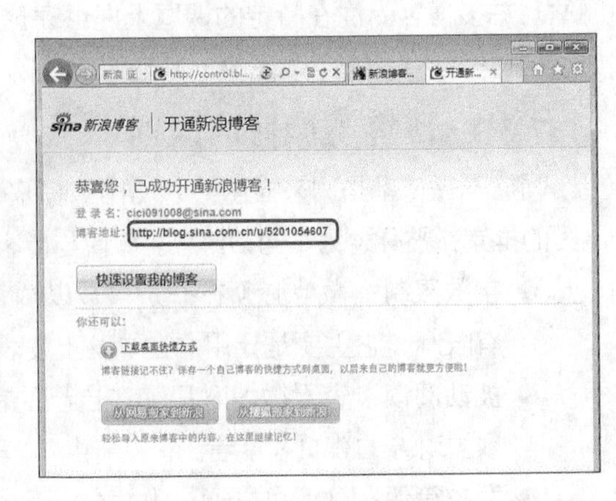

图7-69 开通新浪博客

STEP 5 在打开的页面中单击 完成开通 按钮，如图7-70所示，在打开的“个人中心”页面中根据推荐单击“加关注”超链接添加关注好友，完成后直接单击 完成 按钮，如图7-71所示。

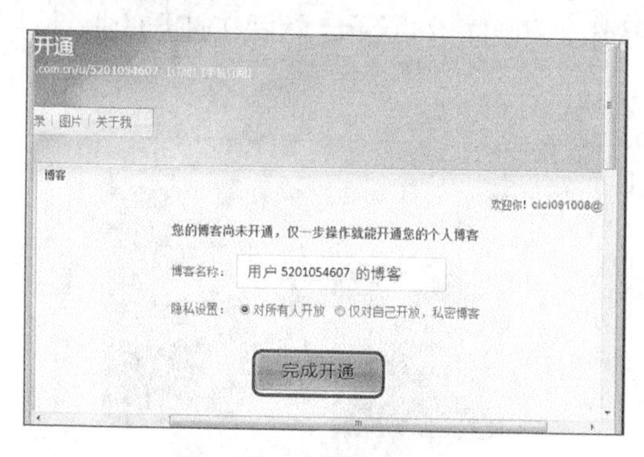

图7-70 完成博客开通

图7-71 添加关注好友

7.3.3 设置并发表博文

博客是以网络作为载体，方便快捷地发布自己的心得，及时有效地与他人进行交流，并集丰富多彩的个性化展示于一体的综合性平台。因此下面首先在开通的新浪博客里设置头像昵称，然后发表一篇带有图片的博文，其具体操作如下。（微课：光盘\微课视频\第7章\设置并发表博文.swf）

STEP 1 在新浪博客首页输入账户名称和密码，单击 登录 按钮，登录新浪博客后在其页面右侧单击头像或账户名称，如图7-72所示。

STEP 2 在打开的当前用户名称的新浪博客页面上方单击用户名称，在下拉列表中选择“修改头像昵称”选项，如图7-73所示。

图7-72 单击头像

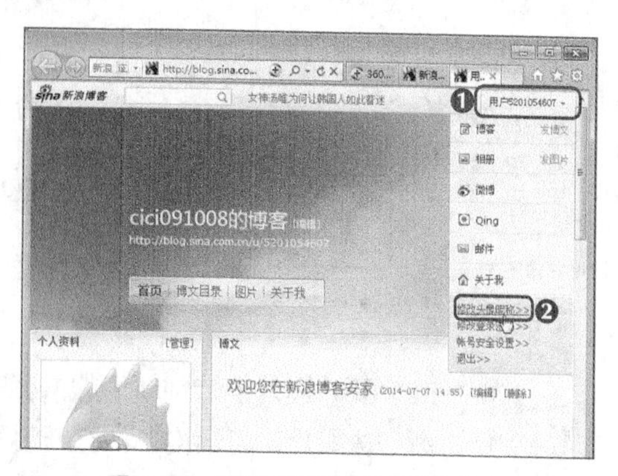

图7-73 选择“修改头像昵称”选项

多学一招

在新浪博客首页上方单击“博客总排行”超链接，在打开的博客排行网页中选择需查看的博客，如单击“封起De日子”超链接，进入该博客对应的网页，若要查看全部博文，可单击“博文目录”超链接，在打开的网页中将列出所有的博文，选择需阅读的博文，在打开的网页中阅读博文的全部内容。

STEP 3 在打开的头像昵称设置页面的“昵称”文本框中输入昵称，在“头像”文本框后单击[浏览...]按钮，在打开的对话框中选择将设置为头像的图片位置和图片，然后单击[打开(O)]按钮，如图7-74所示。

STEP 4 返回头像昵称设置页面，单击[保存]按钮，如图7-75所示，然后在打开的提示对话框中单击[确定]按钮即可。

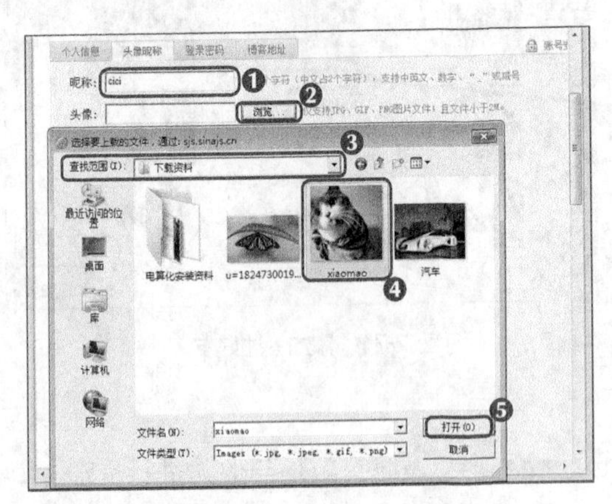

图7-74 选择图片作为头像

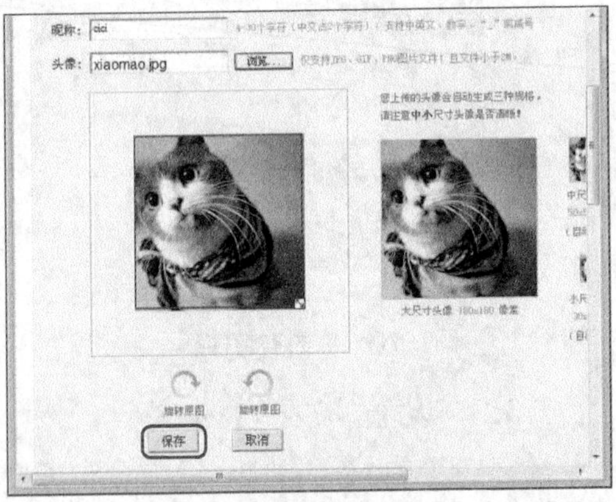

图7-75 确认并保存图片

STEP 5 返回当前用户名称的新浪博客页面，单击“发博文”超链接，如图7-76所示。

STEP 6 在打开的博客编辑页面的“标题”文本框中输入博文标题，在下方的大文本框中输入博文内容，然后单击[图片]按钮，如图7-77所示。

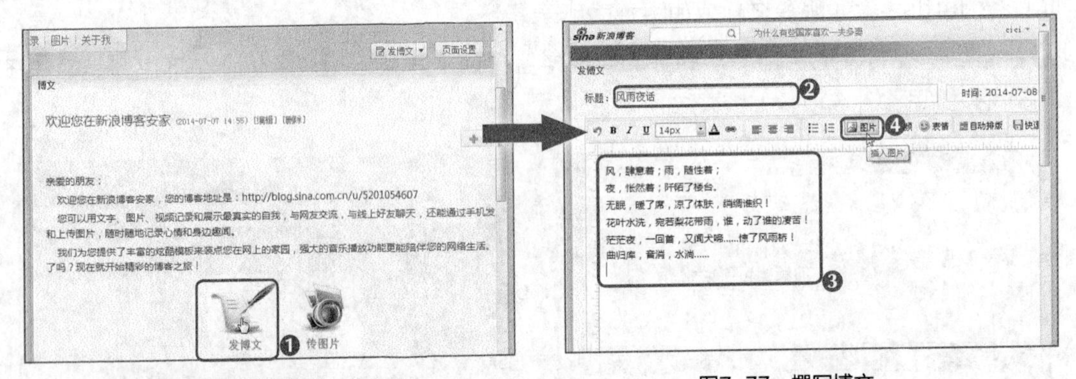

图7-76 单击“发博文”超链接

图7-77 撰写博文

多学一招

要将图片上传到新浪的博客图片，可在当前用户名称的新浪博客页面中单击“传图片”超链接，在打开的上传图片页面中根据提示步骤先选择照片，然后开始上传，同时还可为照片添加描述和标签。

STEP 7 在打开的插入图片窗口中单击[添加]按钮，在打开的对话框中选择需插入的图片位置和图片，然后单击[打开(O)]按钮，如图7-78所示，返回插入图片窗口单击[插入图片]按钮。

STEP 8 在博客编辑页面下方选择分类，并使用标签和进行相应的设置，完成后单击[发博文]按钮，如图7-79所示。

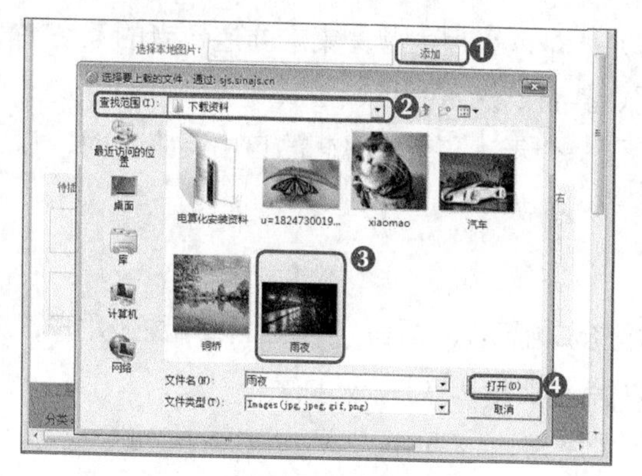

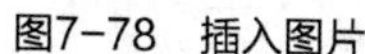

图7-78　插入图片

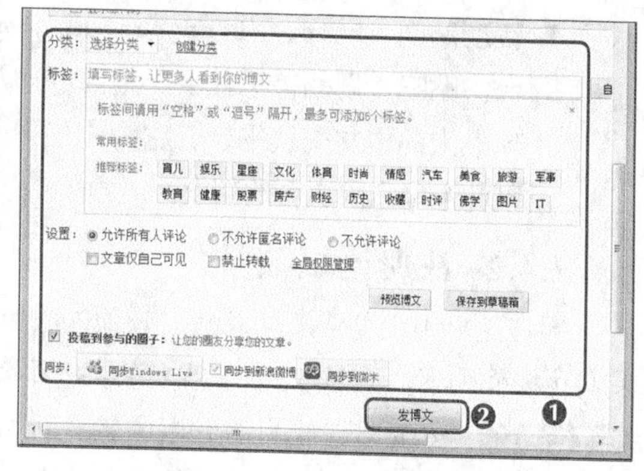

图7-79　确认并发布博文

7.4 论坛

论坛又叫BBS，全称为Bulletin Board System（电子公告板）或Bulletin Board Service（公告板服务），是Internet上的一种电子信息服务系统。它具有交互性强、内容丰富、及时等特点。提供BBS服务的网站叫BBS站点，用户在BBS站点上可以获得各种信息服务，如发布信息、进行讨论、聊天等。

7.4.1 常用的BBS站点

个人、学校、小区或任意机构都可以创建自己的BBS站点。BBS站点一般有一个总主题，然后下面有若干个子主题，BBS的总主题是指该站点属于什么性质的论坛，如计算机论坛、摄影论坛或小区业主论坛等，不过更多的BBS论坛都是综合性的，讨论范围涉及方方面面。

下面列出几个比较常用的BBS站点。

- **天涯社区**（http://www.tianya.cn/）：是全球最具影响力的网络社区之一，自创立以来，以其开放、包容、充满人文关怀的特色受到了全球华人网民的推崇。如今，它已成为以论坛、部落、博客为基础交流方式，综合提供个人空间、相册、音乐盒子、分类信息、站内消息、虚拟商店等服务，并以人文情感为核心的综合性虚拟社区和大型网络社交平台。
- **猫扑社区**（http://www.mop.com/）：是国内最具影响力的中文网络社区之一。目前，它已发展成为集猫扑大杂烩、猫扑贴贴论坛、猫扑频道、猫扑游戏等产品为一体的综合性富媒体娱乐互动平台。
- **搜狐社区**（http://club.sohu.com/）：堪称最具影响力的中文第一社区。拥有与网友生活密切相关的各类论坛，包括新闻、健康、财经、教育、汽车、IT等多个频道分区、2000个论坛，生活化、娱乐化、公益化的全方位互动平台纵横搭建。
- **新浪论坛**（http://bbs.sina.com.cn/）：是全球最大华人中文社区，新浪论坛社区是互联网中最具知名度的综合性BBS，拥有庞大的核心用户群体，主题板块涵盖文化、生活、社会、时事、体育、娱乐等各项领域。

- **百度贴吧（http://tieba.baidu.com/）**：是以兴趣主题聚集志同道合者的互动平台。贴吧主题涵盖了社会、地区、生活、教育、娱乐明星、游戏等各个方面，是全球最大的中文交流平台，它为人们提供了一个表达和交流思想的自由网络空间，并以此汇集志同道合的网友。

7.4.2 注册论坛账号

要在论坛中浏览信息和发帖，必须先注册并登录论坛。下面在“天涯社区”注册用户，其具体操作如下。（微课：光盘\微课视频\第7章\注册论坛账号.swf）

STEP 1 在IE浏览器的地址栏中输入天涯社区的网址“http://www.tianya.cn/”，按【Enter】键，在打开的天涯社区的首页单击免费注册按钮，如图7-80所示。

STEP 2 在打开的注册天涯账号页面根据提示输入相应的信息，单击立即注册按钮，如图7-81所示。

图7-80 打开天涯社区首页

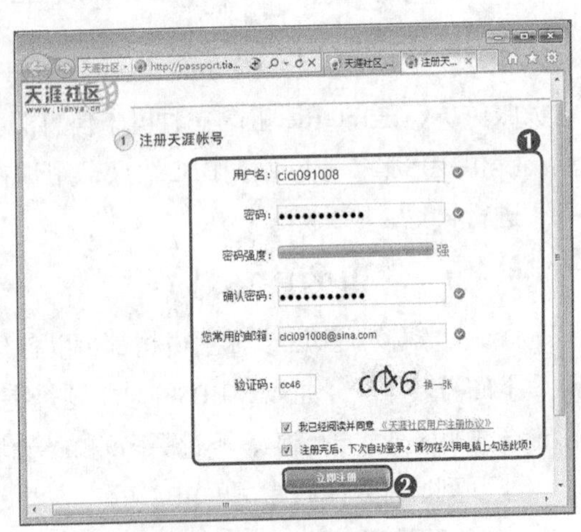

图7-81 填写相应的信息

STEP 3 此时在打开的页面中要求用户激活账号，单击马上进行手机认证按钮，在打开的页面中输入手机号码，然后单击确定按钮，如图7-82所示。

STEP 4 在打开的页面中将提示用户编辑短信到特服号码才能完成手机认证，并激活天涯论坛账号，如图7-83所示，发送短信后即可进入天涯社区。

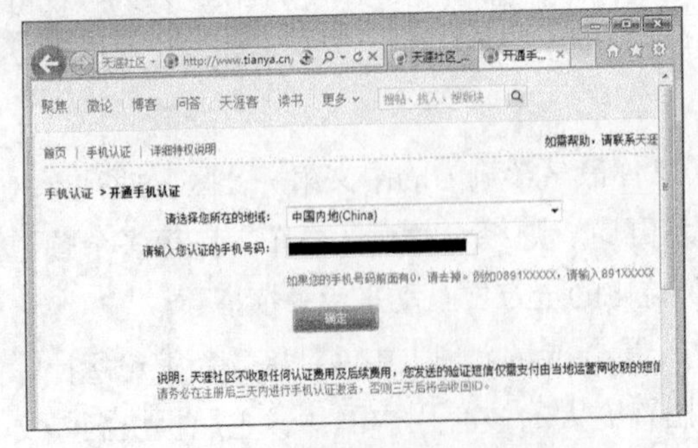

图7-82 输入手机号码进行认证

图7-83 完成认证并激活天涯论坛账号

7.4.3 查看并回复帖子

通常，论坛会按不同的主题分为许多版块，将帖子进行分类放置，以便用户查看。下面在天涯论坛查看球迷一家方面的信息，其具体操作如下。（微课：光盘\微课视频\第7章\查看并回复帖子.swf）

STEP 1 在天涯社区的首页中输入“用户名”和“密码”，然后单击登录按钮，如图7-84所示。

STEP 2 在当前用户对应的天涯页面上的导航栏中单击“论坛”超链接进入论坛，如图7-85所示。

图7-84 登录天涯社区

图7-85 单击“论坛”超链接

STEP 3 在打开的页面中可查看论坛的各个板块，然后在左侧的帖子类别中选择板块类别，这里单击“球迷一家”板块链接，在打开的窗口中单击感兴趣的帖子的超链接，如图7-86所示。

STEP 4 在打开的页面中即可看到帖子的具体内容，如图7-87所示。

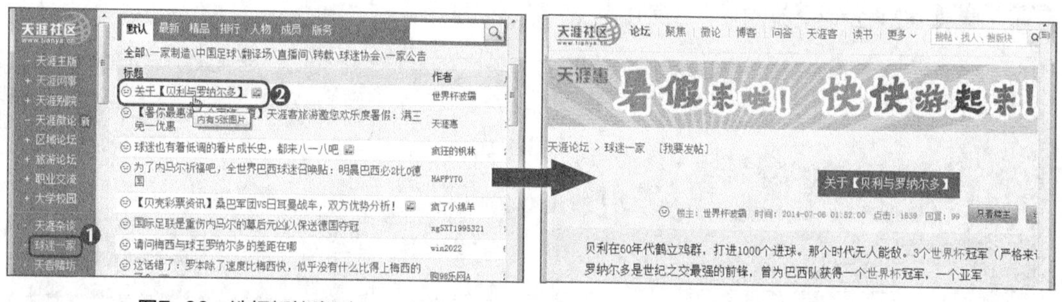

图7-86 选择板块类别

图7-87 查看帖子

知识提示

选择并查看帖子时，每个帖子后面都有该帖子的点击数和回复数，从而判断该帖子的热门程度。某些帖子回复的人较多，网页下方将显示具体的页数，单击数字超链接，可打开该页进行查看。发帖和写微博一样，要引起大家的注意，标题和第一句话非常重要，要能吸引眼球。

STEP 5 在当前页面的末尾有一个回复文本框，在其中输入该帖子的回复信息，然后单击回复(Ctrl+Enter)按钮，如图7-88所示。

STEP 6 稍等片刻后提示回复成功，且在当前页面下可看到回复帖子，如图7-89所示。

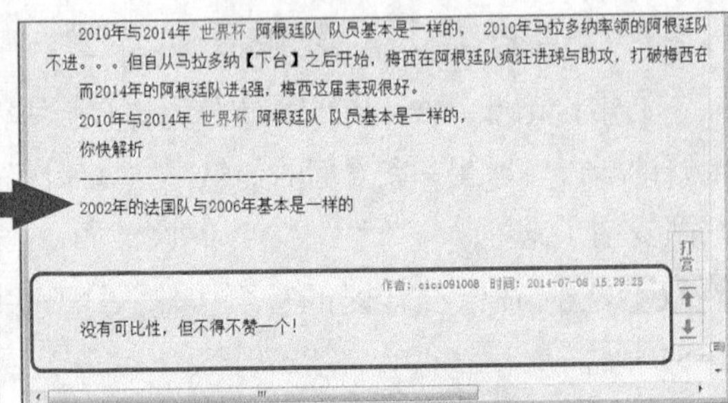

图7-88 回复帖子

图7-89 查看回复帖子

在论坛中某版块的管理员称为“版主”，发帖的人称为“楼主”，第一个回复的位置称为“沙发”，称上一个回复的人为“楼上”。一般论坛里的帖子一旦有人回复，就会呈列到主题列表的最上面，这个回复的动作称为“顶”，与“顶”相对的是“沉”。

7.4.4 发表帖子

在论坛里通过发帖或回帖不仅可以发表自己的观点，与网友进行交流，而且一些客观公正的观点可以让我们得到有益的教诲和启发。因此当对某些事件有想法希望和大家讨论，或有某些感受想与大家分享时，就可以在论坛中发帖。下面在天涯论坛中发表帖子，其具体操作如下。（微课：光盘\微课视频\第7章\发表帖子.swf）

STEP 1 登录天涯论坛后，在左侧选择发帖子的大类别，如“职业交流”，在下方选择子类别，如“会计”，如图7-90所示。

STEP 2 进入会计交流网页，在其中单击 发帖 按钮，如图7-91所示。

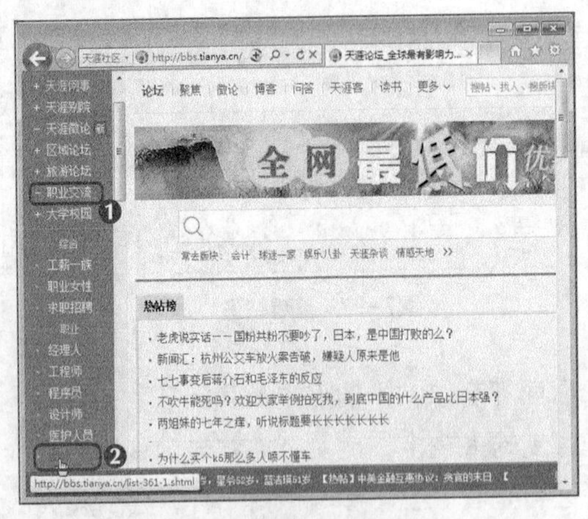

图7-90 选择发帖子的类别

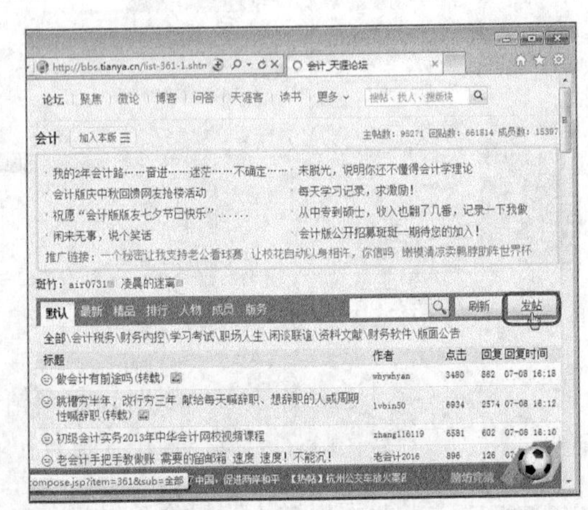

图7-91 打开发帖子网页

STEP 3 在打开的页面的“标题”文本框中输入帖子标题，在右侧的下拉列表框中选择帖子的类别“闲谈联谊”，在下方的文本框中输入帖子的内容，然后单击选中“原创”单选项，并单击 发表(Ctrl+Enter) 按钮，如图7-92所示。

STEP 4 返回会计交流网页，在其中可看到发表的帖子，如图7-93所示。

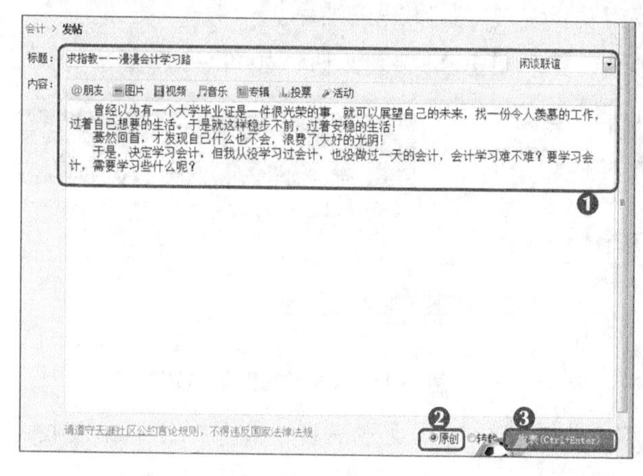

图7-92 写帖子

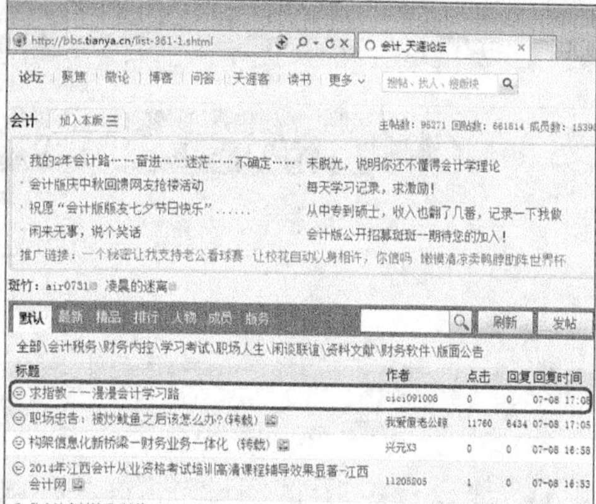

图7-93 发表帖子

7.5 实训——使用网络通讯工具实现即时交流

本实训的目标是使用网络通讯工具实现即时交流，前面主要介绍了利用QQ收发信息，其实QQ的功能远不止于此，下面将灵活运用QQ空间和腾讯微博实现即时交流。

7.5.1 灵活运用QQ空间

QQ空间（Qzone）是国内最大的社交网络，在QQ空间上用户不仅可以写日志、上传照片、听音乐、写心情等通过多种方式展现自己，还可以根据个人的喜好设定空间的背景、小挂件等，从而使每个空间都有自己的特色。下面主要介绍利用QQ空间发表说说、日志，上传照片等功能，其具体操作如下。（微课：光盘\微课视频\第7章\灵活运用QQ空间.swf）

STEP 1 登录QQ，在打开的QQ主界面中单击“QQ空间”按钮，如图7-94所示。

STEP 2 在打开的页面中系统提示欢迎来到QQ空间，若是初次使用QQ空间，可单击开始了解按钮根据提示进行相应的设置，这里直接单击按钮关闭欢迎界面，如图7-95所示。

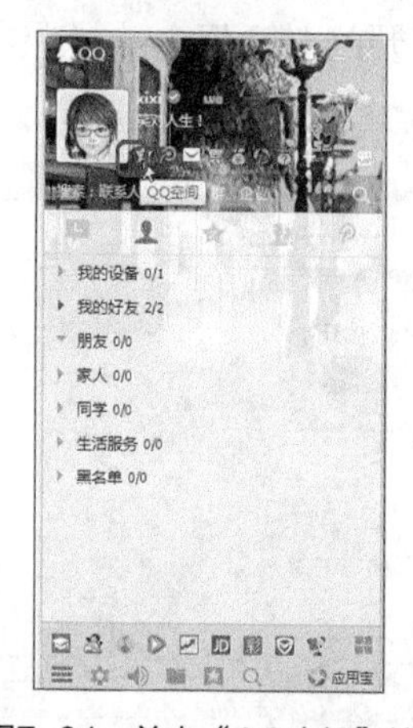

图7-94 单击“QQ空间”按钮

图7-95 打开QQ空间欢迎界面

STEP 3 进入空间后，在上方的文本框中输入说说内容，然后单击☺按钮，在打开的列表中选择相应的表情，完成后单击 发表 按钮发表说说，如图7-96所示。

STEP 4 在当前页面单击“日志”选项卡，然后单击 写日志 按钮，如图7-97所示。

图7-96 发表说说

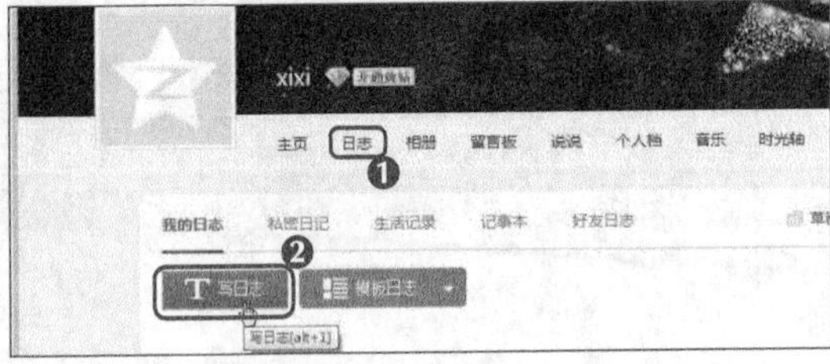

图7-97 单击“写日志”按钮

STEP 5 在打开的写日志页面的标题栏和内容部分输入文本信息，并选择分类和权限，然后单击 发表 按钮发表日志，如图7-98所示。

STEP 6 单击“相册”选项卡，在打开的页面中单击 上传照片 按钮，如图7-99所示。

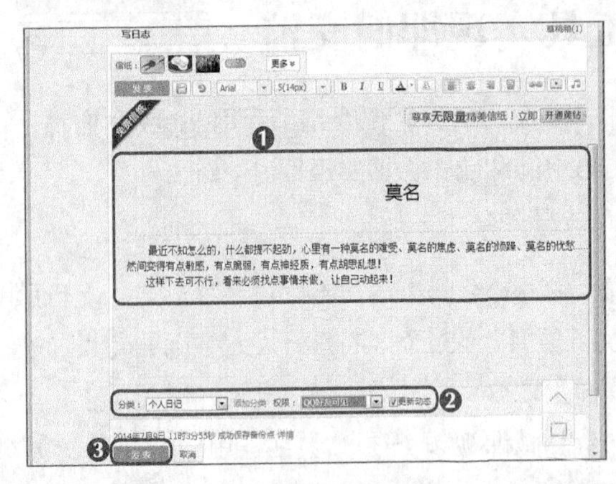

图7-98 发表日志

图7-99 单击“上传照片”按钮

STEP 7 在打开的“上传照片”窗口中单击“新建相册”超链接，在打开的“创建相册”窗口中编辑相册名称、相册描述、主题、分类等，单击 确定 按钮，如图7-100所示。

STEP 8 返回“上传照片”窗口，在其中单击 选择照片 按钮，在打开的对话框中选择照片的保存位置和照片，完成后单击 打开(O) 按钮，如图7-101所示。

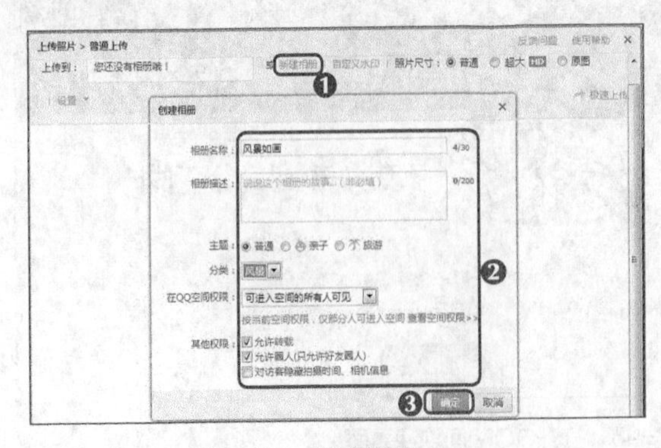

图7-100 新建相册

图7-101 选择照片

STEP 9 返回上传照片窗口，单击 开始上传 按钮，如图7-102所示，完成后在打开的页面中将提示已成功上传。

STEP 10 单击“主页”选项卡，在其中可看到已发表的说说、日志，以及上传的图片等，如图7-103所示。

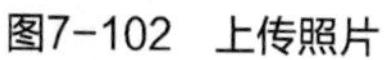

图7-102 上传照片

图7-103 查看主页

知识提示

QQ空间提供有黄钻服务，可以享受空间普通装扮免费任用、特供品疯狂打折、空间道具免费领取、黄钻宝贝独家领养、1G海量贵族相册、VIP上传通道、自定义空间个性头像、视频日志在线录制等众多超酷特权。

7.5.2 及时发表微博

下面将利用QQ开通腾讯微博，然后通过它发表微博、查看他人的微博等，其具体操作如下。（微课：光盘\微课视频\第7章\及时发表微博.swf）

STEP 1 在QQ主界面中单击“腾讯微博”按钮，如图7-104所示。

STEP 2 在打开的页面中系统提示欢迎来到腾讯微博，然后在文本框中分别输入姓名和微博账号，单击 立即开通>> 按钮，如图7-105所示。

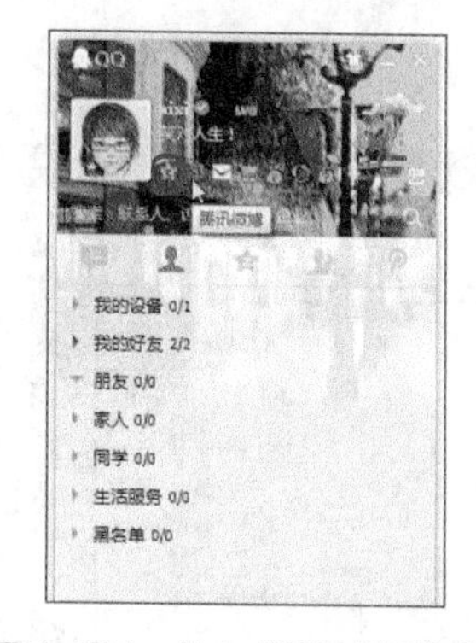

图7-104 单击“腾讯微博”按钮

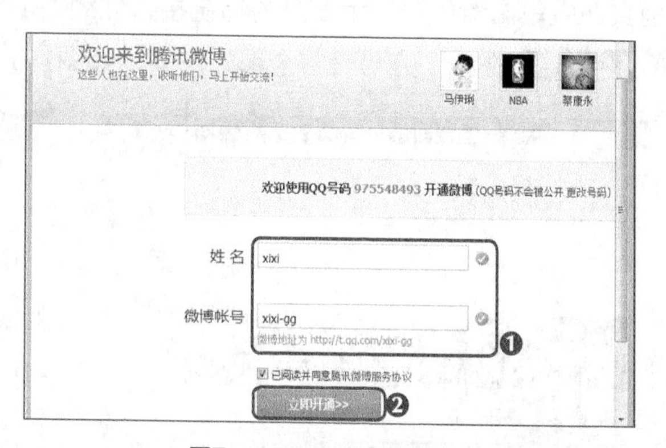

图7-105 开通腾讯微博

STEP 3 在打开的窗口中根据提示输入验证码，然后单击 确定 按钮，在打开的页面中将提示找到好友，用户可根据需要选择相应的好友，然后单击 收听他们，下一步 按钮，如图7-106所示。

STEP 4 在打开的页面中将推荐值得收听的人，用户可根据需要进行选择，并单击 收听他们，下一步 按钮，在打开的页面中根据提示进行基础设置，然后单击 保存，下一步 按钮，如图7-107所示。

图7-106　添加好友

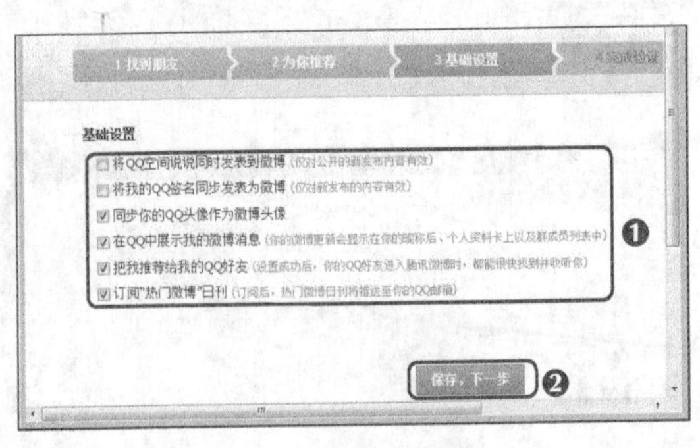

图7-107　完成基础设置

STEP 5 在打开的页面中根据提示输入姓名、身份证号、验证码，然后单击 进行身份验证 按钮，如图7-108所示。

STEP 6 在打开的页面中将提示完成身份验证，然后单击 立即进入微博 按钮，在打开的微博首页中单击 进入微博 按钮进入微博，如图7-109所示。

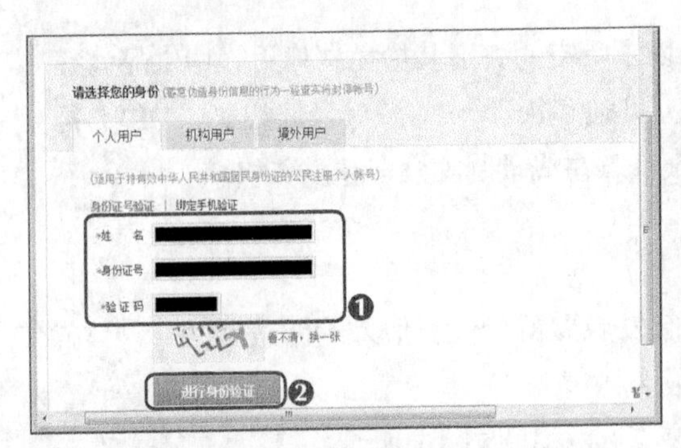

图7-108　填写个人信息

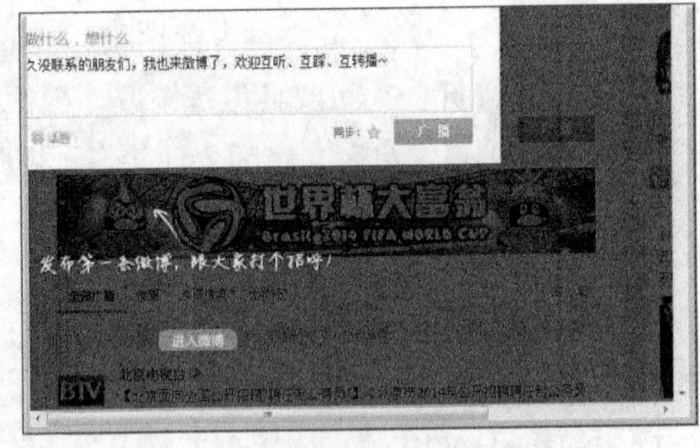

图7-109　进入微博

STEP 7 在打开的页面上方的文本框中输入需要发表的内容，然后单击 广播 按钮，在当前页面中单击新广播提示信息的超链接，如图7-110所示。

STEP 8 在其下方可查看全部的广播，如图7-111所示。

图7-110　发表微博

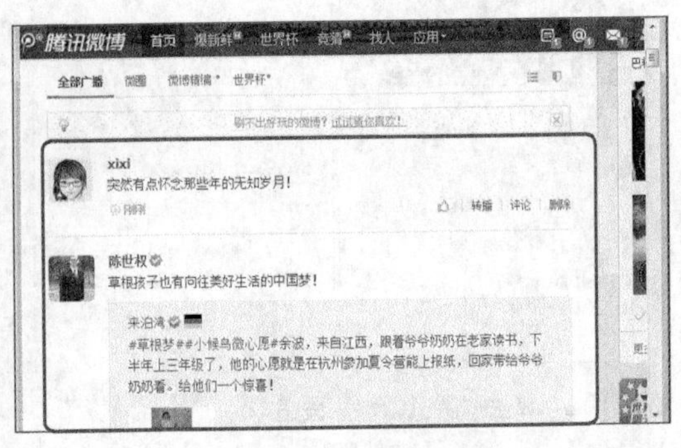

图7-111　查看微博

7.6 疑难解析

问：如何防范利用QQ聊天进行欺诈？

答：现在网络中有很多新型的欺骗手段，使用QQ欺骗就是常见的手段之一，因此做好防范措施非常重要。首先，开启电脑上的安全软件，从各方面保证用户的隐私，确保QQ账号的安全；其次，面对QQ好友的求助需谨慎，即使是现实中认识的人，也不要轻信对方的话，特别是牵涉钱财方面时更应加强警惕，不可贸然向对方汇款，最好多加追问对方情况，确认对方的信息，一旦确认对方QQ被恶意盗号，应立刻举报并通知受害的好友。

问：通过QQ如何实现手机与电脑文件互传？

答：在QQ主界面左下角单击≡图标，在打开的"主菜单"列表中选择"传文件到手机"或"导出手机相册"选项，可实现电脑与手机之间文件互传。

问：如何让更多的好友访问我的博客？

答：登录博客后，可在IE浏览器的地址栏中查看到自己的博客地址，知道这个地址的网友就可以访问你的博客。因此，与博客好友交换友情链接，不仅可以获得直接的访问量，还可以扩大博客交往圈子，让更多好友了解。

问：在博客里如何更改网络日志的网页风格？

答：网络日志的网页风格是由当前应用的模板决定的。要想更改网页风格，首先应登录博客，进入当前用户对应的博客网页，然后单击页面设置按钮，在当前页面上方打开的模板版块中根据需要选择或自定义所需的模板，完成后单击保存按钮，即可更改或自定义网络日志的网页风格。

问：在论坛里为什么有的帖子无法浏览？

答：有些论坛里需要积分，只有积分达到一定要求后才可以浏览一些比较有价值的帖子，积分可以通过发表和回复帖子来获得，发表的帖子或者跟帖越多获得的积分也越多。

7.7 习题

本章主要介绍了QQ、微博、博客、论坛的注册和使用方法。为了使读者进一步掌握这方面的知识在实际交流中的应用，下面通过练习题使读者熟练掌握使用网络通信工具实现即时交流的方法。

（1）注册自己的QQ号码、登录QQ、添加好友、并与好友收发信息、传送文件、进行视频聊天等。

（2）在某个网站上开通自己的微博和博客，并体验微博与博客的各项操作，如发博文、上传图片、添加好友、进行个性化设置等。

（3）在浏览器中打开一个论坛，注册账户，登录后进行发贴、回贴、发短消息以及论坛搜索等操作。

课后拓展知识

QQ 群是腾讯公司推出的多人交流的服务。群主在创建群后，可以邀请朋友或共同兴趣爱好的人到一个群里聊天。在群空间中，用户还可以使用群 BBS、相册、共享文件等多种方式进行交流。下面主要介绍创建 QQ 群的方法，其具体操作如下。

STEP 1 在QQ主界面中单击图标，在打开的QQ群界面中单击“创建我的第一个群”按钮，如图7-112所示。

STEP 2 在打开的创建群窗口中选择群类别，这里选择“同事、朋友”类别，如图7-113所示，在打开的窗口中设置分类、公司和群名称等，单击“下一步”按钮，如图7-114所示。

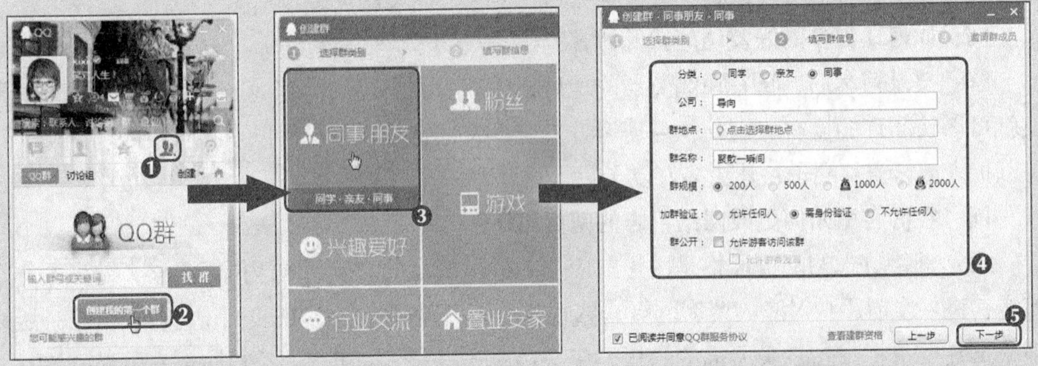

图7-112 打开QQ群界面　　图7-113 选择群类别　　图7-114 填写群信息

STEP 3 在打开的窗口中邀请群成员，如双击“我的好友”类别将我的好友添加到群成员中，然后单击“完成创建”按钮，如图7-115所示。在打开的提示框中将要求输入姓名、手机号等验证信息，然后单击“提交”按钮，在打开的对话框中完善群信息，然后单击“保存”按钮。

STEP 4 进入群设置页面，在其中可根据提示进行相应的设置，完成后在任务栏右下角的QQ图标位置处将出现图标，单击该图标，在打开的窗口中将显示已成功创建群，并提示用户邀请好友、分享群等，如图7-116所示。

STEP 5 在QQ群界面中可看到创建的群，如图7-117所示，双击群名称可打开群信息收发窗口进行信息收发。

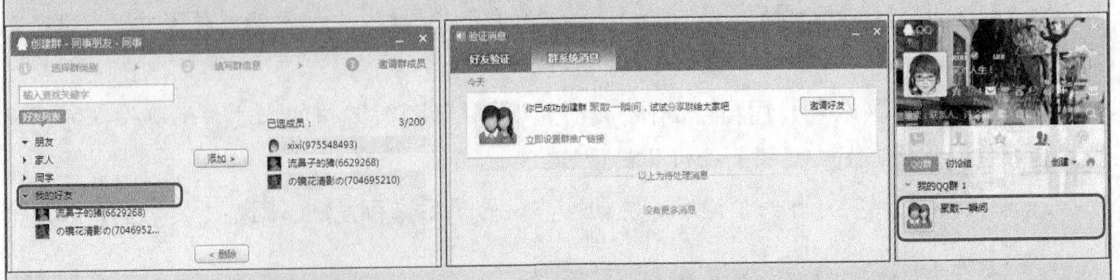

图7-115 添加我的好友为群成员　　图7-116 成功创建群　　图7-117 查看创建的群

PART 8

第8章 电子商务应用

情景导入

网络的发展带来了电子商务的高速发展，如今网上购物已经成为了一种常见的购物方式。于是小白也准备体验一下通过网络选购所需的商品。

知识技能目标

- 认识电子商务和电子支付的相关知识。
- 熟练掌握网上购物的流程，如注册账户、选购商品、提交订单、网上支付、查收宝贝。
- 熟悉网上开店的流程，如创建店铺、发布商品。

- 能够了解电子商务和电子支付，为实现网上交易打下基础。
- 能够掌握网上购物和网上开店的流程，从而打破传统的交易方式，实现真正的电子商务应用。

课堂案例展示

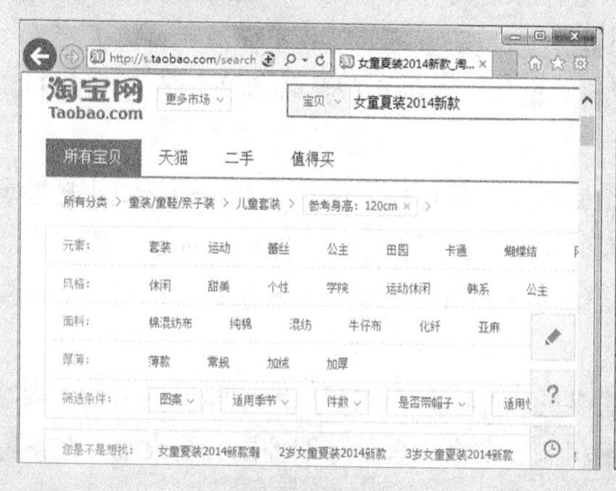

选购商品

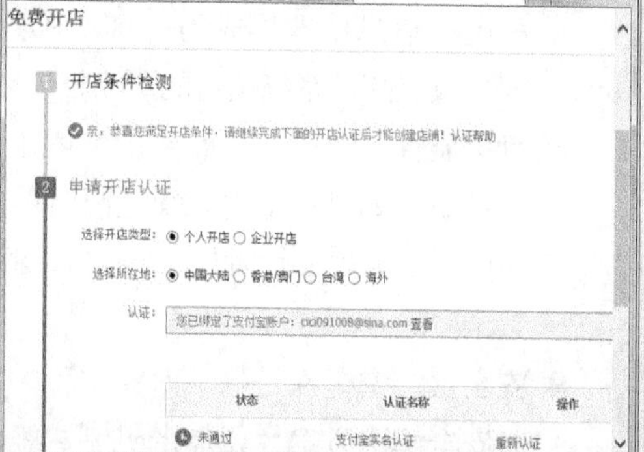

创建店铺

8.1 认识电子商务

随着互联网的迅速普及，电子商务正逐渐成为互联网应用的最大热点，人们已不再是面对面的、看着实实在在的货物、靠纸介质单据（包括现金）进行买卖交易，而是通过网络上琳琅满目的商品信息、完善的物流配送系统和方便安全的资金结算系统进行交易（买卖）。

8.1.1 什么是电子商务

电子商务是指在互联网（Internet）、企业内部网（Intranet）、增值网（VAN，Value Added Network）上以电子交易方式进行交易活动和相关服务的活动，是传统商业活动各环节的电子化、网络化。它利用计算机技术、网络技术和远程通信技术，实现了整个商务（买卖）过程中的电子化、数字化、网络化。电子商务就是以商务活动为主体，以计算机网络为基础，以电子化方式为手段，在法律许可范围内进行的商务活动交易过程。

电子商务提供企业虚拟的全球性贸易环境，不仅大大提高了商务活动的水平和服务质量、节省了潜在开支，而且增加了客户与供货方的联系，提供了交互式的销售渠道，增强了企业的竞争力。

8.1.2 电子商务的特性

与传统的商务相比，电子商务具有更多特性和优势。电子商务的特性可归结为以下几点。

- **商务性**：它是电子商务最基本的特性，即提供买、卖交易的服务、方式、机会。网上购物提供一种客户所需要的方便途径。因而，电子商务对任何规模的企业而言，都是一种机遇。电子商务可以扩展市场，增加客户数量；通过将万维网信息连至数据库，企业能记录下每次访问、销售、购买形式、购货动态，以及客户对产品的偏爱，这样企业就可以通过统计这些数据来获知客户最想购买的产品是什么。
- **服务性**：在电子商务环境中，人们不再受地域的限制，客户能以非常简捷的方式完成过去较为繁杂的商业活动。如通过网络银行能够全天候地存取账户资金、查询信息等，同时使企业对客户的服务质量大大提高。
- **集成性**：电子商务是一种新兴产物，它不仅能协调新老技术，使用户利用已有的资源和技术，更加有效地完成任务，而且还能规范事务处理的工作流程，将人工操作和电子信息处理集成为一个不可分割的整体。这样不仅能提高人力和物力的利用率，也提高了系统运行的严密性。
- **可扩展性**：要使电子商务正常运作，必须确保其可扩展性，可扩展的系统才是稳定的系统。如果在出现高峰状况时能及时扩展，就可使系统阻塞的可能性大为下降。在电子商务中，耗时仅2分钟的重新启动也可能导致大量客户流失，因而可扩展性极其重要。
- **安全性**：安全性是电子商务中至关重要的核心问题，它要求网络能提供一种端到端的安全解决方案，如加密机制、签名机制、安全管理、存取控制、防火墙、防病毒保护等，这与传统的商务活动有着很大的不同。

- **协调性**：商业活动本身是一种协调过程，它需要客户与公司内部、生产商、批发商、零售商间的协调。在电子商务环境中，它更要求银行、配送中心、通讯部门、技术服务等多个部门的通力协作，电子商务的全过程往往是一气呵成的。

知识提示

电子商务可提供网上交易和管理等全过程的服务。因此，它具有广告宣传、咨询洽谈、网上定购、网上支付、电子账户、服务传递、意见征询、交易管理等各项功能。

8.1.3 电子商务的应用范围

电子商务的应用范围很广，主要有以下几种类型。

- B2B(Business to Business)：即企业与企业之间通过互联网进行产品、服务及信息的交换。通俗的说是指电子商务交易的供需双方，商家（即商家、企业、公司）使用了Internet的技术或各种商务网络平台完成商务交易的过程。这个过程包括，发布供求信息、订货及确认订货、支付过程；以及票据的签发、传送和接收，确定配送方案并监控配送过程等。
- B2C（Business to Consumer）：实际上是企业和消费者在网络所构造的虚拟市场上开展的买卖活动。它最大的特点是速度快、信息量大、费用低。B2C模式是国内最早产生的电子商务模式，如今的B2C电子商务网站非常多，比较大型的有天猫商城、京东商城、一号商城、亚马逊、苏宁易购、国美在线等。
- C2C(Consumer to Consumer)：C2C同B2B、B2C一样，都是电子商务的几种模式之一。不同的是C2C是用户对用户的模式，C2C商务平台就是通过为买卖双方提供一个在线的交易平台，让卖方在这个平台上发布商品信息或者提供网上商品拍卖，让买方自行选择和购买商品，或参加竞价拍卖。如C2C电子商务的典型有淘宝网等。
- B2M（Business to Manager）：相对于B2B、B2C、C2C的电子商务模式而言，B2M是一种全新的电子商务模式。它的本质区别在于目标客户群的性质不同，前三者的目标客户群都是作为一种消费者的身份出现，而B2M所针对的客户群是该企业或该产品的销售者或为其工作者，而不是最终消费者。
- C2B（Consumer to Business）：即消费者对企业。它的核心是通过聚合分散分布但数量庞大的用户形成一个强大的采购集团，以此来改变B2C模式中用户一对一出价的弱势地位，使之享受到以大批发商的价格买单件商品的利益。
- C2B2S（Customer to Business-Share）：C2B2S模式是C2B模式的进一步延升，它很好地解决了C2B模式中客户发布需求产品初期无法聚集庞大的客户群体而致使与邀约的商家交易失败。全国首家采用该模式的平台是晴天乐客。
- ABC：ABC模式是新型电子商务模式的一种，它是由代理商（Agents）、商家（Business）、消费者（Consumer）共同搭建的集生产、经营、消费为一体的电子商务平台。

Internet逐渐渗透到每个人的生活中，而各种业务也在网络上的相继展开，不断推动电子商务这一新兴领域的昌盛和繁荣。电子商务不仅可应用于家庭理财、个人购物，还可应用到企业经营、国际贸易等方面。具体地说，电子商务的内容大致可分为，企业间的商务活动、企业内的业务运作、个人网上服务。

8.2 电子支付

为了适应电子商务这一市场潮流，电子支付也随之发展起来。在电子商务中，支付过程是整个商贸活动中非常重要的一个环节，同时也是电子商务中准确性、安全性要求最高的业务过程。因此了解什么是电子支付和电子支付的类型非常有必要。

8.2.1 什么是电子支付

电子支付是指单位、个人（以下简称客户）直接或授权他人通过电子终端发出支付指令，实现货币支付与资金转移的行为。

电子支付与电子商务系统之间存在着密不可分的关系，电子支付是电子商务中非常重要的环节。基于Internet的电子商务，需要为数以百万的购买者和销售者提供支付服务，目前已开发出了很多网上支付系统，这些系统的实质是要把现有的支付方式转化为电子形式。Internet电子支付系统主要包括金融机构（通常指银行，它为付款者和收款者保持账户）、付款者和收款者、第三方非银行金融机构，以及各种金融网络等。

与传统的支付方式相比，电子支付具有以下特征。

- 电子支付是采用先进的技术通过数字流转来完成信息传输的，其各种支付方式都是通过数字化的方式进行款项支付的；而传统支付是通过现金的流转、票据的转让及银行的汇兑等物理实体来完成款项支付的。
- 电子支付的工作环境是基于一个开放的系统平台（即互联网）；而传统支付是在较为封闭的系统中运作。
- 电子支付使用的是最先进的通信手段，如Internet、Extranet，而传统支付使用的是传统的通信媒介。
- 电子支付具有方便、快捷、高效、经济的优势。用户只要拥有一台上网的PC机，便可足不出户，在很短的时间内完成整个支付过程，支付费用也相当便宜。

8.2.2 电子支付的类型

电子支付的业务类型按电子支付指令发起方式分为网上支付、移动支付、电话支付、销售点终端交易、自动柜员机交易和其他电子支付。目前，常用的电子支付类型是网上支付、移动支付、电话支付。

- **网上支付**：网上支付是电子支付的一种形式。广义地讲，网上支付是以互联网为基础，利用银行所支持的某种数字金融工具，发生在购买者和销售者之间的金融交换，而实现从买者到金融机构、商家之间的在线货币支付、现金流转、资金清算、查询统计等过程，由此电子商务服务和其他服务提供金融支持。

- **移动支付**：移动支付是使用移动设备通过无线方式完成支付行为的一种新型的支付方式。移动支付所使用的移动终端可以是手机、PDA、移动PC等。
- **电话支付**：电话支付是电子支付的一种线下实现形式，是指消费者使用电话（固定电话、手机）或其他类似电话的终端设备，通过银行系统从个人银行账户里直接完成付款的方式。

8.2.3 网上支付流程

基于Internet平台的网上支付一般流程如下。（微课：光盘\微课视频\第8章\网上支付流程.swf）

STEP 1 接入因特网（Internet），通过浏览器在网上浏览并选择商品，然后填写网络订单，选择应用的网络支付结算工具，并且得到银行的授权使用，如银行卡、电子钱包、电子现金、电子支票或网络银行账号等。

STEP 2 客户机对相关订单信息，如支付信息进行加密，在网上提交订单。

STEP 3 商家服务器对客户的订购信息进行检查、确认，并把相关的、经过加密的客户支付信息转发给支付网关，直到银行专用网络的银行后台业务服务器确认，以便从银行等电子货币发行机构验证得到支付资金的授权。

STEP 4 银行验证确认后，通过建立起来的经由支付网关的加密通信通道，给商家服务器回送确认及支付结算信息，为进一步的安全，给客户回送支付授权请求。

STEP 5 银行得到客户传来的进一步授权结算信息后，把资金从客户账号上转拨至开展电子商务的商家银行账号上，借助金融专用网进行结算，并分别给商家、客户发送支付结算成功信息。

STEP 6 商家服务器收到银行发来的结算成功信息后，给客户发送网络付款成功信息和发货通知。

至此，一次典型的网络支付结算流程结束。商家和客户可以分别借助网络查询自己的资金余额信息，以便进一步核对。

8.2.4 网上支付方式

在网上购物时使用的网上支付方式有多种，网上银行是最基本的方式，这种支付方式是直接通过登录网上银行进行支付的方式。

除了网上银行、电子信用卡等支付方式外，利用第三方机构的支付模式及其支付流程正在迅猛发展。第三方电子支付平台实际上就是买卖双方交易过程中的“中间件”，是在银行监管下保障交易双方利益的独立机构。它主要面向开展电子商务业务的企业支付平台提供电子商务基础支撑与应用支撑服务，不直接从事具体的电子商务活动。第三方电子支付平台的出现相对降低了网络支付的风险，杜绝了电子交易中的欺诈行为。目前，常用的第三方电子支付平台有支付宝、财付通、快钱等。

下面对几种常用的网上支付方式进行比较，如表8-1所示。

表 8-1　网上支付方式的比较

方式		特点	安全与便捷指数
网银支付		网银支付是国内电子商务企业提供在线交易服务不可或缺的功能之一。其特点是银行卡需先开通网银支付功能，且支付时需要在银行网银页面输入银行卡信息并验证支付密码，具有稳定易用、安全可靠的特点	安全指数：★★★★ 便捷指数：★★★
第三方支付平台	支付宝	支付宝安全、简单、快捷，其中最主要的特点是使用买家收到货满意后卖家才能收到钱的支付规则。因而保证了整个交易过程的顺利完成。其次支付宝和国内外主要的银行都建立了合作关系。只要用户拥有一张各大银行的银行卡，就可以顺利的利用支付宝实现支付	安全指数：★★★★ 便捷指数：★★★★
	财付通	财付通是腾讯公司推出的专业在线支付平台，致力于为互联网用户和企业提供安全、便捷、专业的在线支付服务。财付通构建全新的综合支付平台，业务覆盖 B2B、B2C 和 C2C 各领域，提供卓越的网上支付及清算服务。针对个人用户，财付通提供了包括在线充值、提现、支付、交易管理等功能；针对企业用户，财付通提供了安全可靠的支付清算服务和极富特色的 QQ 营销资源支持	安全指数：★★★ 便捷指数：★★★★★
	快钱	快钱是国内领先的独立第三方支付企业，旨在为各类企业及个人提供安全、便捷和保密的综合电子支付服务。目前，快钱是支付产品最丰富、覆盖人群最广泛的电子支付企业，其推出的支付产品包括但不限于人民币支付，外卡支付，神州行卡支付，联通充值卡支付，VPOS 支付等众多支付产品，支持互联网、手机、电话和 POS 等多种终端，满足各类企业和个人的不同支付需求	安全指数：★★★★ 便捷指数：★★★★★
	百付宝	百付宝是百度公司推出的一款在线支付平台，虽然目前功能尚不太完善，但是具有广阔的前景。而且与最新推出的百度理财产品"百发"产品息息相关，相信未来一定能成为得力的在线支付平台	安全指数：★★★ 便捷指数：★★★★

知识提示

第三方支付本身集成了多种支付方式，首先需要将网银中的钱充值到第三方，然后在用户支付时通过第三方中的存款进行支付，以及花费手续费进行提现。第三方的支付手段多种多样，包括移动支付和固定电话支付。

8.2.5　开通网上银行

随着互联网的不断深入生活，如今借用网上平台进行交易已是很平常的事情。要借助网络实现购物、缴费以及转账等业务，就必须先开通网上银行。

开通网上银行的步骤如下。（微课：光盘\微课视频\第8章\开通网上银行.swf）

STEP 1 携带本人身份证到需要办理的银行，填写网上银行申请表（如果已有该银行账号，可以用现成的账号开通网银，没有则需新开户账号办理）。

STEP 2 将申请表提交给银行柜台工作人员，等待银行工作人员审核填写的表格和身份证（填写手机号码时，应填写自己的，否则不能接收银行发送的账户信息）。

STEP 3 设置网上银行密码，包括登录密码、交易密码、手机密码（设置的密码千万要记清楚，最好不要设置为生日、电话号码等易被猜测的数字）。

STEP 4 信息审核通过后，银行会打印网上银行资料给用户，同时还会有一张U盾或动态口令卡（各大银行各不相同，如中行是动态口令卡，招行/工行是U盾）。

STEP 5 将银行所给的所有东西收齐，回家登录网上银行。登录网上银行前必须安装银行的所有安全控件（银行官网上一般有操作流程解释，可以参考）。

知识提示

不同的银行有不同的规定，除了持本人身份证件到银行的营业网点办理网上银行申请手续外，有的银行还提供在银行网站在线申请网上银行服务的申请方式，有的银行则提供柜台、网站、电话等多种申请和开通渠道。

8.2.6 网上银行的安全性

要确保网上银行交易的安全性，一方面银行要建立严密的安全防护措施体系，另一方面消费者要掌握正确安全地使用网上银行的方法。只有采取必要的安全防护策略，合理地选择网络安全产品，才能实现网上银行的安全要求，使广大消费者放心地享用网上银行带来的便捷、高效的服务。

1. 网上银行的认证方式

网上银行的安全性主要是通过认证实现的，常用的认证方式如表8-2所示。

表 8-2 常用的认证方式

方式	特点	安全与便捷系数
密码	密码是每一个网上银行必备的认证介质，它是最简单的认证方式，但密码非常容易被木马盗取或被他人偷窥	安全系数：30% 便捷系数：100%
文件数字证书	文件数字证书是存放在电脑中的数字证书，每次交易时都需用到。若电脑中没有安装数字证书将无法完成付款；已安装文件数字证书的用户只需输入密码即可。由于文件数字证书不可移动，对于经常更换电脑使用的用户将很不方便；而且文件数字证书有可能被盗取，所以不是绝对安全	安全系数：70% 便捷系数：100%（家庭用户），30%（网吧用户）

续表

方式	优缺点	安全与便捷系数
动态口令卡	动态口令卡的卡面上有一个表格，表格内有几十个数字。进行网上交易时，银行会随机询问你某行某列的数字，若能正确地输入对应格内的数字便可成功交易；反之不能。动态口令卡可以随身携带、轻便、不需驱动、使用方便，但是如果木马长期潜伏在电脑中，将渐渐地获取口令卡上的很多数字，当获知的数字达到一定数量时，用户的资金将不再安全，而且如果在外使用，也容易被人拍照	安全系数：50% 便捷系数：80%
动态手机口令	当用户尝试进行网上交易时，银行会向用户的手机发送短信，若用户能正确地输入收到的短信则可成功付款，反之不能。动态手机口令不需安装驱动，且不怕偷窥，不怕木马，相对安全，但是必须随身带手机，手机不能停机，不能没电，不能丢失。而且有时通信运营商服务质量低导致短信迟迟没收到，将影响效率	安全系数：80%~90% 便捷系数：80%
移动口令牌	移动口令牌需要一定时间换一次号码。付款时只需按移动口令牌上的键就会出现当前的代码。一分钟内在网上银行付款时可以凭这个编码付款。如果无法获得该编码，则无法成功付款。移动口令牌不需要驱动，不需要安装，只需随身带，不怕偷窥，不怕木马。口令牌的编码一旦使用过就立即失效，不用担心付款时输的编码被别人看到	安全系数：80%~90% 便捷系数：80%
移动数字证书	移动数字证书，工行称U盾，农行称K宝，建行称网银盾，光大银行称阳光网盾，支付宝中的称支付盾。它存放着个人的数字证书，但不可读取。同样，银行也记录着个人的数字证书。进行网上交易时，银行会向用户发送由时间字串、地址字串、交易信息字串、防重放攻击字串组合在一起进行加密后得到的字串A，U盾将根据用户的个人证书对字串A进行不可逆运算得到字串B，并将字串B发送给银行，银行端同时进行该不可逆运算，如果银行运算结果和用户的运算结果一致便可完成交易，否则交易失败	安全系数：95% 便捷系数：50%（持有需要驱动的移动数字证书的网吧用户） 80%（持有免驱的移动数字证书的网吧用户或家庭用户）

知识提示

安全性作为网络银行赖以生存和得以发展的核心及基础，从一开始就受到各家银行的极大重视，都采取了有效的技术和业务手段来确保网上银行安全。但安全性和方便性又是互相矛盾的，越安全就意味着申请手续越繁琐，操作越复杂。因此，用户必须在安全性和方便性上进行权衡。

2. 安全意识

银行卡持有人的安全意识是影响网上银行安全性的重要因素。作为个人消费者，要保证交易的安全，需注意以下几点。

- **确保自身账户的安全性**：不要将自己的身份证件号码（特别是复印件）、银行卡号等信息随便告知他人，不要在公共场合透露这些信息，也不要在可访问的WWW服务器中存放这些信息，因为搜索引擎可能会搜索到这些信息，并被他人下载。
- **不要用公共场所的电脑**：用户应避免在公用电脑上使用网上银行，以防数字证书等机密资料落入他人之手，从而使网上身份识别系统被攻破，网上账户遭盗用。
- **核对网上银行的网址**：在登录网上银行时，应留意核对所登录的网址与协议书中的法定网址是否相符，谨防一些不法分子恶意模仿银行网站，骗取账户信息。
- **妥善使用和保管密码**：密码应避免与个人资料有关，不要使用出生日期、电话号码、门牌号码等作为密码。建议使用字母、数字混合的密码，以提高密码破解难度。不要将密码透露给其他任何人，也不要将密码写在纸上。在输入账户名和密码时，应确认周围没有人窥视，且尽量避免在不同的系统使用同一密码。
- **对异常动态提高警惕**：网上银行在系统运行稳定的情况下不会出现“系统维护”的提示。若用户不小心在陌生的“银行网址”上输入了银行卡号和密码，并遇到类似“系统维护”之类的提示，应立即拨打该银行客服热线进行确认。万一发现资料被盗，应立即修改相关交易密码或进行银行卡挂失。
- **做好交易记录**：客户应对网上银行办理的转账和支付等业务做好记录，定期查看“历史交易明细”，定期打印网上银行业务对账单，如发现异常交易或账务差错，应立即与银行联系，避免损失。
- **不要共享个人电脑中的数据**：部门间协同作业时，共享电脑中的信息有可能通过无线LAN接入服务泄露企业信息或者感染病毒。蠕虫病毒会通过无线LAN访问服务扩大感染范围，如果电脑设置了共享目录，黑客就可能由端口进入用户电脑。所以，网络安全专家建议不要设置共享目录，不要允许任何人浏览个人电脑上的资料。

8.3 网上购物

Internet中有许多可以进行网上购物活动的网站，不少综合性的门户网站也开设了网上商城，如淘宝网、拍拍网、易趣网、新浪商城等。下面以在淘宝网（http://www.taobao.com）上查找并进购所需商品为例进行讲解。

8.3.1 注册账户

在网络中购物通常需先注册成为该网站的会员，才能使用购物服务，其具体操作如下。（微课：光盘\微课视频\第8章\网上购物.swf）

STEP 1 进入淘宝网（http://www.taobao.com）首页，单击“免费注册”超链接，如图8-1所示。

STEP 2 在打开的页面中填写手机号和验证码，单击 下一步 按钮，如图8-2所示。

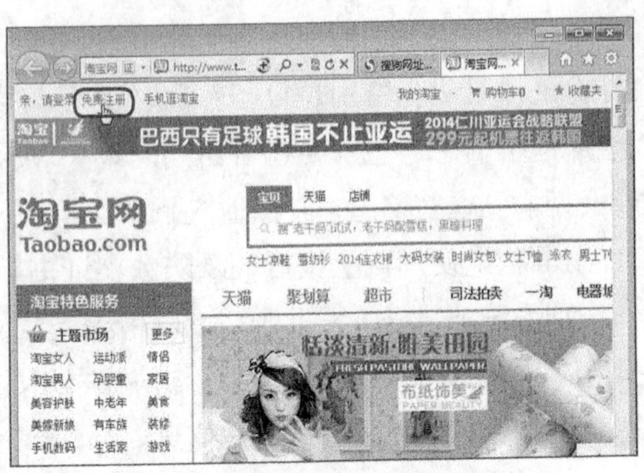

图8-1　单击“免费注册”超链接

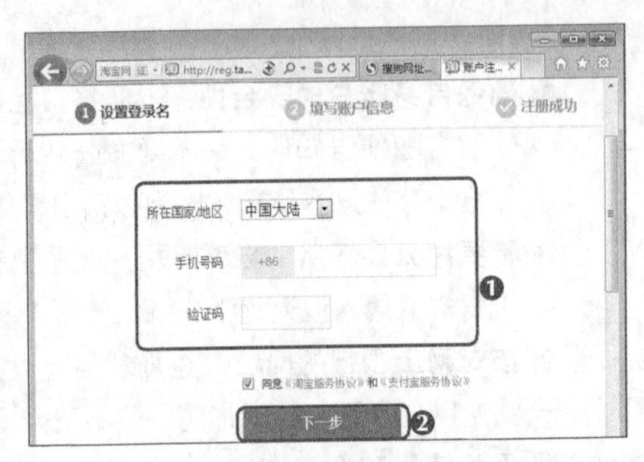

图8-2　填写手机号和验证码

STEP 3　在打开的页面中输入发送到手机的校验码，然后单击 确定 按钮，在打开的页面中若输入邮箱账号，并单击 下一步 按钮，可使用邮箱继续注册，如图8-3所示。

STEP 4　此时将显示验证邮件已发送到邮箱，单击 立即查收邮件 按钮根据提示登录邮箱，如图8-4所示。

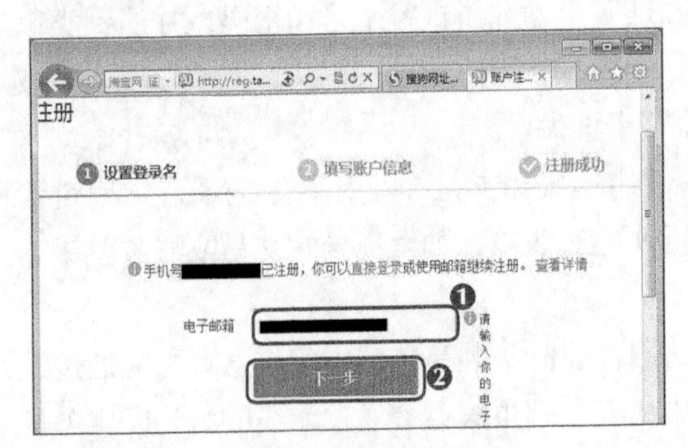

图8-3　依次输入手机校验码和邮箱账号

图8-4　单击“立即查收邮件”按钮

STEP 5　在邮箱左侧单击“商讯信息”选项卡，在中间窗格中将显示淘宝网发来的邮件，在右侧的邮件内容中单击 完成注册 按钮完成淘宝用户注册，如图8-5所示。

STEP 6　在打开的页面中继续设置登录密码和会员名，然后单击 确定 按钮，在打开的页面中将提示注册成功，并显示了注册账户的相关信息，如图8-6所示。

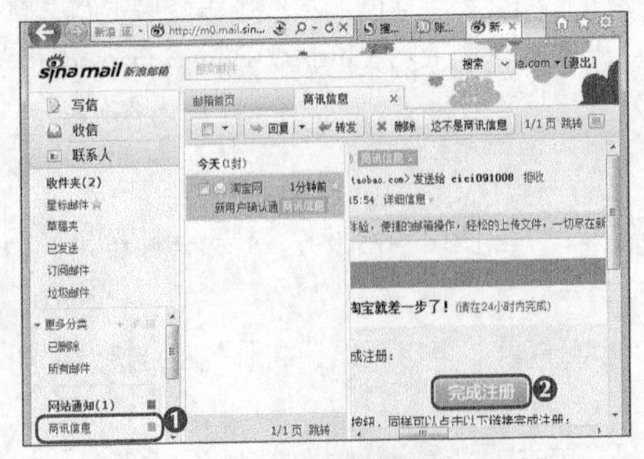

图8-5　激活验证邮件

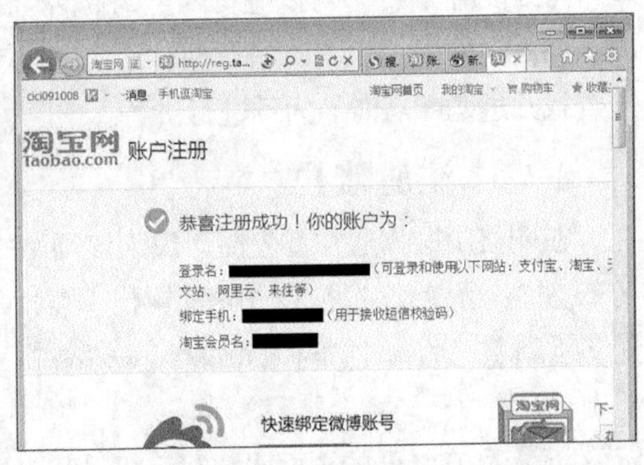

图8-6　注册成功

8.3.2 选购商品

注册完成后，就可在该网站进行网上购物了。整个选购的过程分为3步：首先搜索想要购买的商品，然后在搜索的结果中挑选最符合要求的商品，挑好商品后即可给商品下订单，其具体操作如下。（微课：光盘\微课视频\第8章\选购商品.swf）

STEP 1 进入淘宝网（http://www.taobao.com）首页，在搜索框中输入需选购的物品，这里输入“女童”，在其下拉列表框中将显示与女童相关的分类，然后选择“女童夏装2014新款”分类，如图8-7所示，网站自动搜索与分类相关的物品。

STEP 2 在网页的“所有分类”栏下详细选择物品分类，完成后还可对搜索到的物品进行排序，这里单击“销量”超链接，如图8-8所示。

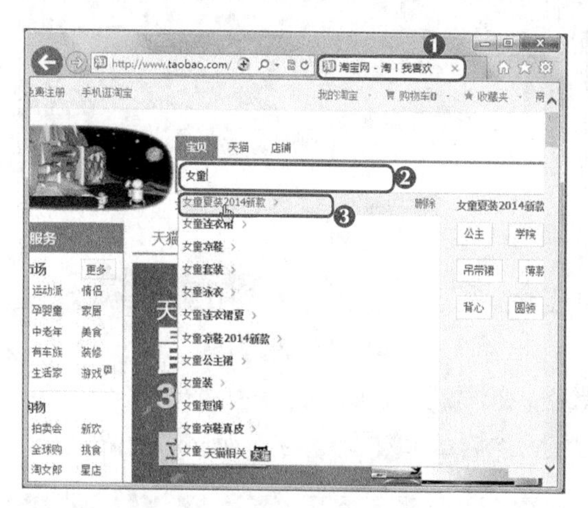

图8-7 输入需购买物品的关键字

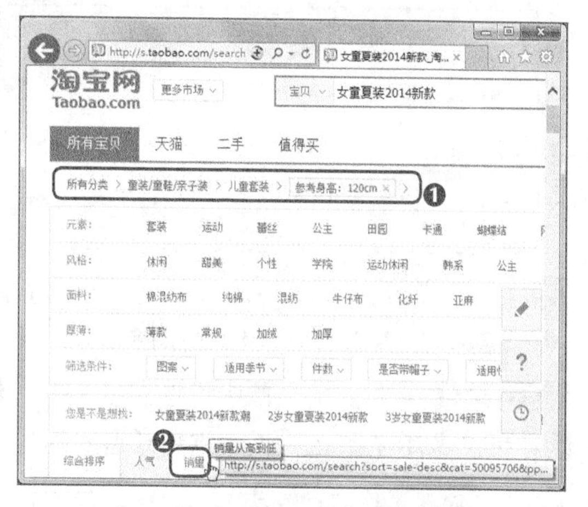

图8-8 选择物品分类并重新排序

STEP 3 在搜索到的物品页面下方选择需购买物品的超链接，在打开的出售该物品的网页中查看物品详细信息，并根据需要选择物品的颜色、数量、尺寸等，完成后单击 立刻购买 按钮，如图8-9所示。

STEP 4 此时将打开登录对话框，在其中输入注册账户时设置的登录名和密码后单击 登 录 按钮，如图8-10所示。

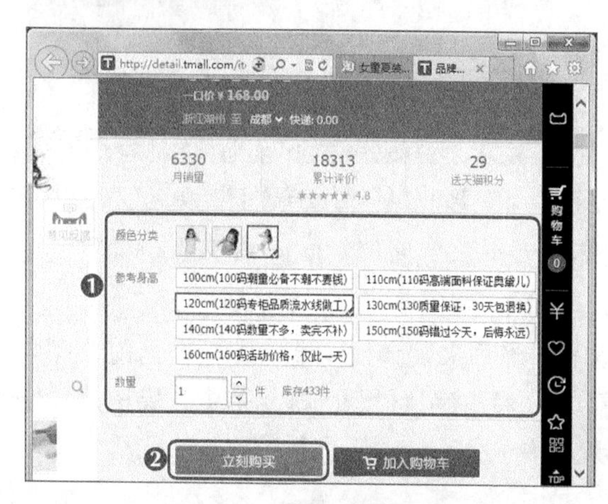

图8-9 查看物品详细信息

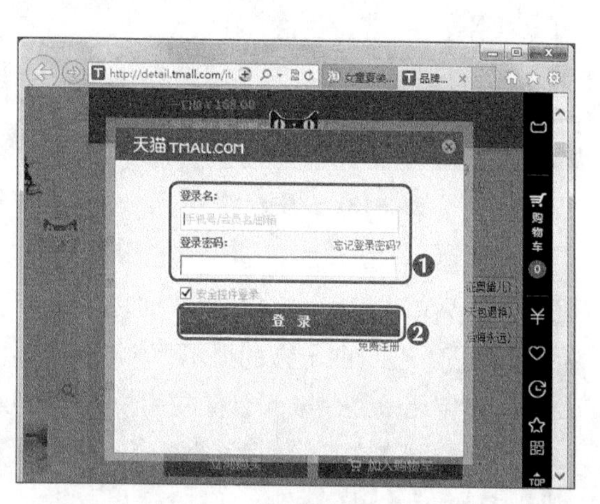

图8-10 输入登录名和密码

多学一招

在购物网站首页的上方或左侧列出了各种商品分类，用户可根据需要依次选择所需商品的类别，在打开的网页中选择所需物品的超链接，确认购买该物品后，单击 立即购买 按钮根据提示执行相应的操作也可购买该物品。

STEP 5 在打开的“使用新地址”窗口中填写收货地址、邮政编码、收货人姓名等信息，然后单击 确定 按钮，如图8-11所示。

STEP 6 在打开的提交订单页面中确认收货地址和购买物品后，单击 提交订单 按钮，如图8-12所示。

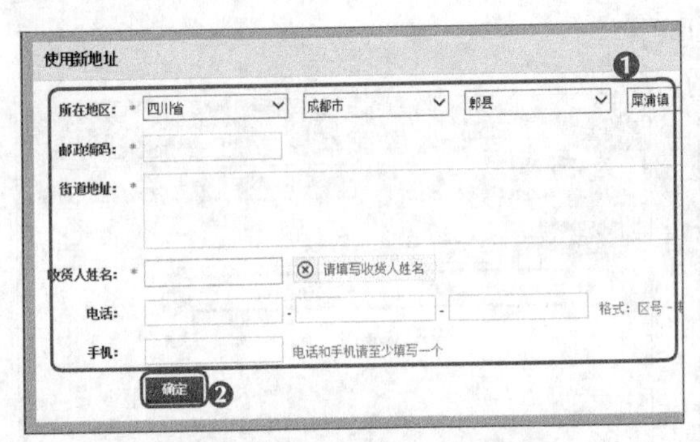

图8-11 填写收货地址及收货人姓名等信息

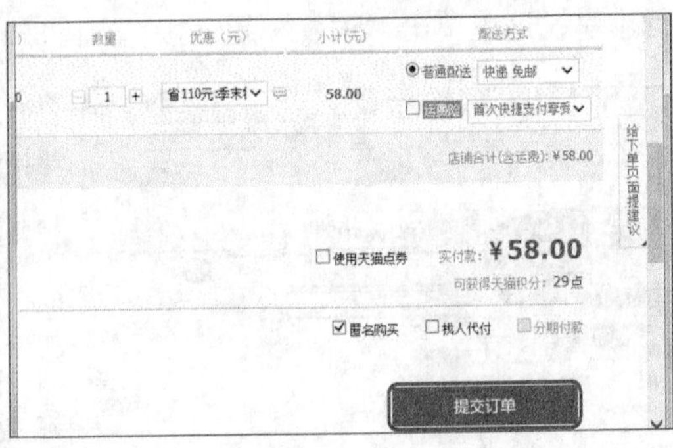

图8-12 提交订单

STEP 7 在打开的页面中设置支付密码，然后单击 确 定 按钮，如图8-13所示。

STEP 8 在打开的页面中选择开通的网上银行，然后单击 下一步 按钮，如图8-14所示。

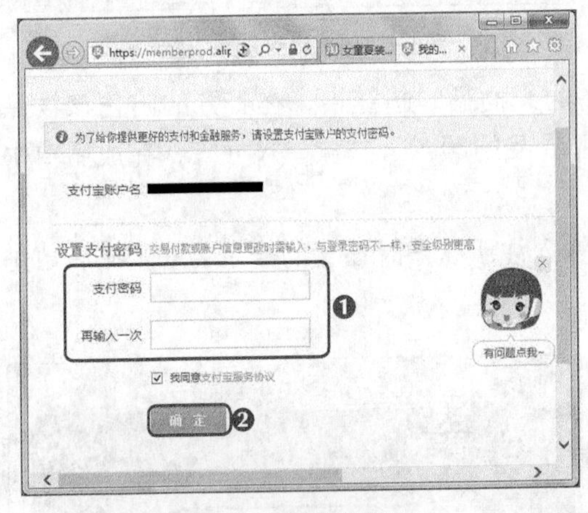

图8-13 设置支付密码

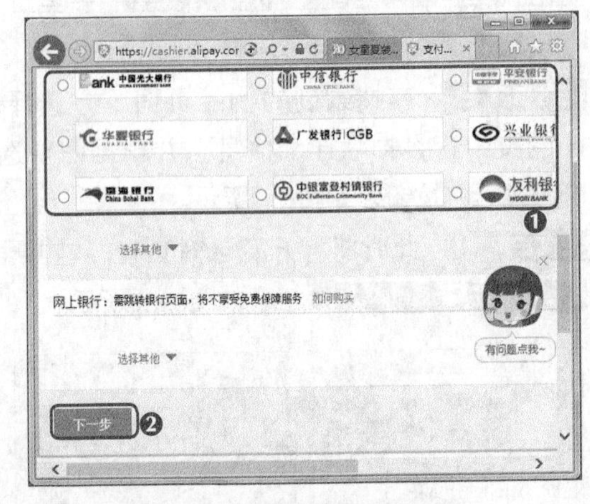

图8-14 选择开通的网上银行

STEP 9 在打开的页面中将自动检测付款环境安全，然后根据实际情况填写相应的信息，完成后单击 同意协议并付款 按钮，如图8-15所示。

STEP 10 在页面上方的提示框中领取红包返利，然后关闭该提示框，即可在当前页面中看到支付宝已收到付款，且提醒用户请确定收到货品后再确认付款的提示信息，完成后关闭该窗口完成网络交易，如图8-16所示。

图8-15　输入相应的信息　　　　图8-16　完成货款支付

8.3.3　查收宝贝

购买商品后，若想清楚地知道商品的发货、物流等情况，可登录淘宝账户查看商品的详细信息，其具体操作如下。（微课：光盘\微课视频\第8章\查收宝贝.swf）

STEP 1　进入淘宝网（http://www.taobao.com）首页，在其页面左上角单击“亲，请登录”超链接，在打开的页面中输入淘宝账户的用户名和密码，然后单击 登 录 按钮，如图8-17所示。

STEP 2　登录淘宝账户后，在页面上方的导航栏中的“我的淘宝”下拉列表中选择“已买到的宝贝”选项，如图8-18所示。

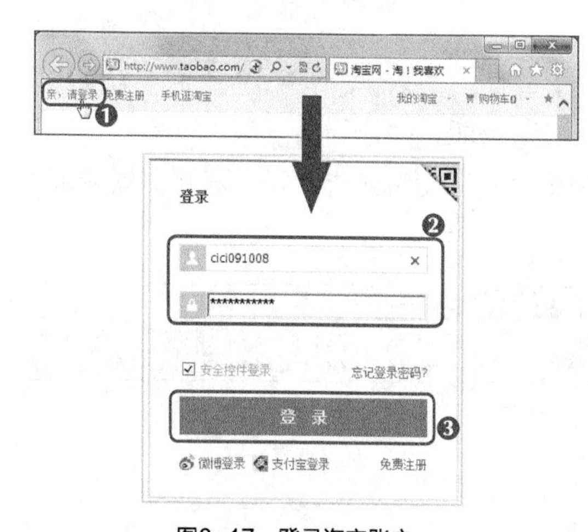

图8-17　登录淘宝账户

图8-18　选择“已买到的宝贝”选项

STEP 3　在打开的页面上方将显示一个提示框，初次使用的用户可根据提示信息依次进行查看，然后关闭该提示框，在当前页面中将显示已买到宝贝的信息栏，这里在其信息栏中单击“订单详情”超链接，如图8-19所示。

STEP 4　在打开的页面中将显示订单流程，以及该订单当前的交易情况，如买家已付款到支付宝、卖家是否发货等，如图8-20所示。

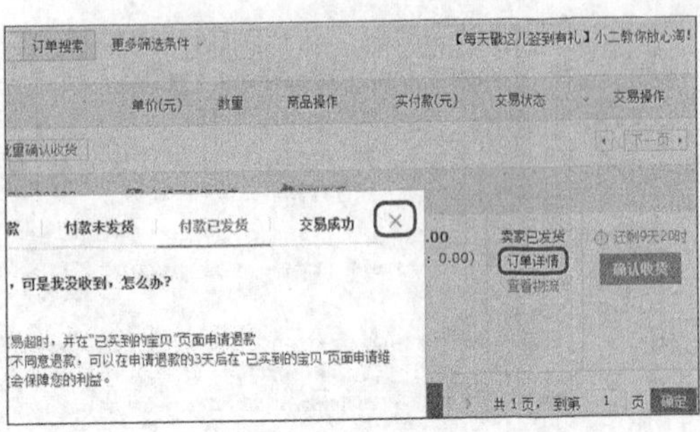

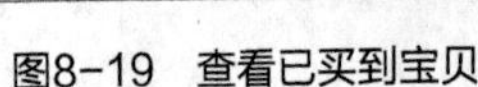

图8-19　查看已买到宝贝

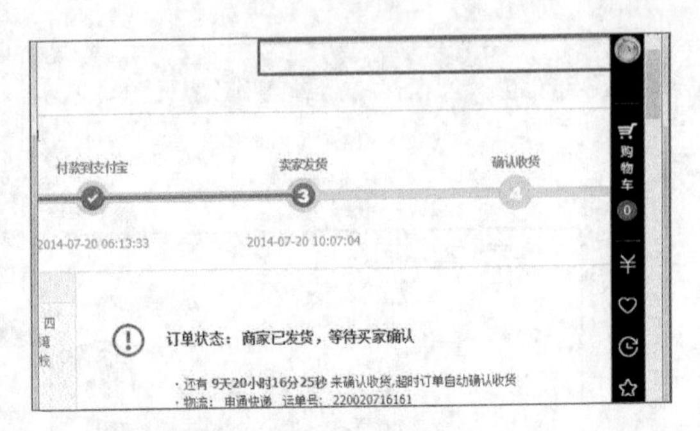

图8-20　查看订单详情

多学一招　当卖家发货后，在已买到宝贝的信息栏中单击"查看物流"超链接可查看货物的物流情况，若收到货物后，可单击 确认收货 按钮确认收货并对货物的质量、物流、卖家的服务态度等进行评价。

8.4 网上开店

在网络中除了可以购物之外，还能自己开店当掌柜。网上开店的操作方法与购物类似，注册成为购物网站的会员后就能申请开店做生意。

8.4.1 创建店铺

下面在淘宝网上开设店铺，其具体操作如下。（微课：光盘\微课视频\第8章\创建店铺.swf）

STEP 1 进入淘宝网（http://www.taobao.com）首页，登录淘宝账户，在页面上方的导航栏的"卖家中心"下拉列表中选择"免费开店"选项，如图8-21所示。

STEP 2 在打开的页面中可先单击"开店规则必看"超链接查看开店规则，然后单击 马上开店 按钮，如图8-22所示。

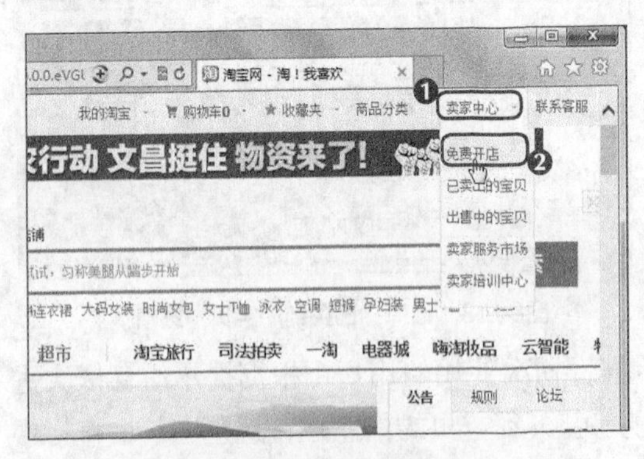

图8-21　选择"免费开店"选项

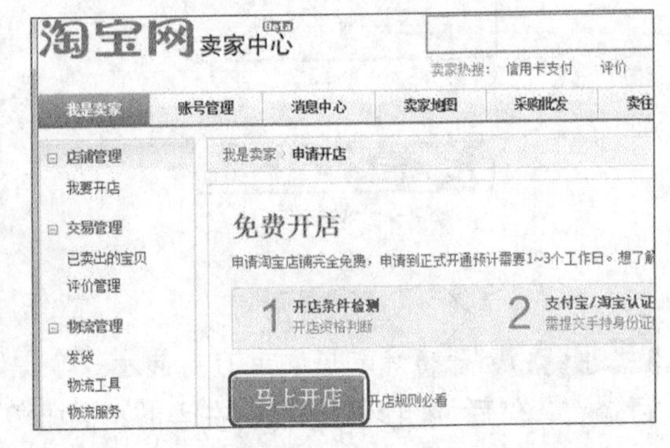

图8-22　单击"马上开店"按钮

STEP 3 若还没有进行支付宝实名认证和淘宝开店认证，可在"操作"栏中单击相应的超链接，根据提示依次进行支付宝实名认证和淘宝开店认证，完成后刷新该页面，并单击 创建店铺 按钮即可创建店铺，如图8-23所示，并根据需要完善店铺信息。

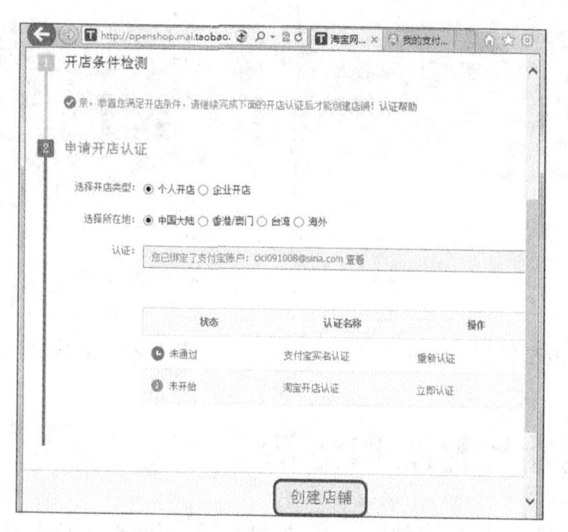

图8-23　申请开店认证并创建店铺

知识提示

进行开店认证时需要填写如下信息。

①真实姓名，即身份证上的名字；

②身份证号码；

③身份证到期时间；

④上传已拍摄好的手持身份证照片和身份证正反面照片；

⑤联系地址，最好填写自己身份证上面的地址；

⑥联系方式，最好填写保持畅通的手机号码；

⑦验证码，一般验证码会发送到填写的手机号码上；

⑧填好后单击 提交 按钮即可。

8.4.2 发布商品

向专业的网上购物网站申请开设店铺成功后，还需在这个虚拟的店铺中发布精美的商品供客户挑选，才能与客户进行交易活动。在淘宝网上不是所有商品类目都可以直接发布全新，部分商品类目，需缴纳消保保证金后才可以发布全新。另外，在淘宝网上不用开店也可发布个人的闲置物品，其具体操作如下。（微课：光盘\微课视频\第8章\发布商品.swf）

STEP 1 进入淘宝网并登录自己的淘宝账户，然后单击“卖家中心”超链接，在打开的页面的“出售二手闲置”栏中单击 发布商品 按钮，如图8-24所示。

STEP 2 在打开的页面中设置需要发布商品的标题、类目、新旧、转卖方式、价格、交易方式、联系方式、宝贝图片和宝贝描述等，完成后在当前页面下方单击 立刻发布 按钮，如图8-25所示。

多学一招

在“卖家中心”页面左侧的“宝贝管理”栏中单击相应的超链接，可依次在打开的页面中发布商品、查看出售中的商品和仓库中的商品等。

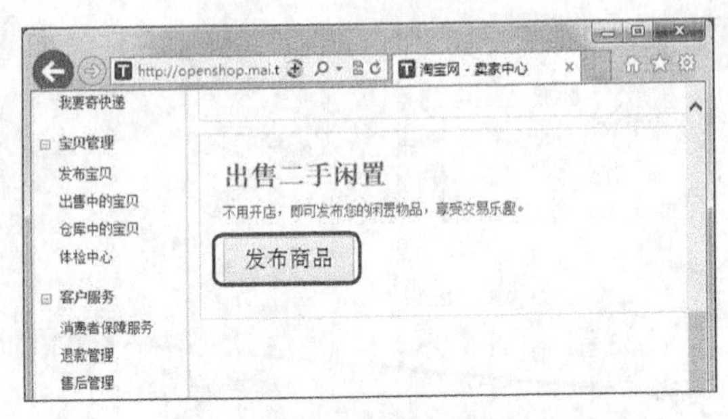

图8-24　单击“发布商品”按钮

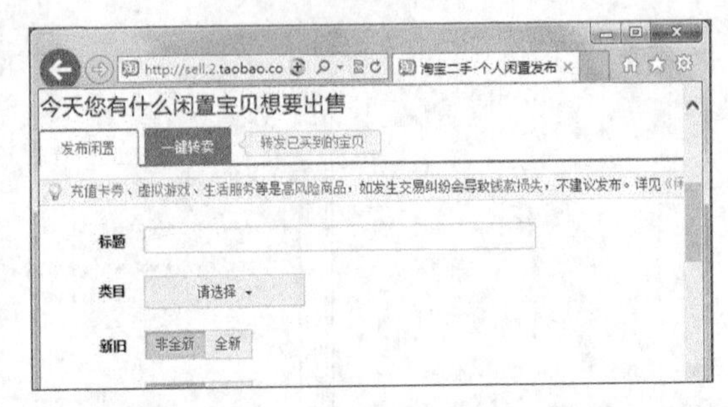

图8-25　填写并确认需要发布的商品信息

8.5　实训——网上的便利生活

本实训的目标是实现网上的便利生活，下面主要介绍进行网上转账和手机网上充值。

8.5.1　网上转账

网上银行转账非常快捷，正逐渐受到大家的青睐。要进行网上转账，必须开通网银，同时为了保证网上银行的安全，还需要有密保或U盾。在网上转账时，最重要的是核对好对方的账号和姓名，若是同一银行之间转账，将不收取手续费，若向其他银行转账，则需支付一定的手续费。下面在工商银行官方网站上实现工行账户之间的网上转账，其具体操作如下。（微课：光盘\微课视频\第8章\网上转账.swf）

STEP 1　进入工商银行（http://www.icbc.com.cn/icbc/）首页，在左侧单击 个人网上银行登录 按钮，如图8-26所示。

STEP 2　在打开的网页中将提示用户下载、安装和运行工行网银助手等，确认后单击 确 定 按钮，如图8-27所示。

STEP 3　在打开的个人网银登录界面中输入网上银行账号、密码、验证码，然后单击 登 录 按钮，如图8-28所示。

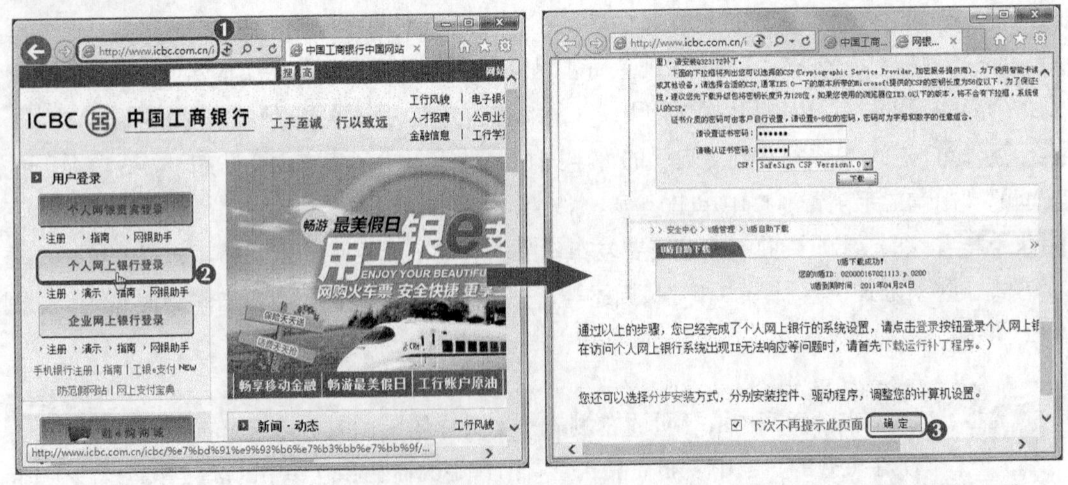

图8-26　单击“个人网上银行登录”按钮　　图8-27　确认下载、安装、运行工行网银助手等

STEP 4 在打开的欢迎界面的导航条中单击“转账汇款”选项卡，然后在其中“工行转账汇款”项目后单击“转账汇款”超链接，如图8-29所示。

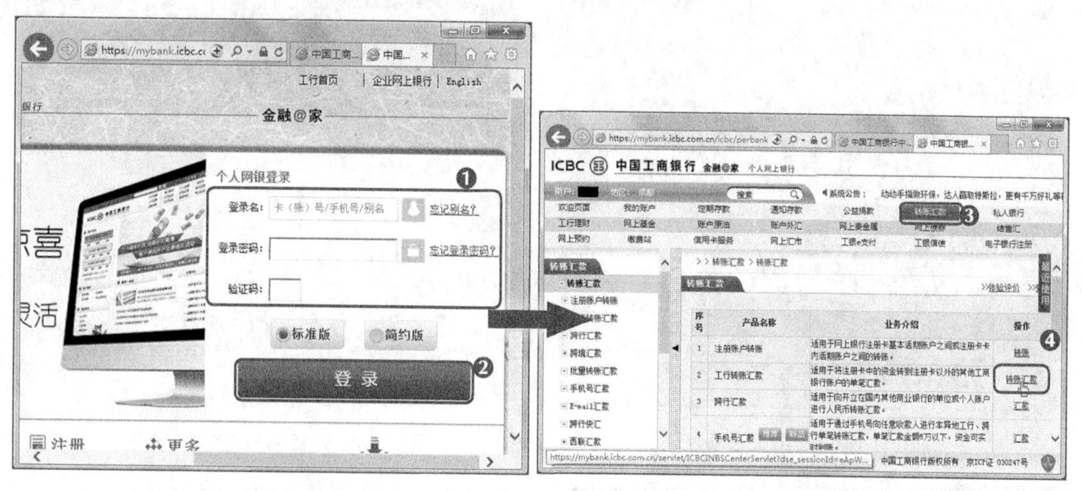

图8-28 输入登录信息

图8-29 单击“转账汇款”超链接

STEP 5 在打开的页面中填写收款人信息、汇款信息、付款信息后单击 提交 按钮，如图8-30所示，此时网站将提示输入口令卡密码或插入U盾，用户可根据提示依次执行相应的操作完成网上转账。

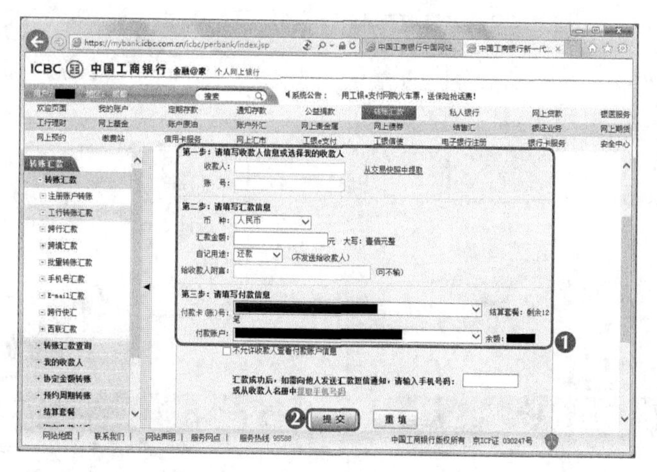

图8-30 输入并确认转账汇款信息

8.5.2 手机网上充值

实现网上充值的方式有多种，如在网上银行直接充话费；在移动、联通等运营商的官方网站上也都有缴费功能，用手机号码登录就可以充值，当然要有网银支付；在专业的购物网站上也可充值，如淘宝网、京东商城等。下面在移动运营商的官方网站上进行手机充值，其具体操作如下。（微课：光盘\微课视频\第8章\手机网上充值.swf）

STEP 1 进入中国移动通信（http://www.10086.cn/）首页，在提示框中选择所在的省份，如图8-31所示。

STEP 2 在“网上营业厅”下拉列表中选择“充值交费”选项，如图8-32所示。

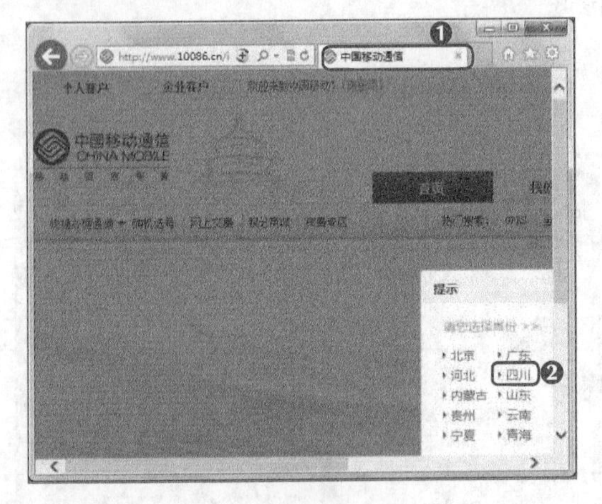

图8-31 选择所在的省份

图8-32 选择“充值交费”选项

STEP 3 在“充值手机号”文本框中输入需要充值的手机号码，然后选择充值金额，单击 开始充值 按钮，如图8-33所示。

STEP 4 在打开的页面中选择支付方式，然后将鼠标光标定位到“验证码”文本框中输入其后显示的验证码，完成后单击 立即支付 按钮，如图8-34所示。

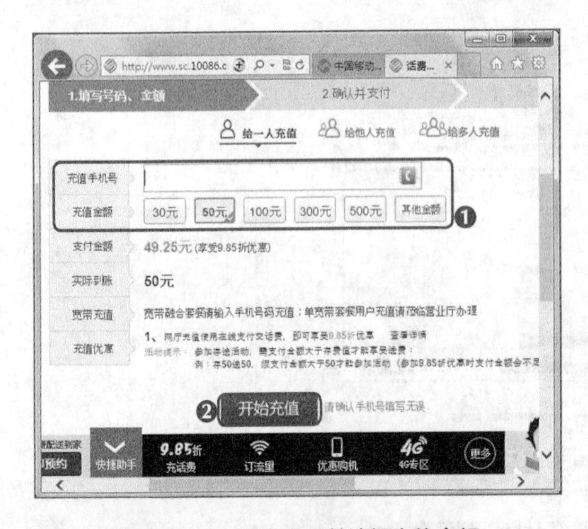

图8-33 输入手机号码并选择充值金额

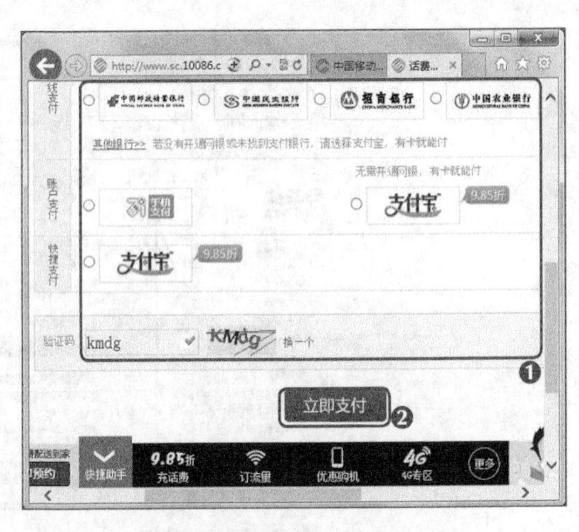

图8-34 选择支付方式

STEP 5 在打开的提示框中将提示用户是否继续为所需手机号码进行充值，确认后单击 确定 按钮，如图8-35所示。

STEP 6 此时将打开所选支付银行的相关的支付信息页面，若是网银支付，则需单击“网银支付”选项卡，在其中输入银行卡号、验证码，单击 下一步 按钮，如图8-36所示，确认预留信息正确后单击 付 款 按钮开始付款。

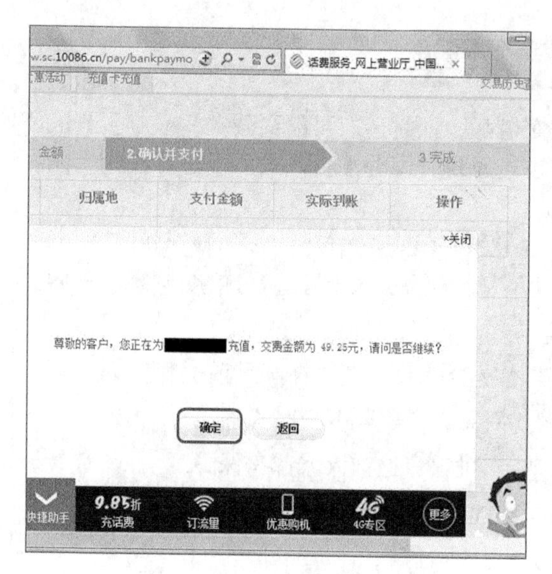

图8-35　确认为所需手机号充值

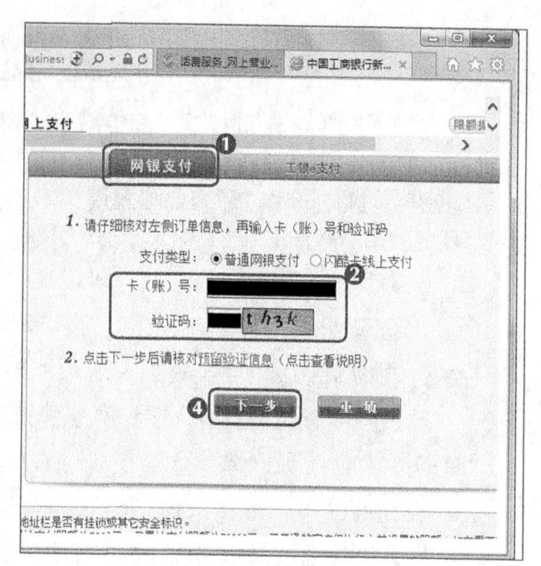

图8-36　输入网银账号并确认付款

8.6　疑难解析

问：电子商务与互联网有什么关系？

答：电子商务离不开互联网这个平台，没有了网络，就称不上电子商务；电子商务是通过互联网完成的一种商务活动。

问：关于商品的出售方式，应该选择一口价还是拍卖？

答：一口价是指卖家以固定的价格出售商品的方式；拍卖是指卖家出售商品时就设置商品起拍价、加价幅度等，在一定时限内买家出价最高者成功购买。一口价十分方便快捷，利润相对较高，但是对提高店铺浏览率帮助不大；而拍卖可以最快的增加店铺浏览率，增加信用度，但一般利润较少，需要协调的环节较多。建议用户根据自身需要选择一口价或拍卖。

问：为什么有时单击网上的商品，提示此商品不存在呢？

答：可能是由于以下几种情况，如商品已被删除（因违规发布被网站删除或者被商品所有者自行删除）；商品所有者的店铺被监管，所有发布的商品都无法查询；商品由卖家自行下架。

8.7　习题

本章主要介绍了电子商务的应用，包括认识电子商务、什么是电子支付、开通网上银行、网上购物、网上开店等知识。下面通过几个练习题让读者加强该部分内容的应用。

（1）在拍拍网（http://www.paipai.com/）注册会员，搜索感兴趣的商品并购买。

（2）在“淘宝”网站中开设店铺，并将自己特有的商品进行出售。

课后拓展知识

在网上购物不仅节省了时间，减少了舟车劳顿，而且还有可能买到一些很难买到的商品。对于一些追求新奇的年青人来说，这也是一种时尚的消费方式。但是要在网上购买到物美价廉的商品，还需要注意以下事项。

- 选择口碑好的、经营时间较长的网站，这些网站的信用及服务水平普遍高于一般购物网站。欺骗性的网站一般成立时间不长。网站历史越长，可信度越高。国内购物网站比较好的有淘宝网、当当网等。
- 选购物品前应询问卖家拍摄的图片与实物是否一致，在选择产品前、付款后、运输过程中、收到货前，要和卖家保持密切联系，有疑问要及时沟通。
- 买家和卖家最好选择第三方支付平台，如支付宝，这样大家都有保障。
- 收到商品后，应尽快仔细检查商品有无质量问题，特别是某些部位、功能的完好，以免超过保修期或保质期而损害购物者的利益。
- 网上购物不要只图便宜，俗话说“一分钱一分货”，要“货比三家”，找到一个性价比更高的商品。网络中有很多以次充好或者是假冒的商品，因此在选择商品时一定要注意。
- 汇款前要查询银行账户信息，订货的同时若要给对方付款，这时要查询其银行账户或信用卡的开户地址，若与公司地址不一致，应提高警惕。
- 收货时一定要索要相关凭证，商家对网购商品不承担售后责任。因此，购物者收取商品时要向卖家索要相关凭证。另外购物者一定要完整保存“电子交易单据”，在商家送货时注意核对货品是否与所订购商品一致，有无质量保证书、保修凭证等，同时索取购物发票或收据。
- 网上购物应保持良好的心态，购买到了不如意的商品时要有心理准备，网上购物的退换手续很麻烦。不过这种事比较少发生。
- 一般情况下购物者在给对方汇款后的10天内基本上就能收到商品，如果超过了期限，却迟迟没有对方的信息，而且通过网上、电话等也联系不到卖家，这时购物者就要及时整理自己的所有汇款、交易等凭证，上报公安机关来处理。

PART 9

第9章 移动设备的Internet应用

情景导入

小白拥有了一台智能手机，通过它也可以上网，但是小白不知道如何使用浏览器和安装应用程序，因此首先需要掌握手机上网的一些知识。

知识技能目标

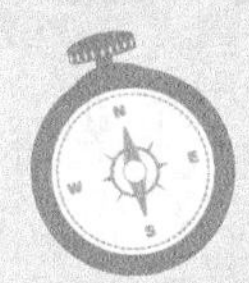

- 掌握手机浏览器的使用
- 掌握使用安智市场对应用程序的搜索、下载、安装、卸载等操作
- 掌握通信软件微信的使用以及手机保护软件的使用

- 能够使用各种手机浏览器浏览网页内容
- 能够通过安智市场下载并安装手机应用程序
- 能够使用手机聊天软件和手机安全保护软件

课堂案例展示

手机浏览器

应用程序安智市场

聊天软件微信

9.1 网络浏览——手机浏览器

随着智能手机的发展，手机也不再是简单的通话工具，使用它可以实现各种功能，包括上网、阅读、聊天等。要用手机上网首先需要的是手机浏览器，下面介绍两种常用的手机上网浏览器。

9.1.1 百度手机浏览器

百度手机浏览器是百度自主研发，为手机上网用户量身定制的一款浏览类产品。界面时尚美观，极速内核动力强劲，提供超强智能搜索，整合百度优质服务，为用户带来更“便捷、实用、有趣”的手机浏览体验。使用百度手机浏览器的具体操作如下。（微课：光盘\微课视频\第9章\百度手机浏览器.swf）

STEP 1 在手机屏幕上单击安装的“百度浏览器”图标，如图9-1所示。

STEP 2 打开百度浏览器界面，在界面顶端的文本框上单击，如图9-2所示。

STEP 3 打开输入网址的界面，在其中的文本框中输入需要进入的网站地址，如“www.qq.com”，然后单击前往按钮，如图9-3所示。

图9-1 单击浏览器图标　　图9-2 单击文本框　　图9-3 输入网站地址

STEP 4 打开“腾讯网”网站的首页，要查看其中的内容，则单击相应标题的超链接，如单击与体育相关的超链接，如图9-4所示。

STEP 5 在打开的网页中将显示相关的内容，上下滑动屏幕可以显示出隐藏的内容，如图9-5所示。

STEP 6 在屏幕底端单击<按钮，可以返回网站首页，再次单击该按钮将退出到百度浏览器的首页；在其中单击“网址”图标，在打开的界面中显示出了常用网站的名称，单击需要进入的网站名称，即可自动链接并打开对应的网页，如图9-6所示。

图9-4 打开网站首页　　图9-5 查看网页内容　　图9-6 打开网址页面

STEP 7 如要经常查看某一个网页，则可以将其设置为标签，在手机上单击菜单键，在打开的界面中单击“书签/历史”选项，如图9-7所示。

STEP 8 在打开的“添加书签”界面中单击“添至书签”超链接，如图9-8所示。

STEP 9 在手机上单击菜单键，在打开的界面中单击“书签/历史”链接，在打开的界面中将显示添加的网站标签，在其中可以选择进入常用的网站，如图9-9所示。

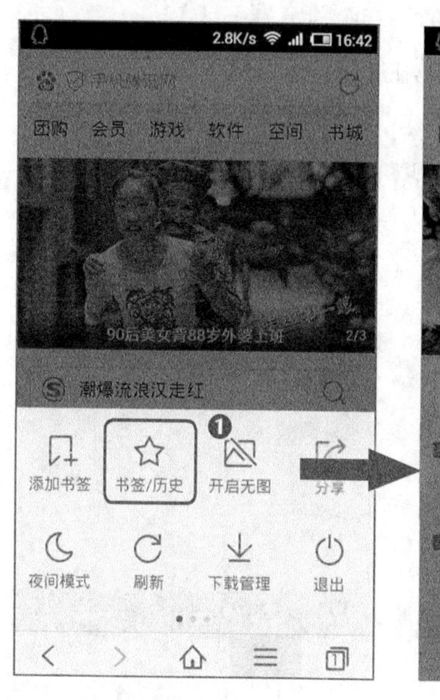

图9-7 打开功能界面

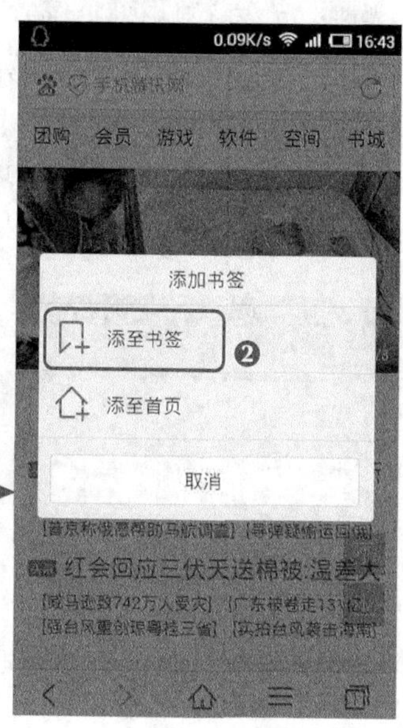

图9-8 添加书签

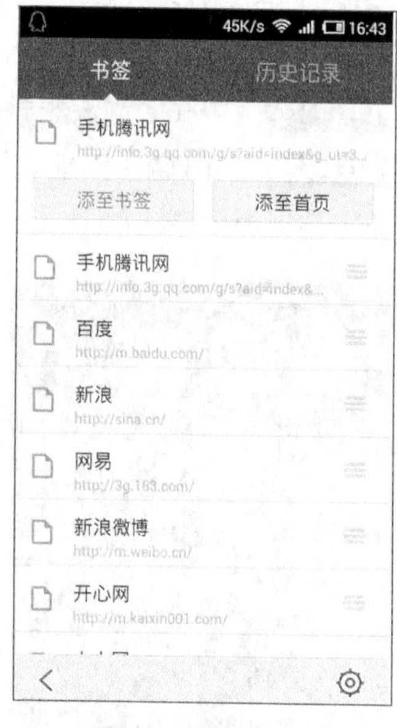

图9-9 查看书签

STEP 10 单击“历史记录”选项卡，在下面可以看到浏览器中访问网站的记录，在其中单击访问记录也可以打开相关的网页，如图9-10所示。

STEP 11 单击菜单键，在打开的界面中选择“夜间模式”选项，可以降低屏幕的亮度，从而让用户可以在光线比较暗的地方查看浏览器，减少对眼睛的伤害，如图9-11所示。

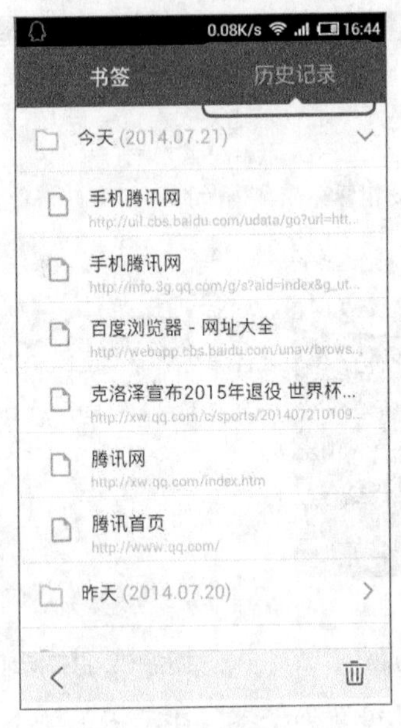

图9-10　查看历史记录

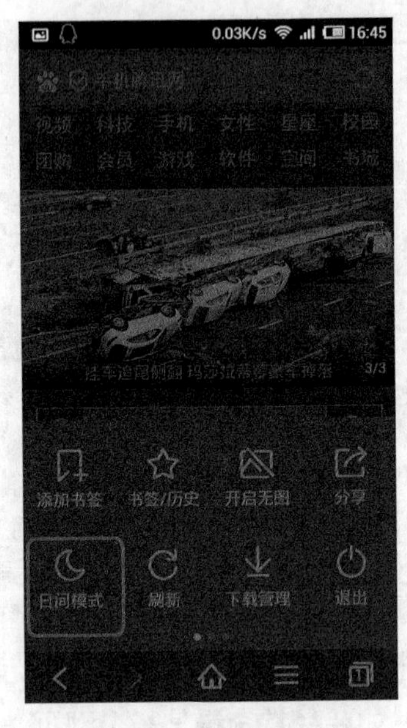

图9-11　开启夜间模式

9.1.2　UC浏览器

UC浏览器是一款把“互联网装入口袋”的主流手机浏览器，兼备cmnet、cmwap等联网方式，速度快而稳定，具有视频播放、网站导航、搜索、下载、个人数据管理等功能。使用UC浏览器的具体操作如下。（微课：光盘\微课视频\第9章\UC浏览器.swf）

STEP 1 在手机屏幕上单击安装的“UC浏览器”图标，如图9-12所示。

STEP 2 打开UC浏览器界面，在界面顶端的文本框上单击，如图9-13所示。

STEP 3 打开输入网址的界面，在其中的文本框中输入需要进入的网站地址，如“www.qq.com”，然后单击进入按钮，如图9-14所示。

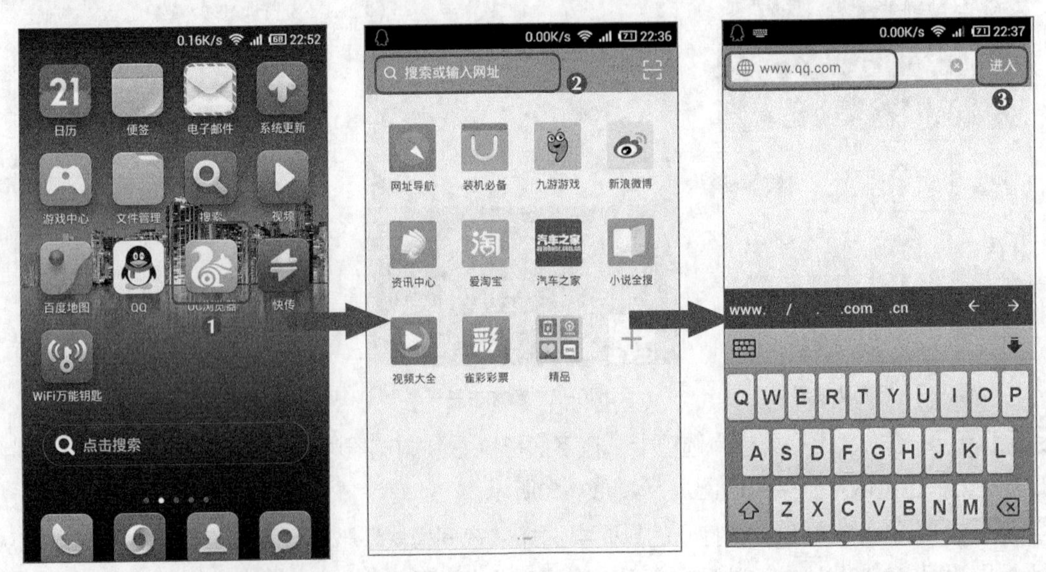

图9-12　单击浏览器图标　　图9-13　打开浏览器界面　　图9-14　输入网址

STEP 4 根据输入的网址打开相应的网站，在其中单击内容的标题链接，即可打开网页查看详细的内容，如图9-15所示。

STEP 5 单击“菜单键”按钮，在打开的界面中可以使用收藏网址、添加书签、查看历史记录、开始夜间模式等功能，如图9-16所示。

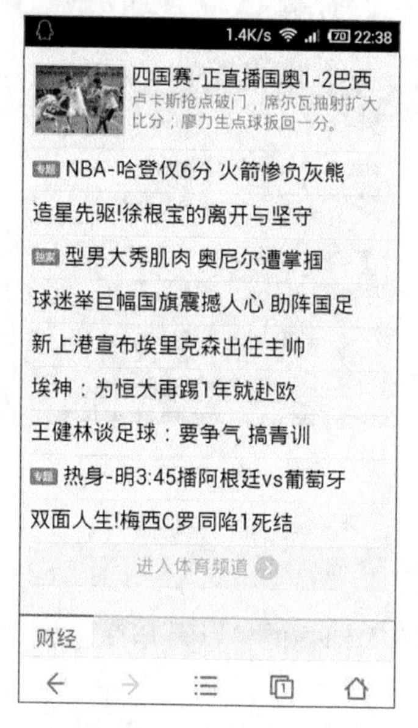

图9-15 打开网站

图9-16 主菜单界面

知识提示

UC浏览器支持多网页显示，可以在手机网页中开启多个网页进行逐个浏览，而无需再进行网页的切换操作。

9.2 应用市场——安智市场

安智市场是目前最知名的Android系统手机应用软件免费下载平台之一，其人性化的设计，带来视觉和使用的双重享受，摒弃一切繁杂，拥有多种主题，适合不同的使用场景，让用户随意享受下载的愉悦。安智市场具有急速、极全的特点，让用户在找到想要的任何应用与游戏的同时，体验非一般的下载速度。

9.2.1 搜索应用程序

安智市场中有成千上万的手机应用程序，在其中寻找自己需要的应用程序犹如大海捞针，而通过软件中的搜索功能可以快速找到自己需要的手机应用程序，其具体操作如下。（微课：光盘\微课视频\第9章\搜索应用程序.swf）

STEP 1 在手机屏幕上单击安装的“安智市场”图标，如图9-17所示。

STEP 2 打开“安智市场”应用程序，界面中列出了常用的手机应用程序，如果要搜索程序，则在顶端的文本框中单击，如图9-18所示。

图9-17 单击“安智市场”图标

图9-18 单击文本框

STEP 3 在界面上的文本框中输入需要搜索的应用程序，如“微信”，然后单击右侧的搜索按钮，如图9-19所示。

STEP 4 在打开界面中搜索出“微信”应用程序的相关信息以及与微信相关的应用程序列表，如图9-20所示。

图9-19 输入搜索内容

图9-20 查看搜索结果

9.2.2 下载并安装应用程序

要在手机中使用应用程序，首先需要在手机中下载并安装该应用程序，下面在安智市场中下载并安装“微信”应用程序，其具体操作如下。（微课：光盘\微课视频\第9章\下载并安装应用程序.swf）

STEP 1 在前面搜索“微信”结果的界面中单击下载按钮，如图9-21所示。

STEP 2 此时在界面的顶端出现“微信已经开始下载”的提示信息，并且刚才的下载按钮变成了下载程序的进度条，显示下载程序的进度，如图9-22所示。

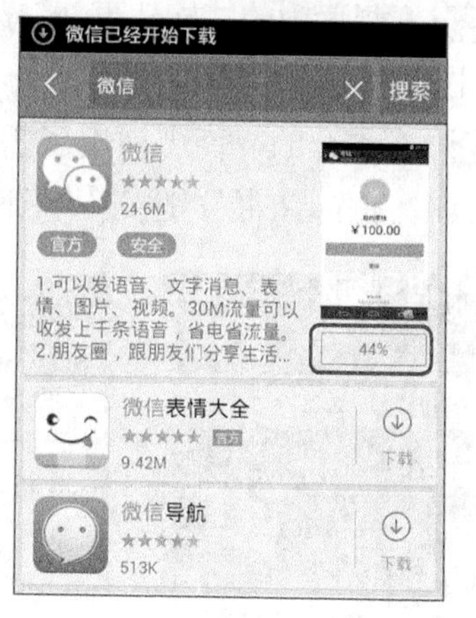

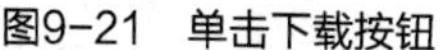

图9-21 单击下载按钮　　　图9-22 开始下载应用程序

STEP 3 待应用程序下载完成后将自动打开提示安装的界面，在其中单击安装按钮，如图9-23所示。

STEP 4 此时开始进行应用程序的安装。安装完成之后，将自动退出安装程序。此时在手机屏幕上将会看到安装微信的图标，如图9-24所示。

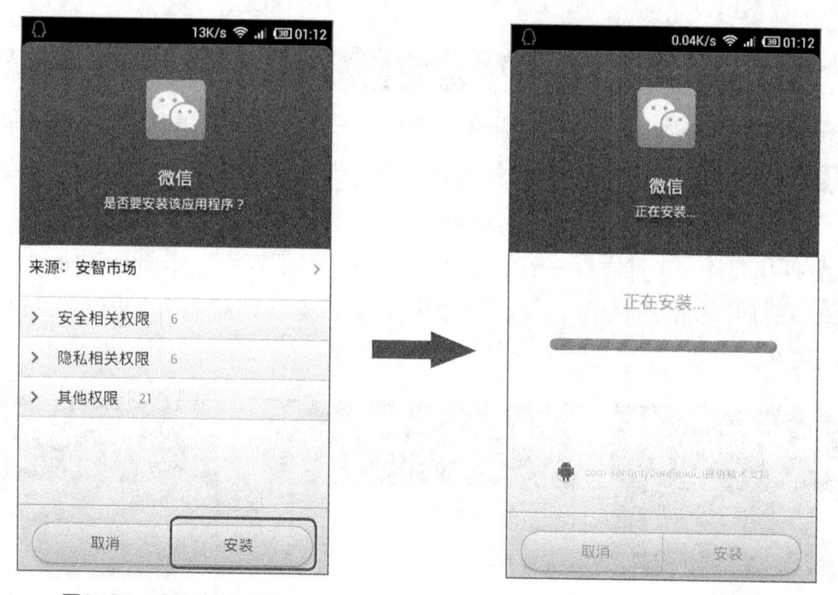

图9-23 确认安装程序　　　图9-24 开始安装程序

9.2.3 更新应用程序

每一款应用程序在增加了功能或者被开发者进行了修改后，都会发布更新版本的应用程序，因此如果用户需要使用新版本的应用程序，则可以采用“更新应用程序”的方法来安装新版本的应用程序，其具体操作如下。（微课：光盘\微课视频\第9章\更新应用程序.swf）

STEP 1 启动“安智市场”应用程序，在打开的程序界面的右下角选择“管理”选项，如图9-25所示。

STEP 2 在界面中的“软件更新”超链接的右侧将出现一个数字，表示需要更新程序的数量，单击该超链接，如图9-26所示。

STEP 3 在打开的界面中列出了需要更新的应用程序的名称，选择需要更新的应用程序，单击其右侧的“安装”链接，如图9-27所示。

图9-25 单击管理图标　图9-26 选择软件更新　图9-27 选择更新的软件

STEP 4 在打开的界面中提示“替换应用程序”信息，表示将要使用新版本的程序来替换旧版本的程序，单击 确定 按钮，如图9-28所示。

STEP 5 打开的界面中提示即将安装程序，单击 安装 按钮，如图9-29所示。

STEP 6 在打开的界面中开始下载更新程序并进行安装，如图9-30所示。片刻后将完成应用程序的更新。

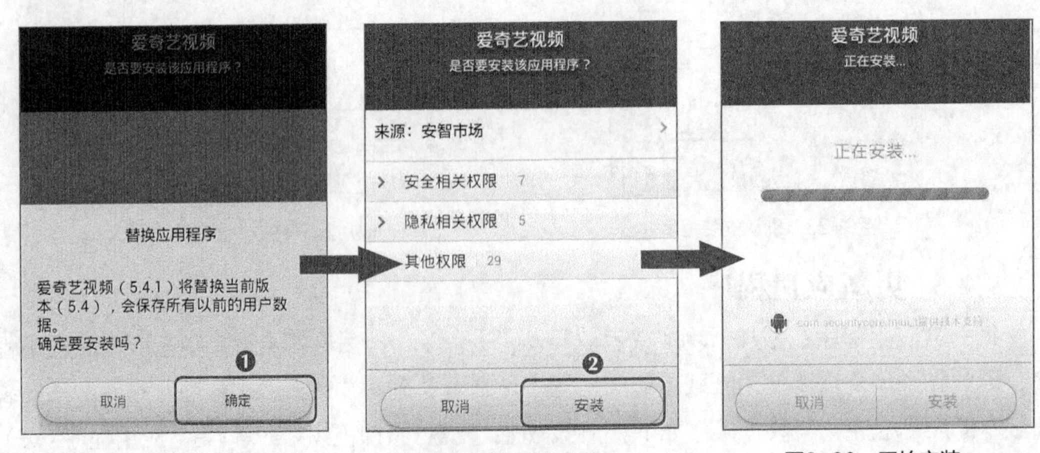

图9-28 确认替换安装程序　图9-29 确定安装　图9-30 开始安装

9.2.4 卸载应用程序

手机中安装的应用程序过多，不仅占用了手机的存储空间，而且还会降低手机的运行速度，因此可以将不使用的应用程序卸载来释放更多的存储空间，其具体操作如下。（微课：光盘\微课视频\第9章\卸载应用程序.swf）

STEP 1 在“安智市场”主界面的右下角选择“管理”选项，如图9-31所示。

STEP 2 在打开的界面中单击“已安装”超链接，如图9-32所示。

STEP 3 在打开的界面中显示出手机中安装的应用程序，选择需要卸载的应用程序，如“百度浏览器”，并单击其右侧的“卸载”链接，如图9-33所示。

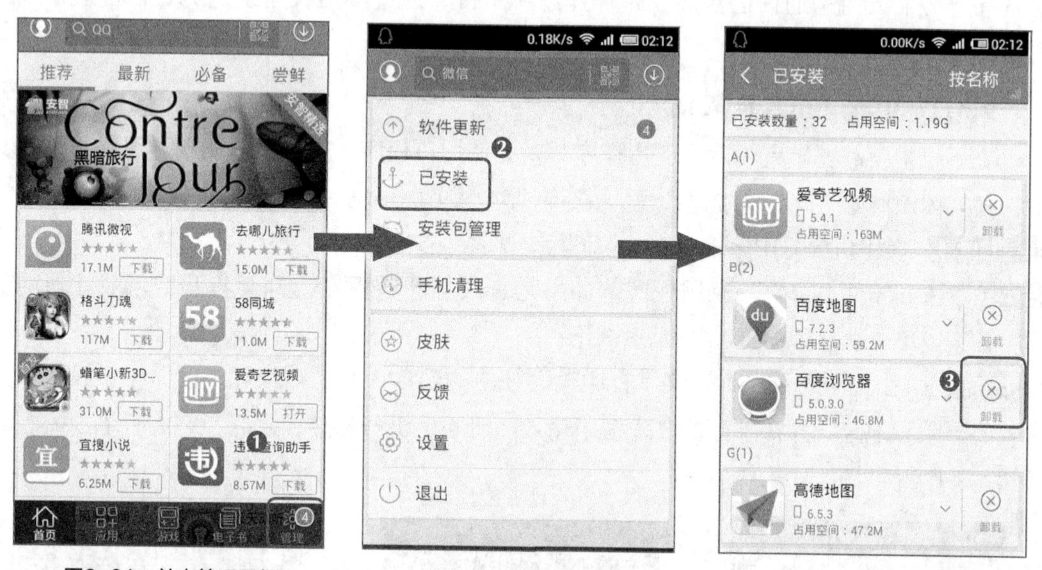

图9-31 单击管理图标　　图9-32 选择已安装　　图9-33 选择卸载的程序

STEP 4 在打开的界面中单击 确定 按钮，确认卸载该应用程序，如图9-34所示。

STEP 5 此时在打开的界面中开始卸载选择的应用程序，如图9-35所示。

STEP 6 当完成卸载后将会打开提示信息，单击 确定 按钮，如图9-36所示。

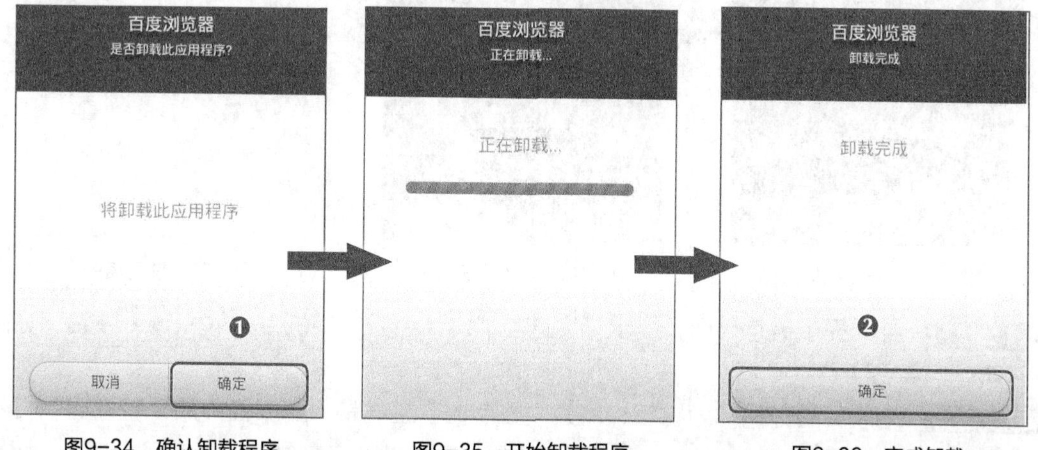

图9-34 确认卸载程序　　图9-35 开始卸载程序　　图9-36 完成卸载

手机中卸载应用程序还有一种更便捷的方法，在屏幕中按住要卸载的应用程序图标不放，然后将其拖曳到屏幕的顶端，将会弹出界面提示卸载，单击“卸载”超链接即可将该应用程序从手机中卸载。

9.3 聊天通信——微信

微信（英文名：wechat）是腾讯公司推出的一个为智能终端提供即时通信服务的免费应用程序，微信支持跨通信运营商、跨操作系统平台，通过网络快速发送免费语音短信、视频、图片、文字。

9.3.1 申请与登录微信

在手机中下载安装完成微信应用程序后，要使用该程序，首先需要申请注册并登录到其中，其具体操作如下。（微课：光盘\微课视频\第9章\申请与登录微信.swf）

STEP 1 在手机屏幕中单击“微信”图标，如图9-37所示。

STEP 2 启动“微信”应用程序，如果是首次打开该程序，则会打开登录或注册的界面，在其中单击 注册 按钮，如图9-38所示。

STEP 3 在页面的“昵称”文本框中输入注册的名称，在“国家和地区”栏中设置用户所在的国家和地区，并在下面的文本框中输入注册的手机号和登录密码，完成后单击 注册 按钮，如图9-39所示。

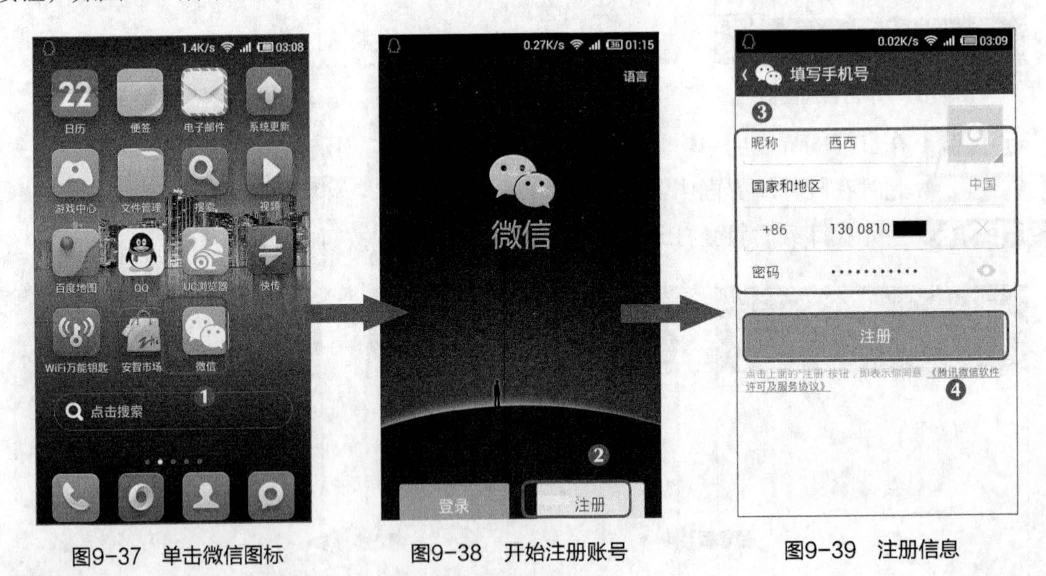

图9-37 单击微信图标 图9-38 开始注册账号 图9-39 注册信息

STEP 4 打开提示信息界面，提示将发送验证码到注册的手机中，单击 确定 按钮，如图9-40所示。

STEP 5 当收到验证码的短信后，将其中显示的验证码输入到界面中的“验证码”文本框中，然后单击 下一步 按钮，如图9-41所示。验证后将自动登录到微信，如图9-42所示。

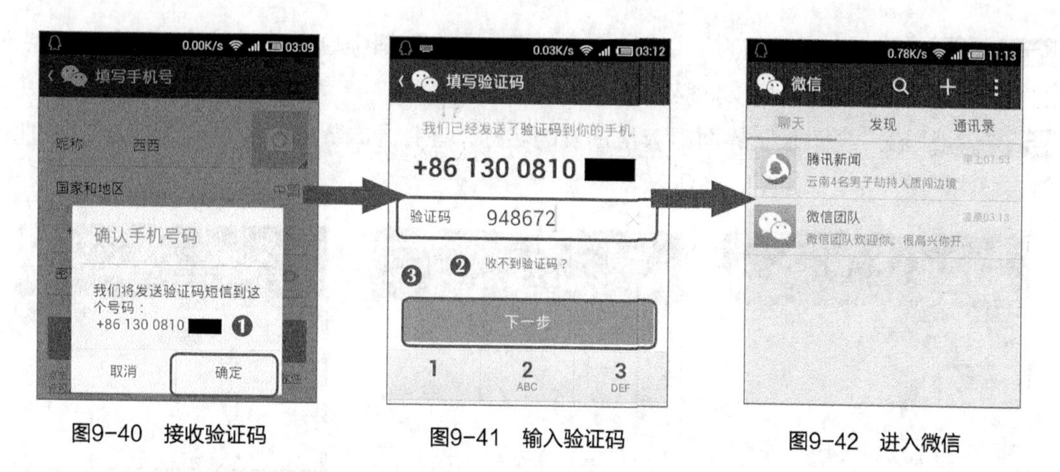

图9-40　接收验证码　　图9-41　输入验证码　　图9-42　进入微信

9.3.2　添加好友并收发信息

在微信中实现聊天，首先要有聊天的对象，即添加好友。添加完成后就可以开始进行互动聊天了。添加好友和收发信息的具体操作如下。（微课：光盘\微课视频\第9章\添加好友并收发信息.swf）

STEP 1　登录到微信界面，在界面的顶端单击+按钮，在打开的列表中单击“添加朋友”选项，如图9-43所示。

STEP 2　在“添加朋友”界面的文本框中输入好友的手机号、QQ号或者是微信号，然后单击搜索按钮，如图9-44所示。

STEP 3　在页面中搜索出好友的具体信息，如果要添加该好友，单击添加到通讯录按钮，如图9-45所示。

图9-43　添加朋友　　图9-44　输入朋友账号　　图9-45　添加朋友到微信

微信支持使用手机号、QQ号、微信号登录，因此可以通过这3种方式来查找朋友。在微信界面中的右上角单击⋮按钮，在打开的列表中选择“设置”选项，在打开的界面中选择“我的账号”选项，在打开的界面中可以设置自己的微信号以及绑定QQ号。

STEP 4　页面中提示需要对方的验证，在下面的文本框中输入让对方验证的消息，如“我是西西”，然后单击发送按钮，如图9-46所示。

STEP 5 待对方通过验证后，完成朋友的添加，在界面中单击“通讯录”选项，在界面的下方列表中可以查看到朋友的名称，如图9-47所示。

STEP 6 在“通讯录”界面中双击朋友的名称，在打开的界面中可以查看朋友的详细资料，单击发消息按钮，如图9-48所示。

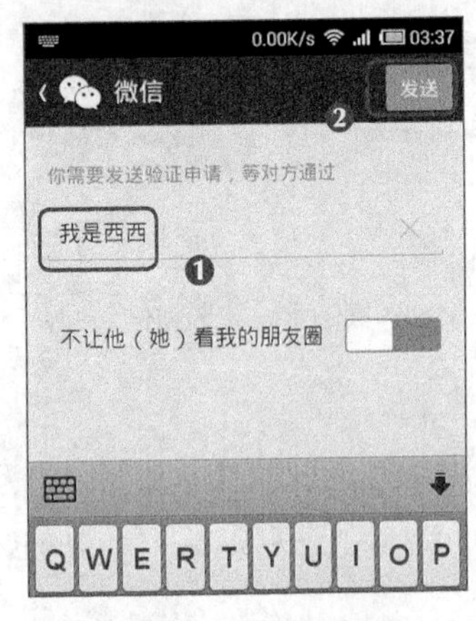

图9-46　输入验证信息

图9-47　查看朋友列表

图9-48　开始发送消息

STEP 7 在聊天界面下侧的文本框中输入需要发送的消息，然后单击发送按钮，如图9-49所示。

STEP 8 待对方接收到消息并进行回复后，在聊天界面中可以查看聊天的消息记录，左侧是朋友发送的消息记录，右侧是自己发送的消息记录，如图9-50所示。

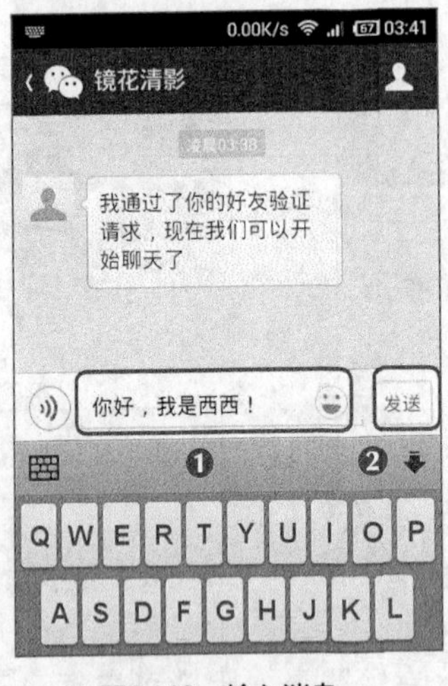

图9-49　输入消息

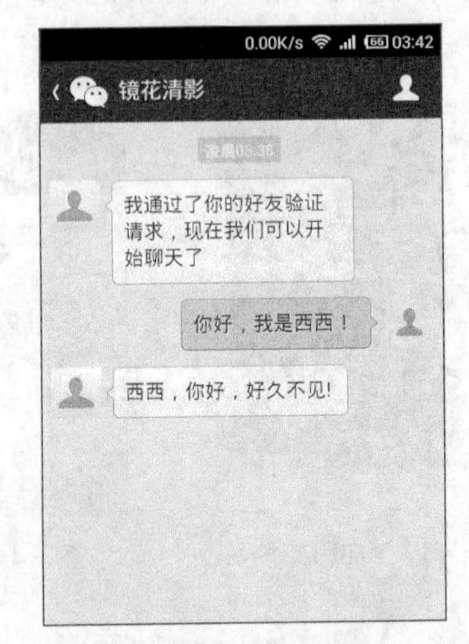

图9-50　查看消息记录

9.3.3 实时对讲

微信不仅支持文字的收发，而且还支持语音的收发，让手机变成一个“对讲机”，收发语音消息的具体操作如下。（微课：光盘\微课视频\第9章\实时对讲.swf）

STEP 1 在微信聊天界面中的底端单击按钮，如图9-51所示。

STEP 2 在此时输入文字的文本框变成按住 说话按钮，按住该按钮不放，如图9-52所示。

STEP 3 此时出现一个“话筒”的界面，就可以对着手机说话，录制语音消息了，如图9-53所示。

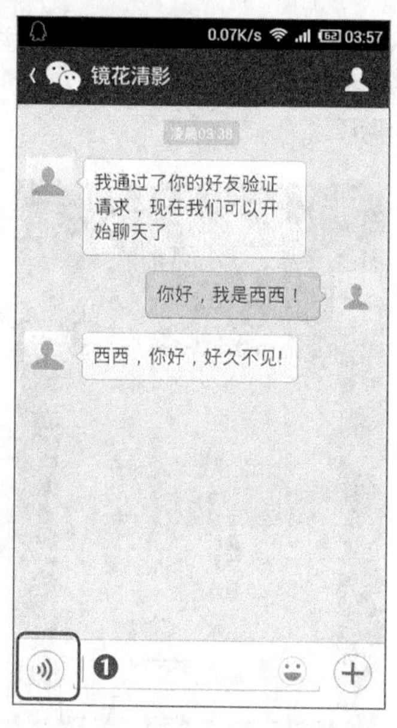

图9-51 单击语音按钮

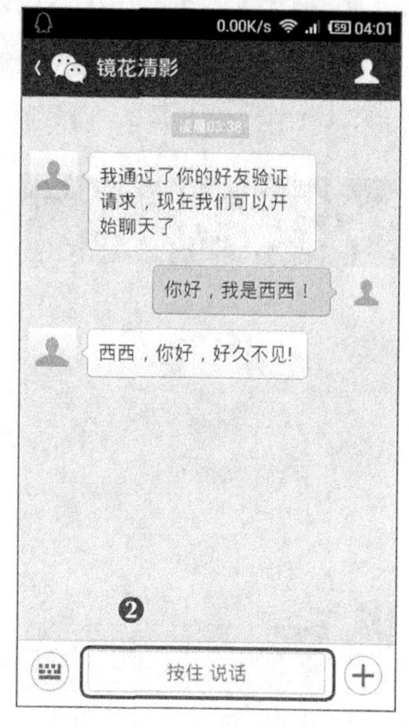

图9-52 按住按钮

图9-53 开始语音

STEP 4 完成后语音消息的录制后放开按钮，语音消息即会自动发送出去，在界面中间的消息记录中将显示发送的语音消息，其中显示了语音的时间长度，如图9-54所示。

STEP 5 待对方收到语音消息并回复后，在消息记录中将显示出收到的语音消息，其右侧有一个小红点表示是新消息，单击该消息即可收听语音消息，如图9-55所示。

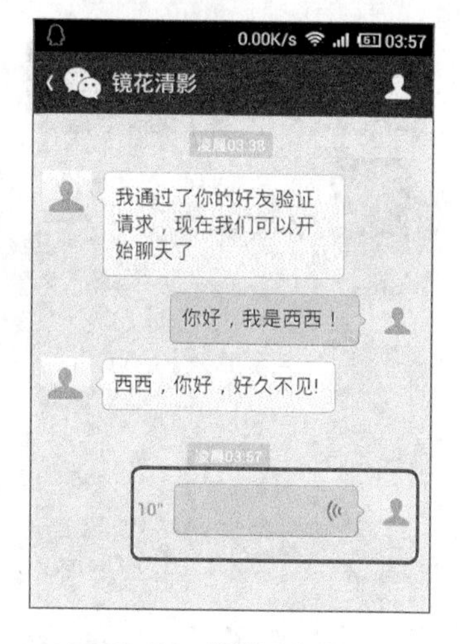

图9-54 发送语音消息

图9-55 查看语音记录

9.3.4 查看附近的人

大部分智能手机中都集成了GPS（全球定位系统）模块，在微信中可以借助该系统来查看附近使用微信的用户，与附近的人进行聊天互动，其具体操作如下。（微课：光盘\微课

视频\第9章\查看附近的人.swf）

STEP 1 在微信界面中单击“发现”选项，在其界面中选择“附近的人”选项，如图9-56所示。

STEP 2 如果是第一次使用该功能，则会打开提示界面，单击开始查看按钮，如图9-57所示。

STEP 3 在打开的提示信息界面中单击确定按钮，如图9-58所示。

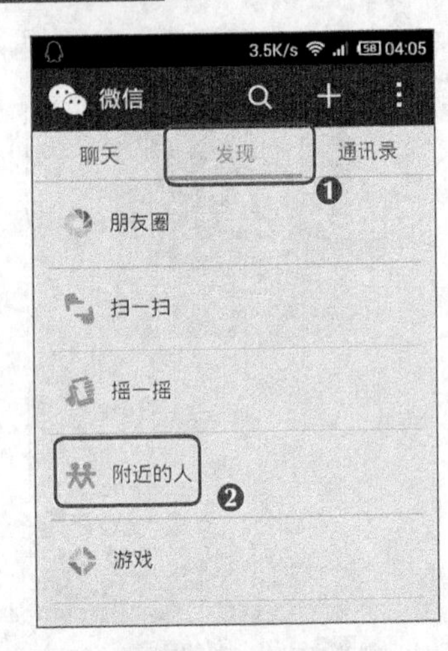

图9-56 选择附近的人

图9-57 开始查看信息

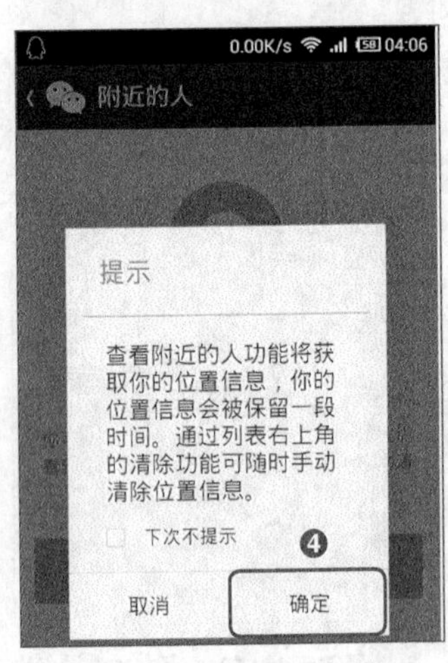

图9-58 确认信息

STEP 4 在打开的界面中显示出“附近的人”列表，并根据距离从近到远进行排列，如果需要添加其中的用户，则双击该用户的名称，如图9-59所示。

STEP 5 在打开的界面中显示了详细信息，单击打招呼按钮即可开始与其进行对话，如图9-60所示。

图9-59 附近的人列表

图9-60 打招呼

STEP 3 此时出现一个“话筒”的界面，就可以对着手机说话，录制语音消息了，如图9-53所示。

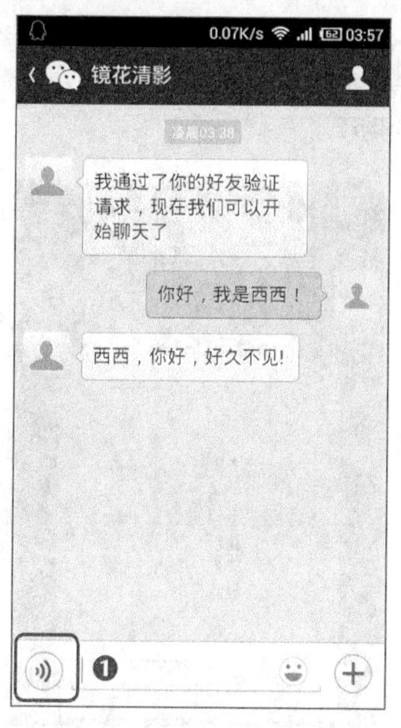

图9-51 单击语音按钮

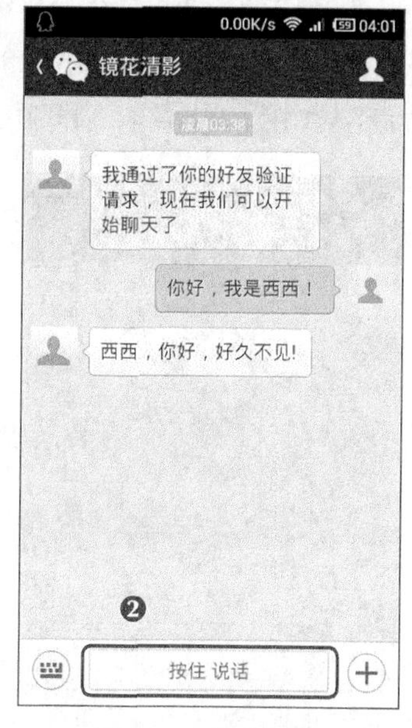

图9-52 按住按钮

图9-53 开始语音

STEP 4 完成后语音消息的录制后放开按钮，语音消息即会自动发送出去，在界面中间的消息记录中将显示发送的语音消息，其中显示了语音的时间长度，如图9-54所示。

STEP 5 待对方收到语音消息并回复后，在消息记录中将显示出收到的语音消息，其右侧有一个小红点表示是新消息，单击该消息即可收听语音消息，如图9-55所示。

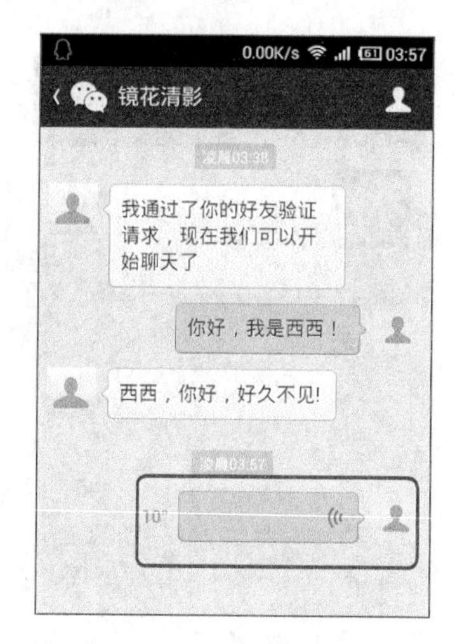

图9-54 发送语音消息

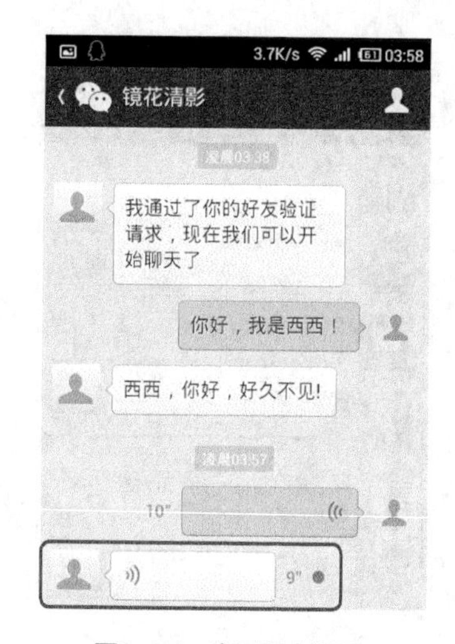

图9-55 查看语音记录

9.3.4 查看附近的人

大部分智能手机中都集成了GPS（全球定位系统）模块，在微信中可以借助该系统来查看附近使用微信的用户，与附近的人进行聊天互动，其具体操作如下。（**微课**：光盘\微课

视频\第9章\查看附近的人.swf）

STEP 1 在微信界面中单击“发现”选项，在其界面中选择“附近的人”选项，如图9-56所示。

STEP 2 如果是第一次使用该功能，则会打开提示界面，单击开始查看按钮，如图9-57所示。

STEP 3 在打开的提示信息界面中单击确定按钮，如图9-58所示。

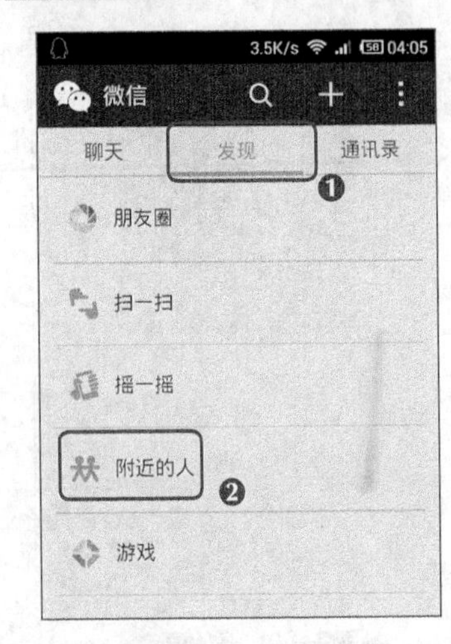

图9-56　选择附近的人

图9-57　开始查看信息

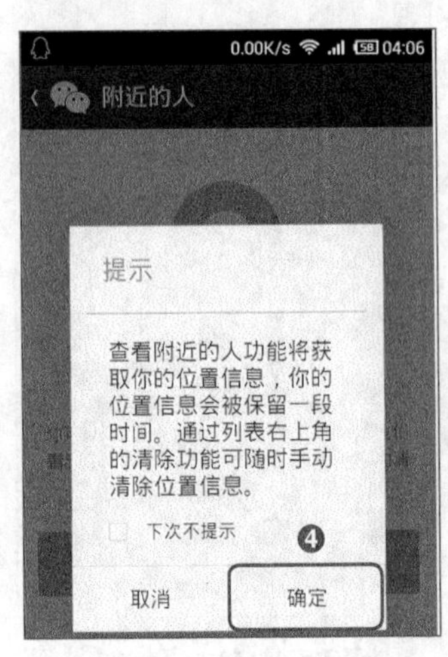

图9-58　确认信息

STEP 4 在打开的界面中显示出“附近的人”列表，并根据距离从近到远进行排列，如果需要添加其中的用户，则双击该用户的名称，如图9-59所示。

STEP 5 在打开的界面中显示了详细信息，单击打招呼按钮即可开始与其进行对话，如图9-60所示。

图9-59　附近的人列表

图9-60　打招呼

知识提示

微信在“附近的人”界面中单击⋮按钮，在打开的列表中可以选择只显示附近的男性或者女性，选择“清除位置并退出”选项，则其他人使用附近的人时将不会搜索到自己。

9.3.5 摇一摇

摇一摇是微信中的一个随机交友应用。通过摇手机或单击按钮模拟摇一摇，可以匹配到同一时段触发该功能的微信用户，也可以使用摇一摇搜索正在收听歌曲的相关信息，使用摇一摇的具体操作如下。（微课：光盘\微课视频\第9章\摇一摇.swf）

STEP 1 在微信界面中单击“发现”，然后在其界面中选择“摇一摇”选项，如图9-61所示。

STEP 2 在打开的界面中打开提示信息，单击我知道了按钮，如图9-62所示。

STEP 3 在打开的界面中摇动手机，将开始搜索在同一时间也在摇动手机的人，如图9-63所示。

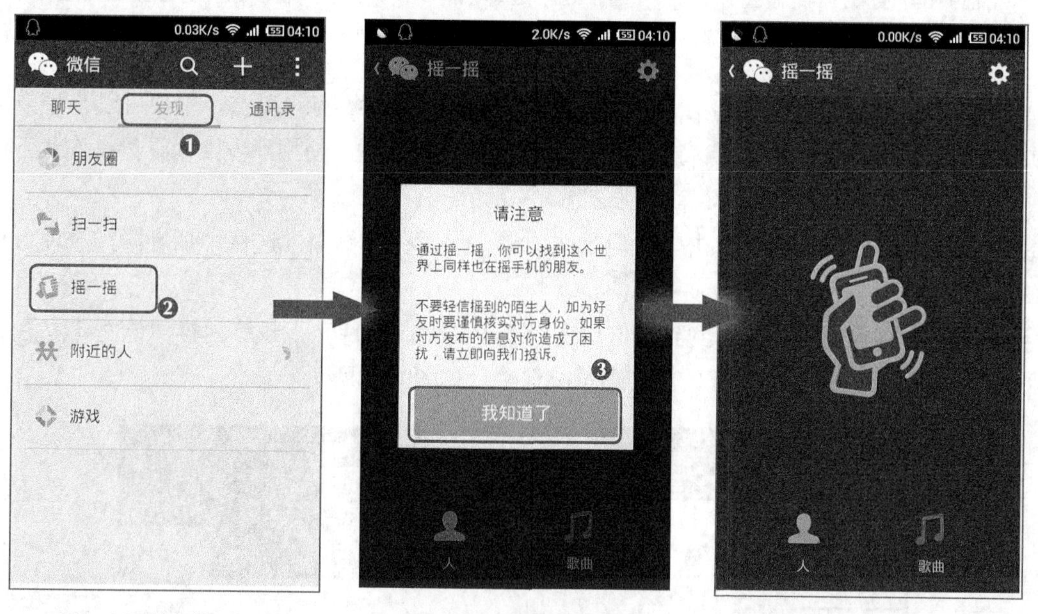

图9-61 选择摇一摇　　图9-62 查看提示信息　　图9-63 摇动手机

STEP 4 片刻之后将会搜索出同一时间摇动手机的人的信息，如图9-64所示，单击它即可打开查看详细资料。

STEP 5 如果听到一首歌曲，但不知道其名称等信息，则可以在摇一摇界面中单击“歌曲”链接，并在歌曲播放的情况下摇动手机，如图9-65所示。

STEP 6 系统将根据收听到的歌曲自动搜索出该歌曲的信息，如图9-66所示。

图9-64　查看摇到的信息

图9-65　选择歌曲

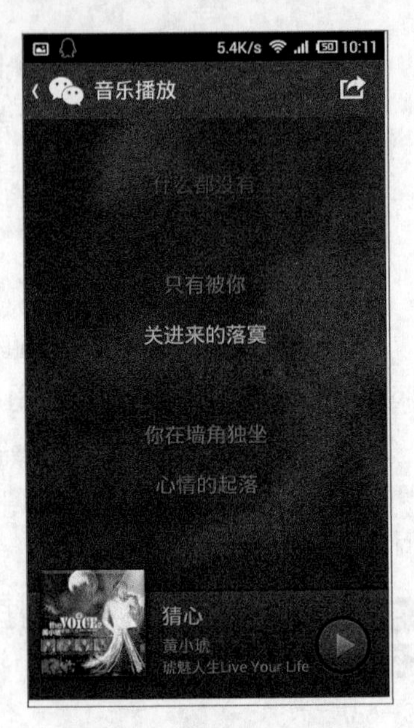

图9-66　查看摇到的歌曲

9.3.6　朋友圈

微信的朋友圈是一个由熟人关系链构建而成的小众、私密的圈子，用户可以在朋友圈中分享和关注朋友们的生活点滴，从而加强人们之间的联系。使用朋友圈的具体操作如下。（微课：光盘\微课视频\第9章\朋友圈.swf）

STEP 1 在微信界面中单击“发现”选项卡，然后在其界面中选择“朋友圈”选项，如图9-67所示。

STEP 2 在界面中可以看到到微信朋友发表的文章、图片，视频等内容，单击按钮，在打开的列表中可对朋友发表的内容点赞或评论，如图9-68所示。

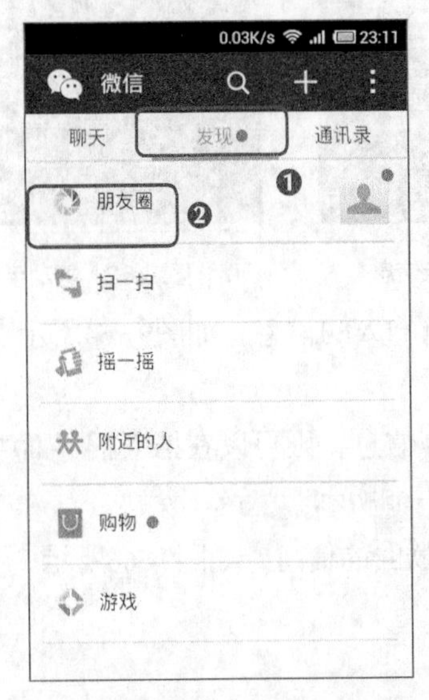

图9-67　选择“朋友圈”选项

图9-68　查看朋友圈信息

9.3.7 微信公众平台

微信公众平台是在微信的基础上新增的功能模块，通过这一平台，个人和企业都可以打造一个微信的公众号，并实现与特定群体进行文字、图片、语音的全方位沟通、互动。使用公众平台的具体操作如下。（微课：光盘\微课视频\第9章\微信公众平台.swf）

STEP 1 在微信界面中单击“通讯录”选项卡，在其界面中单击“公众号”栏中的“订阅号”链接，如图9-69所示。

STEP 2 在打开的界面中单击右上角的+按钮，在界面中的文本框中输入需要查找的公众号名称，如“岷江音乐”，单击搜索按钮，如图9-70所示。

STEP 3 在界面中将显示出查找到的相关公众平台，选择需要添加的公众平台，如图9-71所示。

图9-69 选择公众号

图9-70 搜索公众号

图9-71 选择添加公众号

STEP 4 在打开的界面中显示了该公众平台的相关信息，单击关注按钮即可添加该公众平台，如图9-72所示。

STEP 5 返回“订阅号”界面中可看到添加的公众号图标，单击该图标，如图9-73所示。

STEP 6 在打开的界面中可以看到该公众平台发布的消息，如图9-74所示。

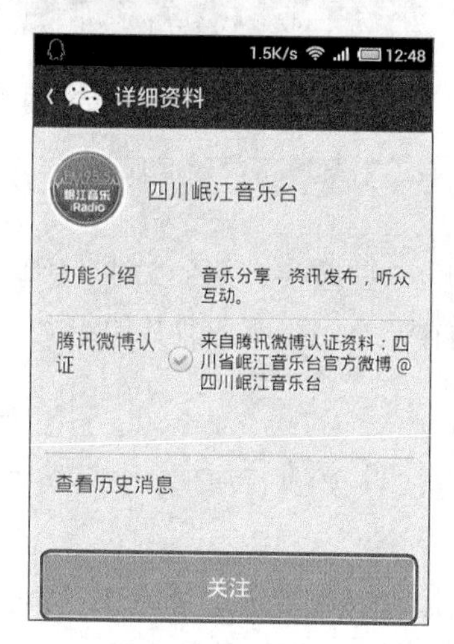

图9-72 添加公众号

图9-73 添加的公众号

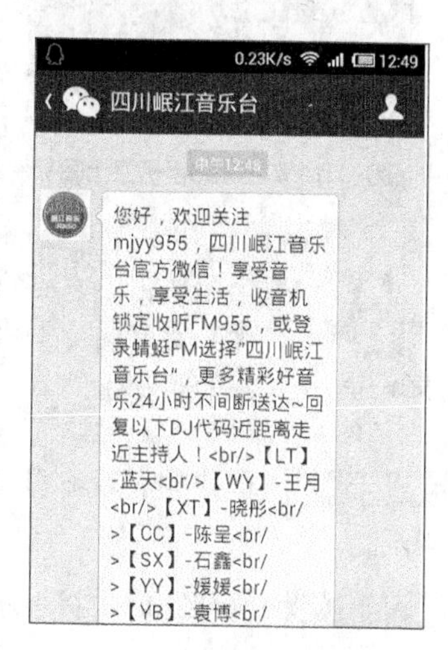

图9-74 查看公众号信息

9.4 安全性能——360手机卫士

使用手机上网时为了保证信息的安全，可以为手机安装防护软件。360手机卫士是一款免费的手机安全软件，集防垃圾短信、防骚扰电话、防隐私泄漏、对手机进行安全扫描、联网云查杀恶意软件、软件安装实时检测、流量使用全掌握、系统清理手机加速、归属地显示及查询等功能于一身。

9.4.1 手机清理加速

长时间使用手机后会发现运行速度越来越慢，此时可以使用360手机卫士中的“清理加速”功能来对手机进行清理，从而提高手机运行速度，其具体操作如下。（微课：光盘\微课视频\第9章\手机清理加速.swf）

STEP 1 在手机中下载并安装360手机卫士，在手机屏幕中单击该图标，如图9-75所示。

STEP 2 打开360手机卫士主界面，在其中选择“清理加速”选项，如图9-76所示。

STEP 3 手机卫士开始查找需要清理的内容并显示出清理文件的大小，如图9-77所示。

图9-75 单击360手机卫士图标

图9-76 选择清理加速

图9-77 开始清理

在手机中进行上网或使用应用程序时都会产生一些缓存或冗余文件，因此需要定期对手机进行清理，否则会占用大量的存储空间，而导致其他的文件不能存储。

STEP 4 查找完成后将显示出清理的结果，单击一键清理 722MB按钮开始进行清理，如图9-78所示。

STEP 5 清理完成后将提示清理完成后的相关信息，单击完成按钮完成清理操作，如图9-79所示。

图9-78　清理结果

图9-79　完成清理

9.4.2 手机杀毒

为了保证手机中信息的安全，可以定时为手机进行杀毒，使用360手机卫士中“杀毒”功能可对手机中的文件进行病毒的查杀，其具体操作如下。（微课：光盘\微课视频\第9章\手机杀毒.swf）

STEP 1 在360手机卫士主界面中单击“手机杀毒”连接，在打开的界面中单击快速扫描按钮，如图9-80所示。

STEP 2 开始对手机中的程序、文件等对象进行扫描操作，如图9-81所示。

STEP 3 扫描结束后将打开扫描结果的界面，如图9-82所示。如果扫描出病毒则会提示进行查杀。

图9-80　选择快速扫描

图9-81　选择扫描内容

图9-82　完成扫描

9.4.3 手机备份

手机中一般都有通讯录、短信、图片、视频等相关资料，如果这些资料丢失将造成不必要的损失。通过360手机卫士的备份功能，可以将这些资料进行备份以防丢失。备份资料的具体操作如下。（微课：光盘\微课视频\第9章\手机备份.swf）

STEP 1 在360手机卫士主界面的右下角单击“隐私保护”选项卡，在打开的界面中单击“手机备份”链接，如图9-83所示。

STEP 2 在打开的界面中选择需要备份资料的类别，单击开始备份按钮，如图9-84所示。

STEP 3 手机卫士开始对选择的资料进行备份，如图9-85所示。完成后将打开提示完成备份的提示信息。

图9-83 选择手机备份

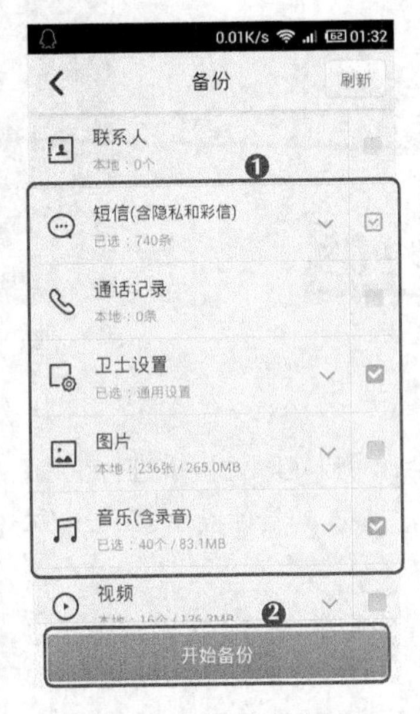

图9-84 选择备份类别

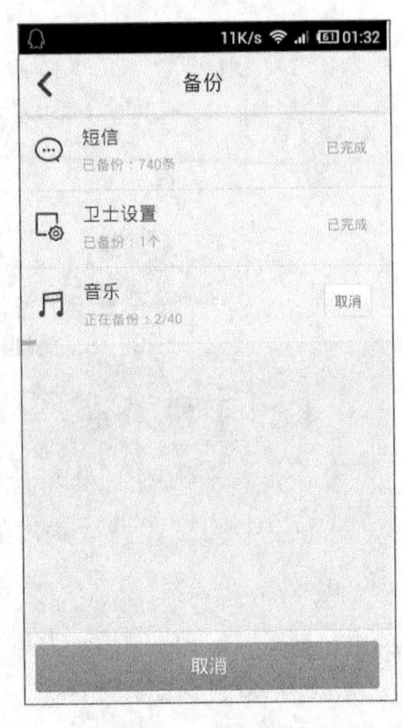

图9-85 开始备份

知识提示

首次使用360手机卫士进行备份时，将会提示用户进行账号注册，使用注册的账号登录后，程序会将备份的资料上传到该账号对应的空间中，以便以后进行资料的恢复。

9.5 实训——在移动设备上安装并管理应用程序

本实训的目标是在移动设备上安装并管理应用程序，下面首先安装并使用手机QQ，然后使用百度云互传文件。

9.5.1 安装并使用手机QQ

安装和使用手机QQ的具体操作如下。（微课：光盘\微课视频\第9章\安装并使用手机QQ.swf）

STEP 1 启动“安智市场”应用程序，在其中搜索并下载手机QQ，如图9-86所示。下载完成后将其安装到手机中。

STEP 2 在手机屏幕中单击“QQ”图标，启动该应用程序，打开登录界面，在其中输入QQ号码和登录密码，单击登录按钮，如图9-87所示。

STEP 3 成功登录后打开QQ界面，在其中可以看到QQ列表，单击需要进行聊天的好友名称，如图9-88所示。

图9-86 下载安装QQ

图9-87 登录QQ

图9-88 选择QQ好友

STEP 4 在打开的界面中可查看QQ好友的资料，选择“发消息”选项，如图9-89所示。

STEP 5 在打开的界面的文本框中输入需要发送的消息，单击发送按钮，发送消息，如图9-90所示。

STEP 6 待QQ好友收到消息并回复后，在界面中将显示出对方发送消息的记录以及自己发送消息的记录，如图9-91所示。

图9-89 查看好友信息

图9-90 输入聊天消息

图9-91 发送和接收消息

9.5.2 使用百度云互传文件

通过百度云应用程序可以将网络中一些文件上传到自己的手机中保存，而无需使用数据线连接进行保存，需要使用时进行下载即可。使用百度云的具体操作如下。（微课：光盘\微课视频\第9章\使用百度云互传文件.swf）

STEP 1 在手机屏幕中单击“百度云”图标，打开“百度云”界面，在其中输入账号和密码，单击 登录 按钮，如图9-92所示。

STEP 2 在打开的界面中可以看到上传到百度云中的资料，选择需要下载的文件，然后选择左下角的“下载”选项，即可将该文件下载到手机中，如图9-93所示。

STEP 3 单击屏幕右上角的 上传 按钮，在打开的界面中选择要上传的文件类别，然后选择手机中的文件即可将该文件上传到百度云中，如图9-94所示。

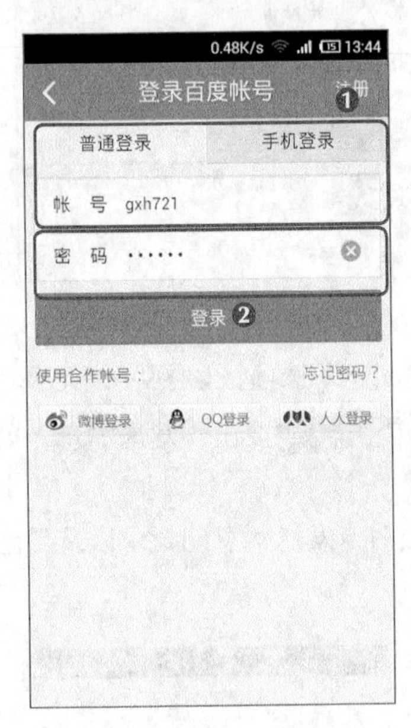

图9-92 登录百度云

图9-93 下载文件

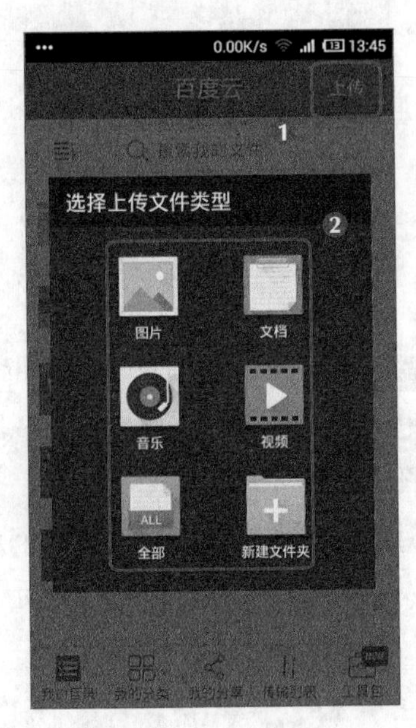

图9-94 上传文件

知识提示

百度云支持在计算机和手机中使用，因此可以在计算机中将文件保存到百度云，而使用手机进行下载，只要用同一个账号进行登录即可。让文件随时随地都可以使用。

9.6 疑难解析

问：使用微信时，为什么不能查看附近的人？

答：在微信中查看附近的人需要借助手机中的GPS功能，如果手机中有该功能，确保它是在开启状态。

问：手机中的应用程序一般安装在哪个位置，可以改变它们的位置吗？

答：手机中的应用程序一般安装在手机的内存中，一般情况下不能改变其安装位置，如果确实要修改，则需要打开手机的Root功能才能完成。

问：如何查看自己手机中系统的相关信息？

答：要查看手机的系统详细信息可以使用360手机卫士中的“系统检测”功能，它可以检测出手机的机器型号、系统版本、CPU型号、运行内存、手机内存、SD卡内存等信息。

问：如何对手机的系统进行升级，升级系统后手机中的文件还保存在手机中吗？

答：现在大部分手机开发者都会在一定的时期发布系统的最新版本，新版本的系统中将对原版本中出现的一些问题进行修复，并且会增加一些新的功能，因此要使用这些功能，首先需对系统进行更新。常用的智能手机在“设置”界面中选择“关于手机”选项，在打开的界面中显示了版本信息，如果出现了新版本的系统，则会有提示信息，根据提示进行系统的更新即可。更新系统后，原来手机中的文件、应用程序等都不会发生改变和丢失。

9.7 习题

本章主要介绍了移动设备在Internet中应用的一些基础知识，包括浏览器的使用、应用程序的下载、安装、更新、卸载，常用通讯软件微信的使用以及手机保护软件360手机卫士的使用。下面通过几个练习题使读者加强该部分内容的应用。

（1）在手机中安装浏览器上网浏览网页内容。

（2）在手机中安装下载安智市场应用程序，在其中对手机中的应用程序进行管理。

（3）使用微信添加好友，并且收发文字信息和语音信息，使用“附近的人”和“摇一摇”功能查找好友。

（4）安装360手机卫士，对手机中的冗余文件进行清理，并扫描杀毒，对重要的文件进行备份。

课后拓展知识

使用手机时，其主要功能为互通电话，如今大部分人的手机中都保存了很多朋友的通讯录，一旦丢失，将会失去很多朋友的联系方式。因此通过通讯录的同步设置，可以让手机在增加了通讯录时自动进行同步备份，这样就不用担心通讯录丢失的问题。下面以“小米”手机的通讯录设置为例进行介绍，其具体操作如下。

STEP 1 在手机屏幕的下方单击“联系人”图标，如图9-95所示。

STEP 2 打开“联系人”界面，单击手机的“主菜单”按钮，在弹出的菜单中选择“账户”选项，如图9-96所示。

STEP 3 在打开的界面中选择“小米云服务”选项，如图9-97所示。

STEP 4 在打开的界面中选择需要进行同步的选项，这里选择“联系人”选项，如图9-98所示。

图9-95 单击联系人图标　　图9-96 选择账户选项　　图9-97 选择云服务

STEP 5 在打开的界面中滑动“同步联系人”右侧的滑块开启该功能，并且在界面中依次开启其他的功能，完成通讯录的同步设置，如图9-99所示。以后在手机中新增联系人时，在手机联网的情况下，将会自动对通讯录进行同步备份。

图9-98 选择同步类别

图9-99 开启同步功能

PART 10

第10章 网络安全

情景导入

网上的世界很精彩，但一不留神就可能被病毒和木马侵入，威胁着计算机及其中数据的安全，因此在享受精彩网络生活的同时，一定要注意网络安全。

知识技能目标

- 了解病毒与病毒防范的知识
- 熟练掌握使用防火墙抵御网络攻击的方法
- 熟练掌握使用杀毒软件查杀病毒的方法
- 熟练掌握使用QQ电脑管家全面防护

- 能够熟练使用防火墙抵御网络攻击
- 能够使用杀毒软件和QQ电脑管家有效地防范病毒，保护电脑

课堂案例展示

使用百度杀毒软件查杀病毒

使用QQ电脑管家全面防护

10.1 病毒与病毒防范

病毒是危害电脑的重要因素。目前，网络病毒肆虐和恶意攻击泛滥都会使电脑的性能降低，使磁盘信息和数据遭到破坏，甚至对电脑造成致命的伤害。要做到防患于未然，必须先了解什么是病毒以及病毒的防范措施。

10.1.1 认识电脑病毒

电脑病毒是指能通过自身复制、传播而产生破坏作用的一种电脑程序，它是一系列指令的有序集合。电脑病毒一般依附在其他可执行程序中，具有很强的寄生性、隐蔽性、破坏性、传播性、潜伏性、可触发性。一旦环境符合病毒的发作要求，病毒程序就会触发，进而影响电脑的正常工作，甚至破坏电脑。

下面介绍几种常见的电脑病毒。

- **系统病毒**：系统病毒的前缀为Win32、PE、Win95、W32、W95等，这些病毒的一般共有特性是可以感染windows操作系统的*.exe和*.dll文件，并通过这些文件进行传播，如CIH病毒。
- **蠕虫病毒**：蠕虫病毒的前缀为Worm。它的共有特性是通过网络或系统漏洞进行传播，大部分的蠕虫病毒都有向外发送带毒邮件，阻塞网络的特性。如冲击波（阻塞网络），小邮差（发带毒邮件）等。
- **木马病毒、黑客病毒**：木马病毒的前缀为Trojan，黑客病毒的前缀一般为Hack。木马病毒的共有特性是通过网络或系统漏洞进入用户的系统并隐藏，然后向外界泄露用户的信息，而黑客病毒则有一个可视的界面，能对用户的电脑进行远程控制。木马、黑客病毒往往是成对出现的，即木马病毒负责侵入用户的电脑，而黑客病毒则会通过该木马病毒来进行控制。
- **宏病毒**：宏病毒专门针对特定的应用软件，可感染依附于某些应用软件内的宏指令，它可以很容易地透过电子邮件附件、软盘、文件下载、群组软件等多种方式进行传播，如Office办公软件。宏病毒采用程序语言撰写，如Visual Basic或CorelDraw，而这些又是易于掌握的程序语言。
- **其他计算机病毒/恶性程序**：恶意程序通常是指带有攻击意图所编写的一段程序。这些威胁可分成两个类别，需要宿主程序的威胁和彼此独立的威胁。前者基本上是不能独立于某个实际的应用程序、实用程序或系统程序的程序片段；后者是可以被操作系统调度和运行的自包含程序。

10.1.2 电脑病毒的传播途径

虽然电脑病毒的破坏性、潜伏性和寄生场所各有不同，但其传播途径却是有限的，防治病毒也应从其传播途径入手。电脑病毒的传播途径主要有以下两种。

- **移动存储设备**：U盘、软盘、光盘等移动存储设备因具有携带方便的特点而成为电脑之间相互交流的重要工具，因此它们也成为病毒的主要传染介质之一。

● **电脑网络**：通过网络可以实现资源共享，与此同时，电脑病毒也在不失时机地寻找可以作为传播媒介的文件或程序，并通过网络传播到其他电脑上。随着网络的不断发展，它已逐渐成为病毒传播的最主要途径。

10.1.3 电脑病毒的防范

虽然病毒的传播非常可怕，但是及时做好防范措施可有效地阻止病毒的入侵。下面介绍一些基本病毒的防范措施。

● **防火墙和杀毒软件的使用**：借助防火墙与杀毒软件的威力，能够增强对攻击的阻挡，更有效地查杀侵入电脑的病毒。

● **定时全盘扫描病毒**：合理安排时间进行病毒查杀，以保证计算机防御病毒的效果，若发现自己的电脑或局域网中有病毒或异常时应立刻断网，及时做好防范措施，防止更多的电脑受到感染。

● **经常升级杀毒软件**：以快速检测到可能入侵计算机的新病毒或者变种。

● **安装安全辅助软件**：和杀毒软件不同，如360安全卫士、QQ电脑管家，使用安全辅助软件主要用来全面、智能地拦截各类木马，保护用户的帐号、隐私等重要信息，以及修复系统设置和清理插件等。

● **使用复杂的密码**：许多网络病毒是通过猜测简单密码的方式攻击系统的，因此使用复杂的密码，如“4%fty+”，这种包括数字、字母、符号等的密码会大大提高电脑的安全系数。

● **建立良好的安全习惯**：对一些来历不明的邮件及附件不要轻易打开，不要浏览不太了解的网站、不要执行从Internet上下载后未经杀毒处理的软件，对于移动存储器要先杀毒再使用。

知识提示

目前，病毒和木马查杀工具有很多，有常见的杀毒软件有卡巴斯基、瑞星杀毒软件；U盘病毒专杀有USBKiller；安全辅助软件有360安全卫士（可以查杀木马）、QQ电脑管家；防火墙有天网、360防火墙或杀毒软件自带防火墙。

10.2 使用防火墙抵御网络攻击

防火墙是一种用于防止被外来因素攻击的应用程序，它可以帮助用户过滤网络中的大部分外来攻击。Windows 7系统中自带的防火墙得到了全面的改进，提供了更强大的保护功能。下面在Windows 7系统中加设防火墙，其具体操作如下。（微课：光盘\微课视频\第10章\使用防火墙抵御网络攻击.swf）

STEP 1 选择【开始】/【控制面板】菜单命令，在打开的“控制面板”窗口中选择“Windows防火墙”选项，如图10-1所示。

STEP 2 在打开的窗口左侧单击“打开或关闭Windows防火墙”选项卡，如图10-2所示。

图10-1 选择“Windows防火墙”选项

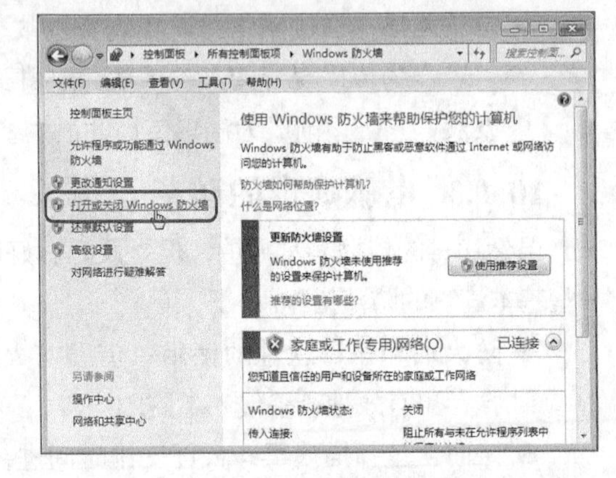

图10-2 打开“Windows防火墙”窗口

STEP 3 在打开的窗口中根据需要选择启用或关闭防火墙，这里单击选中“启用Windows防火墙”单选项，然后单击 确定 按钮，如图10-3所示，返回“Windows防火墙”窗口后的效果如图10-4所示。

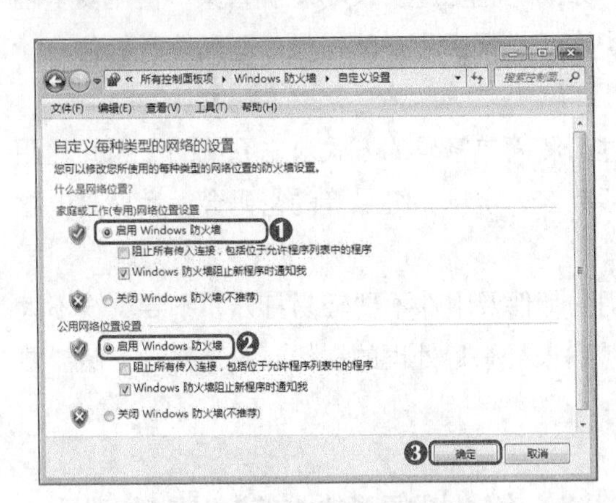

图10-3 启用Windows防火墙

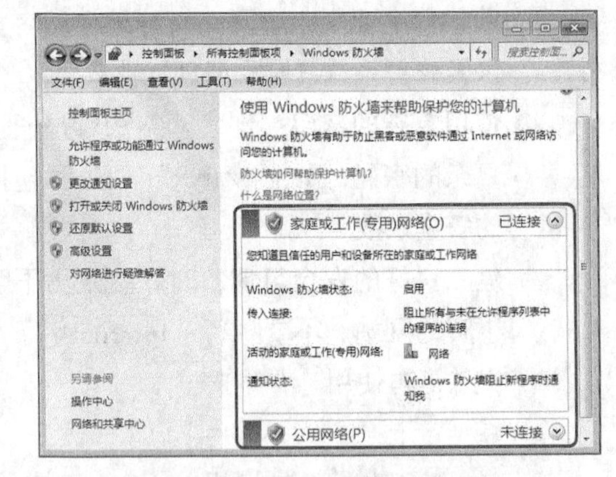

图10-4 启用Windows防火墙后的效果

要把防火墙设置得更全面详细，可在“Windows防火墙”窗口中单击“高级设置”选项卡，在其中为网络类型的配置文件进行设置，包括出站规则、入站规则、连接安全规则等。不熟悉高级设置的用户不要轻易进行设置。

10.3 使用杀毒软件查杀病毒

在电脑中安装杀毒软件不仅可以预防电脑感染病毒和木马，而且可以查杀电脑中的病毒与木马。目前市场上的杀毒软件有很多，如百度杀毒、360杀毒、金山毒霸、卡巴斯基、瑞星杀毒等。下面主要讲解使用百度杀毒软件查杀病毒。

10.3.1 使用百度杀毒软件查杀病毒

百度杀毒是百度公司与计算机反病毒专家卡巴斯基合作出品的全新免费杀毒软件，集合了百度强大的云端计算、海量数据学习能力、卡巴斯基反病毒引擎专业能力，为用户提供了轻巧不卡机的产品体验。百度杀毒软件是一款专业杀毒和极速云安全软件，支持XP、Vista、Win 7、Windows 8，而且永久免费。下面使用百度杀毒软件查杀病毒，其具体操作如下。（微课：光盘\微课视频\第10章\使用百度杀毒软件查杀病毒.swf）

STEP 1 下载并安装百度杀毒软件后，选择【开始】/【所有程序】/【百度杀毒】/【百度杀毒】菜单命令，或在任务栏中单击图标，打开百度杀毒软件主界面，在其中选择查杀病毒的方式，这里单击闪电查杀按钮，如图10-5所示。

STEP 2 百度杀毒软件开始扫描电脑中的病毒，并显示扫描进度，如图10-6所示。

图10-5 选择查杀病毒的方式

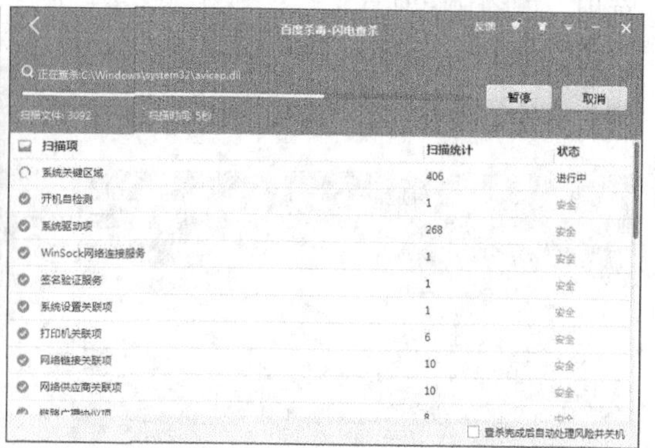

图10-6 开始扫描病毒

知识提示

在百度杀毒软件主界面的左下角单击“检查更新”超链接，在打开的窗口中将下载病毒库，完成后将提示主程序及病毒库已是最新，然后单击确定按钮完成百度杀毒更新。

STEP 3 扫描完成后，百度杀毒会将发现的可疑文件显示出来，并显示处理意见，单击立即清除按钮立即清除病毒，如图10-7所示。

STEP 4 查杀完成后将显示查杀报告，如图10-8所示，此时可单击返回按钮返回百度杀毒软件主界面，也可单击按钮关闭主界面。

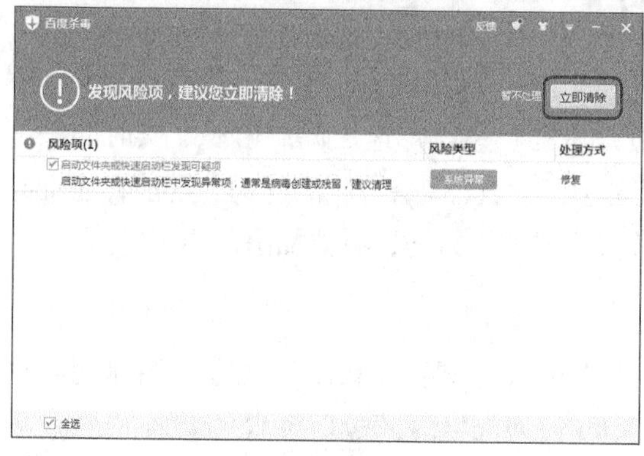

图10-7 清除病毒

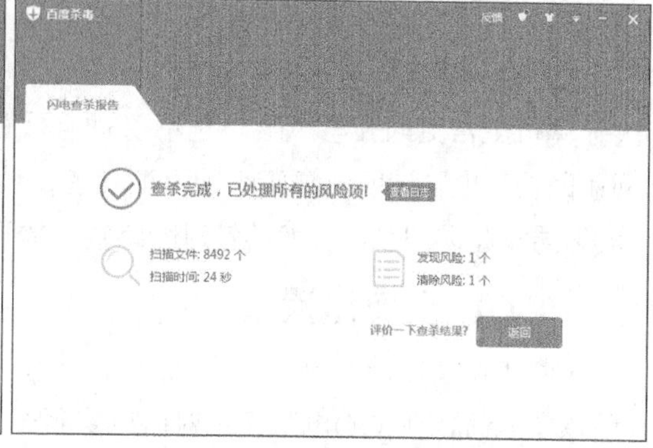

图10-8 完成杀毒

多学一招　要对某个文件或文件夹进行扫描，可在该对象上单击鼠标右键，在弹出的快捷菜单中选择“使用 百度杀毒 扫描”命令，将打开百度杀毒软件主界面，并对该对象进行扫描。

10.3.2 设置实时监控功能

对于病毒最好事先进行防范。下面使用百度杀毒软件的实时监控功能对电脑病毒进行预防，其具体操作如下。（微课：光盘\微课视频\第10章\设置实时监控功能.swf）

STEP 1 在百度杀毒软件主界面的右上角单击按钮，在打开的列表中选择“设置中心”选项，如图10-9所示。

STEP 2 在打开的对话框中单击“实时监控设置”选项卡，在其中根据需要设置监控级别、文件监控模式、U盘防护、下载防护等，完成后单击确定按钮，如图10-10所示。

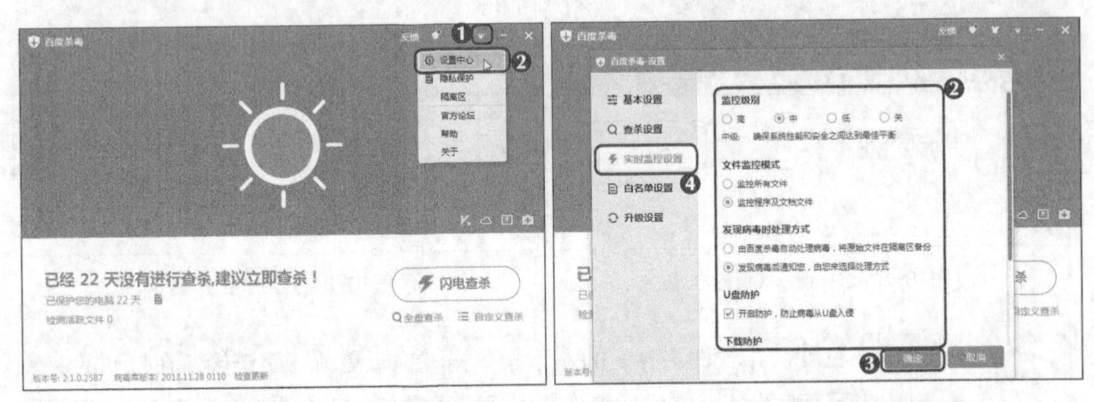

图10-9　选择“设置中心”选项　　图10-10　设置实时监控功能

多学一招　在百度杀毒软件主界面的右上角单击按钮，在打开的列表中可查看安全防护中心，将鼠标光标移动到某个安全防护功能上，在右下角单击“关闭防护”或“开启防护”超链接可根据需要关闭或开启相应的安全防护功能。

10.4 使用QQ电脑管家全面防护

QQ电脑管家即腾讯电脑管家，是腾讯公司推出的一款免费安全软件，能有效预防和解决计算机上常见的安全风险。它不仅拥有云查杀木马、系统加速、漏洞修复、实时防护、网速保护、电脑诊所、健康小助手等功能，且首创了“管理+杀毒”的开创性功能，还拥有QQ账号全景防卫系统，尤其针对网络钓鱼欺诈及盗号打击方面，有更加出色的表现。

10.4.1 全面体检

QQ电脑管家能对电脑进行全面的体检，针对出现的问题提出合理的建议，并能对其进行修复。下面使用QQ电脑管家对电脑进行全面体检，其具体操作如下。（微课：光盘\微课视频\第10章\全面体检.swf）

STEP 1 在桌面上或任务栏中单击“电脑管家”图标，打开电脑管家的主界面，在其中直接单击全面体检按钮，如图10-11所示。

STEP 2 电脑管家开始逐项对电脑的安全进行体检，体检结束后将在其主界面中提示发现的问题，并对电脑的安全进行评分，如图10-12所示。

STEP 3 要查看体检的详细情况，可单击“详情”超链接，在打开的窗口中将详细显示体检后电脑存在的安全隐患，并给出需要优化项目的优化方案，完成后单击一键修复按钮进行修复并优化，如图10-13所示。

图10-11 开始体检 图10-12 对电脑安全进行评分 图10-13 查看电脑存在的安全隐患

STEP 4 电脑管家开始对所有需要优化的项目进行优化，优化结束后将显示优化的结果，并重新对电脑进行评分，完成后单击好的按钮，如图10-14所示。

STEP 5 在打开的窗口中将显示上次体检的得分，全网环境良好和本机安全动态等，如图10-15所示。

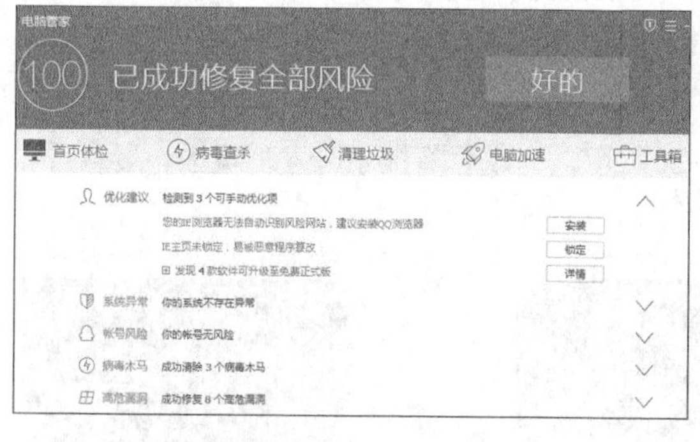

图10-14 完成修复与优化

图10-15 查看全网环境和本机安全动态

知识提示

在使用QQ电脑管家的同时若登录了QQ，电脑管家将自动开启保护QQ账号及电脑的各种安全措施，通过完成安全等级体系中的各种安全任务不断提升安全达人等级。每次升级，可获得不同价值的“安全金币”，等级越高，安全金币越多，可兑换的特权价值也就越高。

10.4.2 查杀病毒

使用QQ电脑管家查杀病毒的具体操作如下。（微课：光盘\微课视频\第10章\查杀病毒.swf）

STEP 1 在任务栏中单击图标，打开电脑管家的主界面，在其下方单击“病毒查杀”按钮，在打开的病毒查杀界面中单击闪电杀毒按钮右侧的按钮，在打开的列表中所选择病毒查杀方式，如全盘杀毒、指定位置杀毒，这里直接单击闪电杀毒按钮，如图10-16所示。

STEP 2 在打开的界面中开始闪电杀毒，如图10-17所示，完成后将提示杀毒完成电脑安全，如图10-18所示，此时若单击好的按钮将返回病毒查杀界面。

图10-16　打开病毒查杀界面　　图10-17　开始闪电杀毒　　图10-18　完成病毒查杀

10.4.3 清理垃圾

计算机使用的时间长了，都会产生很多垃圾文件，如临时文件、日志文件、索引文件等，且这些垃圾文件不会自动删除，长此以往必将导致电脑系统变慢。因此清理电脑垃圾不仅可以释放内存，还可以提升电脑运行速度。下面使用QQ电脑管家清理垃圾，其具体操作如下。

STEP 1 在电脑管家主界面下方单击“清理垃圾”按钮，在打开的清理垃圾界面中单击立即体验按钮，如图10-19所示。

STEP 2 电脑管家开始查找垃圾，如图10-20所示，完成后将提示已发现垃圾，要查看详细情况，可单击查看详情按钮，如图10-21所示。

图10-19　打开清理垃圾界面

图10-20　开始查找垃圾

图10-21　发现垃圾

STEP 3 在打开的窗口中将详细显示需清理的垃圾文件及其所占内存，然后单击 立即清理 按钮进行清理，如图10-22所示。

STEP 4 电脑管家开始清理垃圾文件，完成后单击 好的 按钮，如图10-23所示。

图10-22 详细显示需清理的垃圾信息

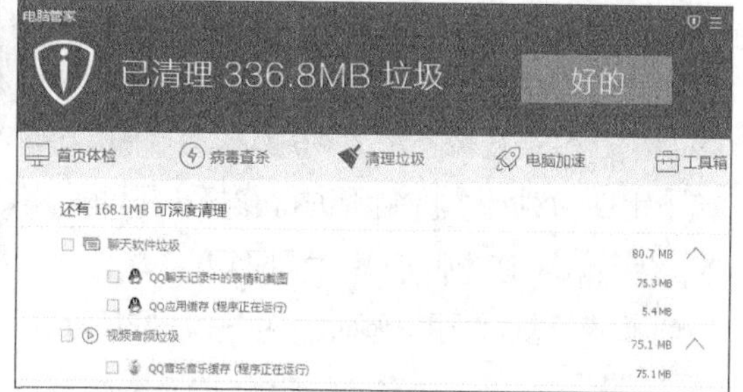

图10-23 完成垃圾文件的清理

多学一招

在清理垃圾文件的过程中，若提示还有垃圾文件可进行深度清理，可继续在其窗口中单击选中需深度清理的垃圾文件对应的复选框，再单击 深度清理 按钮即可。

10.4.4 电脑加速

对电脑进行优化配置，如开机加速、系统加速、网络加速等，也可让电脑变得更迅速、稳定。下面使用QQ电脑管家进行电脑加速，其具体操作如下。（微课：光盘\微课视频\第10章\电脑加速.swf）

STEP 1 在电脑管家主界面下方单击“电脑加速”按钮，在打开的电脑加速界面中单击 一键扫描 按钮，如图10-24所示。

STEP 2 电脑管家开始扫描，扫描后将显示可加速项，如图10-25所示，在当前界面上方单击某个加速类别，可查看该类别下的需加速项，然后单击 一键加速 按钮进行加速配置，加速完成后的效果如图10-26所示。

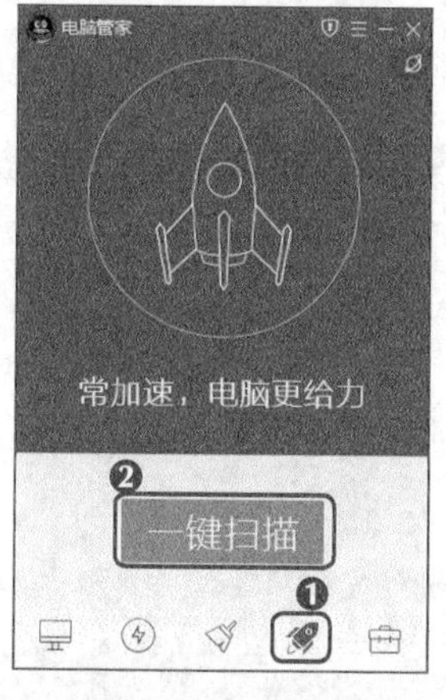

图10-24 打开电脑加速界面

图10-25 发现加速项

图10-26 完成加速

10.4.5 修复系统漏洞

系统漏洞是指应用软件或操作系统在逻辑设计上的缺陷或错误，不法者或电脑黑客可以利用这个缺陷或错误，通过网络植入病毒、木马等方式来攻击或控制目标电脑，窃取电脑中的重要资料和信息，甚至破坏电脑系统。（微课：光盘\微课视频\第10章\修复系统漏洞.swf）

很多系统漏洞在进行软件设计时并没有被发现，而是在使用的过程中慢慢暴露出来的，有的漏洞甚至是在被不法者利用后，软件开发商才针对该漏洞设计出新的修复程序，因此用户应该不定期的对计算机漏洞进行修复。下面使用QQ电脑管家修复系统漏洞，其具体操作如下。

STEP 1 在电脑管家主界面下方单击“工具箱”按钮，在打开的“常用工具”箱界面中选择“修复漏洞”选项，如图10-27所示。

STEP 2 电脑管家开始自动扫描电脑中存在的系统漏洞，并将一些急需修复的高危漏洞显示出来，然后单击 一键修复 按钮，如图10-28所示。

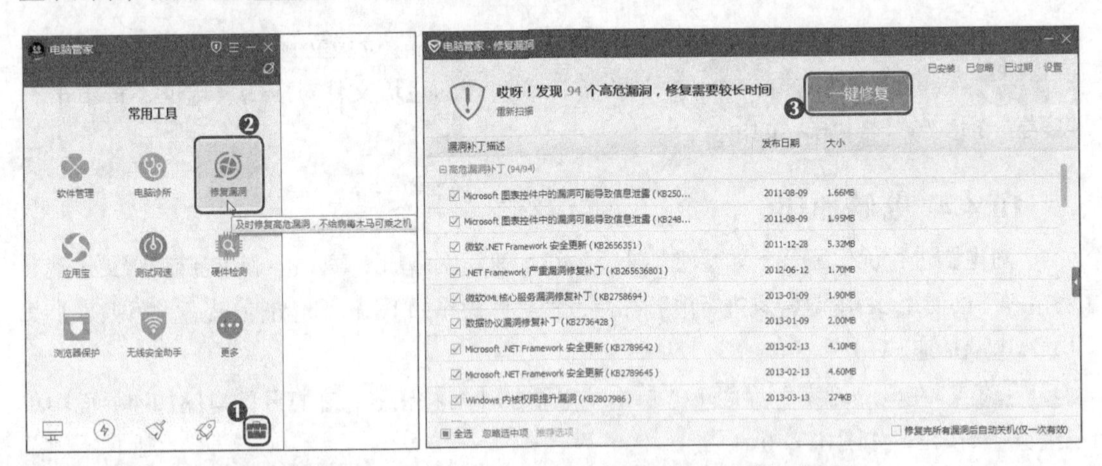

图10-27　打开工具箱界面　　　图10-28　扫描系统漏洞

STEP 3 电脑管家开始下载漏洞补丁，并显示下载进度，下载完成一个漏洞补丁后，马上进行修复，然后继续下载其他漏洞补丁并修复，下载并修复完补丁程序后，在该漏洞的右侧将显示“修复成功”字样，如图10-29所示。

STEP 4 继续对系统进行扫描，确定没有需要修复的漏洞后完成操作，如图10-30所示。

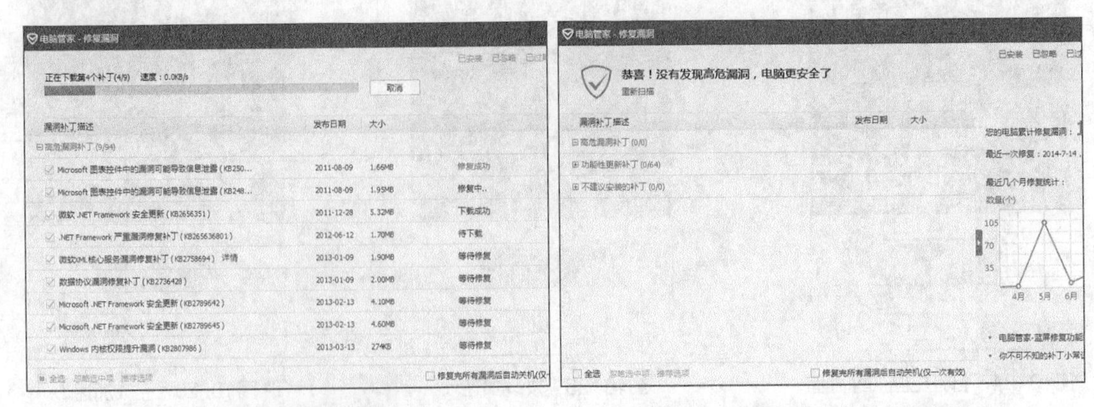

图10-29　下载并修复系统漏洞　　　图10-30　重新扫描确定没有系统漏洞

在工具箱界面中还提供了软件管理、电脑诊所、测试网速、硬件检测等工具，用户可选择所需的工具根据提示依次进行操作。

10.4.6 设置电脑管家

要设置电脑管家的相应功能，可进入设置中心进行设置。下面进入QQ电脑管家的设置中心进行设置，其具体操作如下。（微课：光盘\微课视频\第10章\设置电脑管家.swf）

STEP 1 在电脑管家主界面的右上角单击☰按钮，在打开的列表中选择“设置中心”选项，如图10-31所示。

STEP 2 在对话框的“常规设置”选项卡中可进行启动和登录、自保护、个人中心等设置，这里单击选中“自动关联已登录的QQ账号”复选框，如图10-32所示。

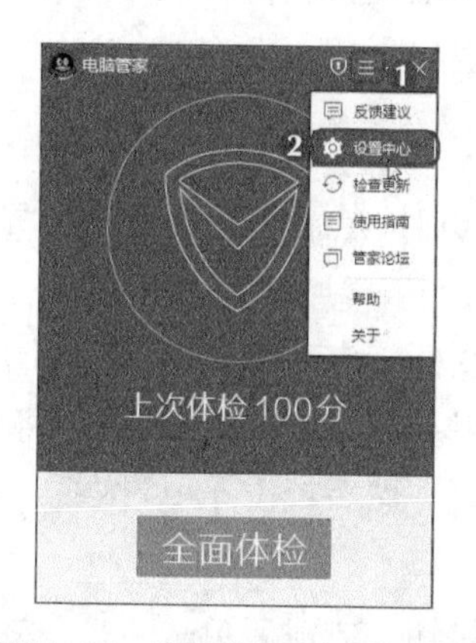

图10-31 选择“设置中心”命令

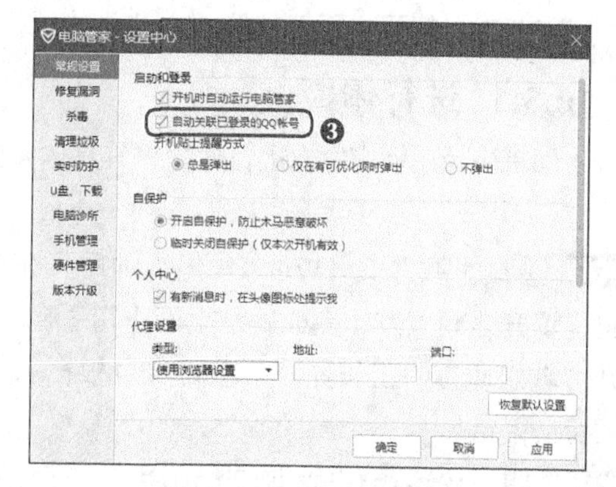

图10-32 进行常规设置

STEP 3 单击“清理垃圾”选项卡，在其中可指定类型垃圾文件、开启“扫一扫”功能、智能清除痕迹设置等，这里单击选中“开启‘扫一扫’功能，在系统空闲时扫描垃圾”复选框，如图10-33所示。

STEP 4 单击“版本升级”选项卡，在其中单击检查更新按钮，可检查更新QQ电脑管家，并升级到最新版本，完成后单击确定按钮，如图10-34所示。

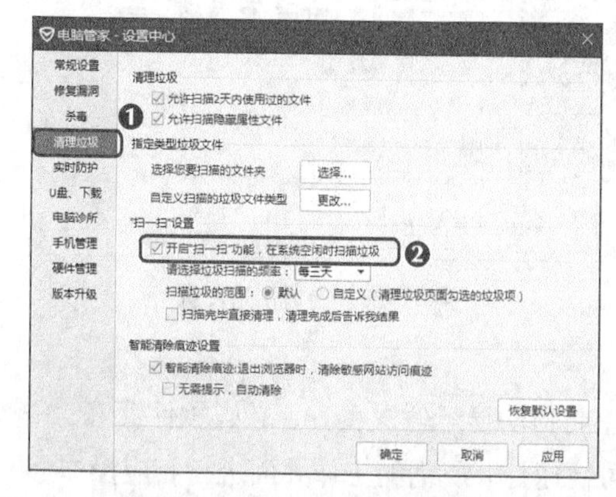

图10-33 开启“扫一扫”功能

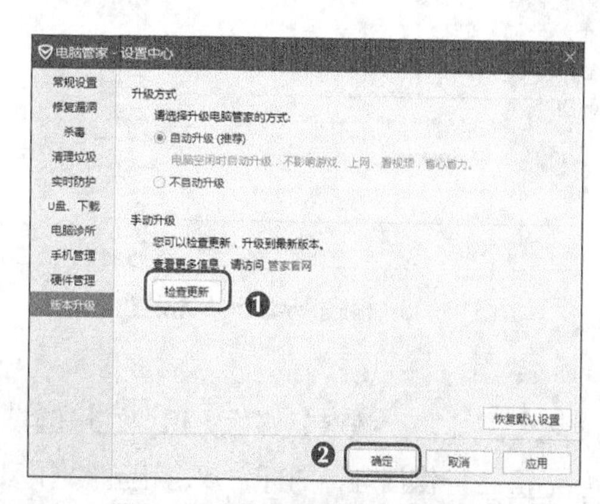

图10-34 检查更新QQ电脑管家

知识提示

在电脑管家主界面的右上角单击☰按钮，在打开的列表中选择“检查更新”选项，也可检查更新QQ电脑管家，并升级到最新版本。

10.5 实训——使用Windows优化大师优化系统

Windows优化大师是一款功能强大的系统辅助软件，它提供了全面有效且简便安全的系统检测、系统优化、系统清理、系统维护等功能模块及数个附加的工具软件。使用Windows优化大师能够有效地帮助用户了解自己计算机的软硬件信息，简化操作系统设置步骤，提升计算机运行效率，清理系统运行时产生的垃圾，修复系统故障及安全漏洞，维护系统的正常运转。目前，软媒魔方是Windows优化大师系列软件的最新一代，它具有体积小、执行速度快、完美兼容、超强实用等功能。本实训的目标是掌握使用软媒魔方优化系统的方法。

10.5.1 进行体检

下面首先使用软媒魔方进行体检，其具体操作如下。（微课：光盘\微课视频\第10章\进行体检.swf）

STEP 1 下载并安装Win 7优化大师后，在桌面上双击图标，启动Win 7优化大师后系统将建议升级到魔方，完成后在桌面上可看到“软媒魔方”图标，且升级到魔方后将自动打开“软媒魔方”工作界面，在其中可根据需要进行关联设置，然后单击下一步按钮，如图10-35所示。

STEP 2 依次在打开的提示框中进行设置，并单击下一步按钮，完成后单击完成按钮，如图10-36所示。

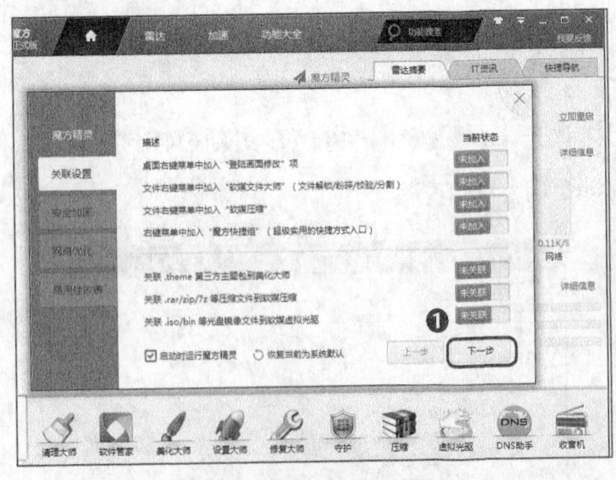

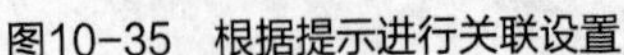

图10-35　根据提示进行关联设置

图10-36　完成初始设置

知识提示

安装软媒魔方后，在电脑桌面上将自动显示软媒魔方、软媒软件管家、一键清理等图标，双击相应的图标即可快速打开所需的工作界面进行相应操作。

STEP 3 在打开的“软媒魔方”主界面中单击“知道了”超链接关闭功能介绍模块，然后单击 立即体检 按钮，如图10-37所示。

STEP 4 软媒魔方开始检测可优化项目，检测后单击 一键处理 按钮进行修复并优化，如图10-38所示。

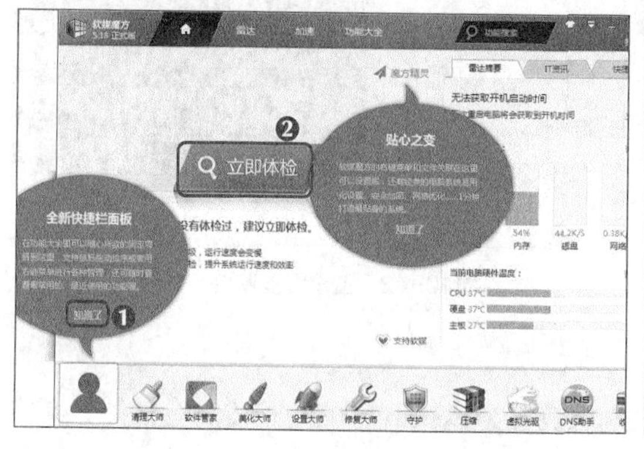

图10-37 打开“软媒魔方”主界面

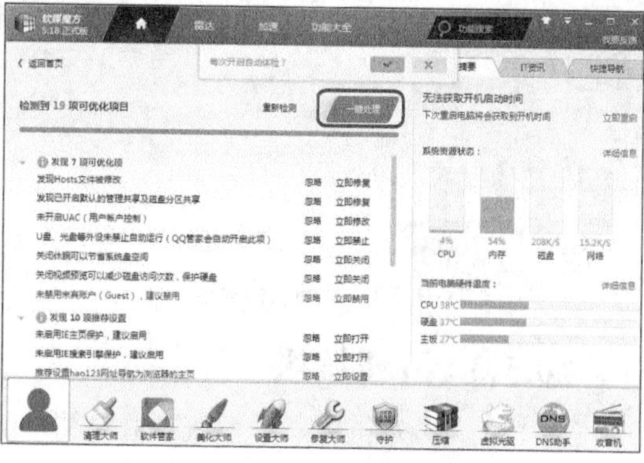

图10-38 检测可优化项目

10.5.2 实现实时监控

使用软媒魔方还可实现系统资源监控、网络监控、温度监控等。下面使用软媒魔方查看监控功能，其具体操作如下。（微课：光盘\微课视频\第10章\实现实时监控.swf）

STEP 1 在“软媒魔方”工作界面上方单击“雷达”选项卡，在其中将显示“雷达控制台”的监控信息，默认情况下，将自动开启雷达控制开关，用户也可根据需要关闭相应的监控功能，如图10-39所示。

STEP 2 单击“系统资源监控”选项卡，在其中可以监控CPU、内存、磁盘、网络等信息，如图10-40所示。

图10-39 查看雷达控制台

图10-40 查看系统资源监控

STEP 3 单击“网络监控”选项卡，在其中可以查看运行程序的下载和上传速度，下载和上传流量，以及运行状态等信息，如图10-41所示。

STEP 4 单击“温度监控”选项卡，在其中可以监控CPU、主板、硬盘的温度，如图10-42所示。

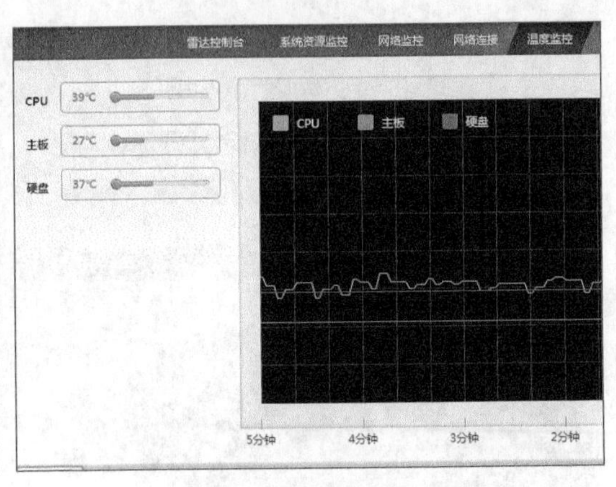

图10-41　查看网络监控

图10-42　查看温度监控

10.5.3　清理垃圾

使用软媒魔方也可清理系统垃圾、清理上网痕迹等，以提升电脑的整体安全性能，减少其他安全隐患。下面使用软媒魔方清理垃圾，其具体操作如下。

STEP 1　在“软媒魔方”工作界面下方的工具条中单击“清理大师”按钮，在打开的“软媒清理大师”工作界面中选择需要进行垃圾清理的文件，这里保持推荐选择，然后单击开始扫描按钮开始扫描，如图10-43所示。

STEP 2　扫描完成后将提示发现的垃圾文件，此时可单击清理按钮，如图10-44所示。

图10-43　准备扫描垃圾文件

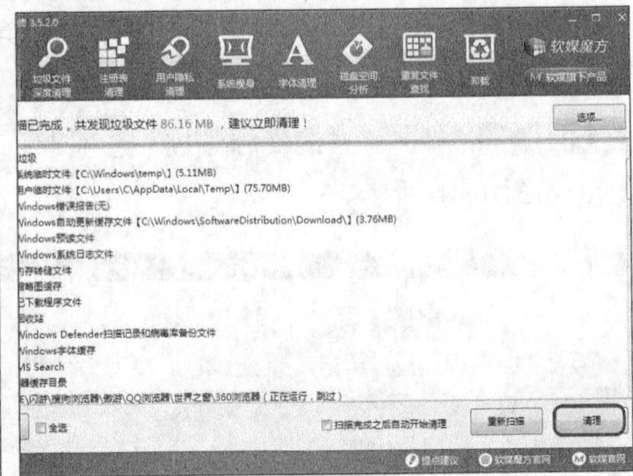

图10-44　完成垃圾文件扫描

STEP 3　软媒魔方开始清理垃圾文件，如图10-45所示，稍等片刻后软媒魔方将提示垃圾文件清理成功，如图10-46所示，完成后在窗口右上角依次单击按钮关闭软媒清理大师。

STEP 4　在“软媒魔方”工作界面右上角单击按钮，在打开的对话框中将提示建议最小化到通知区域，单击选中“退出软媒魔方”单选项，单击确定按钮可退出软媒魔方。

知识提示

软媒魔方还提供了“加速”、“美化大师”、“设置大师”、“修复大师”等功能，其操作方法与实时监控和清理垃圾基本相同，用户可根据需要自行练习在“软媒魔方”主界面中单击相应的模块进行设置。

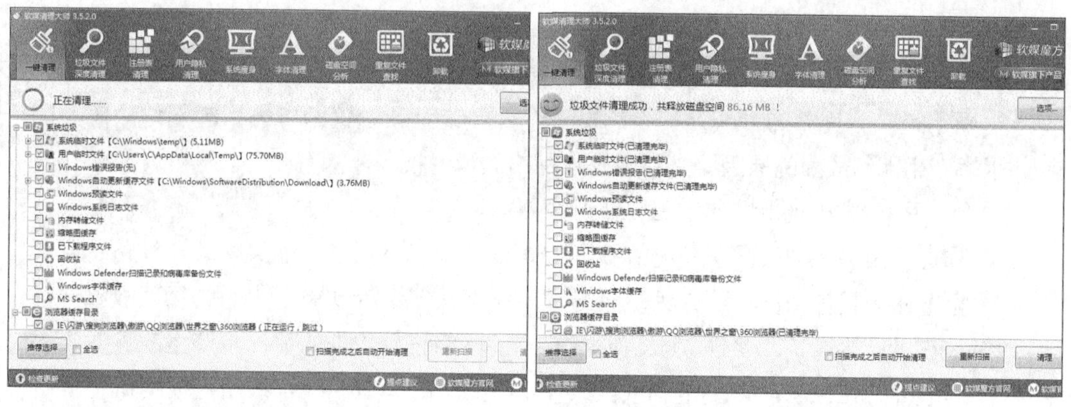

图10-45　开始清理垃圾文件　　　　图10-46　垃圾文件清理成功

10.6　疑难解析

问：在Windows 7中，怎样设置允许程序或功能访问Windows防火墙？

答：默认情况下，Win7防火墙在阻止一个程序访问时会给出提示，用户也可通过设置允许或阻止来设定该程序是否访问网络。要进行手动设置的方法为，选择【开始】/【控制面板】菜单命令，在打开的窗口中单击“Windows防火墙”超链接，然后在打开的窗口左侧单击“允许程序或功能通过Windows防火墙”选项卡，在打开的窗口中选择对某一个程序设置是否允许通过防火墙，若列表中没有某程序，可在其下方单击 允许运行另一程序(R)... 按钮，在打开的对话框中选择需要增加的程序运行规则，添加允许访问网络的软件。

问：电脑的运行速度特别慢，但是用杀毒软件并没有找到病毒，这是怎么回事呢？

答：电脑的运行速度较慢，不一定全是病毒引起的，如果当前正在运行大型应用程序或电脑中的垃圾文件过多，都可能造成电脑运行速度变慢。同时，在使用杀毒软件时应定期升级，这样才能查杀到最新种类的病毒。

问：听说Windows Defender是一款防间谍软件工具，该如何使用它呢？

答：Windows Defender是Windows 7自带的一款防间谍软件的系统安全工具，使用它可以扫描电脑中存在的间谍软件，防止电脑中的数据和信息被间谍软件窃取。使用该工具不需要下载安装，只需在控制面板中启动该工具即可。

10.7　习题

本章主要介绍了病毒与病毒防范、使用防火墙抵御网络攻击、使用杀毒软件查杀病毒、使用QQ电脑管家全面防护等知识。下面通过练习题使读者熟练掌握网络安全防护的方法。

（1）开启Windows 7的防火墙功能，并用它阻止某个程序的运行。

（2）下载并安装360杀毒软件，使用360杀毒软件查杀病毒。

（3）下载并安装360安全卫士，在其工作界面中使用各种功能维护电脑的安全。

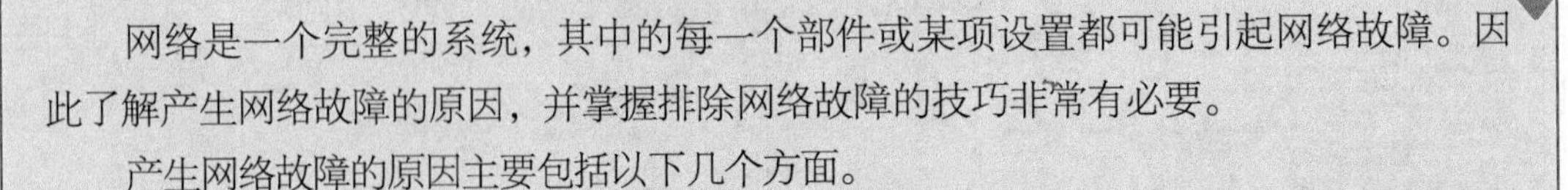

网络是一个完整的系统，其中的每一个部件或某项设置都可能引起网络故障。因此了解产生网络故障的原因，并掌握排除网络故障的技巧非常有必要。

产生网络故障的原因主要包括以下几个方面。

- **物理原因**：物理原因引起的故障指的是设备或线路损坏、插头松动、线路受到严重电磁干扰等情况，或人为疏忽导致网络连接错误等现象。人为的物理故障通常是在没有搞清楚网络插头规范或没有弄清网络拓扑规划的情况下产生的。对于物理故障，可以从客户端电脑或网络中心用“ping”命令检查线路连通情况，确认故障点后进行故障排除。遇到这种故障普通网络用户可以试着排除。
- **主机原因**：即主机的配置不当。如主机配置的IP地址与其他电脑冲突，或IP地址根本就不在子网范围内，由此导致主机无法连通。主机的另一故障是安全故障。如主机没有控制其上的finger、RPC和rlogin等多余服务，而攻击者可通过对这些多余进程的正常服务或bug攻击该主机。一般可通过监视主机的流量或扫描主机端口和服务来防止可能的漏洞。普通网络用户可安装网络防火墙排除这种故障。
- **病毒原因**：病毒不但能够导致硬件故障，还会导致软件故障，它也是网络故障产生的主要因素之一。病毒会破坏网络传输，使网络速度变慢，引起网络阻塞。不过这类故障可以通过安装防毒、杀毒软件和网络防火墙来排除。
- **连接设备原因**：网络连接设备原因主要是由网络中的集线器、交换机或路由器的故障引起的。一般集线器和普通交换机的故障多为硬件设备损坏或设备性能不足，此类故障比较容易判断，解决方法多为更换相应设备。对于这种故障，普通网络用户最好电话联系ISP，由专业人员进行排除。
- **逻辑原因**：逻辑原因最常见的情况就是配置错误，也是指因为网络设备的配置原因而导致的网络异常或故障。配置错误可能是路由器端口参数设定错误，路由器路由配置错误以至于路由循环或找不到远端地址，或路由掩码设置错误等。对于这种故障，普通网络用户也最好电话联系ISP，由专业人员进行排除。

排除网络故障应掌握以下几个技巧。

- **先软后硬**：一般情况下，网络故障应先检查网卡驱动、网络协议配置、工作组、系统服务等软件因素，然后再检测网卡的连接、网线、网络中继设备的连接和设置等硬件因素，并进行测试，以找到故障产生的真正原因。
- **仔细观察和测试**：网络故障有很大一部分属于随机性故障，表现不稳定，发生的偶然性很大，所以排除这种故障时应仔细观察故障现象，并借助一些工具和软件对网络进行测试，以找到故障产生的真正原因。
- **多种方法同时使用**：网络故障很多都是由几个因素共同作用的结果，如果用一种方法不能排除，可以使用多种方法共同处理。若遇到个人无法排除的故障，最好请专业人员进行排除，避免产生衍生故障。